Nachtstücke

herausgegeben

von

dem Verfasser der Fantasiestücke in Callots Manier.

Zwei Theile.

Mit Federzeichnungen von Theodor Hosemann.

Berlin,
Verlag von G. Reimer.
1845.

E. T. A. Hoffmann's
gesammelte Schriften.

Fünfter Band.

Mit Federzeichnungen von Theodor Hosemann.

Berlin,
Verlag von G. Reimer.
1845.

Inhalt des fünften Bandes.

Nachtstücke.
Zwei Theile.

Erster Theil.

Seite
Der Sandmann. 3
Ignaz Denner. 50
Die Jesuiterkirche in G. 121
Das Sanctus. 158

Zweiter Theil.

Das öde Haus. 185
Das Majorat. 227
Das Gelübde. 328
Das steinerne Herz. 367

Nachtstücke.

Erster Theil.

Der Sandmann. †)

Nathanael an Lothar.

Gewiß seid Ihr alle voll Unruhe, daß ich so lange — lange nicht geschrieben. Mutter zürnt wohl, und Clara mag glauben, ich lebe hier in Saus und Braus und vergesse mein holdes Engelsbild, so tief mir in Herz und Sinn eingeprägt, ganz und gar. — Dem ist aber nicht so; täglich und stündlich gedenke ich Eurer Aller und in süßen Träumen geht meines holden Clärchens freundliche Gestalt vorüber und lächelt mich mit ihren hellen Augen so anmuthig an, wie sie wohl pflegte, wenn ich zu Euch hineintrat. — Ach wie vermochte ich denn Euch zu schreiben, in der zerrissenen Stimmung des Geistes, die mir bisher alle Gedanken verstörte! — Etwas entsetzliches ist in mein Leben getreten! — Dunkle Ahnungen eines gräßlichen mir drohenden Geschicks breiten sich wie schwarze Wolkenschatten über mich aus, undurchdringlich jedem freundlichen Sonnenstrahl. — Nun soll ich Dir sagen, was mir widerfuhr. Ich muß es, das sehe ich ein, aber nur es denkend, lacht es

†) Anmerkung. Die Nachtstücke erschienen in zwei Theilen zu Berlin in der Realschulbuchhandlung, 1817.

wie toll aus mir heraus. — Ach mein herzlieber Lothar! wie fange ich es denn an, Dich nur einigermaßen empfinden zu lassen, daß das, was mir vor einigen Tagen geschah, denn wirklich mein Leben so feindlich zerstören konnte! Wärst Du nur hier, so könntest Du selbst schauen; aber jetzt hältst Du mich gewiß für einen aberwitzigen Geisterseher. — Kurz und gut, das Entsetzliche, was mir geschah, dessen tödtlichen Eindruck zu vermeiden ich mich vergebens bemühe, besteht in nichts anderm, als daß vor einigen Tagen, nehmlich am 30. October Mittags um 12 Uhr, ein Wetterglashändler in meine Stube trat und mir seine Waare anbot. Ich kaufte nichts und drohte, ihn die Treppe herabzuwerfen, worauf er aber von selbst fortging. —

Du ahnest, daß nur ganz eigne, tief in mein Leben eingreifende Beziehungen diesem Vorfall Bedeutung geben können, ja, daß wohl die Person jenes unglückseligen Krämers gar feindlich auf mich wirken muß. So ist es in der That. Mit aller Kraft fasse ich mich zusammen, um ruhig und geduldig Dir aus meiner frühern Jugendzeit so viel zu erzählen, daß deinem regen Sinn alles klar und deutlich in leuchtenden Bildern aufgehen wird. Indem ich anfangen will, höre ich Dich lachen und Clara sagen: das sind ja rechte Kindereien! — Lacht, ich bitte Euch, lacht mich recht herzlich aus! — ich bitt' Euch sehr! — Aber Gott im Himmel! die Haare sträuben sich mir und es ist, als flehe ich Euch an, mich auszulachen, in wahnsinniger Verzweiflung, wie Franz Moor den Daniel. — Nun fort zur Sache! —

Außer dem Mittagsessen sahen wir, ich und mein Geschwister, Tag über den Vater wenig. Er mochte mit seinem Dienst viel beschäftigt seyn. Nach dem Abendessen, das alter

Sitte gemäß schon um sieben Uhr aufgetragen wurde, gingen wir alle, die Mutter mit uns, in des Vaters Arbeitszimmer und setzten uns um einen runden Tisch. Der Vater rauchte Tabak und trank ein großes Glas Bier dazu. Oft erzählte er uns viele wunderbare Geschichten und gerieth darüber so in Eifer, daß ihm die Pfeife immer ausging, die ich, ihm brennend Papier hinhaltend, wieder anzünden mußte, welches mir denn ein Hauptspaß war. Oft gab er uns aber Bilderbücher in die Hände, saß stumm und starr in seinem Lehnstuhl und blies starke Dampfwolken von sich, daß wir alle wie im Nebel schwammen. An solchen Abenden war die Mutter sehr traurig und kaum schlug die Uhr neun, so sprach sie: Nun Kinder! — zu Bette! zu Bette! der Sandmann kommt, ich merk' es schon. Wirklich hörte ich dann jedesmal Etwas schweren langsamen Tritts die Treppe heraufpoltern; das mußte der Sandmann seyn. Einmal war mir jenes dumpfe Treten und Poltern besonders graulich; ich frug die Mutter, indem sie uns fortführte: Ei Mama! wer ist denn der böse Sandmann, der uns immer von Papa forttreibt? — wie sieht er denn aus? „Es gibt keinen Sandmann, mein liebes Kind, erwiederte die Mutter: wenn ich sage, der Sandmann kommt, so will das nur heißen, ihr seyd schläfrig und könnt die Augen nicht offen behalten, als hätte man Euch Sand hineingestreut." — Der Mutter Antwort befriedigte mich nicht, ja in meinem kindischen Gemüth entfaltete sich deutlich der Gedanke, daß die Mutter den Sandmann nur verläugne, damit wir uns vor ihm nicht fürchten sollten, ich hörte ihn ja immer die Treppe heraufkommen. Voll Neugierde, näheres von diesem Sandmann und seiner Beziehung auf uns Kinder zu erfahren, frug ich endlich die alte Frau, die meine jüngste Schwester wartete: was denn das für ein Mann sei, der Sandmann? „Ei Thanelchen, erwiederte diese, weißt du das noch nicht? Das ist ein böser Mann, der kommt zu den Kindern, wenn sie nicht zu Bett' gehen wollen und wirft ihnen Händevoll Sand in die Augen, daß sie blutig zum Kopf herausspringen, die wirft er dann in den Sack und trägt sie in den Halbmond zur Atzung für seine Kinderchen; die sitzen dort im Nest und haben krumme Schnäbel, wie die Eulen, damit picken sie der unartigen Menschenkindlein Augen auf." — Gräßlich malte sich nun im Innern mir das Bild des grausamen Sandmanns aus; so wie es Abends die Treppe heraufpolterte, zitterte ich vor Angst und Entsetzen. Nichts als den unter Thränen hergestotterten Ruf: der Sandmann! der Sandmann! konnte die Mutter aus mir herausbringen. Ich lief darauf in das Schlafzimmer, und wohl die ganze Nacht über quälte mich die fürchterliche Erscheinung des Sandmanns. — Schon alt genug war ich geworden, um einzusehen, daß das mit dem Sandmann und seinem Kindernest im Halbmonde, so wie es mir die Wartefrau erzählt hatte, wohl nicht ganz seine Richtigkeit haben könne; indessen blieb mir der Sandmann ein fürchterliches Gespenst, und Grauen — Entsetzen ergriff mich, wenn ich ihn nicht allein die Treppe heraufkommen, sondern auch meines Vaters Stubenthür heftig aufreissen und hineintreten hörte. Manchmal blieb er lange weg, dann kam er öfter hintereinander. Jahre lang dauerte das, und nicht gewöhnen konnte ich mich an den unheimlichen Spuk, nicht bleicher wurde in mir das Bild des grausigen Sandmanns. Sein Umgang mit dem Vater fing an meine Fantasie immer mehr und mehr zu beschäftigen: den Vater darum zu befragen hielt mich eine unüberwindliche Scheu zurück, aber selbst — selbst das Geheimniß zu erforschen, den fabelhaften Sandmann zu sehen, dazu keimte mit den Jahren immer mehr die Lust in mir empor. Der Sandmann hatte mich auf die Bahn des Wunderbaren, Abenteuerlichen gebracht, das so schon leicht im kindlichen Gemüth sich einnistet. Nichts war mir lieber, als schauerliche Geschichten von Koboltẽn, Hexen, Däumlingen u. s. w. zu hören oder zu lesen; aber obenan stand immer der Sandmann, den ich in den seltsamsten, abscheulichsten Gestalten überall auf Tische, Schränke und Wände mit Kreide, Kohle, hinzeichnete. Als ich zehn Jahre alt geworden, wies mich die Mutter aus der Kinderstube in ein Kämmerchen, das auf dem Corridor unfern von meines Vaters Zimmer lag. Noch immer mußten wir uns, wenn auf den Schlag Neun Uhr sich jener Unbekannte im Hause hören ließ, schnell entfernen. In meinem Kämmerchen vernahm ich, wie er bei dem Vater hineintrat und bald darauf war es mir dann, als verbreite sich im Hause ein feiner seltsam riechender Dampf. Immer höher mit der Neugierde wuchs der Muth, auf irgend eine Weise des Sandmanns Bekanntschaft zu machen. Oft schlich ich schnell aus dem Kämmerchen auf den Corridor, wenn die Mutter vorübergegangen, aber nichts konnte ich erlauschen, denn immer war der Sandmann schon zur Thüre hinein, wenn ich den Platz erreicht hatte, wo er mir sichtbar werden mußte. Endlich von unwiderstehlichem Drange getrieben, beschloß ich, im Zimmer des Vaters selbst mich zu verbergen und den Sandmann zu erwarten.

An des Vaters Schweigen, an der Mutter Traurigkeit merkte ich eines Abends, daß der Sandmann kommen werde; ich schützte daher große Müdigkeit vor, verließ schon vor neun Uhr das Zimmer und verbarg mich dicht neben der Thüre in einen Schlupfwinkel. Die Hausthüre knarrte, durch den Flur ging es, langsamen, schweren, dröhnenden Schrittes nach der

Treppe. Die Mutter eilte mit dem Geschwister mir vorüber. Leise — leise öffnete ich des Vaters Stubenthür. Er saß, wie gewöhnlich, stumm und starr den Rücken der Thüre zugekehrt, er bemerkte mich nicht, schnell war ich hinein und hinter der Gardine, die einem gleich neben der Thüre stehenden offnen Schrank, worin meines Vaters Kleider hingen, vorgezogen war. — Näher — immer näher dröhnten die Tritte — es hustete und scharrte und brummte seltsam draußen. Das Herz bebte mir vor Angst und Erwartung. — Dicht, dicht vor der Thüre ein scharfer Tritt — ein heftiger Schlag auf die Klinke, die Thür springt rasselnd auf! — Mit Gewalt mich ermannend gucke ich behutsam hervor. Der Sandmann steht mitten in der Stube vor meinem Vater, der helle Schein der Lichter brennt ihm ins Gesicht! — Der Sandmann, der fürchterliche Sandmann ist der alte Advokat Coppelius, der manchmal bei uns zu Mittage ißt! —

Aber die gräßlichste Gestalt hätte mir nicht tieferes Entsetzen erregen können, als eben dieser Coppelius. — Denke Dir einen großen breitschultrigen Mann mit einem unförmlich dicken Kopf, erdgelbem Gesicht, buschigten grauen Augenbrauen, unter denen ein paar grünliche Katzenaugen stechend hervorfunkeln, großer, starker über die Oberlippe gezogener Nase. Das schiefe Maul verzieht sich oft zum hämischen Lachen; dann werden auf den Backen ein paar dunkelrothe Flecke sichtbar und ein seltsam zischender Ton fährt durch die zusammengekniffenen Zähne. Coppelius erschien immer in einem altmodisch zugeschnittenen aschgrauen Rocke, eben solcher Weste und gleichen Beinkleidern, aber dazu schwarze Strümpfe und Schuhe mit kleinen Steinschnallen. Die kleine Perücke reichte kaum bis über den Kopfwirbel heraus, die Kleblocken standen hoch über den großen rothen Ohren und ein breiter verschlossener Haarbeutel starrte von dem Nacken weg, so daß man die silberne Schnalle sah, die die gefältelte Halsbinde schloß. Die ganze Figur war überhaupt widrig und abscheulich; aber vor allem waren uns Kindern seine großen knotigten, haarigten Fäuste zuwider, so daß wir, was er damit berührte, nicht mehr mochten. Das hatte er bemerkt und nun war es seine Freude, irgend ein Stückchen Kuchen, oder eine süße Frucht, die uns die gute Mutter heimlich auf den Teller gelegt, unter diesem, oder jenem Vorwande zu berühren, daß wir, helle Thränen in den Augen, die Näscherei, der wir uns erfreuen sollten, nicht mehr genießen mochten vor Ekel und Abscheu. Eben so machte er es, wenn uns an Feiertagen der Vater ein gut Gläschen süßen Weins eingeschenkt hatte. Dann fuhr er schnell mit der Faust herüber, oder brachte wohl gar das Glas an die blauen Lippen und lachte recht teuflisch, wenn wir unsern Aerger nur leise schluchzend äußern durften. Er pflegte uns nur immer die kleinen Bestien zu nennen; wir durften, war er zugegen, keinen Laut von uns geben und verwünschten den häßlichen, feindlichen Mann, der uns recht mit Bedacht und Absicht auch die kleinste Freude verdarb. Die Mutter schien eben so, wie wir, den widerwärtigen Coppelius zu hassen; denn so wie er sich zeigte, war ihr Frohsinn, ihr heiteres unbefangenes Wesen umgewandelt in traurigen, düstern Ernst. Der Vater betrug sich gegen ihn, als sei er ein höheres Wesen, dessen Unarten man dulden und das man auf jede Weise bei guter Laune erhalten müsse. Er durfte nur leise andeuten und Lieblingsgerichte wurden gekocht und seltene Weine kredenzt.

Als ich nun diesen Coppelius sah, ging es grausig und entsetzlich in meiner Seele auf, daß ja niemand anders, als er, der Sandmann seyn könne, aber der Sandmann war mir nicht mehr jener Popanz aus dem Ammenmährchen, der dem Eulennest im Halbmonde Kinderaugen zur Atzung holt — Nein! — ein häßlicher gespenstischer Unhold, der überall, wo er einschreitet, Jammer — Noth — zeitliches, ewiges Verderben bringt.

Ich war fest gezaubert. Auf die Gefahr entdeckt, und, wie ich deutlich dachte, hart gestraft zu werden, blieb ich stehen, den Kopf lauschend durch die Gardine hervorgestreckt. Mein Vater empfing den Coppelius feierlich. „Auf! — zum Werk," rief dieser mit heiserer, schnarrender Stimme und warf den Rock ab. Der Vater zog still und finster seinen Schlafrock aus und beide kleideten sich in lange schwarze Kittel. Wo sie die hernahmen, hatte ich übersehen. Der Vater öffnete die Flügelthür eines Wandschranks; aber ich sah, daß das, was ich so lange dafür gehalten, kein Wandschrank, sondern vielmehr eine schwarze Höhlung war, in der ein kleiner Heerd stand. Coppelius trat hinzu und eine blaue Flamme knisterte auf dem Heerde empor. Allerlei seltsames Geräthe stand umher. Ach Gott! — wie sich nun mein alter Vater zum Feuer herabbückte, da sah er ganz anders aus. Ein gräßlicher krampfhafter Schmerz schien seine sanften ehrlichen Züge zum häßlichen widerwärtigen Teufelsbilde verzogen zu haben. Er sah dem Coppelius ähnlich. Dieser schwang die gluthrothe Zange und holte damit hellblinkende Massen aus dem dicken Qualm, die er dann ämsig hämmerte. Mir war es als würden Menschengesichter ringsumher sichtbar, aber ohne Augen — scheußliche, tiefe schwarze Höhlen statt ihrer. „Augen her, Augen her!" rief Coppelius mit dumpfer dröhnender Stimme. Ich kreischte auf von wildem Entsetzen gewaltig erfaßt und stürzte aus meinem Versteck heraus auf den Boden. Da ergriff mich

Coppelius; kleine Bestie! — kleine Bestie! meckerte er zähnfletschend! — riß mich auf und warf mich auf den Heerd, daß die Flamme mein Haar zu sengen begann: „Nun haben wir Augen — Augen — ein schön Paar Kinderaugen.“ So flüsterte Coppelius, und griff mit den Fäusten gluthrothe Körner aus der Flamme, die er mir in die Augen streuen wollte. Da hob mein Vater flehend die Hände empor und rief: Meister! Meister! laß meinem Nathanael die Augen — laß sie ihm! Coppelius lachte gellend auf und rief: „Mag denn der Junge die Augen behalten und sein Pensum flennen in der Welt; aber nun wollen wir doch den Mechanismus der Hände und der Füße recht observiren.“ Und damit faßte er mich gewaltig, daß die Gelenke knackten, und schrob mir die Hände ab und die Füße und setzte sie bald hier, bald dort wieder ein. „'S steht doch überall nicht recht! 's gut so wie es war! — Der Alte hat's verstanden!“ So zischte und lispelte Coppelius; aber alles um mich her wurde schwarz und finster, ein jäher Krampf durchzuckte Nerv und Gebein — ich fühlte nichts mehr. Ein sanfter warmer Hauch glitt über mein Gesicht, ich erwachte wie aus dem Todesschlaf, die Mutter hatte sich über mich hingebeugt. „Ist der Sandmann noch da?“ stammelte ich. „Nein, mein liebes Kind, der ist lange, lange fort, der thut dir keinen Schaden!“ — So sprach die Mutter und küßte und herzte den wieder gewonnenen Liebling. —

Was soll ich Dich ermüden, mein herzlieber Lothar! was soll ich so weitläuftig Einzelnes hererzählen, da noch so vieles zu sagen übrig bleibt? Genug! — ich war bei der Lauscherei entdeckt, und von Coppelius gemißhandelt worden. Angst und Schrecken hatten mir ein hitziges Fieber zugezogen, an dem ich mehrere Wochen krank lag. „Ist der Sandmann noch da?“

— Das war mein erstes gesundes Wort und das Zeichen meiner Genesung, meiner Rettung. — Nur noch den schrecklichsten Moment meiner Jugendjahre darf ich Dir erzählen; dann wirst Du überzeugt seyn, daß es nicht meiner Augen Blödigkeit ist, wenn mir nun alles farblos erscheint, sondern, daß ein dunkles Verhängniß wirklich einen trüben Wolkenschleier über mein Leben gehängt hat, den ich vielleicht nur sterbend zerreiße. —

Coppelius ließ sich nicht mehr sehen, es hieß, er habe die Stadt verlassen.

Ein Jahr mochte vergangen seyn, als wir der alten unveränderten Sitte gemäß Abends an dem runden Tische saßen. Der Vater war sehr heiter und erzählte viel Ergötzliches von den Reisen, die er in seiner Jugend gemacht. Da hörten wir als es Neune schlug, plötzlich die Hausthür in den Angeln knarren und langsame eisenschwere Schritte dröhnten durch den Hausflur die Treppe herauf. „Das ist Coppelius,“ sagte meine Mutter erblassend. „Ja! — es ist Coppelius,“ wiederholte der Vater mit matter gebrochener Stimme. Die Thränen stürzten der Mutter aus den Augen. „Aber Vater, Vater! rief sie, muß es denn so seyn?“ „Zum letztenmahle! erwiederte dieser, zum letztenmahle kommt er zu mir, ich verspreche es Dir. Geh' nur, geh' mit den Kindern! — Geht — geht zu Bette! Gute Nacht!“

Mir war es, als sei ich in schweren kalten Stein eingepreßt — mein Athem stockte! — Die Mutter ergriff mich beim Arm als ich unbeweglich stehen blieb: „Komm Nathanael, komme nur!“ — Ich ließ mich fortführen, ich trat in meine Kammer. „Sei ruhig, sei ruhig, lege Dich ins Bette! — schlafe — schlafe,“ rief mir die Mutter nach; aber von unbeschreiblicher innerer Angst und Unruhe gequält, konnte ich kein

Auge zuthun. Der verhaßte abscheuliche Coppelius stand vor mir mit funkelnden Augen und lachte mich hämisch an, vergebens trachtete ich sein Bild los zu werden. Es mochte wohl schon Mitternacht seyn, als ein entsetzlicher Schlag geschah, wie wenn ein Geschütz losgefeuert würde. Das ganze Haus erdröhnte, es rasselte und rauschte bei meiner Thüre vorüber, die Hausthüre wurde klirrend zugeworfen. „Das ist Coppelius!" rief ich entsetzt und sprang aus dem Bette. Da kreischte es auf in schneidendem trostlosen Jammer, fort stürzte ich nach des Vaters Zimmer, die Thüre stand offen, erstickender Dampf quoll mir entgegen, das Dienstmädchen schrie: Ach, der Herr! — der Herr! — Vor dem dampfenden Heerde auf dem Boden lag mein Vater todt mit schwarz verbranntem gräßlich verzerrtem Gesicht, um ihn herum heulten und winselten die Schwestern — die Mutter ohnmächtig daneben! — „Coppelius, verruchter Satan, du hast den Vater erschlagen!" — So schrie ich auf; mir vergingen die Sinne. Als man zwei Tage darauf meinen Vater in den Sarg legte, waren seine Gesichtszüge wieder mild und sanft geworden, wie sie im Leben waren. Tröstend ging es in meiner Seele auf, daß sein Bund mit dem teuflischen Coppelius ihn nicht ins ewige Verderben gestürzt haben könne. —

Die Explosion hatte die Nachbarn geweckt, der Vorfall wurde ruchtbar und kam vor die Obrigkeit, welche den Coppelius zur Verantwortung vorfordern wollte. Der war aber spurlos vom Orte verschwunden.

Wenn ich Dir nun sage, mein herzlieber Freund! daß jener Wetterglashändler eben der verruchte Coppelius war, so wirst Du mir es nicht verargen, daß ich die feindliche Erscheinung als schweres Unheil bringend deute. Er war anders gekleidet, aber Coppelius Figur und Gesichtszüge sind zu tief in mein Innerstes eingeprägt, als daß hier ein Irrthum möglich seyn sollte. Zudem hat Coppelius nicht einmahl seinen Namen geändert. Er gibt sich hier, wie ich höre, für einen piemontesischen Mechanicus aus, und nennt sich Giuseppe Coppola.

Ich bin entschlossen es mit ihm aufzunehmen und des Vaters Tod zu rächen, mag es denn nun gehen wie es will.

Der Mutter erzähle nichts von dem Erscheinen des gräßlichen Unholds — Grüße meine liebe holde Clara, ich schreibe ihr in ruhigerer Gemüthsstimmung. Lebe wohl rc. rc.

Clara an Nathanael.

Wahr ist es, daß Du recht lange mir nicht geschrieben hast, aber dennoch glaube ich, daß Du mich in Sinn und Gedanken trägst. Denn meiner gedachtest Du wohl recht lebhaft, als Du Deinen letzten Brief an Bruder Lothar absenden wolltest und die Aufschrift, statt an ihn, an mich richtetest. Freudig erbrach ich den Brief und wurde den Irrthum erst bei den Worten inne: Ach mein herzlieber Lothar! — Nun hätte ich nicht weiter lesen, sondern den Brief dem Bruder geben sollen. Aber, hast Du mir auch sonst manchmahl in kindischer Neckerei vorgeworfen, ich hätte solch' ruhiges, weiblich besonnenes Gemüth, daß ich wie jene Frau, drohe das Haus den Einsturz, noch vor schneller Flucht ganz geschwinde einen falschen Kniff in der Fenstergardine glattstreichen würde, so darf ich doch wohl kaum versichern, daß Deines Briefes Anfang mich tief erschütterte. Ich konnte kaum athmen, es flimmerte mir vor den Augen. —

Ach, mein herzgeliebter Nathanael! was konnte so entsetzliches in Dein Leben getreten seyn! Trennung von Dir, Dich niemahls wieder sehen, der Gedanke durchfuhr meine Brust wie ein glühender Dolchstich. — Ich las und las! — Deine Schilderung des widerwärtigen Coppelius ist gräßlich. Erst jetzt vernahm ich, wie Dein guter alter Vater solch' entsetzlichen, gewaltsamen Todes starb. Bruder Lothar, dem ich sein Eigenthum zustellte, suchte mich zu beruhigen, aber es gelang ihm schlecht. Der fatale Wetterglashändler Giuseppe Coppola verfolgte mich auf Schritt und Tritt und beinahe schäme ich mich, es zu gestehen, daß er selbst meinen gesunden, sonst so ruhigen Schlaf in allerlei wunderlichen Traumgebilden zerstören konnte. Doch bald, schon den andern Tag, hatte sich Alles anders in mir gestaltet. Sei mir nur nicht böse, mein Inniggeliebter, wenn Lothar Dir etwa sagen möchte, daß ich trotz Deiner seltsamen Ahnung, Coppelius werde Dir etwas Böses anthun, ganz heitern unbefangenen Sinnes bin, wie immer.

Gerade heraus will ich es Dir nur gestehen, daß, wie ich meine, alles Entsetzliche und Schreckliche, wovon Du sprichst, nur in Deinem Innern vorging, die wahre wirkliche Außenwelt aber daran wohl wenig Theil hatte. Widerwärtig genug mag der alte Coppelius gewesen seyn, aber daß er Kinder haßte, das brachte in Euch Kindern wahren Abscheu gegen ihn hervor.

Natürlich verknüpfte sich nun in Deinem kindischen Gemüth der schreckliche Sandmann aus dem Ammenmährchen mit dem alten Coppelius, der Dir, glaubtest Du auch nicht an den Sandmann, ein gespenstischer, Kindern vorzüglich gefährlicher, Unhold blieb. Das unheimliche Treiben mit Deinem Vater zur Nachtzeit war wohl nichts anders, als daß beide insgeheim alchymistische Versuche machten, womit die Mutter nicht zufrieden seyn konnte, da gewiß viel Geld unnütz verschleudert und obendrein, wie es immer mit solchen Laboranten der Fall seyn soll, des Vaters Gemüth ganz von dem trügerischen Drange nach hoher Weisheit erfüllt, der Familie abwendig gemacht wurde. Der Vater hat wohl gewiß durch eigne Unvorsichtigkeit seinen Tod herbeigeführt, und Coppelius ist nicht Schuld daran! Glaubst Du, daß ich den erfahrnen Nachbar Apotheker gestern frug, ob wohl bei chemischen Versuchen eine solche augenblicklich tödtende Explosion möglich sey? Der sagte: Ei allerdings und beschrieb mir nach seiner Art gar weitläuftig und umständlich, wie das zugehen könne, und nannte dabei so viel sonderbar klingende Namen, die ich gar nicht zu behalten vermochte. — Nun wirst Du wohl unwillig werden über deine Clara, Du wirst sagen: in dies kalte Gemüth dringt kein Strahl des Geheimnißvollen, das den Menschen oft mit unsichtbaren Armen umfaßt; sie erschaut nur die bunte Oberfläche der Welt und freut sich, wie das kindische Kind über die goldgleißende Frucht, in deren Innerm tödtliches Gift verborgen.

Ach mein herzgeliebter Nathanael! glaubst Du denn nicht, daß auch in heitern — unbefangenen — sorglosen Gemüthern die Ahnung wohnen könne von einer dunklen Macht, die feindlich Uns in Unserm eignen Selbst zu verderben strebt? — Aber verzeih' es mir, wenn ich einfältig' Mädchen mich unterfange, auf irgend eine Weise Dir anzudeuten, was ich eigentlich von solchem Kampfe im Innern glaube. — Ich finde wohl gar am Ende nicht die rechten Worte und Du lachst mich aus, nicht, weil ich was dummes meine, sondern weil ich mich so ungeschickt anstelle, es zu sagen. —

Giebt es eine dunkle Macht, die so recht feindlich und verrätherisch einen Faden in unser Inneres legt, woran sie uns dann festpackt und fortzieht auf einem gefahrvollen verderblichen Wege, den wir sonst nicht betreten haben würden — giebt es eine solche Macht, so muß sie in Uns sich, wie wir selbst gestalten, ja unser Selbst werden; denn nur so glauben wir an sie und räumen ihr den Platz ein, dessen sie bedarf, um jenes geheime Werk zu vollbringen. Haben wir festen, durch das heitre Leben gestärkten, Sinn genug, um fremdes feindliches Einwirken als solches stets zu erkennen und den Weg, in den uns Neigung und Beruf geschoben, ruhigen Schrittes zu verfolgen, so geht wohl jene unheimliche Macht unter in dem vergeblichen Ringen nach der Gestaltung, die unser eignes Spiegelbild seyn sollte. Es ist auch gewiß, fügt Lothar hinzu, daß die dunkle physische Macht, haben wir uns durch uns selbst ihr hingegeben, oft fremde Gestalten, die die Außenwelt uns in den Weg wirft, in unser Inneres hineinzieht, so, daß wir selbst nur den Geist entzünden, der, wie wir in wunderlicher Täuschung glauben, aus jener Gestalt spricht. Es ist das Fantom unseres eigenen Ichs, dessen innige Verwandtschaft und dessen tiefe Einwirkung auf unser Gemüth uns in die Hölle wirft, oder in den Himmel verzückt. — Du merkst, mein herzlieber Nathanael! daß wir, ich und Bruder Lothar uns recht über die Materie von dunklen Mächten und Gewalten ausgesprochen haben, die mir nun, nachdem ich nicht ohne Mühe das Hauptsächlichste aufgeschrieben, ordentlich tiefsinnig vorkommt. Lothar's letzte Worte verstehe ich nicht ganz, ich ahne nur, was er meint, und doch ist es mir, als sei alles sehr wahr. Ich bitte Dich, schlage Dir den häßlichen Advokaten Coppelius und den Wetterglasmann Giuseppe Coppola ganz aus dem Sinn. Sei überzeugt, daß diese fremden Gestalten nichts über Dich vermögen;

nur der Glaube an ihre feindliche Gewalt kann sie Dir in der That feindlich machen. Spräche nicht aus jeder Zeile Deines Briefes die tiefste Aufregung Deines Gemüths, schmerzte mich nicht Dein Zustand recht in innerster Seele, wahrhaftig, ich könnte über den Advokaten Sandmann und den Wetterglashändler Coppelius scherzen. Sei heiter — heiter! — Ich habe mir vorgenommen, bei Dir zu erscheinen, wie Dein Schutzgeist, und den häßlichen Coppola, sollte er es sich etwa beikommen lassen, Dir im Traum beschwerlich zu fallen, mit lautem Lachen fortzubannen. Ganz und gar nicht fürchte ich mich vor ihm und vor seinen garstigen Fäusten, er soll mir weder als Advokat eine Näscherei, noch als Sandmann die Augen verderben.

Ewig, mein herzinnigstgeliebter Nathanael ꝛc. ꝛc. ꝛc.

Nathanael an Lothar.

Sehr unlieb ist es mir, daß Clara neulich den Brief an Dich aus, freilich durch meine Zerstreutheit veranlaßtem, Irrthum erbrach und las. Sie hat mir einen sehr tiefsinnigen philosophischen Brief geschrieben, worin sie ausführlich beweiset, daß Coppelius und Coppola nur in meinem Innern existiren und Fantome meines Ich's sind, die augenblicklich zerstäuben, wenn ich sie als solche erkenne. In der That, man sollte gar nicht glauben, daß der Geist, der aus solch' hellen holdlächelnden Kindesaugen, oft wie ein lieblicher süßer Traum, hervorleuchtet, so gar verständig, so magistermäßig distinguiren könne. Sie beruft sich auf Dich. Ihr habt über mich gesprochen. Du liesest ihr wohl logische Collegia, damit sie alles fein sichten und sondern lerne. — Laß das bleiben! — Uebrigens ist es wohl gewiß, daß der Wetterglashändler Giuseppe Coppola keineswegs der alte Advokat Coppelius ist. Ich höre bei dem erst neuerdings angekommenen Professor der Physik, der, wie jener berühmte Naturforscher, Spalanzani heißt und italiänischer Abkunft ist, Collegia. Der kennt den Coppola schon seit vielen Jahren und überdem hört man es auch seiner Aussprache an, daß er wirklich Piemonteser ist. Coppelius war ein Deutscher, aber wie mich dünkt, kein ehrlicher. Ganz beruhigt bin ich nicht. Haltet Ihr, Du und Clara, mich immerhin für einen düstern Träumer, aber nicht los kann ich den Eindruck werden, den Coppelius verfluchtes Gesicht auf mich macht. Ich bin froh, daß er fort ist aus der Stadt, wie mir Spalanzani sagt. Dieser Professor ist ein wunderlicher Kauz. Ein kleiner rundlicher Mann, das Gesicht mit starken Backenknochen, feiner Nase, aufgeworfnen Lippen, kleinen stechenden Augen. Doch besser, als in jeder Beschreibung, siehst Du ihn, wenn Du den Cagliostro, wie er von Chodowiecki in irgend einem Berlinischen Taschenkalender steht, anschauest. — So sieht Spalanzani aus. — Neulich steige ich die Treppe herauf und nehme wahr, daß die sonst einer Glasthüre dicht vorgezogene Gardine zur Seite einen kleinen Spalt läßt. Selbst weiß ich nicht, wie ich dazu kam, neugierig durchzublicken. Ein hohes, sehr schlank im reinsten Ebenmaß gewachsenes, herrlich gekleidetes Frauenzimmer saß im Zimmer vor einem kleinen Tisch, auf den sie beide Aerme, die Hände zusammengefaltet, gelegt hatte. Sie saß der Thüre gegenüber, so, daß ich ihr engelschönes Gesicht ganz erblickte. Sie schien mich nicht zu bemerken, und überhaupt hatten ihre Augen etwas Starres, beinahe möcht' ich sagen, keine Sehkraft, es war mir so, als schliefe sie mit offnen Augen. Mir wurde ganz unheimlich und deshalb schlich ich leise fort ins Auditorium, das daneben gelegen. Nachher erfuhr ich, daß die Gestalt, die ich gesehen, Spalanzani's Tochter, Olimpia war, die er sonderbarer und schlechter Weise einsperrt, so, daß durchaus kein Mensch in ihre Nähe kommen darf. — Am Ende hat es eine Bewandniß mit ihr, sie ist vielleicht blödsinnig oder sonst. — Weshalb schreibe ich Dir aber das alles? Besser und ausführlicher hätte ich Dir das mündlich erzählen können. Wisse nehmlich, daß ich über vierzehn Tage bey Euch bin. Ich muß mein süßes liebes Engelsbild, meine Clara, wiedersehen. Weggehaucht wird dann die Verstimmung seyn, die sich (ich muß das gestehen) nach dem fatalen verständigen Briefe meiner bemeistern wollte. Deshalb schreibe ich auch heute nicht an Sie.

Tausend Grüße ꝛc. ꝛc. ꝛc.

Seltsamer und wunderlicher kann nichts erfunden werden, als dasjenige ist, was sich mit meinem armen Freunde, dem jungen Studenten Nathanael, zugetragen, und was ich Dir, günstiger Leser! zu erzählen unternommen. Hast Du, Geneigtester! wohl jemahls etwas erlebt, das Deine Brust, Sinn und Gedanken ganz und gar erfüllte, Alles Andere daraus verdrängend? Es gährte und kochte in Dir, zur siedenden Gluth entzündet sprang das Blut durch die Adern und färbte höher Deine Wangen. Dein Blick war so seltsam als wolle er Gestalten, keinem andern Auge sichtbar, im leeren Raum erfassen und die Rede zerfloß in dunkle Seufzer. Da frugen Dich die Freunde: Wie ist Ihnen, Verehrter? — Was haben Sie, Theurer? Und nun wolltest Du das innere Gebilde mit allen glühenden Farben und Schatten und Lichtern aussprechen und mühtest Dich ab, Worte zu finden, um nur anzufangen. Aber es war Dir, als müßtest Du nun gleich im ersten Wort Alles Wunderbare, Herrliche, Entsetzliche, Lustige, Grauenhafte, das sich zugetragen, recht zusammengreifen, so daß es, wie ein elektrischer Schlag, alle treffe. Doch jedes Wort, Alles was Rede vermag, schien Dir farblos und frostig und todt. Du suchst und suchst, und stotterst und stammelst, und die nüchternen Fragen der Freunde schlagen, wie eisige Windeshauche, hinein in Deine innere Gluth, bis sie verlöschen will. Hattest Du aber, wie ein kecker Mahler, erst mit einigen verwegenen Strichen den Umriß Deines innern Bildes hingeworfen, so trugst Du mit leichter Mühe immer glühender und glühender die Farben auf und das lebendige Gewühl mannigfacher Gestalten riß die Freunde fort und sie sahen, wie Du, sich selbst mitten im Bilde, das aus Deinem Gemüth hervorgegangen! — Mich hat, wie ich es Dir, geneigter Leser! gestehen muß, eigentlich niemand nach der Geschichte des jungen Nathanael gefragt; Du weißt ja aber wohl, daß ich zu dem wunderlichen Geschlechte der Autoren gehöre, denen, tragen sie etwas so in sich, wie ich es vorhin beschrieben, so zu Muthe wird, als frage jeder, der in ihre Nähe kommt und nebenher auch wohl noch die ganze Welt: Was ist es denn? Erzählen Sie Liebster? — So trieb es mich denn gar gewaltig, von Nathanaels verhängnißvollem Leben zu Dir zu sprechen. Das Wunderbare, Seltsame davon erfüllte meine ganze Seele, aber eben deshalb und weil ich Dich, o mein Leser! gleich geneigt machen mußte, Wunderliches zu ertragen, welches nichts geringes ist, quälte ich mich ab, Nathanaels Geschichte, bedeutend — originell, ergreifend, anzufangen: „Es war einmahl" — der schönste Anfang jeder

Erzählung, zu nüchtern! — „In der kleinen Provinzial-Stadt S. lebte" — etwas besser, wenigstens ausholend zum Climax. — Oder gleich medias in res: „Scheer' er sich zum Teufel, rief, Wuth und Entsetzen im wilden Blick, der Student Nathanael, als der Wetterglashändler Giuseppe Coppola" — Das hatte ich in der That schon aufgeschrieben, als ich in dem wilden Blick des Studenten Nathanael etwas possirliches zu verspüren glaubte; die Geschichte ist aber gar nicht spaßhaft. Mir kam keine Rede in den Sinn, die nur im mindesten etwas von dem Farbenglanz des innern Bildes abzuspiegeln schien. Ich beschloß gar nicht anzufangen. Nimm, geneigter Leser! die drei Briefe, welche Freund Lothar mir gütigst mittheilte, für den Umriß des Gebildes, in das ich nun erzählend immer mehr und mehr Farbe hineinzutragen mich bemühen werde. Vielleicht gelingt es mir, manche Gestalt, wie ein guter Portraitmahler, so aufzufassen, daß Du es ähnlich findest, ohne das Original zu kennen, ja daß es Dir ist, als hättest Du die Person recht oft schon mit leibhaftigen Augen gesehen. Vielleicht wirst Du, o mein Leser! dann glauben, daß nichts wunderlicher und toller sei, als das wirkliche Leben und daß dieses der Dichter doch nur, wie in eines matt geschliffnen Spiegels dunklem Widerschein, auffassen könne.

Damit klarer werde, was gleich Anfangs zu wissen nöthig, ist jenen Briefen noch hinzuzufügen, daß bald darauf, als Nathanaels Vater gestorben, Clara und Lothar, Kinder eines weitläuftigen Verwandten, der ebenfalls gestorben und sie verwaist nachgelassen, von Nathanaels Mutter ins Haus genommen wurden. Clara und Nathanael faßten eine heftige Zuneigung zu einander, wogegen kein Mensch auf Erden etwas einzuwenden hatte; sie waren daher Verlobte, als Nathanael den Ort verließ, um seine Studien in G. — fortzusetzen. Da ist er nun in seinem letzten Briefe und hört Collegia bei dem berühmten Professor Physices, Spalanzani.

Nun könnte ich getrost in der Erzählung fortfahren; aber in dem Augenblick steht Clara's Bild so lebendig mir vor Augen, daß ich nicht wegschauen kann, so wie es immer geschah, wenn sie mich holdlächelnd anblickte. — Für schön konnte Clara keinesweges gelten; das meinten alle, die sich von Amtswegen auf Schönheit verstehen. Doch lobten die Architekten die reinen Verhältnisse ihres Wuchses, die Mahler fanden Nacken, Schultern und Brust beinahe zu keusch geformt. verliebten sich dagegen sämmtlich in das wunderbare Magdalenenhaar und faselten überhaupt viel von Battonischem Colorit. Einer von ihnen, ein wirklicher Fantast, verglich aber höchstseltsamer Weise Clara's Augen mit einem See von Ruisdael, in dem sich des wolkenlosen Himmels reines Azur, Wald- und Blumenflur, der reichen Landschaft ganzes buntes, heitres Leben spiegelt. Dichter und Meister gingen aber weiter und sprachen: Was See — was Spiegel! — Können wir denn das Mädchen anschauen, ohne daß uns aus ihrem Blick wunderbare himmlische Gesänge und Klänge entgegenstrahlen, die in unser Innerstes dringen, daß da alles wach und rege wird? Singen wir selbst denn nichts wahrhaft gescheutes, so ist überhaupt nicht viel an uns und das lesen wir denn auch deutlich in dem um Clara's Lippen schwebenden feinen Lächeln, wenn wir uns unterfangen, ihr etwas vorzuquinkeliren, das so thun will als sey es Gesang, unerachtet nur einzelne Töne verworren durch einander springen. Es war dem so. Clara hatte die lebenskräftige Fantasie des heitern unbefangenen kindischen Kindes, ein tiefes weiblich zartes Gemüth, einen gar hellen scharf sichtenden Verstand. Die Nebler und Schwebler hatten bei ihr böses Spiel; denn ohne zu viel zu reden, was überhaupt in Clara's schweigsamer Natur nicht lag, sagte ihnen der helle Blick, und jenes feine ironische Lächeln: Lieben Freunde! wie möget ihr mir denn zumuthen, daß ich Eure verfließende Schattengebilde für wahre Gestalten ansehen soll, mit Leben und Regung? — Clara wurde deshalb von vielen kalt, gefühllos, prosaisch gescholten; aber andere, die das Leben in klarer Tiefe aufgefaßt, liebten ungemein das gemüthvolle, verständige, kindliche Mädchen, doch keiner so sehr, als Nathanael, der sich in Wissenschaft und Kunst kräftig und heiter bewegte. Clara hing an dem Geliebten mit ganzer Seele; die ersten Wolkenschatten zogen durch ihr Leben, als er sich von ihr trennte. Mit welchem Entzücken flog sie in seine Arme, als er nun, wie er im letzten Briefe an Lothar es verheißen, wirklich in seiner Vaterstadt in's Zimmer der Mutter eintrat. Es geschah so wie Nathanael geglaubt; denn in dem Augenblick, als er Clara wieder sah, dachte er weder an den Advokaten Coppelius, noch an Clara's verständigen Brief, jede Verstimmung war verschwunden.

Recht hatte aber Nathanael doch, als er seinem Freunde Lothar schrieb, daß des widerwärtigen Wetterglashändlers Coppola Gestalt recht feindlich in sein Leben getreten sei. Alle fühlten das, da Nathanael gleich in den ersten Tagen in seinem ganzen Wesen durchaus verändert sich zeigte. Er versank in düstre Träumereien, und trieb es bald so seltsam, wie man es niemahls von ihm gewohnt gewesen. Alles, das ganze Leben war ihm Traum und Ahnung geworden; immer sprach er davon, wie jeder Mensch, sich frei wähnend, nur dunklen Mächten zum grausamen Spiel diene, vergeblich lehne man sich dagegen auf, demüthig müsse man sich dem fügen, was das Schicksal verhängt habe. Er ging so weit, zu behaupten, daß es thöricht sei, wenn man glaube, in Kunst und Wissenschaft nach selbstthätiger Willkühr zu schaffen; denn die Begeisterung, in der man nur zu schaffen fähig sei, komme nicht aus dem eignen Innern, sondern sei das Einwirken irgend eines außer uns selbst liegenden höheren Prinzips.

Der verständigen Clara war diese mystische Schwärmerei im höchsten Grade zuwider, doch schien es vergebens, sich auf Widerlegung einzulassen. Nur dann, wenn Nathanael bewies, daß Coppelius das böse Prinzip sei, was ihn in dem Augenblick erfaßt habe, als er hinter dem Vorhange lauschte, und daß dieser widerwärtige Dämon auf entsetzliche Weise ihr Liebesglück stören werde, da wurde Clara sehr ernst und sprach: „Ja Nathanael! Du hast Recht, Coppelius ist ein böses feindliches Prinzip, er kann Entsetzliches wirken, wie eine teuflische Macht, die sichtbarlich in das Leben trat, aber nur dann, wenn Du ihn nicht aus Sinn und Gedanken verbannst. So lange Du an ihn glaubst, ist er auch und wirkt, nur Dein Glaube ist seine Macht.“ — Nathanael, ganz erzürnt, daß Clara die Existenz des Dämon nur in seinem eignen Innern statuire, wollte dann hervorrücken mit der ganzen mystischen Lehre von Teufeln und grausen Mächten, Clara brach aber verdrüßlich ab, indem sie irgend etwas gleichgültiges dazwischen schob, zu Nathanaels nicht geringem Aerger. Der dachte, kalten unempfänglichen Gemüthern verschließen sich solche tiefe Geheimnisse, ohne sich deutlich bewußt zu seyn, daß er Clara eben zu solchen untergeordneten Naturen zähle, weshalb er nicht abließ mit Versuchen, sie in jene Geheimnisse einzuweihen. Am frühen Morgen, wenn

Clara das Frühstück bereiten half, stand er bei ihr und las ihr aus allerlei mystischen Büchern vor, daß Clara bat: Aber lieber Nathanael, wenn ich Dich nun das böse Prinzip schelten wollte, das feindlich auf meinen Kaffee wirkt? — Denn, wenn ich, wie Du es willst, alles stehen und liegen lassen und Dir, indem Du liesest, in die Augen schauen soll, so läuft mir der Kaffee ins Feuer und ihr bekommt alle kein Frühstück! — Nathanael klappte das Buch heftig zu und rannte voll Unmuth fort in sein Zimmer. Sonst hatte er eine besondere Stärke in anmuthigen, lebendigen Erzählungen, die er aufschrieb, und die Clara mit dem innigsten Vergnügen anhörte; jetzt waren seine Dichtungen düster, unverständlich, gestaltlos, so daß, wenn Clara schonend es auch nicht sagte, er doch wohl fühlte, wie wenig sie davon angesprochen wurde. Nichts war für Clara tödtender, als das Langweilige; in Blick und Rede sprach sich dann ihre nicht zu besiegende geistige Schläfrigkeit aus. Nathanael's Dichtungen waren in der That sehr langweilig. Sein Verdruß über Clara's kaltes prosaisches Gemüth stieg höher, Clara konnte ihren Unmuth über Nathanael's dunkle, düstere, langweilige Mystik nicht überwinden, und so entfernten beide im Innern sich immer mehr von einander, ohne es selbst zu bemerken. Die Gestalt des häßlichen Coppelius war, wie Nathanael selbst es sich gestehen mußte, in seiner Fantasie erbleicht und es kostete ihm oft Mühe, ihn in seinen Dichtungen, wo er als grauser Schicksalspopanz auftrat, recht lebendig zu coloriren. Es kam ihm endlich ein, jene düstre Ahnung, daß Coppelius sein Liebesglück stören werde, zum Gegenstande eines Gedichtes zu machen. Er stellte sich und Clara dar, in treuer Liebe verbunden, aber dann und wann war es, als griffe eine schwarze Faust in ihr

Leben und risse irgend eine Freude heraus, die ihnen aufgegangen. Endlich, als sie schon am Traualtar stehen, erscheint der entsetzliche Coppelius und berührt Clara's holde Augen; die springen in Nathanaels Brust wie blutige Funken sengend und brennend, Coppelius faßt ihn und wirft ihn in einen flammenden Feuerkreis, der sich dreht mit der Schnelligkeit des Sturmes und ihn sausend und brausend fortreißt. Es ist ein Tosen, als wenn der Orkan grimmig hineinpeitscht in die schäumenden Meereswellen, die sich wie schwarze, weißhauptige Riesen emporbäumen in wüthendem Kampfe. Aber durch dies wilde Tosen hört er Clara's Stimme: Kannst Du mich denn nicht erschauen? Coppelius hat Dich getäuscht, das waren ja nicht meine Augen, die so in Deiner Brust brannten, das waren ja glühende Tropfen Deines eignen Herzbluts — ich habe ja meine Augen, sieh' mich doch nur an! — Nathanael denkt: das ist Clara, und ich bin ihr Eigen ewiglich. — Da ist es, als faßt der Gedanke gewaltig in den Feuerkreis hinein, daß er stehen bleibt, und im schwarzen Abgrund verrauscht dumpf das Getöse. Nathanael blickt in Clara's Augen; aber es ist der Tod, der mit Clara's Augen ihn freundlich anschaut.

Während Nathanael dies dichtete, war er sehr ruhig und besonnen, er feilte und besserte an jeder Zeile und da er sich dem metrischen Zwange unterworfen, ruhte er nicht, bis alles rein und wohlklingend sich fügte. Als er jedoch nun endlich fertig worden, und das Gedicht für sich laut las, da faßte ihn Grausen und wildes Entsetzen und er schrie auf: Wessen grauenvolle Stimme ist das? — Bald schien ihm jedoch das Ganze wieder nur eine sehr gelungene Dichtung, und es war ihm, als müsse Clara's kaltes Gemüth dadurch entzündet werden, wiewohl er nicht deutlich dachte, wozu denn Clara entzündet, und wozu es denn nun eigentlich führen solle, sie mit den grauenvollen Bildern zu ängstigen, die ein entsetzliches, ihre Liebe zerstörendes Geschick weissagten. — Sie, Nathanael und Clara, saßen in der Mutter kleinem Garten, Clara war sehr heiter, weil Nathanael sie seit drei Tagen, in denen er an jener Dichtung schrieb, nicht mit seinen Träumen und Ahnungen geplagt hatte. Auch Nathanael sprach lebhaft und froh von lustigen Dingen wie sonst, so, daß Clara sagte: Nun erst habe ich Dich ganz wieder, siehst Du es wohl, wie wir den häßlichen Coppelius vertrieben haben? Da fiel dem Nathanael erst ein, daß er ja die Dichtung in der Tasche trage, die er habe vorlesen wollen. Er zog auch sogleich die Blätter hervor und fing an zu lesen: Clara, etwas langweiliges wie gewöhnlich vermuthend und sich darein ergebend, fing an, ruhig zu stricken. Aber so wie immer schwärzer und schwärzer das düstre Gewölk aufstieg, ließ sie den Strickstrumpf sinken und blickte starr dem Nathanael ins Auge. Den riß seine Dichtung unaufhaltsam fort, hochroth färbte seine Wangen die innere Gluth, Thränen quollen ihm aus den Augen — Endlich hatte er geschlossen, er stöhnte in tiefer Ermattung — er faßte Clara's Hand und seufzte wie aufgelöst in trostlosem Jammer: Ach! — Clara — Clara! — Clara drückte ihn sanft an ihren Busen und sagte leise, aber sehr langsam und ernst: Nathanael — mein herzlieber Nathanael! — wirf das tolle — unsinnige — wahnsinnige Mährchen ins Feuer. Da sprang Nathanael entrüstet auf und rief, Clara von sich stoßend: Du lebloses, verdammtes Automat! Er rannte fort, bittre Thränen vergoß die tief verletzte Clara: Ach er hat mich niemahls geliebt, denn er verfleht mich nicht, schluchzte sie laut. — Lothar trat in die Laube; Clara mußte ihm erzählen was vorgefallen; er liebte seine Schwester mit ganzer Seele, jedes Wort ihrer Anklage fiel wie ein Funke in sein Inneres, so, daß der Unmuth, den er wider den träumerischen Nathanael lange im Herzen getragen, sich entzündete zum wilden Zorn. Er lief zu Nathanael, er warf ihm das unsinnige Betragen gegen die geliebte Schwester in harten Worten vor, die der aufbrausende Nathanael eben so erwiederte. Ein fantastischer, wahnsinniger Geck wurde mit einem miserablen, gemeinen Alltagsmenschen erwiedert. Der Zweikampf war unvermeidlich. Sie beschlossen, sich am folgenden Morgen hinter dem Garten nach dortiger akademischer Sitte mit scharf geschliffenen Stoßrappieren zu schlagen. Stumm und finster schlichen sie umher, Clara hatte den heftigen Streit gehört und gesehen, daß der Fechtmeister in der Dämmerung die Rappiere brachte. Sie ahnte was geschehen sollte. Auf dem Kampfplatz angekommen hatten Lothar und Nathanael so eben düsterschweigend die Röcke abgeworfen, blutdürstige Kampflust im brennenden Auge wollten sie gegen einander ausfallen, als Clara durch die Gartenthür herbeistürzte. Schluchzend rief sie laut: Ihr wilden entsetzlichen Menschen! — stoßt mich nur gleich nieder, ehe ihr Euch anfallt; denn wie soll ich denn länger leben auf der Welt, wenn der Geliebte den Bruder, oder wenn der Bruder den Geliebten ermordet hat! — Lothar ließ die Waffe sinken und sah schweigend zur Erde nieder, aber in Nathanael's Innerm ging in herzzerreissender Wehmuth alle Liebe wieder auf, wie er sie jemahls in der herrlichen Jugendzeit schönsten Tagen für die holde Clara empfunden. Das Mordgewehr entfiel seiner Hand, er stürzte zu Clara's Füßen. Kannst Du mir denn jemahls verzeihen, Du meine einzige, meine herzgeliebte Clara! — Kannst Du mir verzeihen, mein herzlieber Bruder Lothar! — Lothar wurde gerührt von des Freundes tiefem Schmerz; unter tausend Thränen umarmten sich die drei versöhnten Menschen und schwuren, nicht von einander zu lassen in steter Liebe und Treue.

Dem Nathanael war es zu Muthe, als sei eine schwere Last, die ihn zu Boden gedrückt, von ihm abgewälzt, ja als habe er, Widerstand leistend der finstern Macht, die ihn befangen, sein ganzes Seyn, dem Vernichtung drohte, gerettet. Noch drei selige Tage verlebte er bei den Lieben, dann kehrte er zurück nach G., wo er noch ein Jahr zu bleiben, dann aber auf immer nach seiner Vaterstadt zurückzukehren gedachte.

Der Mutter war alles, was sich auf Coppelius bezog, verschwiegen worden; denn man wußte, daß sie nicht ohne Entsetzen an ihn denken konnte, weil sie, wie Nathanael, ihm den Tod ihres Mannes Schuld gab.

Wie erstaunte Nathanael, als er in seine Wohnung wollte und sah, daß das ganze Haus niedergebrannt war, so daß aus dem Schutthaufen nur die nackten Feuermauern hervorragten. Unerachtet das Feuer in dem Laboratorium des Apothekers, der im untern Stocke wohnte, ausgebrochen war, das Haus daher von unten herauf gebrannt hatte, so war es doch den kühnen, rüstigen Freunden gelungen, noch zu rechter Zeit in Nathanael's im obern Stock gelegenes Zimmer zu dringen, und Bücher, Manuscripte, Instrumente zu retten. Alles hatten sie unversehrt in ein anderes Haus getragen, und dort ein Zimmer in Beschlag genommen, welches Nathanael nun sogleich bezog. Nicht sonderlich achtete er darauf, daß er dem Professor Spalanzani gegenüber wohnte, und eben so wenig schien es ihm etwas besonderes, als er bemerkte, daß er aus seinem Fenster gerade hinein in das Zimmer blickte, wo oft Olimpia einsam saß, so, daß er ihre Figur deutlich erkennen konnte, wiewohl die Züge des Gesichts undeutlich und verworren blieben. Wohl fiel es ihm endlich auf, daß Olimpia oft Stundenlang in derselben Stellung, wie er sie einst durch die Glasthüre entdeckte, ohne irgend eine Beschäftigung an einem kleinen Tische saß und daß sie offenbar unverwandten Blickes nach ihm herüberschaute; er mußte sich auch selbst gestehen, daß er nie einen schöneren Wuchs gesehen; indessen, Clara im Herzen, blieb ihm die steife, starre Olimpia höchst gleichgültig und nur zuweilen sah' er flüchtig über sein Compendium herüber nach der schönen Bildsäule, das war Alles. — Eben schrieb er an Clara, als es leise an die Thüre klopfte; sie öffnete sich auf seinen Zuruf und Coppola's widerwärtiges Gesicht sah hinein. Nathanael fühlte sich im Innersten erbeben; eingedenk dessen, was ihm Spalanzani über den Landsmann Coppola gesagt und was er auch Rücksichts des Sandmanns Coppelius der Geliebten so heilig versprochen, schämte er sich aber selbst seiner kindischen Gespensterfurcht, nahm sich mit aller Gewalt zusammen und sprach so sanft und gelassen, als möglich: „Ich kaufe kein Wetterglas, mein lieber Freund! gehen Sie nur!“ Da trat aber Coppola vollends in die Stube und sprach mit heiserem Ton, indem sich das weite Maul zum häßlichen Lachen verzog und die kleinen Augen unter den grauen langen Wimpern stechend hervorfunkelten: „Ei, nix Wetterglas, nix Wetterglas! — hab' auch sköne Oke — sköne Oke!“ — Entsetzt rief Nathanael: „Toller

Mensch, wie kannst Du Augen haben? — Augen — Augen? —" Aber in dem Augenblick hatte Coppola seine Wettergläser bei Seite gesetzt, griff in die weiten Rocktaschen und holte Lorgnetten und Brillen heraus, die er auf den Tisch legte. — „Nu — Nu — Brill' — Brill' auf der Nas' su setze, das seyn meine Oke — sköne Oke!" — Und damit holte er immer mehr und mehr Brillen heraus, so, daß es auf dem ganzen Tisch seltsam zu flimmern und zu funkeln begann. Tausend Augen blickten und zuckten krampfhaft und starrten auf zum Nathanael; aber er konnte nicht wegschauen von dem Tisch, und immer mehr Brillen legte Coppola hin, und immer wilder und wilder sprangen flammende Blicke durch einander und schossen ihre blutrothe Strahlen in Nathanael's Brust. Uebermannt von tollem Entsetzen schrie er auf: halt ein! halt ein, fürchterlicher Mensch! — Er hatte Coppola, der eben in die Tasche griff, um noch mehr Brillen herauszubringen, unerachtet schon der ganze Tisch überdeckt war, beim Arm festgepackt. Coppola machte sich mit heiserem widrigen Lachen sanft los und mit den Worten: „Ah! — nix für Sie — aber hier sköne Glas" — hatte er alle Brillen zusammengerafft, eingesteckt und aus der Seitentasche des Rocks eine Menge großer und kleiner Perspektive hervorgeholt. So wie die Brillen nur fort waren, wurde Nathanael ganz ruhig und an Clara denkend sah' er wohl ein, daß der entsetzliche Spuk nur aus seinem Innern hervorgegangen, so wie daß Coppola ein höchst ehrlicher Mechanicus und Opticus, keineswegs aber Coppelii verfluchter Doppeltgänger und Revenant seyn könne. Zudem hatten alle Gläser, die Coppola nun auf den Tisch gelegt, gar nichts besonderes, am wenigsten so etwas gespenstisches wie die Brillen und, um alles wieder gut zu machen, beschloß Nathanael dem Coppola jetzt wirklich etwas abzukaufen. Er ergriff ein kleines sehr sauber gearbeitetes Taschenperspektiv und sah, um es zu prüfen, durch das Fenster. Noch im Leben war ihm kein Glas vorgekommen, das die Gegenstände so rein, scharf und deutlich dicht vor die Augen rückte. Unwillkührlich sah' er hinein in Spalanzani's Zimmer; Olimpia saß, wie gewöhnlich, vor dem kleinen Tisch, die Aerme darauf gelegt, die Hände gefaltet. — Nun erschaute Nathanael erst Olimpia's wunderschön geformtes Gesicht. Nur die Augen schienen ihm gar seltsam starr und todt. Doch wie er immer schärfer und schärfer durch das Glas hinschaute, war es, als gingen in Olimpia's Augen feuchte Mondesstrahlen auf. Es schien, als wenn nun erst die Sehkraft entzündet würde; immer lebendiger und lebendiger flammten die Blicke. Nathanael lag wie festgezaubert im Fenster, immer fort und fort die himmlisch-schöne Olimpia betrachtend. Ein Räuspern und Scharren weckte ihn, wie aus tiefem Traum. Coppola stand hinter ihm: Tre Zechini — drei Dukat — Nathanael hatte den Opticus rein vergessen, rasch zahlte er das verlangte. „Nick so? — sköne Glas — sköne Glas!" frug Coppola mit seiner widerwärtigen heisern Stimme und dem hämischen Lächeln. „Ja ja, ja!" erwiederte Nathanael verdrießlich; „Adieu, lieber Freund!" — Coppola verließ nicht ohne viele seltsame Seitenblicke auf Nathanael, das Zimmer. Er hörte ihn auf der Treppe laut lachen. „Nun ja, meinte Nathanael, er lacht mich aus, weil ich ihm das kleine Perspektiv gewiß viel zu theuer bezahlt habe — zu theuer bezahlt!" — Indem er diese Worte leise sprach, war es, als halle ein tiefer Todesseufzer grauenvoll durch das Zimmer, Nathanael's Athem stockte vor innerer Angst. — Er hatte ja aber selbst so aufgeseufzt, das merkte er wohl. Clara, sprach er zu sich selber, hat wohl Recht, daß sie mich für einen abgeschmackten Geisterseher hält; aber närrisch ist es doch — ach wohl mehr, als närrisch, daß mich der dumme Gedanke, ich hätte das Glas dem Coppola zu theuer bezahlt, noch jetzt so sonderbar ängstigt; den Grund davon sehe ich gar nicht ein. — Jetzt setzte er sich hin, um den Brief an Clara zu enden, aber ein Blick durchs Fenster überzeugte ihn, daß Olimpia noch da säße und im Augenblick, wie von unwiderstehlicher Gewalt getrieben, sprang er auf, ergriff Coppola's Perspektiv und konnte nicht los von Olimpia's verführerischem Anblick, bis ihn Freund und Bruder Siegmund abrief in's Collegium bei dem Professor Spalanzani. Die Gardine vor dem verhängnißvollen Zimmer war dicht zugezogen, er konnte Olimpia eben so wenig hier, als die beiden folgenden Tage hindurch in ihrem Zimmer, entdecken, unerachtet er kaum das Fenster verließ und fortwährend durch Coppola's Perspektiv hinüberschaute. Am dritten Tage wurden sogar die Fenster verhängt. Ganz verzweifelt und getrieben von Sehnsucht und glühendem Verlangen lief er hinaus vor's Thor. Olimpia's Gestalt schwebte vor ihm her in den Lüften und trat aus dem Gebüsch, und guckte ihn an mit großen strahlenden Augen, aus dem hellen Bach. Clara's Bild war ganz aus seinem Innern gewichen, er dachte nichts als Olimpia, und klagte ganz laut und weinerlich: Ach Du mein hoher herrlicher Liebesstern, bist Du mir denn nur aufgegangen, um gleich wieder zu verschwinden, und mich zu lassen in finstrer hoffnungsloser Nacht?

Als er zurückkehren wollte in seine Wohnung, wurde er in Spalanzani's Hause ein geräuschvolles Treiben gewahr. Die Thüren standen offen, man trug allerlei Geräthe hinein, die Fenster des ersten Stocks waren ausgehoben, geschäftige Mägde kehrten und stäubten mit großen Haarbesen hin und herfahrend, inwendig klopften und hämmerten Tischler und Tapezierer. Nathanael blieb in vollem Erstaunen auf der Straße stehen; da trat Siegmund lachend zu ihm und sprach: „Nun, was sagst Du zu unserem alten Spalanzani?" Nathanael versicherte, daß er gar nichts sagen könne, da er durchaus nichts vom Professor wisse, vielmehr mit großer Verwunderung wahrnehme, wie in dem stillen düstern Hause ein tolles Treiben und Wirthschaften losgegangen; da erfuhr er denn von Siegmund, daß Spalanzani morgen ein großes Fest geben wolle, Conzert und Ball, und daß die halbe Universität eingeladen sei. Allgemein verbreite man, daß Spalanzani seine Tochter Olimpia, die er so lange jedem menschlichen Auge recht ängstlich entzogen, zum erstenmahl erscheinen lassen werde.

Nathanael fand eine Einladungskarte und ging mit hochklopfendem Herzen zur bestimmten Stunde, als schon die Wagen rollten und die Lichter in den geschmückten Sälen schimmerten, zum Professor. Die Gesellschaft war zahlreich und glänzend. Olimpia erschien sehr reich und geschmackvoll gekleidet. Man mußte ihr schöngeformtes Gesicht, ihren Wuchs bewundern. Der etwas seltsam eingebogene Rücken, die wespenartige Dünne des Leibes schien von zu starkem Einschnüren bewirkt zu seyn. In Schritt und Stellung hatte sie etwas abgemessenes und steifes, das manchem unangenehm auffiel; man schrieb es dem Zwange zu, den ihr die Gesellschaft auflegte. Das Conzert begann. Olimpia spielte den Flügel mit großer Fertigkeit und trug eben so eine Bravour-Arie mit heller, beinahe schneidender Glasglockenstimme vor. Nathanael war ganz entzückt; er stand in der hintersten Reihe und konnte im blendenden Kerzenlicht Olimpia's Züge nicht ganz erkennen. Ganz unvermerkt nahm er deshalb Coppola's Glas hervor und schaute hin nach der schönen Olimpia. Ach! — da wurde er gewahr, wie sie voll Sehnsucht nach ihm herübersah', wie jeder Ton erst deutlich aufging in dem Liebesblick, der zündend sein Inneres durchdrang. Die künstlichen Rouladen schienen dem Nathanael das Himmelsjauchzen des in Liebe verklärten Gemüths, und als nun endlich nach der Cadenz der lange Trillo recht schmetternd durch den Saal gellte, konnte er wie von glühenden Aermen plötzlich erfaßt sich nicht mehr halten, er mußte vor Schmerz und Entzücken laut aufschreien: Olimpia! — Alle sahen sich um nach ihm, manche lachten. Der Domorganist schnitt aber noch ein finstreres Gesicht, als vorher und sagte blos: Nun nun! — Das Conzert war zu Ende, der Ball fing an. „Mit ihr zu tanzen! — mit ihr!" das war nun dem Nathanael das Ziel aller Wünsche, alles Strebens; aber wie sich erheben zu dem Muth, Sie, die Königin des Festes, aufzufordern? Doch! — er selbst wußte nicht wie es geschah, daß er, als schon der Tanz angefangen, dicht neben Olimpia stand, die noch nicht aufgefordert worden, und daß er, kaum vermögend einige Worte zu stammeln, ihre Hand ergriff. Eiskalt war Olimpia's Hand, er fühlte sich durchbebt von grausigem Todesfrost, er starrte Olimpia ins Auge, das strahlte ihm voll Liebe und Sehnsucht entgegen und in dem Augenblick war es auch, als fingen an in der kalten Hand Pulse zu schlagen und des Lebensblutes Ströme zu glühen. Und auch in Nathanael's Innerm glühte höher auf die Liebeslust, er umschlang die schöne Olimpia und durchflog mit ihr die Reihen. — Er glaubte sonst recht taktmäßig getanzt zu haben, aber an der ganz eignen rhythmischen Festigkeit, womit Olimpia tanzte und die ihn oft ordentlich aus der Haltung brachte, merkte er bald, wie sehr ihm der Takt gemangelt. Er wollte jedoch mit keinem andern Frauenzimmer mehr tanzen und hätte jeden, der sich Olimpia näherte, um sie aufzufordern, nur gleich ermorden mögen. Doch nur zweimahl geschah dies, zu seinem Erstaunen blieb darauf Olimpia bei jedem Tanze sitzen und er ermangelte nicht, immer wieder sie aufzuziehen. Hätte Nathanael außer der schönen Olimpia noch etwas anders zu sehen vermocht, so wäre allerlei fataler Zank und Streit unvermeidlich gewesen; denn offenbar ging das halbleise, mühsam unterdrückte Gelächter, was sich in diesem und jenem Winkel unter den jungen Leuten erhob, auf die schöne Olimpia, die sie mit ganz kuriosen Blicken verfolgten, man konnte gar nicht wissen, warum? Durch den Tanz und durch den reichlich genossenen Wein erhitzt, hatte Nathanael alle ihm sonst eigne Scheu abgelegt. Er saß neben Olimpia, ihre Hand in der seinigen und sprach hoch entflammt und begeistert von seiner Liebe in Worten, die keiner verstand, weder er, noch Olimpia. Doch diese vielleicht; denn sie sah ihm unverrückt ins Auge und seufzte einmahl über's andere: Ach — Ach — Ach! — worauf denn Nathanael also sprach: „O Du herrliche, himmlische Frau! — Du Strahl aus dem verheißenen Jenseits der Liebe — Du tiefes Gemüth, in dem sich mein ganzes Seyn spiegelt" und noch mehr dergleichen, aber Olimpia seufzte blos immer wieder: Ach, Ach! — Der Professor Spalanzani ging einigemahl bei den Glücklichen vorüber und lächelte sie ganz seltsam zufrieden an. Dem Nathanael schien es, unerachtet er sich in einer ganz andern Welt befand, mit einemmahl, als würd' es hienieden beim Professor Spalanzani merklich finster; er schaute um sich und wurde zu seinem nicht geringen Schreck gewahr, daß eben die zwei letzten Lichter in dem leeren Saal hernieder brennen und ausgehen wollten. Längst hatten Musik und Tanz aufgehört. „Trennung, Trennung," schrie er ganz wild und verzweifelt, er küßte Olimpia's Hand, er neigte sich zu ihrem Munde, eiskalte Lippen begegneten seinen glühenden! — So wie, als er Olimpia's kalte Hand berührte, fühlte er sich von innerem Grausen erfaßt, die Legende von der todten Braut ging ihm plötzlich durch den Sinn; aber fest hatte ihn Olimpia an sich gedrückt, und in dem Kuß schienen die Lippen zum Leben zu erwarmen. — Der Professor Spalanzani schritt langsam durch den leeren Saal, seine Schritte klangen hohl wieder und seine Figur, von flackernden Schlagschatten umspielt, hatte ein grauliches gespenstisches Ansehen. „Liebst Du mich — Liebst Du mich Olimpia? — Nur dies Wort! — Liebst Du mich?" So flüsterte Nathanael, aber Olimpia seufzte, indem sie aufstand, nur: „Ach — Ach!" „Ja Du mein holder, herrlicher Liebesstern, sprach Nathanael, bist mir aufgegangen und wirst leuchten, wirst verklären mein Inneres immerdar!" „Ach, ach!" replizirte Olimpia fortschreitend. Nathanael folgte ihr, sie standen vor dem Professor. „Sie haben sich außerordentlich lebhaft mit meiner Tochter unterhalten," sprach dieser lächelnd: „Nun, nun, lieber Herr Nathanael, finden Sie Geschmack daran, mit dem blöden Mädchen zu conversiren, so sollen mir Ihre Besuche willkommen seyn." — Einen ganzen hellen strahlenden Himmel in der Brust schied Nathanael von dannen; Spalanzani's Fest war der Gegenstand des Gesprächs in den folgenden Tagen. Unerachtet der Professor alles gethan hatte, recht splendid zu erscheinen, so wußten doch die lustigen Köpfe von allerlei Unschicklichem und Sonderbarem zu erzählen, das sich begeben, und vorzüglich fiel man über die todtstarre, stumme Olimpia her, der man, ihres schönen Aeußern unerachtet, totalen Stumpfsinn andichten und darin die Ursache finden wollte, warum Spalanzani sie so lange verborgen gehalten. Nathanael vernahm das nicht ohne innern Grimm, indessen schwieg er; denn, dachte er, würde es wohl verlohnen, diesen Burschen zu beweisen, daß eben ihr eigner Stumpfsinn es ist, der sie Olimpia's tiefes herrliches Gemüth zu erkennen hindert? „Thu' mir den Gefallen Bruder, sprach eines Tages Siegmund, thu' mir den Gefallen und sage, wie es Dir gescheuten Kerl möglich war, Dich in das Wachsgesicht, in die Holzpuppe da drüben zu vergaffen?" Nathanael wollte zornig auffahren, doch schnell besann er sich und erwiederte: „Sage Du mir Siegmund, wie Deinem, sonst alles Schöne klar auffassenden Blick, Deinem regen Sinn, Olimpia's himmlischer Liebreiz entgehen konnte? Doch eben deshalb habe ich, Dank sei es dem Geschick, Dich nicht zum Nebenbuhler; denn sonst müßte einer von uns blutend fallen." Siegmund merkte wohl, wie es mit dem Freunde stand, lenkte geschickt ein, und fügte, nachdem er geäußert, daß in der Liebe niemahls über den Gegenstand zu rechten sei, hinzu: „Wunderlich ist es doch, daß viele von uns über Olimpia ziemlich gleich urtheilen. Sie ist uns — nimm es nicht übel, Bruder! — auf seltsame Weise starr und seelenlos erschienen. Ihr Wuchs ist regelmäßig, so wie ihr Gesicht, das ist wahr! — Sie könnte für schön gelten, wenn ihr Blick nicht so ganz ohne Lebensstrahl, ich möchte sagen, ohne Sehkraft wäre. Ihr Schritt ist sonderbar abgemessen, jede Bewegung scheint durch den Gang eines aufgezogenen Räderwerks bedingt. Ihr Spiel, ihr Singen hat den unangenehm richtigen geistlosen Takt der singenden Maschine und eben so ist ihr Tanz. Uns ist diese Olimpia ganz unheimlich geworden, wir mochten nichts mit ihr zu schaffen haben, es war uns als thue sie nur so wie ein lebendiges Wesen und doch habe es mit ihr eine eigne Bewandniß." — Nathanael gab sich dem bittern Gefühl, das ihn bei diesen Worten Siegmund's ergreifen wollte, durchaus nicht hin, er wurde Herr seines Unmuths und sagte blos sehr ernst: „Wohl mag Euch, ihr kalten prosaischen Menschen, Olimpia unheimlich seyn. Nur dem poetischen Gemüth entfaltet sich das gleich organisirte! — Nur mir ging ihr Liebesblick auf und durchstrahlte Sinn und Gedanken, nur in Olimpia's Liebe finde ich mein Selbst wieder. Auch mag es nicht recht seyn, daß sie nicht in platter Conversation faselt, wie die andern flachen Gemüther. Sie spricht wenig Worte, das ist wahr; aber diese wenigen Worte erscheinen als ächte Hieroglyphe der innern Welt voll Liebe und hoher Erkenntniß des geistigen Lebens in der Anschauung des ewigen Jenseits. Doch für Alles das habt ihr keinen Sinn und alles sind verlorne Worte." „Behüte Dich Gott, Herr Bruder," sagte Siegmund sehr sanft, beinahe wehmüthig, „aber mir scheint es, Du seist auf bösem Wege. Auf mich kannst Du rechnen, wenn alles — Nein ich mag nichts weiter sagen! —" Dem Nathanael war es plötzlich, als meine der kalte prosaische Siegmund es sehr treu mit ihm, er schüttelte daher die ihm dargebotene Hand recht herzlich. —

Nathanael hatte rein vergessen, daß es eine Clara in der Welt gebe, die er sonst geliebt; — die Mutter — Lothar — Alle waren aus seinem Gedächtniß entschwunden, er lebte nur für Olimpia, bei der er täglich Stundenlang saß und von seiner Liebe, von zum Leben erglühter Sympathie, von psychischer Wahlverwandtschaft fantasirte, welches alles Olimpia mit großer Andacht anhörte. Aus dem tiefsten Grunde des Schreibpults holte Nathanael alles hervor, was er jemals geschrieben. Gedichte, Fantasien, Visionen, Romane, Erzählungen, das wurde täglich vermehrt mit allerlei ins Blaue fliegenden Sonnetten, Stanzen, Canzonen, und das alles las er der Olimpia Stundenlang hinter einander vor, ohne zu ermüden. Aber auch noch nie hatte er eine solche herrliche Zuhörerin gehabt. Sie stickte und strickte nicht, sie sah' nicht durch's Fenster, sie fütterte keinen Vogel, sie spielte mit keinem Schooshündchen, mit keiner Lieblingskatze, sie drehte keine Papierschnitzchen, oder sonst etwas in der Hand, sie durfte kein Gähnen durch einen leisen erzwungenen Husten bezwingen — Kurz! — Stundenlang sah sie mit starrem Blick unverwandt dem Geliebten ins Auge, ohne sich zu rücken und zu bewegen und immer glühender, immer lebendiger wurde dieser Blick. Nur wenn Nathanael endlich aufstand und ihr die Hand, auch wohl den Mund küßte, sagte sie: „Ach, Ach!" — dann aber: „Gute Nacht, mein Lieber!" — „O du herrliches, du tiefes Gemüth, rief Nathanael auf seiner Stube: nur von Dir, von Dir allein werd' ich ganz verstanden." Er erbebte vor innerm Entzücken, wenn er bedachte, welch' wunderbarer Zusammenklang sich in seinem und Olimpia's Gemüth täglich mehr offenbare; denn es schien ihm, als habe Olimpia über seine Werke, über seine Dichtergabe überhaupt recht tief aus seinem Innern gesprochen, ja als habe die Stimme aus seinem Innern selbst herausgetönt. Das mußte denn wohl auch seyn; denn mehr Worte als vorhin erwähnt, sprach Olimpia niemals. Erinnerte sich aber auch Nathanael in hellen nüchternen Augenblicken, z. B. Morgens gleich nach dem Erwachen, wirklich an Olimpia's gänzliche Passivität und Wortkargheit, so sprach er doch: „Was sind Worte — Worte! — Der Blick ihres himmlischen Auges sagt mehr als jede Sprache hienieden. Vermag denn überhaupt ein Kind des Himmels sich einzuschichten in den engen Kreis, den ein klägliches irdisches Bedürfniß gezogen?" — Professor Spalanzani schien hoch erfreut über das Verhältniß seiner Tochter mit Nathanael; er gab diesem allerlei unzweideutige Zeichen seines Wohlwollens und als es Nathanael endlich wagte von ferne auf eine Verbindung mit Olimpia anzuspielen, lächelte dieser mit dem ganzen Gesicht und meinte: Er werde seiner Tochter völlig freie Wahl lassen. — Ermuthigt durch diese Worte, brennendes Verlangen im Herzen, beschloß Nathanael, gleich am folgenden Tage Olimpia anzuflehen, daß sie das unumwunden in deutlichen Worten ausspreche, was längst ihr holder Liebesblick ihm gesagt, daß sie sein Eigen immerdar seyn wolle. Er suchte nach dem Ringe, den ihm beim Abschiede die Mutter geschenkt, um ihn Olimpia als Symbol seiner Hingebung, seines mit ihr aufkeimenden, blühenden Lebens darzureichen. Clara's, Lothar's Briefe fielen ihm dabei in die Hände; gleichgültig warf er sie bei Seite, fand den Ring, steckte ihn ein und rannte herüber zu Olimpia. Schon auf der Treppe, auf dem Flur, vernahm er ein wunderliches Getöse; es schien aus Spalanzani's Studirzimmer heraus zu schallen. — Ein Stampfen — ein Klirren — ein Stoßen — Schlagen gegen die Thür, dazwischen Flüche und Verwünschungen. „Laß los — laß los — Infamer — Verruchter! — Darum Leib und Leben daran gesetzt? — ha ha ha ha! — so haben wir nicht gewettet — ich, ich hab' die Augen gemacht — ich das Räderwerk — dummer Teufel mit deinem Räderwerk — verfluchter Hund von einfältigem Uhrmacher — fort mit dir — Satan — halt — Peipendreher — teuflische Bestie! — halt — fort — laß los!" — Es waren Spalanzani's und des gräßlichen Coppelius Stimmen, die so durch einander schwirrten und tobten. Hinein stürzte Nathanael von namenloser Angst ergriffen. Der Professor hatte eine weibliche Figur bei den Schultern gepackt, der Italiäner Coppola bei den Füßen, die zerrten und zogen sie hin und her, streitend in voller Wuth um den Besitz. Voll tiefen Entsetzens prallte Nathanael zurück, als er die Figur für Olimpia erkannte; aufflammend in wildem Zorn wollte er den Wüthenden die Geliebte entreissen, aber in dem Augenblick wand Coppola sich mit Riesenkraft drehend die Figur dem Professor aus den Händen, und versetzte ihm mit der Figur selbst einen fürchterlichen Schlag, daß er rücklings über den Tisch, auf dem Phiolen, Retorten, Flaschen, gläserne Cylinder standen, taumelte und hinstürzte; alles Geräth klirrte in tausend Scherben zusammen. Nun warf Coppola die Figur über die Schulter und rannte mit fürchterlich gellendem Gelächter rasch fort die Treppe herab, so daß die häßlich herunterhängenden Füße der Figur auf den Stufen hölzern klapperten und dröhnten. — Erstarrt stand Nathanael — nur zu deutlich hatte er gesehen, Olimpia's todterbleichtes Wachsgesicht hatte keine Augen, statt ihrer schwarze Höhlen; sie war eine leblose Puppe. Spalanzani wälzte sich auf der Erde, Glasscherben hatten ihm Kopf, Brust und Arm zerschnitten, wie aus Springquellen strömte das Blut empor. Aber er raffte seine Kräfte zusammen. — „Ihm nach — ihm nach, was zauderst Du? — Coppelius — Coppelius, mein bestes Automat hat er mir geraubt — Zwanzig Jahre daran gearbeitet — Leib und Leben daran gesetzt — das Räderwerk — Sprache — Gang — mein — die Augen — die Augen Dir gestohlen. — Verdammter — Verfluchter — ihm nach — hol mir Olimpia — da hast Du die Augen! —" Nun sah Nathanael, wie ein Paar blutige Augen auf dem Boden liegend ihn anstarrten, die ergriff Spalanzani mit der unverletzten Hand und warf sie nach ihm, daß sie seine Brust trafen. — Da packte ihn der Wahnsinn mit glühenden Krallen und fuhr in sein Inneres hinein Sinn und Gedanken zerreissend. „Hui — hui — hui! — Feuerkreis — Feuerkreis! dreh Dich Feuerkreis — lustig — lustig! — Holzpüppchen hui, schön' Holzpüppchen dreh Dich —" damit warf er sich auf den Professor und drückte ihm die Kehle zu. Er hätte ihn erwürgt, aber das Getöse hatte viele Menschen herbeigelockt, die drangen ein, rissen den wüthenden Nathanael auf, und retteten so den Professor, der gleich verbunden wurde. Siegmund, so stark er war, vermochte nicht den Rasenden zu bändigen; der schrie mit fürchterlicher Stimme immer fort: „Holzpüppchen dreh' Dich" und schlug um sich mit geballten Fäusten. Endlich gelang es der vereinten Kraft mehrerer, ihn zu überwältigen, indem sie ihn zu Boden warfen und banden. Seine Worte gingen unter in entsetzlichem thierischen Gebrüll. So in gräßlicher Raserei tobend wurde er nach dem Tollhause gebracht. —

Ehe ich, günstiger Leser! Dir zu erzählen fortfahre, was sich weiter mit dem unglücklichen Nathanael zugetragen, kann ich Dir, solltest Du einigen Antheil an dem geschickten Mechanikus und Automat-Fabrikanten Spalanzani nehmen, versichern, daß er von seinen Wunden völlig geheilt wurde. Er mußte indeß die Universität verlassen, weil Nathanael's Geschichte Aufsehen erregt hatte und es allgemein für gänzlich unerlaubten Betrug gehalten wurde, vernünftigen Theezirkeln (Olimpia hatte sie mit Glück besucht) statt der lebendigen Person eine Holzpuppe einzuschwärzen. Juristen nannten es sogar einen feinen und um so härter zu bestrafenden Betrug, als er gegen das Publikum gerichtet und so schlau angelegt worden, daß kein Mensch (ganz kluge Studenten ausgenommen) es gemerkt habe, unerachtet jetzt alle weise thun und sich auf allerlei Thatsachen berufen wollten, die ihnen verdächtig vorgekommen. Diese letzteren brachten aber eigentlich nichts gescheutes zu Tage. Denn konnte z. B. wohl irgend jemanden verdächtig vorgekommen seyn, daß nach der Aussage eines eleganten Theeisten Olimpia gegen alle Sitte öfter genießet, als gegähnt hatte? Ersteres, meinte der Elegant, sey das Selbstaufziehen des verborgenen Triebwerks gewesen, merklich habe es dabei geknarrt u. s. w. Der Professor der Poesie und Beredsamkeit nahm eine Prise, klappte die Dose zu, räusperte sich und sprach feierlich: „Hochzuverehrende Herren und Damen! merken Sie denn nicht, wo der Hase im Pfeffer liegt? Das Ganze ist eine Allegorie — eine fortgeführte Metapher! — Sie verstehen mich! — Sapienti sat!" Aber viele hochzuverehrende Herren beruhigten sich nicht dabei; die Geschichte mit dem Automat hatte tief in ihrer Seele Wurzel gefaßt und es schlich sich in der That abscheuliches Mißtrauen gegen menschliche Figuren ein. Um nun ganz überzeugt zu werden, daß man keine Holzpuppe liebe, wurde von mehrern Liebhabern verlangt, daß die Geliebte etwas taktlos singe und tanze, daß sie beim Vorlesen sticke, stricke, mit dem

Möpschen spiele u. s. w., vor allen Dingen aber, daß sie nicht bloß höre, sondern auch manchmahl in der Art spreche, daß dies Sprechen wirklich ein Denken und Empfinden voraussetze. Das Liebesbündniß vieler wurde fester und dabei anmuthiger, andere dagegen gingen leise aus einander. „Man kann wahrhaftig nicht dafür stehen," sagte dieser und jener. In den Thees wurde unglaublich gegähnt und niemahls genießet, um jedem Verdacht zu begegnen. — Spalanzani mußte, wie gesagt, fort, um der Criminaluntersuchung wegen der menschlichen Gesellschaft betrüglicher Weise eingeschobenen Automats zu entgehen. Coppola war auch verschwunden. —

Nathanael erwachte wie aus schwerem, fürchterlichem Traum, er schlug die Augen auf und fühlte wie ein unbeschreibliches Wonnegefühl mit sanfter himmlischer Wärme ihn durchströmte. Er lag in seinem Zimmer in des Vaters Hause auf dem Bette, Clara hatte sich über ihn hingebeugt und unfern standen die Mutter und Lothar. „Endlich, endlich, o mein herzlieber Nathanael — nun bist Du genesen von schwerer Krankheit — nun bist Du wieder mein!" — So sprach Clara recht aus tiefer Seele und faßte den Nathanael in ihre Arme. Aber dem quollen vor lauter Wehmuth und Entzücken die hellen glühenden Thränen aus den Augen und er stöhnte tief auf: „Meine — meine Clara!" — Siegmund, der getreulich ausgeharrt bei dem Freunde in großer Noth, trat herein. Nathanael reichte ihm die Hand: „Du treuer Bruder hast mich doch nicht verlassen." — Jede Spur des Wahnsinns war verschwunden, bald erkräftigte sich Nathanael in der sorglichen Pflege der Mutter, der Geliebten, der Freunde. Das Glück war unterdessen in das Haus eingekehrt; denn ein alter karger Oheim, von dem niemand etwas gehofft, war gestorben und hatte der Mutter nebst einem nicht unbedeutenden Vermögen ein Gütchen in einer angenehmen Gegend unfern der Stadt hinterlassen. Dort wollten sie hinziehen, die Mutter, Nathanael mit seiner Clara, die er nun zu heirathen gedachte, und Lothar. Nathanael war milder, kindlicher geworden, als er je gewesen und erkannte nun erst recht Clara's himmlisch reines, herrliches Gemüth. Niemand erinnerte ihn auch nur durch den leisesten Anklang an die Vergangenheit. Nur, als Siegmund von ihm schied, sprach Nathanael: „bei Gott Bruder! ich war auf schlimmen Wege, aber zu rechter Zeit leitete mich ein Engel auf den lichten Pfad! — Ach es war ja Clara! —" Siegmund ließ ihn nicht weiter reden, aus Besorgniß, tief verletzende Erinnerungen möchten ihm zu hell und flammend aufgehen. — Es war an der Zeit, daß die vier glücklichen Menschen nach dem Gütchen ziehen wollten. Zur Mittagsstunde gingen sie durch die Straßen der Stadt. Sie hatten manches eingekauft, der hohe Rathsthurm warf seinen Riesenschatten über den Markt. „Ei! sagte Clara: steigen wir doch noch einmal herauf und schauen in das ferne Gebirge hinein!" Gesagt, gethan! Beide, Nathanael und Clara stiegen herauf, die Mutter ging mit der Dienstmagd nach Hause, und Lothar, nicht geneigt, die vielen Stufen zu erklettern, wollte unten warten. Da standen die beiden Liebenden Arm in Arm auf der höchsten Gallerie des Thurmes und schauten hinein in die duftigen Waldungen, hinter denen das blaue Gebirge, wie eine Riesenstadt, sich erhob.

„Sieh' doch den sonderbaren kleinen grauen Busch, der ordentlich auf uns los zu schreiten scheint," sprach Clara. — Nathanael faßte mechanisch nach der Seitentasche; er fand Coppola's Perspektiv, er schaute seitwärts — Clara stand vor dem Glase! — Da zuckte es krampfhaft in seinen Pulsen und Adern — todtenbleich starrte er Clara an, aber bald glühten und sprühten Feuerströme durch die rollenden Augen, gräßlich brüllte er auf, wie ein gehetztes Thier; dann sprang er hoch in die Lüfte und grausig dazwischen lachend schrie er in schneidendem Ton: „Holzpüppchen dreh' Dich — Holzpüppchen dreh' Dich" — und mit gewaltiger Kraft faßte er Clara und wollte sie herabschleudern, aber Clara krallte sich in verzweifelnder Todesangst fest an das Geländer. Lothar hörte den Rasenden toben, er hörte Clara's Angstgeschrei, gräßliche Ahnung durchflog ihn, er rannte herauf, die Thür der zweiten Treppe war verschlossen — stärker hallte Clara's Jammergeschrei. Unsinnig vor Wuth und Angst stieß er gegen die Thür, die endlich aufsprang — Matter und matter wurden nun Clara's Laute: „Hülfe — rettet — rettet —" so erstarb die Stimme in den Lüften. Sie ist hin — ermordet von dem Rasenden, so schrie Lothar. Auch die Thür zur Gallerie war zugeschlagen. — Die Verzweiflung gab ihm Riesenkraft, er sprengte die Thür aus den Angeln. Gott im Himmel — Clara schwebte von dem rasenden Nathanael erfaßt über der Gallerie in den Lüften — nur mit einer Hand hatte sie noch die Eisenstäbe umklammert. Rasch wie der Blitz erfaßte Lothar die Schwester, zog sie hinein, und schlug in demselben Augenblick mit geballter Faust dem Wüthenden in's Gesicht, daß er zurückprallte und die Todesbeute fahren ließ.

Lothar rannte herab, die ohnmächtige Schwester in den Armen. — Sie war gerettet. — Nun raste Nathanael herum auf der Gallerie und sprang hoch in die Lüfte und schrie: „Feuerkreis dreh' dich — Feuerkreis dreh' dich" — Die Menschen liefen auf das wilde Geschrei zusammen; unter ihnen ragte riesengroß der Advokat Coppelius hervor, der eben in die Stadt gekommen und gerades Weges nach dem Markt geschritten war. Man wollte heràuf, um sich des Rasenden zu bemächtigen, da lachte Coppelius sprechend: „ha ha — wartet nur, der kommt schon herunter von selbst,“ und schaute wie die übrigen hinauf. Nathanael blieb plötzlich wie erstarrt stehen, er bückte sich herab, wurde den Coppelius gewahr und mit dem gellenden Schrei: „Ha! Sköne Oke — Sköne Oke,“ sprang er über das Geländer. —

Als Nathanael mit zerschmettertem Kopf auf dem Steinpflaster lag, war Coppelius im Gewühl verschwunden. —

Nach mehreren Jahren will man in einer entfernten Gegend Clara gesehen haben, wie sie mit einem freundlichen Mann, Hand in Hand vor der Thüre eines schönen Landhauses saß und vor ihr zwei muntre Knaben spielten. Es wäre daraus zu schließen, daß Clara das ruhige häusliche Glück noch fand, das ihrem heitern lebenslustigen Sinn zusagte und das ihr der im Innern zerrissene Nathanael niemals hätte gewähren können.

Ignaz Denner.

Vor alter längst verfloßner Zeit lebte in einem wilden einsamen Forst des Fuldaischen Gebiets ein wackrer Jägersmann, Andres mit Namen. Er war sonst Leibjäger des Herrn Grafen Aloys von Bach gewesen, den er auf weiten Reisen durch das schöne Welschland begleitet, und einmal, als sie auf den unsichern Wegen in dem Königreich Neapel von Straßenräubern angefallen wurden, durch seine Klugheit und Tapferkeit aus großer Lebensgefahr gerettet hatte. In dem Wirthshause zu Neapel, wo sie eingekehrt waren, befand sich ein armes, bildschönes Mädchen, die von dem Hauswirth, der sie als eine Waise aufgenommen, gar hart behandelt und zu den niedrigsten Arbeiten in Hof und Küche gebraucht wurde. Andres suchte sie, so gut er sich ihr verständlich machen konnte, mit trostreichen Worten aufzurichten, und das Mädchen faßte solche Liebe zu ihm, daß sie sich nicht mehr von ihm trennen, sondern mitziehen wollte nach dem kalten Deutschland. Der Graf von Bach, gerührt von Andres Bitten und Giorgina's Thränen, erlaubte, daß sie sich zu dem geliebten Andres auf den Kutschenbock setzen, und so die beschwerliche Reise machen durfte. Schon ehe sie über die Gränzen von Italien hinausgekommen, ließ sich Andres mit seiner Giorgina trauen und als sie dann nun endlich zurückgekehrt waren auf die Güter des Grafen von Bach, glaubte dieser den treuen Diener recht zu belohnen, da er ihn zu seinem Revierjäger ernannte. Mit seiner Giorgina und einem alten Knecht zog er in den einsamen rauhen Wald, den er schützen sollte wider die Freijäger und Holzdiebe. Statt des gehofften Wohlstandes, den ihm der Graf von Bach verheißen, führte er aber ein beschwerliches, mühseliges, dürftiges Leben und gerieth bald in Kummer und Elend. Der kleine Lohn an baarem Gelde, den er vom Grafen erhielt, reichte kaum hin, sich und seine Giorgina zu kleiden; die geringen Gefälle, die ihm bei Holzverkäufen zukamen, waren selten und ungewiß und den Garten, auf dessen Bebauung und Benutzung er angewiesen, verwüsteten oft die Wölfe und die wilden Schweine, er mochte mit seinem Knecht auf der Hut seyn, wie er wollte, so daß bisweilen in einer Nacht die letzte Hoffnung des Lebensunterhalts vereitelt ward. Dabei war sein Leben stets bedroht von den Holzdieben und Freischützen. Jeder Lockung widerstand er als ein wackrer frommer Mann, der lieber darben, als ungerechtes Gut an sich bringen wollte und verwaltete sein Amt getreulich und tapfer; deshalb stellten sie ihm nach auf gefährliche Weise, und nur seine treuen Doggen schützten ihn vor nächtlichem Ueberfall des Raubgesindels. Giorgina, des Clima's und der Lebensweise in dem wilden Forst ganz ungewohnt, welkte zusehends hin. Ihre bräunliche Gesichtsfarbe verwandelte sich in fahles Gelb, ihre lebhaften blitzenden Augen wurden düster, und ihr voller, üppiger Wuchs magerte mit jedem Tage mehr ab. Oft erwachte sie in mondheller Nacht. Schüsse krachten in der Ferne durch den Wald, die Doggen heulten, leise erhob sich der Mann vom Lager und schlich mit dem Knecht murmelnd hinaus in den Forst. Dann betete sie inbrünstig zu Gott und zu den Heiligen, daß sie und ihr treuer Mann errettet werden möchten aus dieser schrecklichen Einöde und aus der steten Todesgefahr. Die Geburt eines Knaben warf Giorgina endlich auf das Krankenlager, und immer schwächer und schwächer werdend, sah sie ihr Ende vor Augen. Dumpf in sich hinbrütend, schlich der unglückliche Andres umher; alles Glück war mit der Krankheit seines Weibes von ihm gewichen. Wie neckendes, gespenstisches Wesen guckte das Wild aus den Büschen; so wie er sein Gewehr abdrückte, war es verstoben in der Luft. Er konnte kein Thier mehr treffen und nur sein Knecht, ein geübter Schütze, beschaffte das Wild, welches er dem Grafen von Bach zu liefern gehalten war. Einst saß er an Giorgina's Bette, den starren Blick auf das geliebte Weib gerichtet, die ermattet zum Tode kaum mehr athmete. In dumpfem, lautlosem Schmerz hatte er ihre Hand gefaßt und hörte nicht das Aechzen des Knaben, der nahrungslos verschmachten wollte. Der Knecht ging schon am frühen Morgen nach Fulda, um für das letzte Ersparniß einige Erquickung für die Kranke herbeizuschaffen. Kein menschliches tröstendes Wesen war weit und breit zu finden, nur der Sturm heulte in schneidenden Tönen des entsetzlichen Jammers durch die schwarzen Tannen und die Doggen winselten, wie in trostloser Klage, um den unglücklichen Herrn. Da hörte Andres auf einmal es vor dem Hause daher schreiten, wie menschliche Fußtritte. Er glaubte, es wäre der zurückkehrende Knecht, unerachtet er ihn nicht so früh erwarten konnte, aber die Hunde sprangen heraus und bellten heftig. Es mußte ein Fremder seyn. Andres ging selbst vor die Thür: da trat ihm ein langer, hagerer Mann entgegen, in grauem Mantel, die Reisemütze tief ins Gesicht gedrückt. „Ei,“ sagte der Fremde: „wie bin ich doch hier im Walde so irre gegangen! Der Sturm tobt von den Bergen herab, wir bekommen ein schrecklich Wetter. Möchtet Ihr nicht erlauben, lieber Herr! daß ich in Euer Haus eintreten und mich von dem beschwerlichen Wege erholen und erquicken dürfte zur weitern Reise?“ „Ach Herr,“ erwiederte der betrübte Andres, „Ihr kommt in ein Haus der Noth und des Elends und außer dem Stuhl, auf dem Ihr ausruhen könnt, vermag ich kaum Euch irgend eine Erquickung anzubieten; meinem armen kranken Weibe mangelt es selbst daran, und mein Knecht, den ich nach Fulda geschickt, wird erst am späten Abend etwas zur Labung herbeibringen.“ Unter diesen Worten waren sie in die Stube getreten. Der Fremde legte seine Reisemütze und seinen Mantel ab, unter dem er ein Felleisen und ein Kistchen trug. Er zog auch ein Stilet und ein Paar Terzerole hervor, die er auf den Tisch legte. Andres war an Giorgina's Bett getreten, sie lag in bewußtlosem Zustande. Der Fremde trat ebenfalls hinzu, schaute die Kranke lange mit scharfen, bedächtigen Blicken an und ergriff ihre Hand, den Puls sorglich erforschend. Als nun Andres voll Verzweiflung ausrief: „Ach Gott, nun stirbt sie wohl!“ da sagte der Fremde: „Mit nichten, lieber Freund! seid ganz ruhig. Euerm Weibe fehlt nichts als kräftige, gute Nahrung, und vor der Hand wird ihr ein Mittel, das zugleich reizt und stärkt, die besten Dienste thun. Ich bin zwar kein Arzt, sondern vielmehr ein Kaufmann, allein doch in der Arzneiwissenschaft nicht unerfahren, und besitze aus uralter Zeit her manches Arcanum, welches ich mit mir führe und auch wohl verkaufe." Damit öffnete der Fremde sein Kistchen, holte eine Phiole heraus, tröpfelte von dem ganz dunkelrothen Liquor etwas auf Zucker und gab es der Kranken. Dann holte er aus dem Felleisen eine kleine geschliffene Flasche köstlichen Rheinweins und flößte der Kranken ein Paar Löffel voll ein. Den Knaben, befahl er, nur dicht an der Mutter Brust gelehnt ins Bette zu legen und beide der Ruhe zu überlassen. Dem Andres war es zu Muthe, als sei ein Heiliger herabgestiegen in die Einöde, ihm Trost und Hülfe zu bringen. Anfangs hatte ihn der stechende, falsche Blick des Fremden abgeschreckt, jetzt wurde er durch die sorgliche Theilnahme, durch die augenscheinliche Hülfe, die er der armen Giorgina leistete, zu ihm hingezogen. Er erzählte dem Fremden unverholen, wie er eben durch die Gnade, die ihm sein Herr, der Graf von Bach, angedeihen lassen wollen, in Noth und Elend gerathen sei und wie er wol Zeit seines Lebens nicht aus drükkender Armuth und Dürftigkeit kommen werde. Der Fremde tröstete ihn dagegen und meinte, wie oft ein unverhofftes Glück dem Hoffnungslosesten alle Güter des Lebens bringe, und daß man wol etwas wagen müsse, das Glück selbst sich dienstbar zu machen. „Ach lieber Herr!" erwiederte Andres, „ich vertraue Gott und der Fürsprache der Heiligen, zu denen wir, ich und mein treues Weib, jeden Tag mit Inbrunst beten. Was soll ich denn thun, um mir Geld und Gut zu verschaffen? Ist es mir nach Gottes Weisheit nicht beschieden, so wäre es ja sündlich, darnach zu trachten; soll ich aber noch in dieser Welt zu Gütern gelangen, welches ich meines armen Weibes halber wünsche, die ihr schönes Vaterland verlassen, um mir in diese wilde Einöde zu folgen, so kommt es wol, ohne daß ich Leib und Leben wage um schnödes, weltliches Gut." Der

Fremde lächelte bei diesen Reden des frommen Andres auf ganz seltsame Weise und war im Begriff, etwas zu erwiedern, als Giorgina mit einem tiefen Seufzer aus dem Schlaf, in den sie versunken, erwachte. Sie fühlte sich wunderbarlich gestärkt; auch der Knabe lächelte hold und lieblich an ihrer Brust. Andres war außer sich vor Freude, er weinte, er betete, er jubelte durch das Haus. Der Knecht war indessen zurückgekommen und bereitete, so gut er es vermochte, von den mitgebrachten Lebensmitteln das Mahl, an dem nun der Fremde Theil nehmen sollte. Der Fremde kochte selbst eine Kraftsuppe für Giorgina, und man sah, daß er allerlei Gewürz und andere Ingredienzien hineinwarf, die er bei sich getragen. Es war später Abend worden, der Fremde mußte daher bei dem Andres übernachten, und er bat, daß man ihm in derselben Stube, wo Andres und Giorgina schliefen, ein Strohlager bereiten möge. Das geschah. Andres, den die Besorgniß um Giorgina nicht schlafen ließ, bemerkte, wie der Fremde beinahe bei jedem stärkeren Athemzuge Giorgina's auffuhr, wie er stündlich aufstand, leise sich ihrem Bette näherte, ihren Puls erforschte und ihr Arznei eintröpfelte.

Als der Morgen angebrochen, war Giorgina wieder zusehends besser geworden. Andres dankte dem Fremden, den er seinen Schutzengel nannte, aus der Fülle seines Herzens. Auch Giorgina äußerte, wie ihn wol, auf ihr inbrünstiges Gebet, Gott selbst gesendet habe zu ihrer Rettung. Dem Fremden schienen diese lebhaften Ausbrüche des Danks in gewisser Art beschwerlich zu fallen; er war sichtlich verlegen und äußerte einmal über das andere, wie er ja ein Unmensch seyn müsse, wenn er nicht der Kranken mit seiner Kenntniß und den Arzneimitteln, die er bei sich führe, habe beistehen sollen. Uebrigens sei nicht Andres, sondern er zum Dank verpflichtet, da man ihn, der Noth unerachtet, die im Hause herrsche, so gastlich aufgenommen, und er wolle auch keinesweges diese Pflicht unerfüllt lassen. Er zog einen wohlgefüllten Beutel hervor und nahm einige Goldstücke heraus, die er dem Andres hinreichte. „Ei Herr," sagte Andres, „wie und wofür sollte ich denn so vieles Geld von Euch annehmen? Euch in meinem Hause zu beherbergen, da Ihr Euch in dem wilden weitläuftigen Forst verirrt hattet, das war ja Christenpflicht, und dünkte Euch das irgend eines Dankes werth, so habt Ihr mich ja überreich, ja mehr, als ich es nur mit Worten sagen mag, dadurch belohnt, daß Ihr als ein weiser kunsterfahrner Mann mein liebes Weib vom augenscheinlichen Tode rettetet. Ach Herr! was Ihr an mir gethan, werde ich Euch ewiglich nicht vergessen, und Gott möge es mir verleihen, daß ich die edle That Euch mit meinem Leben und Blut lohnen könne." Bei diesen Worten des wackern Andres fuhr es wie ein rascher funkelnder Blitz aus den Augen des Fremden. „Ihr müßt, braver Mann," sprach er, „durchaus das Geld annehmen. Ihr seid das schon Euerm Weibe schuldig, der Ihr damit bessere Nahrungsmittel und Pflege verschaffen könnt; denn dieser bedarf sie nunmehro, um nicht wieder in ihren vorigen Zustand zurückzufallen, und Euerm Knaben Nahrung geben zu können." „Ach Herr," erwiederte Andres, „verzeiht es, aber eine innere Stimme sagt mir, daß ich Euer unverdientes Geld nicht nehmen darf. Diese innere Stimme, der ich, wie der höhern Eingebung meines Schutzheiligen, immer vertraut, hat mich bisher sicher durch das Leben geführt und mich beschützt vor allen Gefahren des Leibes und der Seele. Wollt Ihr großmüthig handeln und an mir Armen ein Uebriges thun, so laßt mir ein Fläschlein von

Eurer wundervollen Arznei zurück, damit durch ihre Kraft mein Weib ganz genese." Giorgina richtete sich im Bette auf, und der schmerzvolle wehmüthige Blick, den sie auf Andres warf, schien ihn anzuflehen, diesmal nicht so strenge auf sein inneres Widerstreben zu achten, sondern die Gabe des mildthätigen Mannes anzunehmen. Der Fremde bemerkte das und sprach: „Nun wenn Ihr denn durchaus mein Geld nicht annehmen wollt, so schenke ich es Euerm lieben Weibe, die meinen guten Willen, Euch aus der bittern Noth zu retten, nicht verschmähen wird." Damit griff er noch einmal in den Beutel, und sich der Giorgina nähernd, gab er ihr wol noch einmal so viel Geld, als er vorhin dem Andres angeboten hatte. Giorgina sah das schöne funkelnde Gold mit vor Freude leuchtenden Augen, sie konnte kein Wort des Danks herausbringen, die hellen Thränen schossen ihr die Wangen herab. Der Fremde wandte sich schnell von ihr weg, und sprach zu Andres: „Seht, lieber Mann! Ihr könnet meine Gabe getrost annehmen, da ich nur etwas von großem Ueberfluß Euch mittheile. Gestehen will ich Euch, daß ich das nicht bin, was ich scheine. Nach meiner schlichten Kleidung, und da ich wie ein dürftiger wandernder Krämer zu Fuß reise, glaubt Ihr gewiß, daß ich arm bin und mich nur kümmerlich von kleinem Verdienst auf Messen und Jahrmärkten nähre: ich muß Euch jedoch sagen, daß ich durch glücklichen Handel mit den trefflichsten Kleinodien, den ich seit vielen Jahren treibe, ein sehr reicher Mann geworden, und nur die einfache Lebensweise aus alter Gewohnheit beibehalten habe. In diesem kleinen Felleisen und dem Kistchen bewahre ich Juwelen und köstliche, zum Theil noch im grauen Alterthum geschnittene Steine, welche viele, viele Tausende werth sind. Ich habe diesmal in Frankfurt sehr glückliche Geschäfte gemacht, so daß das wol noch lange nicht der hundertste Theil des Gewinns seyn mag, was ich Euerm lieben Weibe schenkte. Ueberdem gebe ich Euch das Geld keinesweges umsonst, sondern verlange von Euch dafür allerlei Gefälligkeiten. Ich wollte, wie gewöhnlich, von Frankfurt nach Cassel gehen und kam von Schüchtern aus vom richtigen Wege ab. Indessen habe ich gefunden, daß der Weg durch diesen Forst, den sonst die Reisenden scheuen, gerade für einen Fußgänger recht anmuthig ist, weshalb ich denn künftig auf gleicher Reise immer diese Straße einschlagen und bei Euch einsprechen will. Ihr werdet daher mich jährlich zweimal bei Euch eintreffen sehen; nehmlich zu Ostern, wenn ich von Frankfurt nach Cassel wandere, und im späten Herbst, wenn ich von der Leipziger Michaelis-Messe nach Frankfurt und von dort nach der Schweiz und wol auch nach Welschland gehe. Dann sollt Ihr mich für gute Bezahlung — einen — zwei auch wol drei Tage bei Euch beherbergen und das ist die erste Gefälligkeit, um die ich Euch ersuche."

„Ferner bitte ich Euch, dieses kleine Kistchen, worin Waaren sind, die ich in Cassel nicht brauche, und das mir beim Wandern hinderlich ist, zu behalten, bis ich künftigen Herbst wieder bei Euch einspreche. Nicht verhehlen will ich, daß die Waaren viele Tausende werth sind, aber ich mag Euch deshalb doch kaum größere Sorglichkeit empfehlen, da ich nach der Treue und Frömmigkeit, die Ihr an den Tag legt, Euch zutraue, daß Ihr auch das Geringste, was ich Euch zurückließe, sorgfältig aufbewahren würdet; zumal werdet Ihr das bei Sachen von solch' großem Werthe, als die sind, welche in dem Kistchen verschlossen, sicherlich thun. Seht, das ist der zweite Dienst, den ich von Euch fordere. Das dritte, was ich verlange, wird Euch wohl am schwersten fallen, unerachtet es mir jetzt am nöthigsten thut. Ihr sollt Euer liebes Weib nur auf diesen Tag verlassen und mich aus dem Forst bis auf die Straße nach Hirschfeld geleiten, wo ich bei Bekannten einsprechen und dann meine Reise nach Cassel fortsetzen will. Denn außer dem, daß ich des Weges im Forst nicht recht kundig bin und mich daher zum zweitenmal verirren könnte, ohne von einem so wackern Mann, wie Ihr es seid, aufgenommen zu werden, ist es auch in der Gegend nicht recht geheuer. Euch als einem Jägersmann aus der Gegend wird man nichts anhaben, aber ich, als einsamer Wanderer, könnte wohl gefährdet werden. Man sprach in Frankfurt davon, daß eine Räuberbande, die sonst die Gegend von Schaffhausen unsicher machte und sich bis nach Strasburg herauf ausdehnte, nunmehr sich ins Fuldaische geworfen haben soll, da die von Leipzig nach Frankfurt reisenden Kaufleute ihnen reicheren Gewinnst versprachen, als sie dort finden konnten. Wie leicht wär' es möglich, daß sie mich schon von Frankfurt aus als reichen Juwelenhändler kennten. Hab' ich also ja durch die Rettung Eures Weibes Dank verdient, so könnt Ihr mich dadurch reichlich lohnen, daß Ihr aus diesem Forste mich auf Weg und Steg leitet." Andres war mit Freuden bereit, Alles zu erfüllen, was man von ihm verlangte, und machte sich gleich, wie es der Fremde wünschte, zur Wanderung fertig, indem er seine Jägeruniform anzog, seine Doppelbüchse und seinen tüchtigen Hirschfänger umschnallte und dem Knecht befahl, zwei von den Doggen anzukuppeln. Der Fremde hatte unterdessen das Kistchen geöffnet und die prächtigsten Geschmeide, Halsketten — Ohrringe — Spangen herausgenommen, die er auf Giorgina's Bette ausbreitete, so daß sie ihre Verwunderung und Freude gar nicht bergen konnte. Als nun aber der Fremde sie aufforderte, doch eine der schönsten Halsketten umzuhängen, die reichen Spangen auf ihre wunderschön geformten Aerme zu streifen, und ihr dann einen kleinen Taschenspiegel vorhielt, worin sie sich nach Herzenslust beschauen konnte, so daß sie in kindischer Lust aufjauchzte, da sagte Andres zu dem Fremden: „Ach lieber Herr! wie möget Ihr doch in meinem armen Weibe solche Lüsternheit erregen, daß sie sich mit Dingen putzt, die ihr nimmermehr zukommen, und auch gar nicht anstehen. Nehmt mir es nicht übel, Herr! aber die einfache rothe Korallenschnur, die meine Giorgina um den Hals gehängt hatte, als ich sie zum erstenmal in Neapel sah, ist mir tausendmal lieber, als das funkelnde blitzende Geschmeide, das mir recht eitel und trügerisch vorkommt." „Ihr seid auch gar zu strenge," erwiederte der Fremde höhnisch lächelnd, „daß Ihr Euerm Weibe nicht einmal in ihrer Krankheit die unschuldige Freude lassen wollt, sich mit meinen schönen Geschmeiden herauszuputzen, die keineswegs trügerisch, sondern wahrhaft ächt sind. Wißt Ihr denn nicht, daß eben den Weibern solche Dinge rechte Freude verursachen? Und was Ihr da sagt, daß solcher Prunk Eurer Giorgina nicht zukomme, so muß ich das Gegentheil behaupten. Euer Weib ist hübsch genug, sich so herauszuputzen und Ihr wißt ja nicht, ob sie nicht einmal auch noch reich genug seyn wird, dergleichen Schmuck selbst zu besitzen und zu tragen." Andres sprach mit sehr ernstem nachdrücklichen Ton: „Ich bitte Euch, Herr! führt nicht solche geheimnißvolle verfängliche Reden! Wollt Ihr denn mein armes Weib bethören, daß sie von eitlem Gelüst nach solchem weltlichem Prunk und Staat nur drückender unsere Armuth fühle und um alle Lebensruhe, um alle Heiterkeit gebracht werde? Packt nur Eure schöne Sachen ein, lieber Herr! ich will sie

Euch treulich bewahren, bis Ihr zurückkommt. Aber sagt mir nun, wenn, wie es der Himmel verhüten möge! Euch unterdessen ein Unglück zustoßen sollte, so daß Ihr nicht mehr zurückkehrtet in mein Haus, wohin soll ich dann das Kistchen abliefern, und wie lange soll ich auf Euch warten, ehe ich die Juwelen dem einhändige, den Ihr mir nennen werdet, so wie ich Euch jetzt um Euern Namen bitte?" „Ich heiße," erwiederte der Fremde, „Ignaz Denner, und bin, wie Ihr schon wisset, Kauf- und Handelsmann. Ich habe weder Weib, noch Kinder, und meine Verwandte wohnen im Walliser Lande. Die kann ich aber keinesweges lieben und achten, da sie sich, als ich noch arm und bedürftig war, um mich gar nicht gekümmert haben. Sollte ich in drei Jahren mich nicht sehen lassen, so behaltet das Kistchen ruhig an Euch und, da ich wohl weiß, daß beide, Ihr und Giorgina, Euch sträuben werdet, das reiche Vermächtniß von mir anzunehmen, so schenke ich in jenem Fall das Kästchen mit Kleinodien Euerm Knaben, dem ich, wenn Ihr ihn firmeln laßt, den Namen Ignatius beizugeben bitte." Andres wußte in der That nicht, was er aus der seltenen Freigebigkeit und Großmuth des fremden Mannes machen sollte. Er stand ganz verstummt vor ihm, indeß Giorgina ihm für seinen guten Willen dankte und versicherte, zu Gott und den Heiligen fleißig beten zu wollen, daß sie ihn auf seinen weiten beschwerlichen Reisen beschützen und ihn stets glücklich in ihr Haus zurückführen möchten. Der Fremde lächelte, so wie es seine Art war, auf seltsame Weise und meinte, daß wol das Gebet einer schönen Frau mehr Kraft haben möge, als das seinige. Das Beten wolle er daher ihr überlassen und übrigens seinem kräftigen abgehärteten Körper und seinen guten Waffen vertrauen.

Dem frommen Andres mißfiel diese Aeußerung des Fremden höchlich; indessen verschwieg er das, was er darauf zu erwiedern schon im Begriff stand, und trieb vielmehr den Fremden an, jetzt die Wanderung durch den Forst zu beginnen, da er sonst erst in später Nacht in sein Haus zurückkehren und seine Giorgina in Furcht und Angst setzen würde.

Der Fremde sagte beim Abschiede noch Giorginen: daß er ausdrücklich ihr erlaube, sich, wenn es ihr Vergnügen mache, mit seinen Geschmeiden zu schmücken, da es ihr ja ohnedies in diesem einsamen wilden Forst an jeder Belustigung mangle. Giorgina erröthete vor innerm Vergnügen, da sie freilich die ihrer Nation eigne Lust an glänzendem Staat und vorzüglich an kostbaren Steinen nicht unterdrücken konnte. — Nun schritten Denner und Andres rasch vorwärts durch den finstern öden Wald. In dem dicksten Gebüsch schnupperten die Doggen umher und klafften, den Herrn mit klugen beredten Augen anschauend. „Hier ist es nicht geheuer," sprach Andres, spannte den Hahn seiner Büchse und schritt mit den Hunden bedächtig vor dem fremden Kaufmann her. Oft war es ihm, als rausche es in den Bäumen und bald erblickte er in der Ferne finstre Gestalten, die gleich wieder in dem Gebüsch verschwanden. Er wollte seine Doggen loskuppeln. „Thut das nicht, lieber Mann!" rief Denner, „denn ich kann Euch versichern, daß wir nicht das mindeste zu fürchten haben." Kaum hatte er diese Worte gesprochen, als nur wenige Schritte von ihnen ein großer schwarzer Kerl mit struppigen Haaren und großem Knebelbart, eine Büchse in der Hand, aus dem Gebüsch heraustrat. Andres machte sich schußfertig; „schießt nicht, schießt nicht!" rief Denner; der schwarze Kerl nickte ihm freundlich zu und verlor sich in den Bäumen. Endlich waren sie aus dem Walde heraus, auf der lebhaften Landstraße. „Nun danke ich Euch herzlich für Euer Geleite," sprach Denner; „kehrt nur jetzt in Eure Wohnung zurück; sollten Euch wieder solche Gestalten aufstoßen, wie wir sie gesehen, so zieht ruhig Eure Straße fort, ohne Euch darum zu kümmern. Thut, als wenn Ihr gar nichts bemerktet, behaltet Eure Doggen am Strick, Ihr werdet ohne alle Gefahr Eure Wohnung erreichen." Andres wußte nicht, was er von dem Allen und von dem wunderlichen Kaufmann denken sollte, der, wie ein Geisterbeschwörer, den Feind zu bannen und von sich abzuhalten schien. Er konnte nicht begreifen, warum er denn erst sich habe durch den Wald geleiten lassen. Getrost schritt Andres durch den Forst zurück, es stieß ihm durchaus nichts verdächtiges auf und er kam wohlbehalten in sein Haus, wo ihm seine Giorgina, die sich munter und kräftig aus dem Bette gemacht, voll Freude in die Arme fiel. —

Durch die Freigebigkeit des fremden Kaufmanns bekam die kleine Haushaltung des Andres eine ganz andere Gestalt. Kaum war nehmlich Giorgina ganz genesen, als er mit ihr nach Fulda ging und außer den nöthigsten Bedürfnissen noch manches Stück einkaufte, das ihrer häuslichen Einrichtung abging und wodurch diese das Ansehen eines gewissen Wohlstandes erhielt. Dazu kam, daß seit dem Besuch des Fremden die Freijäger und Holzdiebe aus der Gegend gebannt schienen, und Andres seinem Posten ruhig vorstehen konnte. Auch sein Jagdglück war wiedergekehrt, so daß er, wie sonst, beinahe niemals einen Fehlschuß that. Der Fremde stellte sich zu Michaelis wieder ein und blieb drei Tage. Der hartnäckigen Weigerung der Wirthsleute unerachtet war er doch wieder so freigebig, wie das erstemal. Er versicherte, es sei nun einmal seine Absicht, sie in Wohlstand zu versetzen, und so sich selbst das

Absteigequartier im Walde freundlicher und angenehmer zu machen.

Nun konnte die bildhübsche Giorgina sich besser kleiden; sie gestand dem Andres, daß sie der Fremde mit einer zierlich gearbeiteten goldnen Nadel, wie sie die Mädchen und Weiber in mancher Gegend Italiens durch das in Zöpfen zusammengeflochtene aufgewirbelte Haar zu stecken pflegen, beschenkt habe. Andres zog ein finstres Gesicht, aber in dem Augenblick war Giorgina zur Thür herausgesprungen und nicht lange dauerte es, so kehrte sie zurück ganz so gekleidet und geschmückt, wie Andres sie in Neapel gesehen hatte. Die schöne goldne Nadel prangte in dem schwarzen Haar, in das sie mit malerischem Sinn bunte Blumen geflochten, und Andres mußte sich nun selbst gestehen, daß der Fremde sein Geschenk recht sinnig gewählt hatte, um seine Giorgina wahrhaft zu erfreuen.

Andres äußerte dies unverholen und Giorgina meinte, daß der Fremde wol ihr Schutzengel sei, der sie aus der tiefsten Dürftigkeit zum Wohlstande erhebe, und daß sie gar nicht begreife, wie Andres so wortkarg, so verschlossen gegen den Fremden und überhaupt so traurig, so in sich gekehrt, bleiben könne. „Ach, liebes Herzensweib!“ sprach Andres, „die innere Stimme, welche mir damals so laut sagte, daß ich durchaus nichts von dem Fremden annehmen dürfe, die schweigt bis jetzt keinesweges. Ich werde oft von innern Vorwürfen gemartert; es ist mir, als ob mit dem Gelde des Fremden unrechtes Gut in mein Haus gekommen sei und deshalb kann mich nichts recht freuen, was dafür angeschafft wurde. Ich kann mich jetzt wol öfter mit einer kräftigen Speise, mit einem Glase Wein erlaben; glaube mir aber, liebe Giorgina! war einmahl ein guter Holzverkauf vorgefallen und hatte mir der liebe Gott ein paar ehrlich verdiente Groschen mehr bescheert, als gewöhnlich, dann schmeckte mir ein Glas geringen Weins viel besser, als jetzt der gute Wein, den der Fremde uns mitbringt. Ich kann mich mit diesem sonderbaren Kaufmann durchaus nicht befreunden, ja es ist mir in seiner Gegenwart oft ganz unheimlich zu Muthe. Hast Du wohl bemerkt, liebe Giorgina! daß er niemanden fest anzuschauen vermag? Und dabei blitzt es zuweilen aus seinen tiefliegenden kleinen Augen so sonderbar heraus, und dann kann er bei unsern schlichten Reden oft so — bübisch möcht' ich sagen, lachen, daß es mich eiskalt überläuft. — Ach, möchten nur nicht meine innern Gedanken wahr werden, aber oft ist es mir, als liege allerlei schwarzes Unheil im Hintergrunde, das nun der Fremde mit einemmahl hervorrufen werde, nachdem er uns in seinen künstlichen Schlingen gefangen."

Giorgina suchte ihrem Mann die schwarzen Vorstellungen auszureden, indem sie versicherte, wie sie oft in ihrem Vaterlande und vorzüglich bei ihren Pflegeältern im Wirthshause, Personen kennen gelernt, deren Aeußeres noch viel widriger gewesen sey, unerachtet es am Ende grundgute Menschen waren. Andres schien getröstet, im Innern beschloß er aber auf der Hut zu seyn.

Der Fremde sprach bei Andres wieder ein, als sein Knabe, ein wunderschönes Kind, ganz der Mutter Ebenbild, gerade neun Monate alt geworden. Es war Giorgina's Namenstag; sie hatte den Kleinen fremdartig und sonderbar herausgeputzt, sich selbst in ihre liebe neapolitanische Tracht geworfen und ein besseres Mahl, als gewöhnlich, bereitet, wozu der Fremde eine Flasche köstlichen Weins aus dem Felleisen hergab. Als sie nun fröhlich bei Tische saßen und der kleine

Knabe mit solch' wunderbar verständigen Augen umherblickte, hub der Fremde an: „Euer Kind verspricht in der That mit seinem besondern Wesen schon jetzt recht viel und es ist Schade, daß Ihr nicht im Stande seyn werdet, es gehörig zu erziehen. Ich hätte Euch wol einen Vorschlag zu thun, Ihr werdet ihn aber verwerfen wollen, unerachtet Ihr bedenken möchtet, daß er nur Euer Glück, Euern Wohlstand bezweckt. Ihr wißt, daß ich reich und ohne Kinder bin, ich fühle eine ganz besondere Liebe und Zuneigung zu Euerm Knaben — Gebt mir ihn! — Ich bringe ihn nach Strasburg, wo er von einer Freundin von mir, einer alten ehrbaren Frau, auf das beste erzogen werden und mir so wie Euch große Freude machen soll. Ihr werdet mit Euerm Kinde einer großen Last frei; doch müßt Ihr Euern Entschluß schnell fassen, da ich genöthigt bin, noch heute Abend abzureisen. Auf meinen Armen trage ich das Kind bis in das nächste Dorf; dort nehme ich dann ein Fuhrwerk." Bei diesen Worten des Fremden riß Giorgina das Kind, das er auf seinen Knien geschaukelt hatte, hastig fort und drückte es an ihren Busen, indem ihr die Thränen in die Augen traten. „Seht, lieber Herr!" sprach Andres, „wie meine Frau Euch auf Euern Vorschlag antwortet, und eben so bin auch ich gesinnt. Eure Absicht mag recht gut seyn; aber wie möget Ihr doch uns das Liebste rauben wollen, das wir auf Erden besitzen? wie möget Ihr doch das eine Last nennen, was unser Leben aufheitern würde, wären wir auch noch in der tiefsten Dürftigkeit, aus der uns Eure Güte gerissen? Seht, lieber Herr! Ihr sagtet selbst, daß Ihr ohne Frau und ohne Kinder wäret; Euch ist daher wohl die Seligkeit fremd, die gleichsam aus der Glorie des offnen Himmelreichs herabströmt auf Mann und Weib bei der Geburt eines Kindes. Es ist ja die reinste

Liebe und Himmelswonne selbst, von der die Eltern erfüllt werden, wenn sie ihr Kind schauen, das stumm und still an der Mutter Brust liegend, doch mit gar beredten Zungen von ihrer Liebe, von ihrem höchsten Lebensglück spricht. — Nein, lieber Herr! so groß auch die Wohlthaten sind, die Ihr uns erzeigt habt, so wiegen sie doch lange nicht das auf, was uns unser Kind werth ist; denn wo gäbe es Schätze der Welt, die diesem Besitz gleich zu stellen? Scheltet uns daher nicht undankbar, lieber Herr! daß wir Euch Euer Ansinnen so ganz und gar abschlagen. Wäret Ihr selbst Vater, so bedürfte es weiter gar keiner Entschuldigung für uns." — „Nun, nun," erwiederte der Fremde, indem er finster seitwärts blickte, „ich glaubte Euch wohl zu thun, indem ich Euern Sohn reich und glücklich machte. Seid Ihr nicht damit zufrieden, so ist davon weiter nicht die Rede." — Giorgina küßte und herzte den Knaben, als sei er aus großer Gefahr errettet, und ihr wiedergegeben worden. Der Fremde strebte sichtlich wieder unbefangen und heiter zu scheinen; man merkte es indessen doch nur zu deutlich, wie sehr ihn die Weigerung seiner Wirthsleute, ihm den Knaben zu geben, verdrossen hatte. Statt, wie er gesagt, noch denselben Abend fortzureisen, blieb er wieder drei Tage, in welchen er jedoch nicht so, wie sonst bei Giorgina verweilte, sondern mit Andres auf die Jagd zog und sich bei dieser Gelegenheit viel von dem Grafen Aloys von Bach erzählen ließ. Als in der Folge Ignaz Denner wieder bei seinem Freunde Andres einsprach, dachte er nicht mehr an seinen Plan, den Knaben mit sich zu nehmen. Er war nach seiner Art freundlich wie vorher, und fuhr fort, Giorgina reichlich zu beschenken, die er noch überdem wiederholt aufforderte, so oft sie Lust habe sich mit den Juwelen aus dem Kistchen, das er Andres in Verwahrung gegeben, zu schmücken, welches sie auch wol dann und wann heimlich that. Oft wollte Denner, wie sonst, mit dem Knaben spielen; dieser sträubte sich aber und weinte, durchaus mochte er nicht mehr zu dem Fremden gehen, als wisse er etwas von dem feindlichen Anschlag, ihn seinen Eltern zu entführen. — Zwei Jahre hindurch hatte der Fremde nun auf seinen Wanderungen den Andres besucht, und Zeit und Gewohnheit hatten die Scheu, das Mißtrauen wider Denner endlich überwunden, so daß Andres seinen Wohlstand ruhig und heiter genoß. Im Herbst des dritten Jahres, als die Zeit, in der Denner gewöhnlich einzusprechen pflegte, schon vorüber war, pochte es in einer stürmischen Nacht hart an Andres Thür, und mehrere rauhe Stimmen riefen seinen Namen. Erschrocken sprang er aus dem Bette; als er aber zum Fenster herausfrug, wer ihn in finstrer Nacht so störe und wie er gleich seine Doggen loslassen werde, um solche ungebetene Gäste wegzuhetzen, da sagte einer, er möge nur aufmachen, ein Freund sei da, und Andres erkannte Denner's Stimme. Als er nun mit dem Licht in der Hand die Hausthür öffnete, trat ihm Denner allein entgegen. Andres äußerte, wie es ihm vorgekommen, als ob mehrere Stimmen seinen Namen gerufen hätten; Denner meinte dagegen, daß den Andres das Heulen des Windes getäuscht haben müsse. Als sie in die Stube traten, erstaunte Andres nicht wenig, als er den Denner näher betrachtete und seinen ganz veränderten Anzug gewahr wurde. Statt der grauen schlichten Kleidung und des Mantels trug er ein dunkelrothes Wamms und einen breiten ledernen Gurt, in dem ein Stilet und vier Pistolen staken; außerdem war er noch mit einem Säbel bewaffnet, selbst das Gesicht schien verändert, indem auf der sonst glatten Stirn nun buschichte

Augenbrauen lagen und ein starker schwarzer Bart sich über Lippe und Wangen zog. „Andres!“ sprach Denner, indem er ihn mit seinen funkelnden Augen anblitzte, „Andres! als ich vor beinahe drei Jahren dein Weib vom Tode errettet hatte, da wünschtest Du, daß Gott es Dir verleihen möge, mir die Dir erzeigte Wohlthat mit Deinem Blut und Leben lohnen zu können. Dein Wunsch ist erfüllt; denn es ist nunmehr der Augenblick gekommen, in dem Du mir Deine Dankbarkeit, Deine Treue beweisen kannst. Kleide Dich an; nimm Deine Büchse und komme mit mir, nur wenige Schritte von Deiner Wohnung sollst Du das übrige erfahren.“ Andres wußte nicht, was er von Denners Zumuthung halten sollte; der Worte, die er ihm vorhielt, indessen wohl eingedenk, versicherte er, wie er bereit sei, alles nur mögliche für ihn zu unternehmen, so bald es nicht der Rechtschaffenheit, Tugend und Religion zuwider laufe. „Darüber kannst Du ganz ruhig seyn,“ rief Denner, indem er ihm lächelnd auf die Schulter klopfte; und da er bemerkte, daß Giorgina aufgesprungen war, und vor Angst zitternd und bebend ihren Mann umklammerte, nahm er sie bei den Armen und sprach, sie sanft zurückziehend: „Laßt Euern Mann nur immer mit mir ziehen, in wenigen Stunden ist er wieder gesund bei Euch, und bringt Euch vielleicht was Schönes mit. Hab' ich es denn jemals böse mit Euch gemeint? Habe ich selbst dann, wenn Ihr mich verkanntet, nicht immer Euch Gutes erzeigt? Wahrhaftig, Ihr seid recht besondere mißtrauische Leute.“ Andres zauderte noch immer sich anzukleiden, da wandte Denner sich zu ihm und sprach mit zornigem Blick: „Ich hoffe, Du wirst Deine Zusage halten, denn es gilt nunmehr, das zu beweisen mit der That, was Du gesprochen!“ Schnell war nun Andres angekleidet, und indem er mit Denner zur Thüre herausschritt, sprach er noch einmal: „Alles, lieber Herr! will ich für Euch thun, doch etwas Unrechtes werdet Ihr wol von mir nicht fordern, da ich auch das Kleinste, was wider mein Gewissen liefe, nicht vollbringen würde.“ Denner antwortete nichts, sondern schritt rasch vorwärts. Sie waren durch das Dickicht gedrungen bis auf einen ziemlich geräumigen Rasenplatz; da pfiff Denner dreimal, daß der Ton ringsumher aus den schaurigen Klüften wiederhallte und überall in den Büschen flackerten Windlichter auf und es rauschte und klirrte in den dunklen Gängen, bis sich schwarze gräßliche Gestalten gespenstisch hervordrängten und den Denner im Kreise umringten. Einer aus dem Kreise trat hervor und sprach auf Andres hindeutend: „das ist ja wol unser neuer Geselle, nicht wahr Hauptmann?“ „Ja,“ antwortete Denner, „ich hab' ihn aus dem Bette geholt, er soll sein Probestück machen, es kann nun gleich vorwärts gehen.“ Andres erwachte bei diesen Worten wie aus dumpfer Betäubung, kalter Schweiß stand ihm auf der Stirne; aber er ermannte sich und rief heftig: „Was, Du schändlicher Betrüger, für einen Kaufmann gabst Du Dich aus, und treibst ein höllisches verruchtes Gewerbe, und bist ein verworfener Räuber? Nimmermehr will ich Dein Geselle seyn und theilnehmen an Deinen Schandthaten, zu denen Du mich, wie der Satan selbst, auf künstliche hämische Weise verlocken wolltest! — Laß mich gleich fort, Du frevelicher Bösewicht, und räume mit Deiner Rotte dies Gebiet, sonst verrathe ich Deine Schlupfwinkel der Obrigkeit, und Du bekommst den Lohn für Deine Schandthaten; denn nun weiß ich es wohl, daß Du selbst der schwarze Ignaz bist, der mit seiner Bande an der Gränze gehauset und geraubt, und gemordet hat. — Gleich lasse mich fort, ich will Dich nie mehr schauen.“ Denner lachte laut auf. „Was, Du feiger Bube?“ sprach er: „Du unterstehst Dich, mir zu trotzen, Dich meinem Willen, meinem Machtwort entziehen zu wollen? Bist Du nicht längst schon unser Geselle? lebst Du nicht schon seit beinahe drei Jahren von unserm Gelde? schmückt sich Dein Weib nicht mit unserm Raube? Nun stehst Du unter uns und willst nicht arbeiten dafür was Du genossen? Folgst Du uns nun nicht, zeigst Du Dich nicht gleich als unsern rüstigen Kumpan, so lasse ich Dich gebunden in unsere Höhle werfen und meine Gesellen ziehen nach deiner Wohnung, zünden sie an und ermorden dein Weib und deinen Knaben. Doch ich werde wol diese Maßregel, die nur eine Folge Deiner Halsstarrigkeit seyn würde, nicht ergreifen dürfen. Nun! — wähle! — es ist Zeit, wir müssen fort!“ — Andres sah nun wohl ein, daß die mindeste Weigerung seiner geliebten Giorgina und dem Knaben das Leben kosten würde; den verrätherischen bübischen Denner im Innern zur Hölle verfluchend, beschloß er daher, in seinen Willen sich scheinbar zu fügen, rein von Diebstahl und Mord zu bleiben und das tiefere Eindringen in die Schlupfwinkel der Bande nur dazu zu benutzen, bei der ersten günstigen Gelegenheit ihre Aufhebung und Einziehung zu bewirken. Nach diesem im Stillen gefaßten Entschluß erklärte er dem Denner, wie trotz seines innern Widerstrebens doch die Dankbarkeit für Giorgina's Rettung ihn verpflichte, etwas zu wagen, und er wolle daher die Expedition mitmachen, wobei er nur bitte, ihn als einen Neuling, so viel möglich mit dem thätigen Antheil daran zu verschonen. Denner lobte seinen Entschluß, indem er hinzufügte, wie er keinesweges verlange, daß er förmlich zur Bande übertreten solle, vielmehr müsse er Revierjäger bleiben; denn so wäre er ihm und der Bande schon jetzt von großem Nutzen gewesen, was denn auch künftig der Fall seyn würde.

Es war auf nichts geringeres abgesehen, als die Wohnung eines reichen Pachters, die, von dem Dorfe abgelegen, unfern dem Walde stand, zu überfallen und auszuplündern. Man wußte, daß der Pachter außer dem vielen Gelde und den Kostbarkeiten, die er besaß, eben jetzt für erkauftes Getraide eine sehr bedeutende Summe eingenommen hatte, die er bei sich bewahrte und um so mehr versprachen sich die Räuber einen reichen Fang. Die Windlichter wurden ausgelöscht und still zogen die Räuber durch die engen Schleichwege, bis sie dicht an dem Gebäude standen, welches einige von der Bande umringten. Andere dagegen stiegen über die Mauer, und sprengten von innen das Hofthor; einige wurden auf Wache ausgestellt, und unter diesen befand sich Andres. Bald hörte er, wie die Räuber die Thüren erbrachen und ins Haus stürmten, er vernahm ihr Fluchen, ihr Geschrei, das Geheul der Gemißhandelten. Es fiel ein Schuß; der Pachter, ein beherzter Mann, mochte sich zur Wehre setzen — dann wurde es stiller — aufgesprengte Schlösser klirrten, Räuber schleppten Kisten zum Hofthor heraus. Einer von des Pachters Leuten mußte in der Finsterniß entwischt und ins Dorf gerannt seyn; denn auf einmal tönte die Sturmglocke durch die Nacht, und bald darauf strömten Haufen mit hellauflodernden Lichtern die Straße herauf nach der Pachterwohnung. Nun fiel Schuß auf Schuß, die Räuber sammelten sich im Hofe und streckten alles nieder, was sich der Mauer näherte. Sie hatten ihre Windfackeln angezündet. Andres, der auf einer Anhöhe stand, konnte alles übersehen. Mit Entsetzen erblickte er unter den Bauern, Jäger in der Liverei seines Herrn, des Grafen von Bach! — Was sollte er thun? — Sich zu ihnen zu begeben, war unmöglich, nur die schnellste Flucht konnte ihn retten; aber wie festgezaubert stand er da hinstarrend in den Pachterhof, wo das Gefecht immer mörderischer wurde; denn durch eine kleine Pforte an der andern Seite waren die Bachschen Jäger gedrungen und mit den Räubern handgemein geworden. Die Räuber mußten zurück, sie drängten sich fechtend durch das Thor nach der Gegend hin, wo Andres stand. Er sah Dennern, der unaufhörlich lud und schoß und niemals fehlte. Ein junger reichgekleideter Mann, von Bachschen Jägern umgeben, schien den Anführer zu machen; auf ihn legte Denner an, aber noch ehe er abdrückte, stürzte er von einer Kugel getroffen mit einem dumpfen Schrei nieder. Die Räuber flohen — schon stürzten die Bachschen Jäger herbei, da sprang, wie von unwiderstehlicher Macht getrieben, Andres herbei und rettete Dennern, den er, stark wie er war, auf die Schultern warf und schnell forteilte. Ohne verfolgt zu werden, erreichte er glücklich den Wald. Nur einzelne Schüsse fielen hin und wieder und bald wurde es ganz still; ein Zeichen, daß es den Räubern, die nicht verwundet auf dem Platze liegen geblieben, geglückt war, in den Wald zu entkommen und daß es den Jägern und Bauern nicht rathsam schien, in das Dickicht einzubrechen. „Setze mich nur nieder, Andres!“ sprach Denner, „ich bin in den Fuß verwundet und verdammt, daß ich umstürzte, denn, unerachtet mich die Wunde sehr schmerzt, glaub' ich doch nicht einmal, daß sie bedeutend ist.“ Andres that es, Denner holte eine kleine Phiole aus der Tasche und als er sie öffnete, strahlte ein helles Licht heraus, bei dem Andres die Wunde genau untersuchen konnte: Denner hatte Recht; nur ein starker Streifschuß hatte den rechten Fuß getroffen, der stark blutete. Andres verband die Wunde mit seinem Schnupftuch, Denner ließ seine Pfeife ertönen, aus der Ferne wurde geantwortet und nun bat er den Andres, ihn sachte den schmalen Waldweg heraufzuführen, denn bald würden sie an Ort und Stelle seyn. Wirklich dauerte es auch nicht lange, so sahen sie den Schein von Windlichtern durch das dunkle Gebüsch brechen und hatten jenen Rasenplatz erreicht, von dem sie ausgegangen und wo sie die übriggebliebenen Räuber bereits versammelt fanden. Alle jauchzten vor Freude auf, als Denner unter sie trat und rühmten den Andres, der, tief in sich gekehrt, kein Wort vorzubringen vermochte. Es fand sich, daß über die Hälfte der Bande todt, oder hart verwundet auf dem Platze liegen geblieben war; indessen hatten einige von den Räubern, die dazu bestimmt waren, den Raub in Sicherheit zu bringen, mitten im Gefecht wirklich mehrere Kisten mit kostbarem Geräth, so wie eine ansehnliche Summe Geld, fortzuschaffen gewußt, so daß, unerachtet das Unternehmen schlimm ausgegangen, doch die Beute ansehnlich blieb. Als nun das Nöthige besprochen, wandte sich Denner, den man unterdessen ordentlich verbunden hatte, und der kaum irgend einen Schmerz mehr zu fühlen schien, zu Andres und sprach: „Ich habe dein Weib vom Tode errettet, Du hast mich in dieser Nacht der Gefangenschaft entzogen und mich folglich auch von dem mir gewissen Tode befreit, wir sind quitt! Du kannst in Deine Wohnung zurückkehren. In den nächsten Tagen, vielleicht schon morgen, verlassen wir die Gegend; Du magst daher ganz ruhig darüber seyn, daß wir Dir ähnliches, so wie heute, zumuthen werden. Du bist ja so ein gottesfürchtiger Narr und uns nicht brauchbar. Es ist indessen billig, daß Du Theil am heutigen Raube nehmest und überdem für meine Rettung belohnt werdest. Nimm daher diesen Beutel mit Gold und behalte mich in gutem Andenken; denn über's Jahr hoffe ich bei Dir einzusprechen." „Gott der Herr soll mich behüten," erwiederte Andres heftig, „daß ich auch nur einen Pfennig von Eurem schändlichen Raube nehmen sollte. Habt Ihr mich doch nur durch die abscheulichsten Drohungen gezwungen mitzugehen, welches ich ewiglich bereuen werde. Wol mag es Sünde gewesen seyn, daß ich Dich, Du schändlicher Bösewicht! der gerechten Strafe entzogen habe; aber Gott im Himmel mag es mir nach seiner Langmuth verzeihen. Es war, als flehe in dem Augenblick meine Giorgina um Dein Leben, da Du das ihrige errettet, und ich konnte nicht anders, als daß ich Dich mit Gefahr meines Lebens und meiner Ehre, ja das Wohl und Weh meines Weibes und meines Kindes auf's Spiel setzend, der Gefahr entriß. Denn sprich, was wäre aus mir, wenn man mich verwundet, ja was wäre aus meinem armen Weibe, meinem Knaben geworden, wenn man mich erschlagen unter Deiner verruchten Mörderbande gefunden hätte? — Aber sei überzeugt, daß, wenn Du die Gegend nicht verlässest, wenn nur ein einziger hier geschehener Raub, oder Mord mir kund wird, ich augenblicklich nach Fulda gehe und der Obrigkeit Deine Schlupfwinkel verrathe." — Die Räuber wollten über den Andres herfallen, um ihn für seine Reden zu züchtigen; Denner verbot es ihnen jedoch, indem er sagte: „laßt doch den albernen Kerl schwatzen, was thut das uns? — Andres," fuhr Denner fort, „Du bist in meiner Gewalt, so wie Dein Weib und Dein Knabe. Du so wol, als diese, sollen aber ungefährdet bleiben, wenn Du mir versprichst, Dich ruhig in Deiner Wohnung zu halten und über Deine Mitwissenschaft von dem Vorfall dieser Nacht gänzlich zu schweigen. Das Letzte rathe ich Dir um so mehr, als meine Rache Dich furchtbar treffen und überdem die Obrigkeit Dir selbst wol Deine Hülfe bei der That, so wie, daß Du schon lange von meinem Reichthum genossest, nicht so hingehen lassen würde. Dagegen verspreche ich Dir noch einmal, daß ich die Gegend gänzlich räumen will und wenigstens von mir und meiner Bande hier kein Unternehmen mehr ausgeführt werden soll." Nachdem Andres nothgedrungen diese Bedingungen des Räuberhauptmanns eingegangen war und feierlich versprochen hatte zu schweigen, wurde er von zwei Räubern durch wildverwachsne Fußsteige auf den breiten Waldweg geführt und es war längst heller Morgen worden, als er in sein Haus trat und die vor Sorge und Angst todtenbleiche Giorgina umarmte. Er sagte ihr nur im Allgemeinen, daß sich ihm Denner als der verruchteste Bösewicht offenbart, und er daher alle Gemeinschaft mit ihm abgebrochen habe; nie solle er mehr seine Schwelle betreten. „Aber das Juwelenkästchen?" unterbrach ihn Giorgina. Da fiel es dem Andres wie eine schwere Last auf's Herz. An die Kleinodien, die Denner bei ihm zurückgelassen, hatte er nicht gedacht, und unerklärlich schien es ihm, daß Dennern auch nicht ein Wort darüber entfallen war. Er ging mit sich zu Rathe, was er wol mit diesem Kästchen anfangen solle. Zwar dachte er daran, es nach Fulda zu bringen und der Obrigkeit zu übergeben; wie sollte er aber den Besitz desselben beschönigen, ohne sich wenigstens dringender Gefahr auszusetzen, das dem Denner einmal gegebene Wort zu brechen? — Er beschloß endlich, diesen Schatz getreulich zu bewahren, bis der Zufall ihm Gelegenheit darbieten würde, es Dennern wieder zuzustellen, oder besser noch, es, ohne sein Wort zu brechen, an die Obrigkeit zu bringen. —

Der Ueberfall der Pachterwohnung hatte nicht geringen Schreck in der ganzen Gegend verursacht; denn es war das kühnste Wagestück, das die Räuber seit Jahren unternommen und ein sichrer Beweis, daß die Bande, welche sich erst durch gemeine Diebereien, dann durch das Anhalten und Berauben einzelner Reisenden kund that, bedeutend verstärkt haben mußte. Nur dem Zufall, daß der Neffe des Grafen von Bach, von mehreren Leuten seines Oheims begleitet, eben in dem Dorfe, das unfern der Pachterwohnung lag, übernachtete und auf den ersten Lärm den Bauern, die gegen die Räuber auszogen, zu Hülfe eilte, hatte der Pachter die Rettung seines Lebens und des größten Theils seiner Baarschaft zu verdanken. Drei von den Räubern, die auf dem Platz geblieben waren, lebten noch den andern Tag und gaben Hoffnung, von ihren Wunden zu genesen. Man hatte sie sorgfältig verbunden und in das Dorfgefängniß gesperrt; als man indessen am frühen Morgen des dritten Tages sie abführen wollte, fand man sie durch viele Stiche ermordet, ohne daß man hätte errathen können, wie das zugegangen. Jede Hoffnung der Gerichte, von den Gefangenen näheren Aufschluß über die Bande zu erhalten, war daher vereitelt. Andres schauderte im Innern, als er das Alles erzählen hörte, als er vernahm, wie mehrere Bauern und Jäger des Grafen von Bach zum Theil getödtet, zum Theil schwer verwundet worden. — Starke Patrouillen von Fuldaischen Reitern durchstreiften den Wald, und sprachen öfters bei ihm ein; jeden Augenblick mußte Andres befürchten, daß man Dennern selbst, oder wenigstens einen von der Bande einbringen, und dieser ihn dann als Genosse jener kühnen Frevelthat erkennen und angeben werde. Zum erstenmal in seinem Leben fühlte er die folternde Quaal des bösen Gewissens, und doch hatte ihn nur die Liebe zu seinem Weibe, zu dem Knaben, gezwungen, dem frevelichen Ansinnen Denners nachzugeben.

Alle Nachforschungen blieben fruchtlos, es war unmöglich den Räubern auf die Spur zu kommen, und Andres überzeugte sich bald, daß Denner Wort gehalten und die Gegend mit seiner Bande verlassen hatte. Das Geld, welches er noch von Denner's Geschenken übrig behalten, so wie die goldene Nadel, legte er zu den Kleinodien in das Kistchen; denn er wollte nicht noch mehr Sünde auf sich laden und von geraubtem Gelde sich gütlich thun. So kam es denn, daß Andres bald wieder in die vorige Dürftigkeit und Armuth gerieth; aber immer mehr erheiterte sich sein Inneres, je längere Zeit verstrich, ohne daß irgend etwas sein ruhiges Leben verstört hätte. Nach zwei Jahren gebar ihm sein Weib noch einen Knaben, ohne jedoch, wie das erstemal, zu erkranken, wiewol sie sich herzlich nach jener bessern Kost und Pflege sehnte, die ihr damals so wohl gethan. Andres saß einst in der Abenddämmerung traulich mit seinem Weibe zusammen, die den jüngstgebornen Knaben an der Brust hatte, während der Aeltere sich mit dem großen Hunde herumbalgte, der, als Liebling seines Herrn, wol in der Stube seyn durfte. Da kam der Knecht hinein, und sagte, wie ein Mensch, der ihm ganz verdächtig vorkomme, schon seit beinahe einer Stunde um das Haus herumschleiche. Andres war im Begriff mit seiner Büchse hinauszugehen, als er vor dem Hause seinen Namen rufen hörte. Er öffnete das Fenster und erkannte auf den ersten Blick den verhaßten Ignaz Denner, der sich wieder in den grauen Kaufmannshabit geworfen hatte, und ein Felleisen unter dem Arme trug. „Andres," rief Denner, „Du mußt mir diese Nacht Herberge geben in Deinem Hause, morgen ziehe ich weiter." „Was? Du unverschämter verruchter Bösewicht?" rief Andres in vollem Zorn, „Du wagst es Dich wieder hier sehen zu lassen? Habe ich Dir nicht treulich Wort gehalten, nur damit Du Dein Versprechen erfüllen und auf immer diese Gegend verlassen solltest? Du darfst nicht mehr meine Schwelle betreten — entferne Dich schnell, oder ich schieße Dich mörderischen Buben nieder! — Doch warte, ich will Dir Dein Gold, Dein Geschmeide, womit Du Satan mein Weib verblenden wolltest, hinabwerfen; dann magst Du schnell forteilen. Ich lasse Dir drei Tage Zeit, spüre ich aber dann nur auf irgend eine Weise Deine und Deiner Bande Gegenwart, so eile ich schnell nach Fulda und entdecke Alles, was ich weiß, der Obrigkeit. Magst Du nun Deine Drohungen gegen mich und mein Weib erfüllen wollen, ich verlasse mich auf den Beistand Gottes, und werde Dich Bösewicht mit meinem guten Gewehr zn treffen wissen." Nun holte Andres schnell das Käftchen herbei, um es hinabzuwerfen; als er aber an's Fenster trat, war Denner verschwunden, und unerachtet die Doggen die ganze Gegend rings ums Haus durchspüren mußten, war es doch nicht möglich ihn aufzufinden. Andres sah nun wohl ein, wie er, Denner's Bosheit ausgesetzt, nun in großer Gefahr schwebe; er war daher allnächtlich auf seiner Hut, indessen blieb alles ruhig und Andres überzeugte sich, daß Denner nur allein den Wald durchstrichen hatte. Um indessen seinen ängstlichen Zustand zu enden, ja um sein Gewissen zu beruhigen, das ihn mit Vorwürfen quälte, beschloß er nun nicht länger zu schweigen, sondern dem Rath in Fulda sein ganzes unverschuldetes Verhältniß mit Denner zu berichten und zugleich das Kistchen mit den Kleinodien abzuliefern. Andres wußte wohl, daß er ohne Strafe nicht abkommen würde, jedoch verließ er sich auf sein reuiges Bekenntniß eines Fehltritts, zu dem ihn der verruchte Ignaz Denner, wie der Satan selbst, verlockt und gezwungen, so wie auf die Fürsprache seines Herrn, des Grafen von Bach, der dem treuen Diener ein günstiges Zeugniß nicht versagen konnte. Er hatte mit seinem Knechte mehrmals den Wald durchstreift und nie war ihm etwas verdächtiges aufgestoßen; für sein Weib war daher jetzt keine Gefahr vorhanden und er wollte ungesäumt nach Fulda gehen, um seinen Vorsatz auszuführen. An dem Morgen, als er sich zur Reise bereit gemacht, kam ein Bote von dem Grafen von Bach, der ihn augenblicklich auf das Schloß seines Herrn mitgehen hieß. Statt nach Fulda wanderte er also fort mit dem Boten nach dem Schloß, nicht ohne Bangigkeit, was wol dieser ganz ungewöhnliche Ruf seines Herrn zu bedeuten haben werde. Als er in dem Schloß angekommen, mußte er gleich in das Zimmer des Grafen treten. „Freue Dich, Andres, rief dieser ihm entgegen, Dich hat ein ganz unerwartetes Glück getroffen. Erinnerst Du Dich wol noch unsers alten mürrischen Hauswirths in Neapel, des Pflegevaters Deiner Giorgina? Der ist gestorben; aber auf dem Sterbebette hatte ihn noch das Gewissen gerührt wegen der abscheulichen Behandlung des armen verwais'ten Kindes, und deshalb hat er ihr zweitausend Dukaten vermacht, die bereits in Wechselbriefen in Frankfurt angekommen sind und die Du bei meinem Bankier heben kannst. Willst Du Dich gleich nach Frankfurt aufmachen, so lasse ich Dir auf der Stelle das nöthige Certifikat ausfertigen, damit Dir das Geld ohne Anstand ausgezahlt werde.“ Den Andres machte die Freude sprachlos, und der Graf von Bach ergötzte sich nicht wenig an dem Entzücken seines treuen Dieners.

Andres beschloß, als er sich gefaßt hatte, seinem Weibe eine unvermuthete Freude zu bereiten; er nahm daher seines Herrn gnädiges Anerbieten an, und machte sich, nachdem er die Urkunde zu seiner Legitimation erhalten, auf den Weg nach Frankfurt.

Seinem Weibe ließ er sagen, wie ihn der Graf mit wichtigen Aufträgen verschickt habe, und er daher einige Tage ausbleiben werde. — Als er in Frankfurt angekommen, wies ihn der Bankier des Grafen, bei dem er sich meldete, an einen andern Kaufmann, der mit der Auszahlung des Legats beauftragt seyn sollte. Andres fand ihn endlich und erhielt die ansehnliche Summe wirklich ausgezahlt. Immer nur an Giorgina denkend, immer darnach trachtend, ihre Freude recht vollkommen zu machen, kaufte er für sie allerlei schöne Sachen und auch eine goldene Nadel, der ganz gleich, welche ihr Denner geschenkt hatte, und da er nun das schwere Felleisen nicht wohl als Fußgänger fortbringen konnte, verschaffte er sich ein Pferd. So trat er nun, nachdem er sechs Tage abwesend gewesen, wohlgemuth seine Rückreise an. Bald hatte er den Forst und seine Wohnung erreicht. Er fand das Haus fest verschlossen. Laut rief er den Knecht, seine Giorgina, niemand antwortete: die Hunde winselten im Hause eingesperrt. Da ahnete er großes Unglück und schlug heftig an die Thür und schrie laut: Giorgina! — Giorgina! — Nun rauschte es am Bodenfenster, Giorgina schaute heraus und rief: „Ach Gott! — Ach Gott! Andres, bist Du es? — Gepriesen sei die Macht des Himmels, daß Du nur wieder da bist." Als Andres nun durch die geöffnete Thür eintrat, fiel ihm sein Weib todtenbleich und laut heulend in die Arme. Regungslos stand er da; endlich faßte er sein Weib, die mit erschlafften

Gliedern zu Boden sinken wollte, und trug sie in die Stube. Aber wie mit eisigen Krallen packte ihn das Entsetzen bei dem gräßlichen Anblick. Die ganze Stube voller Blutflecke an dem Boden, an den Wänden, sein jüngster Knabe mit zerschnittener Brust todt auf seinem Bettchen! — „Wo ist George, wo ist George?“ schrie Andres endlich auf in wilder Verzweiflung, aber in dem Augenblick hörte er, wie der Knabe die Treppe herabtrippelte und nach dem Vater rief. — Zerbrochene Gläser, Flaschen, Teller lagen umher. Der große schwere Tisch, sonst an der Wand stehend, war in die Mitte des Zimmers gerückt, eine sonderbar geformte Kohlpfanne, mehrere Phiolen und eine Schüssel mit geronnenem Blut standen auf demselben. Andres nahm sein armes Knäblein aus dem Bette. Giorgina verstand ihn, sie holte Tücher herbei, in die sie den Leichnam wickelten und im Garten begruben. Andres schnitt ein kleines Kreuz aus Eichenholz und setzte es auf den Grabhügel. Kein Wort, kein Laut entfloh den Lippen der unglücklichen Eltern. In dumpfem düsterem Schweigen hatten sie die Arbeit vollendet und saßen nun vor dem Hause in der Abenddämmerung, den starren Blick in die Ferne gerichtet. Erst den andern Tag konnte Giorgina den Verlauf dessen, was sich in Andres Abwesenheit zugetragen, erzählen. Am vierten Tage, nachdem Andres sein Haus verlassen, hatte der Knecht zur Mittagszeit wieder allerlei verdächtige Gestalten durch den Wald wanken gesehen, und Giorgina deshalb des Mannes Rückkehr herzlich gewünscht. Mitten in der Nacht wurde sie durch lautes Toben und Schreien dicht vor dem Hause aus dem Schlafe geweckt, der Knecht stürzte herein und verkündete voller Schreck, daß das ganze Haus von Räubern umringt und an eine Gegenwehr gar nicht zu denken sei. Die Doggen wütheten, aber bald schien es, als würden sie beschwichtigt und man rief laut: Andres! — Andres! — Der Knecht faßte sich ein Herz, öffnete ein Fenster und rief herab, daß der Revierjäger Andres nicht zu Hause sei. „Nun, es thut nichts,“ antwortete eine Stimme von unten herauf, „öffne nur die Thür, denn wir müssen bei Euch einkehren, Andres wird bald nachfolgen.“ Was blieb dem Knecht übrig, als die Thür zu öffnen; da strömte der helle Hause der Räuber herein und begrüßte Giorgina als die Frau ihres Cameraden, dem der Hauptmann Freiheit und Leben zu danken habe. Sie verlangten, daß Giorgina ihnen ein tüchtiges Essen bereiten möge, weil sie Nachts ein schweres Stück Arbeit vollbracht, das aber herrlich gelungen sei. Zitternd und bebend machte Giorgina in der Küche ein großes Feuer an und bereitete das Mahl, wozu sie Wildpret, Wein und allerlei andere Ingredienzien von einem der Räuber empfing, der der Küchen- und Kellermeister der Bande zu seyn schien. Der Knecht mußte den Tisch decken und das Geschirr herbeibringen. Er nahm den Augenblick wahr und schlich sich fort zu seiner Frau in die Küche. „Ach wißt Ihr wol,“ fing er voller Entsetzen an, „was für eine That die Räuber in dieser Nacht verübt haben? Nach langer Abwesenheit und nach langer Vorbereitung haben sie vor etlichen Stunden das Schloß des Herrn Grafen von Vach überfallen, und nach tapferer Gegenwehr mehrere seiner Leute und ihn selbst getödtet, das Schloß aber angezündet.“ Giorgina schrie unaufhörlich: „ach mein Mann, wenn mein Mann nur auf dem Schlosse gewesen wäre — Ach, der arme Herr!“ — Die Räuber tobten und sangen unterdessen in der Stube und ließen sich den Wein wohl schmecken, bis ihnen das Mahl aufgetragen wurde. Der Morgen fing schon an zu dämmern als der verhaßte Denner erschien; nun wurden die Kisten und Felleisen, die sie auf ihren Packpferden mitgebracht hatten, geöffnet. Giorgina hörte, wie sie vieles Geld zählten und wie die Silbergeschirre klirrten; es schien alles verzeichnet zu werden. Endlich als es schon lichter Tag geworden, brachen die Räuber auf, nur Denner blieb zurück. Er nahm eine freundliche leutselige Miene an, und sprach zu Giorgina: „Ihr seid wohl recht erschreckt worden, liebe Frau; denn Euer Mann scheint Euch nicht gesagt zu haben, daß er schon seit geraumer Zeit unser Camerad geworden. Es thut mir in der That leid, daß er nicht zu Hause gekommen ist; er muß einen andern Weg eingeschlagen und uns verfehlt haben. Er war mit uns auf dem Schlosse des Bösewichts, des Grafen von Bach, der uns vor zwei Jahren auf alle nur mögliche Weise verfolgt hat und an dem in voriger Nacht wir Rache nahmen — Er fiel, kämpfend, von Eures Mannes Hand Beruhigt Euch nur, liebe Frau, und sagt dem Andres, daß er mich nun so bald nicht wieder sehen würde, da die Bande sich auf einige Zeit trennt. Heute Abend verlasse ich Euch. — Ihr habt lauter hübsche Kinder, liebe Frau! Das ist ja wieder ein herrlicher Knabe.“ Mit diesen Worten nahm er den Kleinen von Giorgina's Arm und wußte mit ihm so freundlich zu spielen, daß das Kind lachte und jauchzte und gern bei ihm blieb, bis er es wieder der Mutter zurückgab. Schon war es Abend geworden, als Denner zu Giorgina sagte: „Ihr merkt wohl, daß ich, unerachtet ich kein Weib und keine Kinder habe, welches mir manchmal recht nahe geht, doch gar zu gern mit kleinen Kindern spiele und tändle. Gebt mir doch Euern Kleinen auf die wenigen Augenblicke, die ich noch bei Euch zubringe. Nicht wahr? der Kleine ist jetzt gerade neun Wochen alt." Giorgina bejahte das und gab, jedoch nicht ohne inneres Widerstreben, den kleinen Knaben Dennern hin, der sich mit ihm vor die Hausthür setzte und Giorgina bat, ihm nun das Abendessen zu bereiten, weil er in einer Stunde fortmüßte. Kaum war Giorgina in die Küche getreten, als sie sah, wie Denner mit dem Kinde auf dem Arm in die Stube ging. Bald darauf verbreitete sich ein seltsam riechender Dampf durch das Haus, der aus der Stube zu quillen schien. Giorgina wurde von unbeschreiblicher Angst ergriffen; sie lief schnell nach der Stube und fand die Thür von innen verriegelt. Es war ihr, als höre sie das Kind leise wimmern. „Rette, rette mein Kind aus den Klauen des Bösewichts!" so schrie sie, eine gräßliche That ahnend, dem Knecht entgegen, der eben in das Haus trat. Dieser ergriff schnell die Axt und sprengte die Thür. Dicker stinkender Dampf schlug ihnen entgegen. Mit einem Sprunge war Giorgina im Zimmer; der Knabe lag nackt über einer Schüssel, in die sein Blut tröpfelte. Sie sah nur noch, wie der Knecht mit der Axt ausholte, um den Denner zu treffen, wie dieser dem Schlage auswich, den Knecht unterlief und mit ihm rang. Es war ihr, als höre sie jetzt mehrere Stimmen dicht vor den Fenstern, bewußtlos sank sie zu Boden. Als sie wieder erwachte, war es finstre Nacht worden, aber ganz betäubt vermochte sie nicht die erstarrten Glieder zu regen. Endlich wurde es Tag und nun sah sie mit Entsetzen, wie das Blut im Zimmer schwamm. Stücke von Denner's Kleidern lagen überall umher — ein ausgerissener Schopf von des Knechts Haaren — die Axt blutig daneben — der Knabe vom Tische herabgeschleudert mit zerschnittener Brust. Auf's neue wurde Giorgina ohnmächtig, sie glaubte zu sterben, aber sie erwachte wie aus dem Todesschlummer, als es schon Mittag geworden. Sie raffte sich mühsam auf, sie rief laut den Georg, aber als niemand antwortete, glaubte sie, auch Georg sei ermordet. Die Verzweiflung gab ihr Kräfte, sie floh aus dem Zimmer in den Hof und schrie laut: „Georg! — Georg!" Da antwortete es mit matter kläglicher Stimme vom Bodenfenster herab: „Mutter, ach liebe Mutter, bist Du denn da? Komm herauf zu mir! mich hungert sehr!" — Schnell sprang jetzt Giorgina hinauf und fand den Kleinen, der vor Angst bei dem Lärm im Hause in die Bodenkammer gekrochen war und nicht gewagt hatte herauszukommen. Mit Entzücken drückte Giorgina den Kleinen an die Brust. Sie verschloß das Haus und wartete nun von Stunde zu Stunde in der Bodenkammer auf Andres, den sie auch verloren glaubte. Der Knabe hatte von oben herab gesehen, wie mehrere Männer ins Haus gingen und mit Denner'n einen todten Menschen heraustrugen. — Endlich bemerkte auch Giorgina das Geld und die schönen Sachen, die Andres mitgebracht hatte. „Ach, so ist es doch wahr?" schrie sie entsetzt auf, „so bist Du doch" — Andres ließ sie nicht ausreden, sondern erzählte ausführlich, welches Glück sie betroffen und wie er in Frankfurt gewesen sei, wo er sich ihre Erbschaft habe auszahlen lassen. — Der Neffe des ermordeten Grafen von Bach war nun Besitzer der Güter worden; bei diesem wollte sich Andres melden, getreulich alles Geschehene erzählen, Denner's Schlupfwinkel entdecken und bitten, ihn seines Dienstes zu entlassen, der ihm so viel Noth und Gefahr bringe. Giorgina durfte mit dem Knaben im Hause nicht zurückbleiben. Andres beschloß daher, seine besten leicht fortzuschaffenden Sachen auf einen kleinen Leiterwagen zu packen, das Pferd vorzuspannen und so mit seinem Weibe und Kinde eine Gegend auf immer zu verlassen, die ihm nur die schrecklichsten Erinnerungen erregen und überdem niemals Ruhe und Sicherheit gewähren konnte. Der dritte Tag war zur Abreise bestimmt, und eben packten sie einen Kasten, als ein starkes Pferdegetrappel immer näher und näher kam. Andres erkannte den Bachschen Förster, der bei dem Schlosse wohnte; hinter ihm ritt ein Commando Fuldaischer Dragoner. „Nun da finden wir ja den Bösewicht gerade bei der Arbeit, seinen Raub in Sicherheit zu bringen," rief der Commissarius des Gerichts, der mitgekommen. Andres erstarrte vor Staunen und Schreck. Giorgina war halb ohnmächtig. Sie fielen über ihn her, banden ihn und sein Weib mit Stricken und warfen sie auf den Leiterwagen, der schon vor dem Hause stand. Giorgina jammerte laut um den Knaben und flehte um Gottes willen, daß man ihn ihr mitgeben möge. „Damit Du Deine Brut auch noch ins höllische Verderben bringen kannst?" sprach der Commissarius und riß den Knaben mit Gewalt aus Giorgina's Armen. Schon sollte es fortgehen, da trat der alte Förster, ein rauher aber biederer Mann, noch einmal an den Wagen und sagte: „Andres, Andres, wie hast Du Dich denn von dem Satan verlocken lassen, solche Frevelthaten zu begehen? Immer warst Du ja sonst so fromm und ehrlich!" „Ach lieber Herr!" schrie Andres auf im höchsten Jammer, „so wahr Gott im Himmel lebt, so wie ich dereinst selig zu sterben hoffe, ich bin unschuldig. Ihr habt mich ja gekannt von früher Jugend her; wie sollte ich, der ich niemals Unrechtes gethan, solch ein abscheulicher Bösewicht geworden seyn? — denn ich weiß wohl, daß Ihr mich für einen verruchten Räuber und Theilnehmer an der Frevelthat haltet, die auf dem Schlosse meines geliebten unglücklichen Herrn verübt worden ist. Aber ich bin unschuldig bei meinem Leben und meiner Seligkeit!" „Nun" sagte der alte Förster, „wenn Du unschuldig bist, so wird das an den Tag kommen, mag auch noch so viel wider Dich sprechen. Deines Knaben und des Besitzthums, was Du zurückläßest, will ich mich getreulich annehmen, so daß, wenn Deine und Deines Weibes Unschuld erwiesen, Du den Jungen frisch und munter und Deine Sachen unversehrt wiederfinden sollst." Das Geld nahm der Commissarius des Gerichts in Beschlag. Unterweges frug Andres Giorginen, wo sie denn das Kästchen verwahrt habe; sie gestand, wie es ihr jetzt leid thue, daß sie es dem Denner überliefert, da es jetzt der Obrigkeit hätte übergeben werden können. In Fulda trennte man den Andres von seinem Weibe und warf ihn in ein tiefes finstres Gefängniß. Nach einigen Tagen wurde er zum Verhör geführt. Man beschuldigte ihn der Theilnahme an dem im Vachschen Schlosse verübten Raubmorde und ermahnte ihn die Wahrheit zu gestehen, da schon alles wider ihn so gut als ausgemittelt sei. Andres erzählte nun getreulich Alles, was sich mit ihm zugetragen, von dem ersten Eintritt des abscheulichen Denners in sein Haus bis zu dem Augenblick seiner Verhaftung. Er klagte sich selbst voll Reue des einzigen Vergehens an, daß er, um Weib und Kind zu retten, bei der Plünderung des Pachters zugegen war, und den Denner von der Gefangennehmung befreite, und betheuerte seine gänzliche Unschuld Rücksichts des letzten von der Dennerschen Bande verübten Raubmordes, da er zu eben derselben Zeit in Frankfurt gewesen sei. Jetzt öffneten sich die Thüren des Gerichtssaals und der abscheuliche Denner wurde hereingeführt. Als er den Andres erblickte, lachte er auf in teuflischem Hohn und sprach: „Nun, Kamerad, hast Du Dich auch erwischen lassen? Hat Dir Deines Weibes

Gebet denn nicht herausgeholfen?“ Die Richter forderten Denner'n auf, sein Bekenntniß Rücksichts des Andres zu wiederholen und er sagte aus, daß eben der Bachsche Revierjäger Andres, der jetzt vor ihm stehe, schon seit fünf Jahren mit ihm verbunden und das Jägerhaus sein bester und sicherster Schlupfwinkel gewesen sei. Andres habe immer den ihm gebührenden Antheil vom Raube erhalten, wiewol er nur zweimal thätig bei den Räubereien mitgewirkt. Einmahl nehmlich bei der Beraubung des Pachters, wo er ihn, den Denner, aus der dringendsten Gefahr errettet, und dann bei dem Unternehmen gegen den Grafen Aloys von Bach, der eben durch einen glücklichen Schuß des Andres getödtet worden sei. — Andres gerieth in Wuth, als er diese schändliche Lüge hörte. „Was?“ schrie er, „Du verruchter teuflischer Bösewicht, Du wagst es, mich der Ermordung meines lieben armen Herrn anzuklagen, die Du selbst verübt? — Ja! ich weiß es, nur Du selbst bist solcher That fähig; aber Deine Rache verfolgt mich, weil ich aller Gemeinschaft mit Dir entsagt habe, weil ich drohte, Dich als einen verruchten Räuber und Mörder niederzuschießen, so wie Du meine Schwelle betreten würdest. Darum hast Du mit Deiner Bande mein Haus überfallen, als ich abwesend war; darum hast Du mein armes unschuldiges Kind und meinen braven Knecht ermordet! — Aber Du wirst der schrecklichen Strafe des gerechten Gottes nicht entgehen, sollte ich auch Deiner Bosheit unterliegen.“ Nun wiederholte Andres sein voriges Bekenntniß unter den heiligsten Betheurungen der Wahrheit; aber Denner lachte höhnisch und meinte, warum er denn aus allzugroßer Furcht vor dem Tode noch erst das Gericht zu belügen sich unterfange, und daß es sich schlecht mit der Frömmigkeit, von der er so viel Aufhebens mache, vereinbare, daß er Gott und die Heiligen zur Bekräftigung seiner falschen Aussagen anrufe. — Die Richter wußten in der That nicht, was sie von dem Andres, dessen Miene und Sprache die Wahrheit seiner Aussage zu bestätigen schien, so wie von Denner's kalter Festigkeit denken sollten. — Nun wurde Giorgina vorgeführt, die in namenlosem Jammer laut weinend auf den Mann zustürzte. Sie wußte nur Unzusammenhängendes zu erzählen, und unerachtet sie den Denner des entsetzlichen Mordes ihres Knaben anklagte, schien Denner doch keinesweges entrüstet, sondern behauptete, wie er schon früher gethan, daß Giorgina nie etwas von den Unternehmungen ihres Mannes gewußt habe, sondern ganz unschuldig sei. Andres wurde in sein Gefängniß zurückgeführt. Einige Tage nachher sagte ihm der ziemlich gutmüthige Gefangenwärter, daß sein Weib, da sowol Denner, als die übrigen Räuber fortwährend ihre Unschuld behauptet, sonst auch nichts wider sie ausgemittelt worden, der Haft entlassen sei. Der junge Graf von Bach, ein edelmüthiger Herr, der sogar an seiner, des Andres, Schuld zu zweifeln scheine, habe Caution gestellt, und der alte Förster Giorginen in einem schönen Wagen abgeholt. Vergebens habe Giorgina gebeten, ihren Mann sehen zu dürfen; das sei ihr vom Gericht gänzlich abgeschlagen worden. Den armen Andres tröstete diese Nachricht nicht wenig, da mehr, als sein Unglück, ihm seines Weibes elender Zustand im Gefängniß zu Herzen ging. Sein Prozeß verschlimmerte sich indessen von Tage zu Tage. Es war erwiesen, daß eben, wie Denner es angegeben, seit fünf Jahren Andres in einen gewissen Wohlstand gerieth, dessen Quelle nur die Theilnahme an den Räubereien seyn konnte. Ferner gestand Andres selbst seine Abwesenheit von

Hause während der auf dem Bachschen Schlosse verübten That, und seine Angabe wegen seiner Erbschaft und seines Aufenthalts in Frankfurt blieb verdächtig, weil er den Namen des Kaufmanns, von dem er das Geld ausgezahlt erhalten haben wollte, durchaus nicht anzugeben wußte. Der Bankier des Grafen von Bach, so wie der Hauswirth in Frankfurt, bei dem Andres eingekehrt war, versicherten einstimmig, wie sie sich des beschriebenen Revierjägers gar nicht erinnern könnten; der Gerichtshalter des Grafen von Bach, der das Certifikat für den Andres ausgefertigt hatte, war gestorben und niemand von den Bachschen Dienern wußte etwas von der Erbschaft, da der Graf nichts davon geäußert, Andres aber auch davon geschwiegen, weil er, aus Frankfurt zurückkehrend, sein Weib mit dem Gelde überraschen wollte. So blieb alles, was Andres vorbrachte, um nachzuweisen, daß er zur Zeit des Raubes in Frankfurt gewesen und das Geld ehrlich erworben sei, unausgemittelt. Denner blieb dagegen bei seiner frühern Behauptung und ihm stimmten sämmtliche Räuber, die eingefangen worden, in allem bei. Alles dieses hätte aber die Richter noch nicht so von der Schuld des unglücklichen Andres überzeugt, als die Aussage von zwei Bachschen Jägern, die bei dem Schein der Flammen ganz genau den Andres erkannt und gesehen haben wollten, wie von ihm der Graf niedergestreckt wurde. Nun war Andres in den Augen des Gerichts ein verstockter heuchlerischer Bösewicht und gestützt auf das Resultat aller jener Aussagen und Beweise wurde ihm die Tortur zuerkannt, um seinen starren Sinn zu beugen, und ihn zum Geständniß zu bringen. Schon über ein Jahr schmachtete Andres im Kerker, der Gram hatte seine Kräfte aufgezehrt, und sein sonst robuster starker Körper war schwach und ohnmächtig geworden. Der schreckliche Tag, an dem die Pein ihm das Geständniß einer That, welche er niemals begangen, abdringen sollte, kam heran. Man führte ihn in die Folterkammer, wo die entsetzlichen mit sinnreicher Grausamkeit erfundenen Instrumente lagen, und die Henkersknechte sich bereiteten, den Unglücklichen zu martern. Nochmals wurde Andres ermahnt, die That, deren er so dringend verdächtig, ja deren er durch das Zeugniß jener Jäger überführt worden, zu gestehen. Er betheuerte wiederum seine Unschuld, und wiederholte alle Umstände seiner Bekanntschaft in denselben Worten, wie er es im ersten Verhör gethan. Da ergriffen ihn die Knechte, banden ihn mit Stricken und marterten ihn, indem sie seine Glieder ausrenkten und Stacheln einbohrten in das gedehnte Fleisch. Andres vermochte nicht die Quaal zu ertragen: vom Schmerz gewaltsam zerrissen, den Tod wünschend, gestand er alles was man wollte, und wurde ohnmächtig in den Kerker zurückgeschleppt. Man stärkte ihn, wie es nach erlittener Tortur gewöhnlich, mit Wein und er fiel in einen zwischen Wachen und Schlafen hinbrütenden Zustand. Da war es ihm als lösten sich die Steine aus der Mauer, und als fielen sie krachend herab auf den Boden des Kerkers. Ein blutrother Schimmer drang durch und in ihm trat eine Gestalt hinein, die, unerachtet sie Denner's Züge hatte, ihm doch nicht Denner zu seyn schien. Glühender funkelten die Augen, schwärzer starrte das struppige Haar auf der Stirn empor und tiefer senkten sich die finstern Augenbrauen in die dicke Muskel herab, die über der krummgebogenen Habichtsnase lag. Auf gräßlich seltsame Weise war das Gesicht verschrumpft und verzerrt, und die Kleidung fremd und abentheuerlich, wie er Dennern niemals gesehen. Ein feuerrother mit Gold stark verbrämter weiter Mantel hing in bauschichten

Falten der Gestalt über die Schultern, ein breiter niedergekrempter spanischer Hut mit herabhängender rother Feder saß schief auf dem Kopfe, ein langer Stoßdegen hing an der Seite, und unter dem linken Arm trug die Gestalt ein kleines Kistchen. So schritt der gespenstische Unhold auf Andres zu in hohlem dumpfen Tone sprechend: „Nun, Camerad, wie hat Dir die Folter geschmeckt? Du hast das Alles blos Deinem Eigensinn zu verdanken; hättest Du Dich als zur Bande gehörig bekannt, so wärst Du nun schon gerettet. Versprichst Du aber, Dich mir und meiner Leitung ganz zu ergeben, und gewinnst Du es über Dich, von diesen Tropfen zu trinken, die aus Deines Kindes Herzblut gekocht sind, so bist Du augenblicklich aller Quaal entledigt. Du fühlst Dich gesund und kräftig, und für Deine weitere Rettung will ich dann sorgen." — Andres konnte vor Schreck, Angst und Ermattung nicht sprechen; er sah, wie seines Kindes Blut in der Phiole, die ihm die Gestalt hinhielt, in rothen Flämmchen spielte; inbrünstig betete er zu Gott und den Heiligen, daß sie ihn retten möchten aus den Klauen des Satans, der ihn verfolge und um die ewige Seligkeit bringen wolle, die er zu erlangen hoffe, sollte er auch eines schimpflichen Todes sterben. Nun lachte die Gestalt, daß es im Kerker wiedergellte, und verschwand im dicken Dampf. Andres erwachte endlich aus dumpfer Betäubung, er vermochte sich aufzurichten vom Lager; aber wie ward ihm, als er sah, daß das Stroh, was unter seinem Haupte gelegen, sich stärker und stärker zu rühren begann und endlich weggeschoben wurde. Er gewahrte, daß ein Stein aus dem Fußboden von unten herausgedrängt worden und hörte mehrmals seinen Namen leise rufen. Er erkannte Denner's Stimme und sprach: „Was willst Du von mir? Laß mich ruhen, ich habe mit Dir nichts zu schaffen!" „Andres," sprach Denner, „ich bin durch mehrere Gewölbe gedrungen, um Dich zu retten; denn, wenn Du auf den Richtplatz kommst, von dem ich errettet wurde, bist Du verloren. Bloß um Deines Weibes willen, die mir mehr angehört, als Du wohl denken magst, helfe ich Dir. Du bist ein muthloser Feigling. Was hat Dir nun Dein erbärmliches Läugnen gefruchtet? Blos, daß Du vom Bachschen Schloß nicht zu rechter Zeit nach Hause zurückkehrtest und ich mich zu lange bei Deinem Weibe aufhielt, ist Schuld, daß man mich auffing. Da! — nimm die Feile und die Säge, befreie Dich in künftiger Nacht von den Ketten und durchsäge das Schloß der Kerkerthüre; schleiche durch den Gang! Die äußere Thür linker Hand wird offen stehn, und draußen wirst Du einen von uns finden, der Dich weiter geleitet. Halte Dich gut!" Andres nahm die Säge und die Feile, die ihm Denner hineinreichte und hob dann den Stein wieder in die Oeffnung. Er war entschlossen, das zu thun, wozu ihn die innere Stimme des Gewissens aufforderte. — Als es Tag geworden und der Gefangenwärter hineintrat, da sagte er, wie er sehnlich wünsche vor den Richter geführt zu werden, indem er Wichtiges zu entdecken habe. Noch an demselben Vormittage wurde sein Verlangen erfüllt, weil man nicht anders glaubte, als daß Andres neue, bisher noch unbekannt gebliebene, Frevelthaten der Bande gestehen werde. Andres überreichte den Richtern die von Dennern erhaltenen Instrumente, und erzählte den Vorgang der Nacht. „Unerachtet ich gewiß und wahrhaftig unschuldig leide, so soll mich doch Gott behüten, daß ich darnach trachten sollte, meine Freiheit auf unerlaubte Weise zu erlangen; denn das würde mich ja dem verruchten Denner, der mich in Schande und Tod gestürzt hat, in die Hände liefern und ich dann erst durch mein sündliches frevelicher Unternehmen die Strafe verdienen, die ich jetzt unschuldig leiden werde." So beschloß Andres seinen Vortrag. Die Richter schienen erstaunt und von Mitleid für den Unglücklichen durchdrungen, wiewol sie durch die mannichfachen Thatsachen, die wider ihn sprachen, zu sehr von seiner Schuld überzeugt waren, um sein jetziges Benehmen nicht auch für zweifelhaft zu halten. Die Aufrichtigkeit des Andres und vorzüglich der Umstand, daß nach jener Anzeige der von Denner beabsichtigten Flucht, in der Stadt und zwar in der nächsten Umgebung des Gefängnisses wirklich noch einige von der Bande ertappt und aufgegriffen wurden, hatte jedoch den wohlthätigen Einfluß auf ihn, daß er aus dem unterirdischen Kerker, in den er gesperrt gewesen, herausgenommen wurde, und eine lichte Gefängnißstube neben der Wohnung des Gefangenwärters erhielt. Da brachte er seine Zeit mit Gedanken an sein treues Weib, an seinen Knaben, und mit gottseligen Betrachtungen hin, und bald fühlte er sich ermuthigt, das Leben auch auf schmerzliche Weise, wie eine Bürde, abzuwerfen. Nicht genug konnte sich der Gefangenwärter über den frommen Verbrecher wundern und er mußte nothgedrungen beinahe an seine Unschuld glauben.

Endlich, nachdem beinahe noch ein Jahr verflossen, war der schwierige verwickelte Prozeß wider Denner und seine Mitschuldigen geschlossen. Es hatte sich gefunden, daß die Bande bis an die Gränze von Italien ausgebreitet war und schon seit geraumer Zeit überall raubte und mordete. Denner sollte gehängt, und dann sein Körper verbrannt werden. Auch dem unglücklichen Andres war der Strang zuerkannt; seiner Reue halber, und da er durch das Bekenntniß der ihm von Denner gerathenen Flucht die Entdeckung des Anschlags der Bande, durchzubrechen, veranlaßt hatte, durfte jedoch sein Körper herabgenommen, und auf der Gerichtsstätte verscharrt werden.

Der Morgen, an dem Denner und Andres hingerichtet werden sollten, war angebrochen; da ging die Thür des Gefängnisses auf, und der junge Graf von Bach trat hinein zum Andres, der auf den Knien lag und still betete. „Andres," sprach der Graf, „Du mußt sterben. Erleichtere Dein Gewissen noch durch ein offnes Geständniß! Sage mir, hast Du Deinen Herrn getödtet? Bist Du wirklich der Mörder meines Oheims?" — Da stürzten dem Andres die Thränen aus den Augen, und er wiederholte nochmals Alles, was er vor Gericht ausgesagt, ehe ihm die unleidliche Quaål der Tortur eine Lüge auspreßte. Er rief Gott und die Heiligen an, die Wahrheit seiner Aussage und seine gänzliche Unschuld an dem Tode des geliebten Herrn zu bekräftigen.

„So ist hier," fuhr der Graf von Bach fort, „ein unerklärliches Geheimniß im Spiele. Ich selbst, Andres, war von Deiner Unschuld überzeugt, unerachtet vieles wider Dich sprach; denn ich wußte ja, daß Du von Jugend auf der treuste Diener meines Oheims gewesen bist, und ihn selbst einmal in Neapel mit Gefahr Deines Lebens aus Räuberhänden errettet hast. Allein nur noch gestern haben mir die beiden alten Jäger meines Oheims Franz und Nikolaus geschworen, daß sie Dich leibhaftig unter den Räubern gesehen und genau bemerkt hätten, wie Du selbst meinen Oheim niederstrecktest." Andres wurde von den peinlichsten, schrecklichsten Gefühlen durchbohrt; es war ihm, als wenn der Satan selbst seine Gestalt angenommen habe, um ihn zu verderben; denn auch Denner hatte ja sogar im Kerker davon gesprochen, daß er den

Andres wirklich gesehen, und so schien selbst die falsche Beschuldigung vor Gericht auf innerer wahrer Ueberzeugung zu beruhen. Andres sagte dies Alles unverholen, indem er hinzusetzte, daß er sich der Schickung des Himmels ergebe, nach welcher er den schmählichen Tod eines Verbrechers sterben solle, daß aber, sei es auch lange Zeit nachher, seine Unschuld gewiß an den Tag kommen werde. Der Graf von Bach schien tief erschüttert; er konnte kaum noch dem Andres sagen, daß, nach seinem Wunsche, der Tag der Hinrichtung seinem unglücklichen Weibe verschwiegen geblieben sei, und daß sie sich nebst dem Knaben bei dem alten Förster aufhalte. Die Rathhausglocke erklang dumpf und schauerlich in abgemessenen Pulsen. Andres wurde angekleidet und der Zug ging mit den gewöhnlichen Feierlichkeiten unter dem Zuströmen unzähligen Volks nach der Richtstätte. Andres betete laut und rührte durch sein frommes Betragen alle, die ihn sahen. Denner hatte die Miene des trotzigen verstockten Bösewichts. Er schaute munter und kräftig um sich, und lachte oft den armen Andres tückisch und schadenfroh an. Andres sollte zuerst hingerichtet werden; er bestieg gefaßt mit dem Henker die Leiter, da kreischte ein Weib auf und sank ohnmächtig einem alten Mann in die Arme. Andres blickte hin, es war Giorgina; laut erflehte er vom Himmel Fassung und Stärke. „Dort, dort, sehe ich Dich wieder, mein armes unglückliches Weib, ich sterbe unschuldig!" rief er, indem er den Blick sehnsuchtsvoll zum Himmel erhob. Der Richter rief dem Henker zu, er möge sich fördern, denn es entstand ein Murren unter dem Volke und es flogen Steine nach Dennern, der ebenfalls schon die Leiter bestiegen hatte und die Zuschauer verhöhnte ob ihres Mitleids mit dem frommen Andres. Der Henker legte dem Andres den Strick um den Hals, da scholl es aus der Ferne her: „Halt — halt — um Christus willen halt! — Der Mann ist unschuldig! — ihr richtet einen Unschuldigen hin!“ — „Halt — halt!“ schrieen tausend Stimmen und kaum vermochte die Wache zu steuern dem Volk, das hinzudrang und den Andres von der Leiter herabreissen wollte. Näher sprengte nun der Mann zu Pferde, der erst gerufen hatte, und Andres erkannte auf den ersten Blick in dem Fremden den Kaufmann, der ihm in Frankfurt Giorgina's Erbschaft ausgezahlt hatte. Seine Brust wollte zerspringen vor Freude und Seligkeit, kaum konnte er sich aufrecht erhalten als er von der Leiter herabgestiegen. Der Kaufmann sagte dem Richter, daß zu derselben Zeit, als der Raubmord im Vach'schen Schlosse verübt worden, Andres in Frankfurt, also viele Meilen davon entfernt, gewesen sei, und daß er dies vor Gericht auf die unzweifelhafteste Weise durch Urkunden und Zeugen darthun wolle. Da rief der Richter: „Die Hinrichtung des Andres kann keinesweges geschehen; denn dieser höchstwichtige Umstand beweiset, wenn er ausgemittelt wird, die völlige Unschuld des Angeklagten. Man führe ihn sogleich nach dem Gefängnisse zurück.“ Denner hatte alles von der Leiter herab ruhig angesehen; als aber der Richter diese Worte gesprochen, da rollten seine glühenden Augen, er knirschte mit den Zähnen, er heulte in wilder Verzweiflung, daß es gräßlich, wie der namenlose Jammer des wüthenden Wahnsinns, durch die Lüfte hallte: „Satan, Satan! Du hast mich betrogen — weh mir! weh mir! es ist aus — aus — Alles verloren!“ Man brachte ihn von der Leiter herab, er fiel zu Boden und röchelte dumpf: „ich will alles bekennen — ich will alles bekennen!“ Auch seine Hinrichtung wurde verschoben und er ins Gefängniß zurückgeführt, wo ihm jedes Entspringen unmöglich gemacht worden. Der Haß seiner Wächter war die beste Schutzwehr gegen die Schlauheit seiner Verbündeten. — Wenige Augenblicke nachher, als Andres bei dem Gefangenwärter angekommen, lag Giorgina in seinen Armen. „Ach Andres, Andres," rief sie, „nun habe ich Dich ganz wieder, da ich weiß, daß Du unschuldig bist; denn auch ich habe an Deiner Redlichkeit, an Deiner Frömmigkeit gezweifelt!" — Unerachtet man Giorginen den Tag der Hinrichtung verschwiegen, war sie doch von unbeschreiblicher Angst, von seltsamer Ahnung getrieben, nach Fulda geeilt, und gerade auf die Richtstätte gekommen, als ihr Mann die verhängnißvolle Leiter bestieg, die ihn zum Tode führen sollte. Der Kaufmann war die ganze lange Zeit der Untersuchung über auf Reisen in Frankreich und Italien gewesen, und jetzt über Wien und Prag zurückgekehrt. Der Zufall, oder vielmehr eine besondere Schickung des Himmels, wollte, daß er gerade in dem entscheidendsten Augenblick auf dem Richtplatze ankam, und den armen Andres von dem schmählichen Tode des Verbrechers rettete. Im Gasthofe erfuhr er die ganze Geschichte des Andres und es fiel ihm gleich schwer aufs Herz, daß Andres wol derselbe Revierjäger seyn könne, der vor zwei Jahren eine Erbschaft, die seinem Weibe von Neapel aus zugefallen, erhob. Schnell eilte er fort und überzeugte sich, als er nur Andres sah, sogleich von der Wahrheit seiner Vermuthung. Durch die eifrigen Bemühungen des wackern Kaufmanns und des jungen Grafen von Bach wurde Andres Aufenthalt in Frankfurt bis auf die Stunde ausgemittelt, dadurch aber seine völlige Unschuld an dem Raubmorde dargethan. Denner selbst gestand nun die Richtigkeit der Angabe des Andres über das Verhältniß mit ihm und meinte nur, der Satan müsse ihn geblendet haben; denn in der That hätte er geglaubt, Andres fechte auf dem Vachschen Schloß an seiner Seite. Für die erzwungene Theilnahme an der Ausplünderung des Pachterhofes, so wie für die gesetzwidrige Rettung Denner's, hatte, nach dem Ausspruch der Richter, Andres genug gebüßt durch das lange harte Gefängniß und durch die ausgestandene Marter und Todesangst; er wurde daher durch Urtel und Recht von jeder weiteren Strafe freigesprochen und eilte mit seiner Giorgina auf das Vachsche Schloß, wo ihm der edle wohlthätige Graf im Nebengebäude eine Wohnung einräumte, von ihm nur die geringen Jagddienste fordernd, die des Grafen persönliche Liebhaberei nothwendig machte. Auch die Gerichtskosten bezahlte der Graf, so daß Andres und Giorgina in dem ungekränkten Besitz ihres Vermögens blieben.

Der Prozeß wider den verruchten Ignaz Denner nahm jetzt eine ganz andere Wendung. Die Begebenheit auf der Gerichtsstätte schien ihn ganz umgewandelt zu haben. Sein höhnender teuflischer Stolz war gebeugt, und aus seinem zerknirschten Innern brachen Geständnisse hervor, die den Richtern das Haar sträubten. Denner klagte sich selbst mit allen Zeichen tiefer Reue des Bündnisses mit dem Satan an, das er von seiner frühen Jugendzeit unterhalten, und so wurde vorzüglich hierauf die fernere Untersuchung mit dem Zutritt dazu verordneter Geistlichkeit gerichtet. Ueber seine früheren Lebensverhältnisse erzählte Denner so viel Sonderbares, daß man es für das Erzeugniß wahnsinniger Ueberspannung hätte halten müssen, wenn nicht durch die Erkundigungen, die man in Neapel, seinem angeblichen Geburtsort, einziehen ließ, alles bestätigt worden wäre. Ein Auszug aus den von dem geistlichen Gericht in Neapel verhandelten Akten ergab über Denner's Herkunft folgende merkwürdige Umstände.

Vor langen Jahren lebte in Neapel ein alter wunderlicher Doktor, Trabacchio mit Namen, den man seiner geheimnißvollen stets glücklichen Curen wegen insgemein den Wunder-Doktor zu nennen pflegte. Es schien, als wenn das Alter nichts über ihn vermöge; denn er schritt rasch und jugendlich daher, unerachtet mehrere Eingeborne ihm nachrechnen konnten, daß er an die achtzig Jahre alt seyn müßte. Sein Gesicht war auf eine seltsame grausige Weise verzerrt und verschrumpft, und seinen Blick konnte man kaum ohne innern Schauer ertragen, wiewol er oft den Kranken wohl that, so daß man sagte, blos durch den scharf auf den Kranken gehefteten Blick heile er oftmals schwere hartnäckige Uebel. Ueber seinen schwarzen Anzug warf er gewöhnlich einen weiten rothen Mantel mit goldnen Tressen und Troddeln, unter dessen bauschichten Falten der lange Stoßdegen hervorragte. So lief er mit einer Kiste seiner Arzneien, die er selbst bereitete, durch die Straßen von Neapel zu seinen Kranken, und jeder wich ihm scheu aus. Nur in der höchsten Noth wandte man sich an ihn, aber niemals schlug er es aus einen Kranken zu besuchen, hatte er dabei auch nicht sonderlichen Gewinn zu hoffen. Mehrere Weiber starben ihm schnell; immer waren sie ausnehmend schön und insgemein Landdirnen gewesen. Er sperrte sie ein und erlaubte ihnen nur unter Begleitung einer alten ekelhaft häßlichen Frau die Messe zu hören. Diese Alte war unbestechlich; jeder noch so listig angelegte Versuch junger Lüstlinge, den schönen Frauen des Trabacchio näher zu kommen, blieb fruchtlos. Unerachtet Doktor Trabacchio von Reichen sich gut bezahlen ließ, so stand doch seine Einnahme mit dem Reichthum an Geld und Kleinodien, den er in seinem Hause aufgehäuft hatte und den er niemanden verheelte, in keinem Verhältniß. Dabei war er zu Zeiten freigebig bis zur Verschwendung, und hatte die Gewohnheit jedesmal, wenn ihm eine Frau gestorben, ein Gastmahl zu geben, dessen Aufwand wol doppelt so viel betrug, als die reichste Einnahme, die ihm seine Praxis ein ganzes Jahr hindurch verschaffte. Mit seiner letzten Frau hatte er einen Sohn erzeugt, den er eben so einsperrte, wie seine Weiber; niemand bekam ihn zu sehen. Nur bei dem Gastmahl, das er nach dem Tode dieser Frau gab, saß der kleine dreijährige Knabe an seiner Seite, und alle Gäste waren über die Schönheit und die Klugheit des Kindes, das man, verrieth sein körperliches Ansehen nicht sein Alter, seinem Benehmen nach wenigstens für zwölfjährig hätte halten können. Eben bei diesem Gastmahl äußerte der Doktor Trabacchio, daß, da nunmehr sein Wunsch, einen Sohn zu haben, erreicht sei, er nicht mehr heirathen werde. Sein übermäßiger Reichthum, aber noch mehr sein geheimnißvolles Wesen, seine wunderbaren Curen, die bis ins Unglaubliche gingen, da blos einigen von ihm bereiteten und eingeflößten Tropfen, ja oft blos seiner Betastung, seinem Blick, die hartnäckigsten Krankheiten wichen, gab endlich Anlaß zu allerlei seltsamen Gerüchten, die sich in Neapel verbreiteten. Man hielt den Doktor Trabacchio für einen Alchymisten, für einen Teufelsbeschwörer, ja man gab ihm endlich Schuld, daß er mit dem Satan im Bündniß stehe. Die letzte Sage entstand aus einer seltsamen Begebenheit, die sich mit einigen Edelleuten in Neapel zutrug. Diese kehrten einst spät in der Nacht von einem Gastmahl zurück und geriethen, da sie im Weinrausch den Weg verfehlt, in eine einsame verdächtige Gegend. Da rauschte und raschelte es vor ihnen und sie wurden mit Entsetzen gewahr, daß ein groser leuchtendrother Hahn, ein zackicht Hirschgeweihe auf dem Kopfe tragend, mit ausgebreiteten Flügeln daher schritt, und sie mit menschlichen funkelnden Augen anstarrte. Sie drängten sich in eine Ecke, der Hahn schritt vorüber, und ihm folgte eine große Figur in glänzendem goldverbrämten Mantel. So wie die Gestalten vorüber waren, sagte einer von den Edelleuten leise: Das war der Wunderdoktor T r a b a c c h i o. Alle, nüchtern geworden durch den entsetzlichen Spuk, ermuthigten sich und folgten dem angeblichen Doktor mit dem Hahn, dessen Leuchten den genommenen Weg zeigte. Sie sahen, wie die Gestalten wirklich auf das Haus des Doktors, das auf einem fernen leeren öden Platze stand, zuschritten. Vor dem Hause angekommen, rauschte der Hahn in die Höhe, und schlug mit den Flügeln an das große Fenster über dem Balkon, das sich klirrend öffnete; die Stimme eines alten Weibes meckerte: „Kommt — kommt nach Haus — kommt nach Haus — warm ist das Bett, und Liebchen wartet lange schon — lange schon!" Da war es, als stiege der Doktor auf einer unsichtbaren Leiter empor, und rausche nach dem Hahn durch das Fenster, welches zugeschlagen wurde, daß es die einsame Straße entlang klirrte und dröhnte. Alles war im schwarzen Dunkel der Nacht verschwunden und die Edelleute standen stumm und starr vor Grausen und Entsetzen. Dieser Spuk, die Ueberzeugung der Edelleute, daß die Gestalt, der der teuflische Hahn vorleuchtete, niemand anders, als der verrufene Doktor T r a b a c c h i o gewesen, war für das geistliche Gericht, dem Alles zu Ohren kam, genug, dem satanischen Wundermann sorglich in aller Stille nachzuspüren. Man brachte in der That heraus, daß in den Zimmern des Doktors sich oft ein rother Hahn befand, mit dem er auf wunderliche Weise zu sprechen und zu disputiren schien, als sprächen Gelehrte über zweifelhafte Gegenstände ihres Wissens. Das geistliche Gericht war im Begriff den Doktor Trabacchio einzuziehen als einen verruchten Hexenmeister; aber das weltliche Gericht kam dem geistlichen zuvor und ließ den Doktor durch die Sbirren aufheben und ins Gefängniß schleppen, da er eben von dem Besuch eines Kranken heimkehrte. Die Alte war schon früher aus dem Hause geholt worden, den Knaben hatte man nicht finden können. Die Thüren der Zimmer wurden verschlossen und versiegelt, Wachen rings um das Haus gestellt. — Folgendes war der Grund dieses gerichtlichen Verfahrens. Seit einiger Zeit starben mehrere angesehene Personen in Neapel und in der umliegenden Gegend und zwar nach der Aerzte einstimmigem Urtheil an Gift. Dies hatte viele Untersuchungen veranlaßt, die fruchtlos blieben, bis endlich ein junger Mensch in Neapel, ein bekannter Lüstling und Verschwender, dessen Oheim vergiftet worden, die gräßliche That mit dem Zusatz eingestand, daß er das Gift von dem alten Weibe, der Haushälterin Trabacchio's, gekauft habe. Man spürte der Alten nach, und ertappte sie, als sie eben ein festverschlossenes kleines Kistchen forttragen wollte, in dem man kleine Phiolen fand, die mit den Namen von allerlei Arzneimitteln versehen waren, unerachtet sie flüssiges Gift enthielten. Die Alte wollte nichts eingestehen; als man ihr indessen mit der Tortur drohte, da bekannte sie, daß der Doktor Trabacchio schon seit vielen Jahren jenes künstliche Gift, das unter dem Namen Aqua Tofana bekannt sei, bereite, und daß der geheime Verkauf dieses Gifts, der durch sie bewirkt worden, beständig seine reichste Erwerbsquelle gewesen. Ferner sei es nur zu gewiß, daß er mit dem Satan im Bündniß stehe, der in verschiedenen Gestalten bei ihm einkehre. Jedes seiner Weiber habe ihm ein Kind geboren, ohne daß es jemand außer dem Hause geahnet. Das Kind habe er denn allemal, nachdem es neun Wochen, oder neun Monate alt worden, unter besonderen Zurüstungen und Feierlichkeiten auf unmenschliche Weise geschlachtet, indem er ihm die Brust aufgeschnitten und das Herz herausgenommen. Jedesmal sei der Satan bei dieser Operation, bald in dieser, bald in jener Gestalt, meistens aber als Fledermaus mit menschlicher Larve, erschienen, und habe mit breiten Flügeln das Kohlfeuer angefacht, bei dem Trabacchio aus des Kindes Herzblut köstliche Tropfen bereitet, die jeder Siechheit kräftig widerständen. Die Weiber hätte Trabacchio bald nachher auf diese, oder jene heimliche Weise getödtet, so daß der schärfste Blick des Arztes wohl nie auch die kleinste Spur der Ermordung habe auffinden können. Nur Trabacchio's letztes Weib, die ihm einen Sohn geboren, der noch lebe, sei des natürlichen Todes gestorben. —

Der Doktor Trabacchio gestand alles unverholen ein und schien eine Freude daran zu finden, das Gericht mit den schauerlichen Erzählungen seiner Unthaten und vorzüglich der nähern Umstände seines entsetzlichen Bündnisses mit dem Satan in Verwirrung zu setzen. Die Geistlichen, welche dem Gericht beiwohnten, gaben sich alle nur ersinnliche Mühe, den Doktor zur Reue und zur Erkenntniß seiner Sünden zu bringen; aber es blieb vergebens, da Trabacchio sie nur verhöhnte und verlachte. Beide, die Alte und Trabacchio, wurden zum Scheiterhaufen verurtheilt. — Man hatte unterdessen das Haus des Doktors untersucht und alle seine Reichthümer hervorgeholt, die, nach Abzug der Gerichtskosten, an die Hospitäler vertheilt werden sollten. In Trabacchio's

Bibliothek fand man nicht ein einziges verdächtiges Buch und noch viel weniger gab es Geräthschaften, die auf die satanische Kunst, die der Doktor getrieben, hätten hindeuten sollen. Nur ein verschlossenes Gewölbe, dessen viele durch die Mauer herausragende Röhren das Laboratorium verriethen, widerstand, als man es öffnen wollte, aller Kunst und aller Gewalt. Ja, wenn Schlosser und Maurer unter Aufsicht des Gerichts sich eifrig bemühten, endlich durchzubrechen, so daß wohl der Zweck erreicht worden wäre, da kreischten im Innern des Gewölbes entsetzliche Stimmen, es rauschte auf und nieder, wie mit eiskalten Flügeln schlug es an die Gesichter der Arbeiter und ein schneidender Zugwind pfiff in gellenden gräßlichen Tönen durch den Gang, so daß von Grausen und Entsetzen ergriffen alle flohen, und am Ende niemand mehr sich an die Thür des Gewölbes wagen wollte, aus Furcht wahnsinnig zu werden vor Angst und Schrecken. Den Geistlichen, die sich der Thür nahten, ging es nicht besser und es blieb nichts übrig, als die Ankunft eines alten Dominikaners aus Palermo zu erwarten, dessen Standhaftigkeit und Frömmigkeit bisher alle Künste des Satans weichen mußten. Als dieser Mönch sich nun in Neapel befand, war er bereit den teuflischen Spuk in Trabacchio's Gewölbe zu bekämpfen, und verfügte sich hin, ausgerüstet mit Kreuz und Weihwasser, begleitet von mehreren Geistlichen und Gerichtspersonen, die aber weit von der Thür entfernt blieben. Der alte Dominikaner ging betend auf die Thür los; aber da erhob sich heftiger das Rauschen und Brausen, und die entsetzlichen Stimmen verworfener Geister lachten gellend heraus. Der Geistliche ließ sich jedoch nicht irre machen; er betete kräftiger das Cruzifix emporhaltend und die Thür mit Weihwasser besprengend. „Man gebe mir ein Brecheisen!“

rief er laut; zitternd reichte es ihm ein Maurerbursche hin, aber kaum setzte es der alte Mönch an die Thüre, als sie mit furchtbar erschütterndem Knall aufsprang. Blaue Flammen leckten überall an den Wänden des Gewölbes herauf und eine betäubende erstickende Hitze strömte aus dem Innern. Demunerachtet wollte der Dominikaner hineintreten; da stürzte der Boden des Gewölbes ein, daß das ganze Haus erdröhnte und Flammen prasselten aus dem Abgrunde hervor, die wüthend um sich griffen und alles rings umher erfaßten. Schnell mußte der Dominikaner mit seiner Begleitung fliehen, um nicht zu verbrennen, oder verschüttet zu werden. Kaum waren sie auf der Straße, als das ganze Haus des Doktor Trabacchio in Flammen stand. Das Volk lief zusammen und jauchzte und jubelte, als es des verruchten Hexenmeisters Wohnung brennen sah, ohne auch nur das mindeste zur Rettung zu thun. Schon war das Dach eingestürzt, das inwendige Holzwerk flammte zu den Wänden heraus und nur die starken Balken des obern Stocks widerstanden noch der Gewalt des Feuers. Aber vor Entsetzen schrie das Volk auf, als es Trabacchio's zwölfjährigen Sohn mit einem Kistchen unter dem Arm einen dieser glimmenden Balken entlang schreiten sah. Nur einen Moment dauerte diese Erscheinung, sie verschwand plötzlich in den hochaufschlagenden Flammen. — Der Doktor Trabacchio schien sich herzinniglich zu freuen, als er diese Begebenheit erfuhr und ging mit verwegener Frechheit zum Tode. Als man ihn an den Pfahl band, lachte er hell auf und sagte zu dem Henker, der ihn mordlustig recht fest anschnürte: „Sieh Dich vor, Geselle, daß diese Stricke nicht an Deinen Fäusten brennen." Dem Mönch, der sich ihm zuletzt noch nahen wollte, rief er mit fürchterlicher Stimme zu: „Fort! — zurück von mir!

Glaubst Du denn, daß ich so dumm seyn werde, Euch zu Gefallen einen schmerzlichen Tod zu leiden? — noch ist meine Stunde nicht gekommen." — Nun fing das angezündete Holz an zu prasseln; kaum erreichte aber die Flamme den Trabacchio, als es hell aufloderte, wie Strohfeuer und von einer fernen Anhöhe ein gellendes Hohngelächter sich hören ließ. Alles schaute hin und Grausen ergriff das Volk, als es den Doktor Trabacchio leibhaftig in dem schwarzen Kleide, dem goldverbrämten Mantel, den Stoßdegen an der Seite, den niedergekrempten spanischen Hut mit der rothen Feder auf dem Kopfe, das Kistchen unter dem Arm, ganz wie er sonst durch die Straßen von Neapel zu laufen pflegte, erblickte. Reiter, Sbirren, hundert andere aus dem Volk stürzten hin nach dem Hügel, aber Trabacchio war und blieb verschwunden. Die Alte gab ihren Geist auf unter den entsetzlichsten Qualen, unter den gräßlichsten Verwünschungen ihres verruchten Herrn, mit dem sie unzählige Verbrechen getheilt. —

Der sogenannte Ignaz Denner war nun kein anderer, als eben der Sohn des Doktors, der sich damals durch die höllischen Künste seines Vaters mit einem Kistchen der seltensten und geheimnißvollsten Kostbarkeiten aus den Flammen rettete. Schon seit der frühesten Jugend unterrichtete ihn der Vater in den geheimen Wissenschaften und seine Seele war dem Teufel verschrieben, noch ehe er sein volles Bewußtseyn erlangt. Als man den Doktor Trabacchio in's Gefängniß warf, blieb der Knabe in dem geheimnißvollen verschlossenen Gewölbe unter den verworfenen Geistern, die des Vaters höllischer Zauber hineingebannt; da aber endlich dieser Zauber der Macht des Dominikaners weichen mußte, ließ der Knabe die verborgenen mechanischen Kräfte wirken, und Flammen entzündeten sich, die in wenigen Minuten das ganze Haus in Brand steckten, während der Knabe selbst unversehrt durch das Feuer fort zum Thore hinaus in den Wald eilte, den ihm der Vater bezeichnet hatte. Nicht lange dauerte es, so erschien auch Doktor Trabacchio, und floh schnell mit dem Sohne, bis sie wol an drei Tagereisen von Neapel in die Ruinen eines alten römischen Gebäudes kamen, wo der Eingang zu einer weiten geräumigen Höle versteckt lag. Hier wurde der Doktor Trabacchio von einer zahlreichen Räuberbande, mit der er längst in Verbindung gestanden, und der er durch seine geheime Wissenschaft die wesentlichsten Dienste geleistet, mit lautem Jubel empfangen. Die Räuber wollten ihn mit nichts geringerem lohnen, als mit der Krönung zum Räuberkönige, wodurch er sich zum Oberhaupt aller Banden, die in Italien und dem südlichen Deutschland verbreitet waren, aufgeschwungen hätte. Der Doktor Trabacchio erklärte, diese Würde nicht annehmen zu können, da er der besondern Constellation wegen, die über ihn walte, nunmehr ein ganz unstetes Leben führen müsse, und von keinem Verhältniß gebunden werden könne; doch werde er noch immer den Räubern mit seiner Kunst und Wissenschaft beistehn, und sich dann und wann sehen lassen. Da beschlossen die Räuber, den zwölfjährigen Trabacchio zum Räuberkönige zu wählen und damit war der Doktor höchlich zufrieden, so daß der Knabe von Stund an unter den Räubern blieb, und, als er funfzehn Jahr alt worden, schon als wirkliches Oberhaupt mit ihnen auszog. Sein ganzes Leben war von nun an ein Gewebe von Greuelthaten und Teufelskünsten, in welche ihn der Vater, der sich oftmals blicken ließ und zuweilen Wochenlang einsam mit seinem Sohne in der Höle blieb, immer mehr einweihte. Die kräftigen Maßregeln des

Königs von Neapel gegen die Räuberbanden, die immer kecker und verwegener wurden, noch mehr aber die entstandenen Zwistigkeiten der Räuber hoben endlich das gefährliche Bündniß unter einem Oberhaupte auf und den Trabacchio selbst, der sich durch seinen Stolz und durch seine Grausamkeit verhaßt gemacht hatte, konnten seine vom Vater erlernte Teufelskünste nicht vor den Dolchen seiner Untergebenen schützen. Er floh nach der Schweiz, gab sich den Namen Ignaz Denner, und besuchte als reisender Kaufmann die Messen und Jahrmärkte in Deutschland, bis sich aus den zerstreuten Gliedern jener großen Bande eine kleinere bildete, die den vormaligen Räuberkönig zu ihrem Oberhaupt wählte. Trabacchio versicherte, wie sein Vater noch zur Stunde lebe, ihn noch im Gefängniß besucht, und Rettung von der Gerichtsstätte versprochen habe. Nur dadurch, daß, wie er nun wol einsehe, göttliche Schickung den Andres vom Tode errettet, sei die Macht seines Vaters entkräftet worden, und er wolle nun als reuiger Sünder allen Teufelskünsten abschwören und geduldig die gerechte Todesstrafe erleiden. —

Andres, der alles dieses aus dem Munde des Grafen von Bach erfuhr, zweifelte keinen Augenblick, daß es wol eben Trabacchio's Bande gewesen, die ehemals im Neapolitanischen seinen Herrn anfiel, so wie er überzeugt war, daß der alte Doktor Trabacchio selbst im Gefängniß ihm wie der leibhaftige Satan erschien und verlocken wollte zum bösen Beginnen. Nun sah er erst recht ein, in welch' großer Gefahr er geschwebt hatte seit der Zeit, als Trabacchio in sein Haus getreten; wiewol er noch immer nicht begreifen konnte, warum es denn der Verruchte so ganz und gar auf ihn und sein Weib gemünzt hatte, da der Vortheil, den er aus seinem Aufenthalt in dem Jägerhause zog, nicht so bedeutend seyn konnte.

Andres befand sich nach den entsetzlichen Stürmen nun in ruhiger glücklicher Lage, allein zu erschütternd hatten jene Stürme getobt, um nicht in seinem ganzen Leben dumpf nachzuhallen. Außer dem, daß Andres, sonst ein starker kräftiger Mann, durch den Gram, durch das lange Gefängniß, ja durch den unsäglichen Schmerz der Tortur körperlich zu Grunde gerichtet, siech und krank daher schwankte und kaum noch die Jagd treiben konnte, so welkte auch Giorgina, deren südliche Natur von dem Grame, von der Angst, von dem Entsetzen, wie von brennender Gluth aufgezehrt wurde, zusehends hin. Keine Hülfe war für sie mehr vorhanden, sie starb wenige Monate nach ihres Mannes Rückkehr. Andres wollte verzweifeln und nur der wunderschöne kluge Knabe, der Mutter getreues Ebenbild, vermochte ihn zu trösten. Um dieses willen that er alles, sein Leben zu erhalten, und sich so viel als möglich zu kräftigen, so daß er nach Verlauf von beinahe zwei Jahren wol an Gesundheit zugenommen und manchen lustigen Jägergang in den Forst unternehmen konnte. — Der Prozeß wider den Trabacchio hatte endlich sein Ende erreicht und er war, so wie vor alter Zeit sein Vater, zum Tode durchs Feuer verdammt worden, den er in weniger Zeit erleiden sollte. —

Andres kam eines Tages, als die Abenddämmerung schon eingebrochen, mit seinem Knaben aus dem Forst zurück; schon war er dem Schlosse nahe, als er ein klägliches Gewimmer vernahm, das aus dem ihm nahen ausgetrockneten Feldgraben zu kommen schien. Er eilte näher und erblickte einen Menschen, der in elende schmutzige Lumpen gehüllt, im Graben lag und unter großen Schmerzen den Geist aufgeben zu wollen schien. Andres warf Flinte und Büchsensack ab, und zog mit Mühe den Unglücklichen heraus; aber als er nun dem Menschen in's Gesicht blickte, erkannte er mit Entsetzen den Trabacchio. Zurückschaudernd ließ er von ihm ab; aber da wimmerte Trabacchio dumpf: „Andres, Andres, bist Du es? um der Barmherzigkeit Gottes willen, der ich meine Seele empfohlen, habe Mitleid mit mir! Wenn Du mich rettest, rettest Du eine Seele von ewiger Verdammniß; denn bald ereilt mich ja der Tod, und noch nicht vollendet ist meine Buße!" „Verdammter Heuchler," schrie Andres auf; „Mörder meines Kindes, meines Weibes, hat Dich nicht der Satan wieder hergeführt, damit Du mich vielleicht noch verderbest? Ich habe mit Dir nichts zu schaffen. Stirb' und vermodere wie ein Aas, Verruchter!" Andres wollte ihn zurückstoßen in den Graben; da heulte Trabacchio in wildem Jammer: „Andres! Du rettest den Vater Deines Weibes, Deiner Giorgina, die für mich betet am Throne des Höchsten!" Andres schauderte zusammen; mit Giorgina's Namen fühlte er sich von schmerzlicher Wehmuth ergriffen. Mitleid mit dem Mörder seiner Ruhe, seines Glücks, durchdrang ihn, er faßte den Trabacchio, lud ihn mit Mühe auf und trug ihn nach seiner Wohnung, wo er ihn mit stärkenden Mitteln erquickte. Bald erwachte Trabacchio aus der Ohnmacht, in die er versunken. —

In der Nacht vor der Hinrichtung ergriff den Trabacchio die entsetzlichste Todesangst; er war überzeugt, daß ihn nichts mehr von der namenlosen Marter des Feuertodes retten würde. Da faßte und rüttelte er in wahnsinniger Verzweiflung die Eisenstäbe des Gitterfensters und zerbröckelt blieben sie in seinen Händen. Ein Strahl der Hoffnung fiel in seine Seele. Man hatte ihn in einen Thurm dicht neben dem trocknen Stadtgraben gesperrt; er schaute in die Tiefe und der Entschluß sich hinabzustürzen, und so sich zu retten, oder zu sterben, war auf der Stelle gefaßt. Der Ketten hatte er sich bald mit geringer Anstrengung entledigt. Als er sich hinauswarf, vergingen ihm die Sinne, er erwachte, als die Sonne hell strahlte. Da sah er, wie er zwischen Strauchwerk in hohes Gras gefallen, aber an allen Gliedern verstaucht und verrenkt, vermochte er sich nicht zu regen und zu rühren. Schmeißfliegen und anderes Ungeziefer setzten sich auf seinen halbnackten Körper und stachen und leckten sein Blut, ohne daß er sie abwehren konnte. So brachte er einen marteroollen Tag hin. Erst des Nachts gelang es ihm weiter zu kriechen und er war glücklich genug, an eine Stelle zu kommen, wo sich etwas Regenwasser gesammelt hatte, welches er begierig einschlürfte. Er fühlte sich gestärkt und vermochte mühsam hinanzuklimmen und sich fortzuschleichen, bis er den Forst erreichte, der unfern von Fulda anhob und sich beinahe bis an das Vachsche Schloß erstreckte. So war er bis in die Gegend gekommen, wo ihn Andres mit dem Tode ringend fand. Die entsetzliche Anstrengung der letzten Kraft hatte ihn ganz erschöpft und wenige Minuten später hätte ihn Andres sicherlich todt gefunden. Ohne daran zu denken, was künftig mit dem Trabacchio, der der Obrigkeit entflohen, werden sollte, brachte ihn Andres in ein einsames Zimmer und pflegte ihn auf alle nur mögliche Weise, aber so behutsam ging er dabei zu Werke, daß niemand die Anwesenheit des Fremden ahnte; denn selbst der Knabe, gewohnt dem Vater blindlings zu gehorchen, verschwieg getreulich das Geheimniß. Andres frug nun den Trabacchio, „ob er denn gewiß und wahrhaftig Giorgina's Vater sei.“ „Allerdings bin ich das,“ erwiederte Trabacchio. „In der Gegend von Neapel entführte ich einst ein bildschönes Mädchen, die mir eine Tochter gebar. Nun weißt Du schon, Andres, daß eines der größten Kunststücke meines Vaters die Bereitung jenes köstlichen wundersamen Liquors war, wozu das Hauptingredienz das Herzblut von Kindern ist, die neun Wochen, neun Monate, oder neun Jahre alt und von den Eltern dem Laboranten freiwillig anvertraut seyn müssen. Je näher die Kinder mit dem Laboranten in Beziehung stehen, desto wirkungsvoller entsteht aus ihrem Herzblut Lebenskraft, stete Verjüngung, ja selbst die Bereitung des köstlichen Goldes. Deshalb schlachtete mein Vater seine Kinder und ich war froh, das Töchterlein, das mir mein Weib geboren, auf solche verruchte Weise höheren Zwecken opfern zu können. Noch kann ich nicht begreifen, auf welche Weise mein Weib die böse Absicht ahnte; aber sie war vor Ablauf der neunten Woche verschwunden und erst nach mehrern Jahren erfuhr ich, daß sie in Neapel gestorben sei und ihre Tochter Giorgina bei einem grämlichen geizhalsigen Gastwirth erzogen würde. Eben so wurde mir ihre Verheirathung mit Dir und Dein Aufenthalt bekannt. Nun kannst Du Dir erklären, Andres, warum ich Deinem Weibe gewogen war und warum ich, ganz erfüllt von meinen verruchten Teufelskünsten, Deinen Kindern so nachstellte. — Aber Dir, Andres, Dir allein und Deiner wunderbaren Rettung durch Gottes Allmacht verdanke ich meine tiefe Reue, meine innere Zerknirschung. Uebrigens ist das Kistchen mit Kleinodien, das ich Deinem Weibe gab, dasjenige, welches ich auf des Vaters Geheiß aus den Flammen rettete, Du kannst es getrost aufbewahren für Deinen Knaben." „Das Kistchen," fiel Andres ein, „hat Euch ja Giorgina wieder gegeben an jenem schrecklichen Tage, da Ihr den gräßlichen Mord verübtet?"

„Allerdings," erwiederte Trabacchio; „allein ohne daß es Giorgina wußte, kam es wieder in Euern Besitz. Seht nur nach in der großen schwarzen Truhe, die in Euerm Hausflur steht, da werdet Ihr das Kistchen auf dem Boden finden." Andres suchte in der Truhe und fand das Kistchen wirklich ganz in dem Zustande wieder, wie er es damals zum erstenmal von Trabacchio in Verwahrung erhalten. —

Andres fühlte in sich unheimlichen Unmuth, ja er konnte sich des Wunsches nicht erwehren, daß Trabacchio todt gewesen seyn möge, als er ihn im Graben fand. Freilich schien Trabacchio's Reue und Buße wahrhaft zu seyn; denn ohne seine Clause zu verlassen, brachte er seine Zeit nur damit hin, in andächtigen Büchern zu lesen und seine einzige Ergötzlichkeit war die Unterhaltung mit dem kleinen Georg, den er über Alles zu lieben schien. Andres beschloß indessen doch auf seiner Hut zu seyn und eröffnete bei erster Gelegenheit das ganze Geheimniß dem Grafen von Vach, der über das seltene Spiel des Schicksals nicht wenig verwundert war. So vergingen einige Monate, der Spätherbst war eingetreten und Andres mehr auf der Jagd, als sonst. Der Kleine blieb gewöhnlich bei dem Großvater und einem alten Jäger, der um das Geheimniß wußte. Eines Abends war Andres von der Jagd zurückgekehrt, als der alte Jäger hineintrat und nach seiner treuherzigen Weise anfing: „Herr, Ihr habt einen bösen Kumpan im Hause. Zu dem kommt der Gott sei bei uns! durch's Fenster und geht wieder ab in Rauch und Dampf." Dem Andres wurde es bei dieser Rede zu Muth, als hätt' ihn ein Blitzstrahl getroffen. Er wußte nur zu genau, was das zu bedeuten hatte, als ihm der alte Jäger weiter erzählte, wie er schon mehrere Tage hinter einander in später Abenddämmerung in Trabacchio's Zimmer seltsame Stimmen gehört, die wie im Zank durch einander geplappert, und heute zum zweitenmal habe es ihm, indem er Trabacchio's Thüre schnell geöffnet, geschienen, als rausche eine Gestalt im rothen goldverbrämten Mantel zum Fenster hinaus. In vollem Zorn eilte Andres herauf zum Trabacchio, hielt ihm vor, was sein Jäger ausgesagt und kündigte ihm an, daß er sich's gefallen lassen müsse, in's Schloßgefängniß gesperrt zu werden, wenn er nicht allen bösen Tritten entsage. Trabacchio blieb ruhig, und erwiederte im wehmüthigen Ton: „Ach, lieber Andres! nur zu wahr ist es, daß mein Vater, dessen Stündlein noch immer nicht gekommen, mich auf unerhörte Weise peinigt und quält. Er will, daß ich mich ihm wieder zuwende, und der Frömmigkeit, dem Heil meiner Seele entsage, allein ich bin standhaft geblieben, und glaube nicht, daß er wiederkehren wird, da er gesehen, daß er nicht mehr über mich Macht hat. Bleibe ruhig, lieber Sohn Andres! und laß mich bei Dir als ein frommer Christ versöhnt mit Gott sterben!" In der That schien auch die feindliche Gestalt auszubleiben, indessen war es, als würden Trabacchio's Augen wieder glühender, er lächelte zuweilen so seltsam höhnisch, wie sonst. Während der Betstunde, die Andres jeden Abend mit ihm zu halten pflegte, schien er oft krampfhaft zu erzittern; zuweilen strich eine seltsam pfeifende Zugluft durch das Zimmer, welche die Blätter der Gebetbücher raschelnd umschlug, ja die Bücher selbst dem Andres aus den Händen warf. „Gottloser Trabacchio, verruchter Satan! Du bist es, der hier höllischen Spuk treibt! Was willst Du von mir? hebe Dich weg, denn Du hast keine Macht über mich! — hebe Dich weg!" — So rief Andres mit starker Stimme! Da lachte es höhnisch durch das Zimmer hin, und schlug wie mit schwarzen Fittigen an das Fenster. Und doch war es nur der Regen, der an das Fenster geschlagen, und der Herbstwind, der durch das Zimmer geheult, wie Trabacchio meinte, als das Unwesen wieder einmal recht arg war und Georg vor Angst weinte.

„Nein," rief Andres: „Euer gottloser Vater könnte hier nicht so herumspuken, wenn Ihr aller und jeder Gemeinschaft mit ihm entsagt hättet. Ihr müßt fort von mir. Eure Wohnung ist Euch längst bereitet. Ihr müßt fort in's Schloßgefängniß; dort möget Ihr Euern Spuk treiben wie Ihr wollt." Trabacchio weinte heftig, er bat um aller Heiligen willen ihn im Hause zu dulden und Georg, ohne zu begreifen, was das Alles wohl bedeute, stimmte in seine Bitten ein. „So bleibt denn noch morgen hier," sagte Andres, „ich will sehen, wie es mit der Betstunde gehen wird, wenn ich heimkomme von der Jagd." Am andern Tage gab es herrliches Herbstwetter, und Andres versprach sich eine reiche Beute. Als er von dem Anstand zurückkehrte, war es ganz finster geworden. Er fühlte sich im innersten Gemüth besonders bewegt; seine merkwürdigen Schicksale, Giorgina's Bild, sein ermordeter Knabe traten ihm so lebendig vor Augen, daß er tief in sich gekehrt, immer langsamer und langsamer den Jägern nachschlenderte, bis er sich endlich unversehends auf einem Nebenwege allein im Forst befand. Im Begriff zurückzukehren in den breiten Waldweg, wurde er ein blendendes Licht gewahr, welches durch das dickste Gebüsch flackerte. Da ergriff ihn eine wunderbare verworrene Ahnung großer Greuelthat, die verübt werde; er drang durch das Dickicht, er war dem Feuer nahe, da stand des alten Trabacchio Gestalt im goldverbrämten Mantel, den Stoßdegen an der Seite, den niedergekrempten

Hut mit rother Feder auf dem Kopfe, das Arzneikistchen unterm Arm. Mit glühenden Augen blickte die Gestalt in das Feuer, das wie in roth und blau flammenden Schlangen unter einer Retorte hervorloderte. Vor dem Feuer lag Georg nackt ausgebreitet auf einer Art Rost und der verruchte Sohn des satanischen Doktors hatte hoch das funkelnde Messer erhoben zum Todesstoß. Andres schrie auf vor Entsetzen; aber so wie der Mörder sich umblickte, sauste schon die Kugel aus Andres Büchse und Trabacchio stürzte mit zerschmettertem Gehirn über das Feuer hin, das im Augenblick erlosch. Die Gestalt des Doktors war verschwunden. Andres sprang hinzu, stieß den Leichnam bei Seite, band den armen Georg los und trug ihn schnell fort bis ins Haus. Dem Knaben fehlte nichts; nur die Todesangst hatte ihn ohnmächtig gemacht. Den Andres trieb es heraus in den Wald, er wollte sich von Trabacchio's Tode überzeugen und den Leichnam gleich verscharren; er weckte daher den alten Jäger, der in tiefen, wahrscheinlich von Trabacchio bewirkten Schlaf gesunken, und beide gingen mit Laterne, Hacke und Spaten an die nicht weit entlegene Stelle. Da lag der blutige Trabacchio; aber so wie Andres sich näherte, richtete er sich mit halbem Leibe auf, starrte ihn gräßlich an und röchelte dumpf: „Mörder! Mörder des Vaters Deines Weibes, aber meine Teufel sollen Dich quälen!" „Fahre zur Hölle, Du satanischer Bösewicht," schrie Andres, der dem Entsetzen, das ihn übermannen wollte, widerstand; „fahre hin zur Hölle, Du, der Du den Tod hundertfältig verdient hast, dem ich den Tod gab, weil er verruchten Mord an meinem Kinde, an dem Kinde seiner Tochter verüben wollte! Du hast nur Buße und Frömmigkeit geheuchelt um schändlichen Verraths willen, aber nun bereitet der Satan manche Quaal Deiner Seele,

die Du ihm verkauft." Da sank Trabacchio heulend zurück und immer dumpfer und dumpfer wimmernd gab er seinen Geist auf. Nun gruben die beiden Männer ein tiefes Loch, in das sie Trabacchio's Körper warfen. „Sein Blut komme nicht über mich!" sprach Andres, „aber ich konnte nicht anders, ich war dazu ausersehen von Gott, meinen Georg zu retten und hundertfältige Frevel zu rächen. Doch will ich für seine Seele beten und ein kleines Kreuz auf sein Grab stellen." Als andern Tages Andres dieses Vorhaben ausführen wollte, fand er die Erde aufgewühlt, der Leichnam war verschwunden. Ob das nun von wilden Thieren, oder wie sonst bewirkt, blieb in Zweifel. Andres ging mit seinem Knaben und dem alten Jäger zum Grafen von Vach, und berichtete treulich die ganze Begebenheit. Der Graf von Vach billigte die That des Andres, der zur Rettung seines Sohnes einen Räuber und Mörder niedergestreckt hatte und ließ den ganzen Verlauf der Sache niederschreiben und im Archiv des Schlosses aufbewahren. —

Die schreckliche Begebenheit hatte den Andres tief im Innersten erschüttert, und wol mochte er sich deshalb, wenn die Nacht eingebrochen, schlaflos auf dem Lager wälzen. Aber wenn er so zwischen Wachen und Träumen hinbrütete, da hörte er es im Zimmer knistern und rauschen, und ein rother Schein fuhr hindurch und verschwand wieder. So wie er anfing zu horchen und zu schauen, da murmelte es dumpf: „Nun bist Du Meister — Du hast den Schatz — Du hast den Schatz — gebeut über die Kraft, sie ist Dein! —" Dem Andres war es, als wolle ein unbekanntes Gefühl ganz eigner Wohlbehaglichkeit und Lebenslust in ihm aufgehen; aber so wie die Morgenröthe durch die Fenster brach, da ermannte sich Andres und betete, wie er es zu thun gewohnt, kräftig und inbrünstig zu dem Herrn, der seine Seele erleuchtete. „Ich weiß was nun noch meines Amts und Berufs ist, um den Versucher zu bannen und die Sünde abzuwenden von meinem Hause!“ — So sprach Andres, nahm Trabacchio's Kistchen und warf es, ohne es zu öffnen, in eine tiefe Bergschlucht. Nun genoß Andres eines ruhigen heitern Alters, das keine feindliche Macht zu zerstören vermochte.

Die Jesuiterkirche in G.

In eine elende Postchaise gepackt, die die Motten, wie die Ratten Prospero's Fahrzeug, aus Instinkt verlassen hatten, hielt ich endlich, nach halsbrechender Fahrt, halbgerädert, vor dem Wirthshause auf dem Markte in G. Alles Unglück, das mir selbst begegnen können, war auf meinen Wagen gefallen, der zerbrochen bei dem Postmeister der letzten Station lag. Vier magere abgetriebene Pferde schleppten nach mehrern Stunden endlich mit Hülfe mehrerer Bauern und meines Bedienten das baufällige Reisehaus herbei; die Sachverständigen kamen, schüttelten die Köpfe und meinten, daß eine Hauptreparatur nöthig sei, die zwei, auch wol drei Tage dauern könne. Der Ort schien mir freundlich, die Gegend anmuthig und doch erschrak ich nicht wenig über den mir gedrohten Aufenthalt. Warst Du, günstiger Leser! jemals genöthigt, in einer kleinen Stadt, wo Du niemanden. — niemanden kanntest, wo Du jedem fremd bliebst, drei Tage zu verweilen, und hat nicht irgend ein tiefer Schmerz den Drang nach gemüthlicher Mittheilung in Dir weggezehrt, so wirst Du mein Unbehagen mit mir fühlen. In dem Wort geht ja erst der Geist des Lebens auf in Allem um uns her; aber die Kleinstädter sind wie ein in sich selbst verübtes, abgeschlossenes Orchester eingespielt und eingesungen, nur ihre eignen Stücke gehen rein und richtig, jeder Ton des Fremden dissonirt ihren Ohren und bringt sie augenblicklich zum Schweigen. — Recht mißlaunig schritt ich in meinem Zimmer auf und ab; da fiel mir plötzlich ein, daß ein Freund in der Heimath, der ehemals ein paar Jahre hindurch in G. gewesen, oft von einem gelehrten geistreichen Manne sprach, mit dem er damals viel umgegangen. Auch des Namens erinnerte ich mich: es war der Professor im Jesuiter-Collegio Aloysius Walter. Ich beschloß hinzugehen und meines Freundes Bekanntschaft für mich selbst zu nutzen. Man sagte mir im Collegio, daß Professor Walter zwar eben lese, aber in kurzer Zeit endigen werde, und stellte mir frei, ob ich wiederkommen, oder in den äußeren Sälen verweilen wolle. Ich wählte das letzte. Ueberall sind die Klöster, die Collegien, die Kirchen der Jesuiten in jenem italienischen Styl gebaut, der auf antike Form und Manier gestützt, die Anmuth und Pracht dem heiligen Ernst, der religiösen Würde vorzieht. So waren auch hier die hohen, luftigen, hellen Säle mit reicher Architektur geschmückt, und sonderbar genug stachen gegen Heiligenbilder, die hie und da an den Wänden zwischen ionischen Säulen hingen, die Superporten ab, welche durchgehends Genientänze, oder gar Früchte und Leckerbissen der Küche darstellten. — Der Professor trat ein, ich erinnerte ihn an meinen Freund, und nahm auf die Zeit meines gezwungenen Aufenthalts seine Gastlichkeit in Anspruch. Ganz, wie ihn mein Freund beschrieben, fand ich den Professor; hellgesprächig — weltgewandt — kurz, ganz in der Manier des höheren Geistlichen, der wissenschaftlich ausgebildet, oft genug über das Brevier hinweg in das Leben geschaut hat, um genau zu wissen, wie es darin hergeht. Als ich sein Zimmer auch mit moderner Eleganz eingerichtet fand, kam ich auf meine vorigen Bemerkungen in den Sälen zurück, die ich gegen den Professor laut werden ließ. „Es ist wahr,“ erwiederte er, „wir haben jenen düstern Ernst, jene sonderbare Majestät des niederschmetternden Tyrannen, die im gothischen Bau unsere Brust beklemmt, ja wol ein unheimliches Grauen erregt, aus unseren Gebäuden verbannt, und es ist wol verdienstlich, unsern Werken die regsame Heiterkeit der Alten anzueignen.“ „Sollte aber,“ erwiederte ich, „nicht eben jene heilige Würde, jene hohe zum Himmel strebende Majestät des gothischen Baues recht von dem wahren Geist des Christenthums erzeugt seyn, der, übersinnlich, dem sinnlichen, nur in dem Kreis des Irdischen bleibenden Geiste der antiken Welt geradezu widerstrebt?“ — Der Professor lächelte. „Ei,“ sprach er, „das höhere Reich soll man erkennen in dieser Welt und diese Erkenntniß darf geweckt werden durch heitere Symbole, wie sie das Leben, ja der aus jenem Reich ins irdische Leben herabgekommene Geist, darbietet. Unsere Heimath ist wohl dort droben; aber so lange wir hier hausen, ist unser Reich auch von dieser Welt.“ Ja wohl, dachte ich: in Allem was Ihr thatet, bewieset Ihr, daß Euer Reich von dieser Welt, ja nur allein von dieser Welt ist. Ich sagte aber das, was ich dachte, keinesweges dem Professor Aloysius Walter, welcher also fortfuhr: „Was Sie von der Pracht unserer Gebäude hier am Orte sagen, möchte sich wol nur auf die Annehmlichkeit der Form beziehen. Hier, wo der Marmor unerschwinglich ist, wo große Meister der Mahlerkunst nicht arbeiten mögen, hat man sich, der neuern Tendenz gemäß, mit Surrogaten behelfen müssen. Wir thun viel, wenn wir uns zum polirten Gips versteigen, mehrentheils schafft nur der Mahler die verschiedenen

Marmorarten, wie es eben jetzt in unserer Kirche geschieht, die, Dank sei es der Freigebigkeit unserer Patronen, neu dekorirt wird." Ich äußerte den Wunsch, die Kirche zu sehen; der Professor führte mich hinab, und als ich in den korinthischen Säulengang, der das Schiff der Kirche formte, eintrat, fühlte ich wohl den nur zu freundlichen Eindruck der zierlichen Verhältnisse. Dem Hochaltare links war ein hohes Gerüste errichtet, auf dem ein Mann stand, der die Wände in Giallo antik übermahlte. „Nun wie geht es, Berthold?" rief der Professor hinauf. Der Mahler wandte sich nach uns um, aber gleich fuhr er wieder fort zu arbeiten, indem er mit dumpfer beinahe unvernehmbarer Stimme sprach: „Viel Plage — krummes verworrenes Zeug — Kein Lineal zu brauchen — Thiere — Affen — Menschengesichter — Menschengesichter — o ich elender Thor!" Das letzte rief er laut mit einer Stimme, die nur der tiefste im Innersten wühlende Schmerz erzeugt; ich fühlte mich auf die seltsamste Weise angeregt, jene Worte und der Ausdruck des Gesichts, der Blick, womit er zuvor den Professor anschaute, brachten mir das ganze zerrissene Leben eines unglücklichen Künstlers vor Augen. Der Mann mochte kaum über vierzig Jahr alt seyn; seine Gestalt, war sie auch durch den unförmlichen schmutzigen Mahleranzug entstellt, hatte was unbeschreiblich edles, und der tiefe Gram konnte nur das Gesicht entfärben, das Feuer, was in den schwarzen Augen strahlte, aber nicht auslöschen. Ich frug den Professor, was es mit dem Mahler wol für eine Bewandtniß hätte. „Es ist ein fremder Künstler," erwiederte er, „der sich gerade zu der Zeit hier einfand, als die Reparatur der Kirche beschlossen worden. Er unternahm die Arbeit, die wir ihm antrugen, mit Freuden, und in der That war seine Ankunft ein Glücksfall für uns; denn weder hier, noch in der Gegend weit umher hätten wir einen Mahler auftreiben können, der für alles, dessen es hier zu mahlen bedarf, so tüchtig gewesen wäre. Uebrigens ist es der gutmüthigste Mensch von der Welt, den wir alle recht lieben, und so kommt es denn, daß er in unserm Collegio gut aufgenommen wurde. Außer dem ansehnlichen Honorar, das er für seine Arbeit erhält, verköstigen wir ihn; dies ist aber für uns ein sehr geringer Aufwand, denn er ist beinahe zu mäßig, welches freilich seinem kränklichen Körper zusagen mag."

„Aber," fiel ich ein, „er schien heute so mürrisch — so aufgeregt." „Das hat seine besondere Ursache," erwiederte der Professor, „doch lassen Sie uns einige schöne Gemählde der Seiten-Altäre anschauen, die vor einiger Zeit ein glücklicher Zufall uns verschaffte. Nur ein einziges Original, ein Dominichino, ist dabei, die anderen sind von unbekannten Meistern der italienischen Schule, aber, sind Sie vorurtheilsfrei, so werden Sie gestehen müssen, daß jedes den berühmtesten Namen tragen dürfte." Ich fand es ganz so, wie der Professor gesagt hatte. Es war seltsam, daß das einzige Original gerade zu den schwächern Stücken gehörte, war es nicht wirklich das schwächste, und daß dagegen die Schönheit mancher Gemählde ohne Namen mich unwiderstehlich hinriß. Ueber das Gemählde eines Altars war eine Decke herabgelassen; ich frug nach der Ursache. „Dies Bild," sprach der Professor, „ist das schönste was wir besitzen, es ist das Werk eines jungen Künstlers der neueren Zeit — gewiß sein letztes, denn sein Flug ist gehemmt — Wir mußten in diesen Tagen das Gemählde aus gewissen Gründen verhängen lassen, doch bin ich vielleicht morgen, oder übermorgen im Stande, es Ihnen zu zeigen." — Ich wollte weiter fragen, indessen schritt der Professor rasch durch den Gang fort, und das war genug, um seine Unlust zu zeigen, mir weiter zu antworten. Wir gingen in das Collegium zurück, und gern nahm ich des Professors Einladung an, der mit mir Nachmittags einen nahgelegenen Lustort besuchen wollte. Spät kehrten wir heim, ein Gewitter war aufgestiegen, und kaum langte ich in meiner Wohnung an, als der Regen herabströmte. Es mochte wol schon Mitternacht seyn, da klärte sich der Himmel auf, und nur noch entfernt murmelte der Donner. Durch die geöffneten Fenster wehte die laue, mit Wohlgerüchen geschwängerte, Luft in das dumpfe Zimmer, ich konnte der Versuchung nicht widerstehen, unerachtet ich müde genug war, noch einen Gang zu machen; es glückte mir, den mürrischen Hausknecht, der schon seit zwei Stunden schnarchen mochte, zu erwecken, und ihn zu bedeuten, daß es kein Wahnsinn sei, noch um Mitternacht spatzieren zu gehen, bald befand ich mich auf der Straße. Als ich bei der Jesuiterkirche vorüberging, fiel mir das blendende Licht auf, das durch ein Fenster strahlte. Die kleine Seitenpforte war nur angelehnt, ich trat hinein und wurde gewahr, daß vor einer hohen Blende eine Wachsfackel brannte. Näher gekommen bemerkte ich, daß vor der Blende ein Netz von Bindfaden aufgespannt war, hinter dem eine dunkle Gestalt eine Leiter hinauf und hinunter sprang, und in die Blende etwas hineinzuzeichnen schien. Es war Berthold, der den Schatten des Netzes mit schwarzer Farbe genau überzog. Neben der Leiter auf einer hohen Staffelei stand die Zeichnung eines Altars. Ich erstaunte über den sinnreichen Einfall. Bist Du, günstiger Leser, mit der edlen Mahlerkunst was weniges vertraut, so wirst Du ohne weitere Erklärung sogleich wissen, was es mit dem Netz, dessen Schattenstriche Berthold in die Blende hineinzeichnete, für eine

Bewandtniß hat. Berthold sollte in die Blende einen hervorspringenden Altar mahlen. Um die kleine Zeichnung richtig in das Große zu übertragen, mußte er beides, den Entwurf und die Fläche, worauf der Entwurf ausgeführt werden sollte, dem gewöhnlichen Verfahren gemäß mit einem Netz überziehn. Nun war es aber keine Fläche, sondern eine halbrunde Blende, worauf gemahlt werden sollte; die Gleichung der Quadrate, die die krummen Linien des Netzes auf der Hölung bildeten, mit den geraden des Entwurfs und die Berichtigung der architektonischen Verhältnisse, die sich herausspringend darstellen sollten, war daher nicht anders zu finden, als auf jene einfache geniale Weise. Wol hütete ich mich vor die Fackel zu treten, und mich so durch meinen Schlagschatten zu verrathen, aber nahe genug zur Seite stand ich, um den Mahler genau zu beobachten. Er schien mir ganz ein anderer, vielleicht war es nur Wirkung des Fackelscheins, aber sein Gesicht war geröthet seine Augen blitzten wie vor innerm Wohlbehagen, und als er seine Linien fertig gezeichnet, stellte er sich mit in die Seite gestemmten Händen vor die Blende hin, und pfiff, die Arbeit beschauend, ein muntres Liedchen. Nun wandte er sich um und riß das aufgespannte Netz herunter. Da fiel ihm meine Gestalt ins Auge, „he da! he da!" rief er laut: „seid Ihr es Christian?" — Ich trat auf ihn zu, erklärte ihm was mich in die Kirche gelockt, und, den sinnreichen Einfall mit dem Schattennetz hochpreisend, gab ich mich als Kenner und Ausüber der edlen Mahlerkunst zu erkennen. Ohne mir darauf weiter zu antworten, sprach Berthold: „Christian ist auch weiter nichts, als ein Faulenzer; treu wollte er aushalten bei mir die ganze Nacht hindurch, und nun liegt er gewiß irgendwo auf dem Ohr! — Mein Werk muß vorrücken, denn morgen mahlt sich's vielleicht hier in der Blende teufelmäßig schlecht — und allein kann ich doch jetzt nichts machen." Ich erbot mich ihm behülflich zu seyn. Er lachte laut auf, faßte mich bei beiden Schultern und rief: „das ist ein excellenter Spaß; was wird Christian sagen, wenn er morgen merkt, daß er ein Esel ist, und ich seiner gar nicht bedurft habe? Nun so kommt, fremder Geselle und Bruder, helft mir erst fein bauen." Er zündete einige Kerzen an, wir liefen durch die Kirche, schleppten Böcke und Breter herbei und bald stand ein hohes Gerüst in der Blende. „Nun frisch zugereicht," rief Berthold, indem er heraufstieg. Ich erstaunte über die Schnelligkeit, mit der Berthold die Zeichnung ins Große übertrug; keck zog er seine Linien, niemals gefehlt, immer richtig und rein. An dergleichen Dinge in früherer Zeit gewöhnt, half ich dem Mahler treulich, indem ich, bald oben, bald unter ihm stehend, die langen Lineale in die angedeuteten Punkte einsetzte und festhielt, die Kohlen spitz schliff und ihm zureichte u. s. w. „Ihr seid ja gar ein wackerer Gehülfe," rief Berthold ganz fröhlich, „und Ihr," erwiederte ich, „in der That einer der geübtesten Architektur-Mahler, die es geben mag; habt Ihr denn bei Eurer fertigen kecken Faust nie andere Mahlerei getrieben, als diese? — Verzeiht meine Frage." „Was meint Ihr denn eigentlich?" sprach Berthold. „Nun," erwiederte ich, „ich meine, daß Ihr zu etwas besserem taugt, als Kirchenwände mit Marmorsäulen zu bemahlen. Architektur-Mahlerei bleibt doch immer etwas untergeordnetes; der Historien-Mahler, der Landschafter steht unbedingt höher. Geist und Fantasie, nicht in die engen Schranken geometrischer Linien gebannt, erheben sich in freiem Fluge. Selbst das einzige Fantastische Eurer Mahlerei, die sinnetäuschende Perspective, hängt von genauer Berechnung ab, und so ist die Wirkung das Erzeugniß, nicht des genialen Gedankens, sondern nur mathematischer Spekulation." Der Mahler hatte, während ich dies sprach, den Pinsel abgesetzt, und den Kopf in die Hand gestützt. „Unbekannter Freund," fing er jetzt mit dumpfer feierlicher Stimme an: „Unbekannter Freund, Du frevelst, wenn Du die verschiedenen Zweige der Kunst in Rangordnung stellen willst, wie die Vasallen eines stolzen Königs. Und noch größerer Frevel ist es, wenn Du nur die Verwegenen achtest, welche taub für das Klirren der Sclavenkette, fühllos für den Druck des Irdischen, sich frei, ja selbst sich Gott wähnen und schaffen und herrschen wollen über Licht und Leben. — Kennst Du die Fabel von dem Prometheus, der Schöpfer seyn wollte, und das Feuer vom Himmel stahl, um seine todten Figuren zu beleben? — Es gelang ihm, lebendig schritten die Gestalten daher, und aus ihren Augen strahlte jenes himmlische Feuer, das in ihrem Innern brannte; aber rettungslos wurde der Frevler, der sich angemaßt Göttliches zu fahen, verdammt zu ewiger fürchterlicher Qual. Die Brust, die das Göttliche geahnt, in der die Sehnsucht nach dem Ueberirdischen aufgegangen, zerfleischte der Geier, den die Rache geboren und der sich nun nährte von dem eignen Innern des Vermessenen. Der das Himmlische gewollt, fühlte ewig den irdischen Schmerz." — Der Mahler stand in sich versunken da. „Aber," rief ich: „Aber Berthold, wie beziehen Sie das Alles auf Ihre Kunst? Ich glaube nicht, daß irgend jemand es für vermessenen Frevel halten kann, Menschen zu bilden, sei es durch Mahlerei, oder Plastik." Wie in bitterm Hohn lachte Berthold auf: „Ha ha — Kinderspiel ist kein Frevel! — Kinderspiel ist's wie sie's machen, die Leute, die getrost ihre Pinsel in die Farbentöpfe stecken und eine Leinwand beschmieren, mit der wahrhaftigen Begier, Menschen darzustellen; aber es kommt so heraus, als habe, wie es in jenem Trauerspiele steht, irgend ein Handlanger der Natur versucht Menschen zu bilden, und es sei ihm mißlungen. — Das sind keine freveliche Sünder, das sind nur arme unschuldige Narren! Aber Herr! — wenn man nach dem Höchsten strebt — nicht Fleischeslust, wie Titian — nein das Höchste der göttlichen Natur, der Prometheusfunken im Menschen — Herr! — es ist eine Klippe — ein schmaler Strich, auf dem man steht — der Abgrund ist offen! — über ihm schwebt der kühne Segler und ein teuflischer Trug läßt ihn unten — unten das erblicken, was er oben über den Sternen erschauen wollte!" — Tief seufzte der Mahler auf, er fuhr mit der Hand über die Stirn, und blickte dann in die Höhe. „Aber was schwatze ich mit Euch, Geselle, da drunten für tolles Zeug, und mahle nicht weiter? — Schaut her Geselle, das nenne ich treu und ehrlich gezeichnet. Wie herrlich ist die Regel! — alle Linien einen sich zum bestimmten Zweck, zu bestimmter deutlich gedachter Wirkung. Nur das Gemessene ist rein menschlich; was drüber geht, vom Uebel. Das Uebermenschliche muß Gott, oder Teufel seyn; sollten beide nicht in der Mathematik von Menschen übertroffen werden? Sollt' es nicht denkbar seyn, daß Gott uns ausdrücklich erschaffen hätte, um das, was nach gemessenen erkennbaren Regeln darzustellen ist, kurz, das rein Commensurable, zu besorgen für seinen Hausbedarf, so wie wir unsrerseits wieder Sägemühlen und Spinnmaschinen bauen, als mechanische Werkmeister unseres Bedarfs. Professor Walter behauptete neulich, daß gewisse Thiere blos erschaffen wären, um von andern gefressen zu werden, und das käme doch am Ende zu unserm Nutzen heraus, so wie z. B. die Katzen den angebornen Instinkt hätten, Mäuse zu fressen, damit diese uns nicht den Zucker, der zum Frühstück bereit läge, wegknappern sollten. Am Ende hat der Professor Recht — Thiere und wir selbst sind gut eingerichtete Maschinen, um gewisse Stoffe zu verarbeiten, und zu verkneten für den Tisch des unbekannten Königs — Nun frisch — frisch, Geselle — reiche mir die Töpfe! — Alle Töne hab' ich gestern beim lieben Sonnenlicht abgestimmt, damit mich der Fackelschein nicht trüge, sie stehn numerirt im Winkel. Reich' mir Numero eins, mein Junge! — Grau in Grau! — Und was wäre das trockne mühselige Leben, wenn der Herr des Himmels uns nicht so manches bunte Spielzeug in die Hände gegeben hätte! — Wer artig ist, trachtet nicht, wie der neugierige Bube, den Kasten zu zerbrechen, in dem es orgelt, wenn er die äußere Schraube dreht. — Man sagt, es ist ganz natürlich, daß es drinnen klingt; denn ich drehe ja die Schraube! — Indem ich dies Gebälk richtig aus dem Augenpunkt aufgezeichnet, weiß ich bestimmt, daß es sich dem Beschauer plastisch darstellt — Numero zwei heraufgereicht, Junge! — Nun mahle ich es aus in den regelrecht abgestimmten Farben — es erscheint vier Ellen zurücktretend. Das weiß ich alles gewiß; o! man ist erstaunlich klug — Wie kommt es, daß die Gegenstände in der Ferne sich verkleinern? Die einzige dumme Frage eines Chinesen könnte selbst den Professor Eytelwein in Verlegenheit setzen; doch könnte er sich mit dem orgelnden Kasten helfen und sprechen, er habe manchmal an der Schraube gedreht, und immer dieselbe Wirkung erfahren — Violett Numero eins, Junge! — ein anderes Lineal — dicken ausgewaschenen Pinsel! Ach, was ist all' unser Ringen und Streben nach dem Höheren anderes, als das unbeholfene bewußtlose Handthieren des Säuglings, der die Amme verletzt, die ihn wohlthätig nährt! — Violett Numero zwei

9*

— frisch Junge! — das Ideal ist ein schnöder lügnerischer Traum vom gährenden Blute erzeugt. — Die Töpfe weg, Junge — ich steige herab. — Der Teufel narrt uns mit Puppen, denen er Engelsfittige angeleimt." — Nicht möglich ist es mir, alles das wörtlich zu wiederholen, was Berthold sprach, indem er rasch fortmahlte, und mich ganz wie seinen Handlanger brauchte. In der angegebenen Manier fuhr er fort, die Beschränktheit alles irdischen Beginnens auf das bitterste zu verhöhnen; ach er schaute in die Tiefe eines auf den Tod verwundeten Gemüths, dessen Klage sich nur in schneidender Ironie erhebt. Der Morgen dämmerte, der Schein der Fackel verblaßte vor den hereinbrechenden Sonnenstrahlen. Berthold mahlte eifrig fort, aber er wurde stiller und stiller und nur einzelne Laute — zuletzt nur Seufzer, entflohen der gepreßten Brust. Er hatte den ganzen Altar mit gehöriger Farbenabstufung angelegt, und schon jetzt, ohne weiter ausgeführt zu seyn, sprang das Gemählde wunderbar hervor. „In der That herrlich — ganz herrlich," rief ich voll Bewunderung aus. „Meinen Sie," sprach Berthold mit matter Stimme: „Meinen Sie, daß etwas daraus werden wird? — Ich gab mir wenigstens alle Mühe richtig zu zeichnen; aber nun kann ich nicht mehr." — „Keinen Pinselstrich weiter, lieber Berthold!" sprach ich: „es ist beinahe unglaublich, wie Sie mit einem solchen Werk in wenigen Stunden so weit vorrücken konnten; aber Sie greifen Sich zu sehr an, und verschwenden Ihre Kraft." „Und doch," erwiederte Berthold, „sind das meine glücklichsten Stunden. — Vielleicht schwazte ich zu viel, aber es sind ja nur Worte, in die sich der das Innere zerreissende Schmerz auflöst." „Sie scheinen Sich sehr unglücklich zu fühlen, mein armer Freund," sprach ich: „irgend ein furchtbares Ereigniß trat feindlich zerstörend in Ihr Leben!" — Der Mahler trug langsam seine Geräthschaften in die Capelle, löschte die Fackel aus, kam dann auf mich zu, faßte meine Hand und sprach mit gebrochener Stimme: „Könnten Sie einen Augenblick Ihres Lebens ruhigen, heitern Geistes seyn, wenn Sie Sich eines gräßlichen, nie zu sühnenden Verbrechens bewußt wären?" — Erstarrt blieb ich stehen. Die hellen Sonnenstrahlen fielen in des Mahlers leichenblasses zerstörtes Gesicht, und er war beinahe gespenstisch anzusehen, als er fortwankte durch die kleine Pforte in das Innere des Collegiums. —

Kaum erwarten konnte ich am folgenden Tage die Stunde, die mir Professor Walter zum Wiedersehen bestimmt hatte. Ich erzählte ihm den ganzen Auftritt der vorigen Nacht, der mich nicht wenig aufgeregt hatte; ich schilderte mit den lebendigsten Farben des Mahlers wunderliches Benehmen, und verschwieg kein Wort, das er gesprochen, selbst das nicht, was ihn selbst betroffen. Je mehr ich aber auf des Professors Theilnahme hoffte, desto gleichgültiger schien er mir, ja er lächelte selbst über mich auf eine höchst widrige Weise, als ich nicht nachließ, von Berthold zu reden und in ihn zu dringen, mir ja alles, was er von dem Unglücklichen wüßte, zu sagen. „Es ist ein wunderlicher Mensch, dieser Mahler," fing der Professor an: „sanft — gutmüthig — arbeitsam — nüchtern, wie ich Ihnen schon früher sagte, aber schwachen Verstandes; denn sonst hätte er sich nicht durch irgend ein Ereigniß im Leben, sei es selbst ein Verbrechen, das er beging, herabstimmen lassen vom herrlichen Historienmahler zum dürftigen Wandpinsler." Der Ausdruck Wandpinsler ärgerte mich so wie des Professors Gleichgültigkeit überhaupt. Ich suchte ihm darzuthun, daß noch jetzt Berthold ein höchst achtungswerther

Künstler, und der höchsten regsamen Theilnahme werth sei. „Nun,“ fing der Professor endlich an: „wenn Sie einmal unser Berthold in solch hohem Grade interessirt, so sollen Sie Alles, was ich von ihm weiß, und das ist nicht wenig, ganz genau erfahren. Zur Einleitung dessen, lassen Sie uns gleich in die Kirche gehen! Da Berthold die ganze Nacht hindurch mit Anstrengung gearbeitet hat, wird er heute Vormittags rasten. Wenn wir ihn in der Kirche fänden, wäre mein Zweck verfehlt.“ Wir gingen nach der Kirche, der Professor ließ das Tuch von dem verhängten Gemählde herunternehmen und in zauberischem Glanze ging vor mir ein Gemählde auf, wie ich es nie gesehen. Die Composition war wie Raphaels Styl, einfach und himmlisch erhaben! — Maria und Elisabeth in einem schönen Garten auf einem Rasen sitzend, vor ihnen die Kinder Johannes und Christus mit Blumen spielend, im Hintergrunde seitwärts eine betende männliche Figur! — Maria's holdes himmlisches Gesicht, die Hoheit und Frömmigkeit ihrer ganzen Figur erfüllten mich mit Staunen und tiefer Bewunderung. Sie war schön, schöner als je ein Weib auf Erden, aber so wie Raphaels Maria in der Dresdner Gallerie verkündete ihr Blick die höhere Macht der Gottes-Mutter. Ach! mußte vor diesen wunderbaren, von tiefem Schatten umflossenen Augen nicht in des Menschen Brust die ewigdürstende Sehnsucht aufgehen? Sprachen die weichen halbgeöffneten Lippen nicht tröstend, wie in holden Engels-Melodien, von der unendlichen Seligkeit des Himmels? — Nieder mich zu werfen in den Staub vor ihr, der Himmels-Königin, trieb mich ein unbeschreibliches Gefühl — keines Wortes mächtig konnte ich den Blick nicht abwenden von dem Bilde ohne Gleichen. Nur Maria und die Kinder waren ganz ausgeführt, an der Figur Elisabeths schien die letzte Hand zu fehlen, und der betende Mann war noch nicht übermahlt. Näher getreten erkannte ich in dem Gesicht dieses Mannes Berthold's Züge. Ich ahnte, was mir der Professor gleich darauf sagte: „Dieses Bild, sprach er, ist Berthold's letzte Arbeit, das wir vor mehreren Jahren aus N. in Oberschlesien, wo es von einem unserer Collegen in einer Versteigerung gekauft wurde, erhielten. Unerachtet es nicht vollendet ist, ließen wir es doch statt des elenden Altarblatts, das sonst hier stand, einfügen. Als Berthold angekommen war und dies Gemählde erblickte, schrie er laut auf und stürzte bewußtlos zu Boden. Nachher vermied er sorgfältig, es anzublicken und vertraute mir, daß es seine letzte Arbeit in diesem Fache sei. Ich hoffte ihn nach und nach zur Vollendung des Bildes zu überreden, aber mit Entsetzen und Abscheu wies er jeden Antrag der Art zurück. Um ihn nur einigermaßen heiter und kräftig zu erhalten, mußte ich das Bild verhängen lassen, so lange er in der Kirche arbeitet. Fiel es ihm nur von ungefähr ins Auge, so lief er wie von unwiderstehlicher Macht getrieben hin, warf sich laut schluchzend nieder, bekam seinen Paroxysmus, und war auf mehrere Tage unbrauchbar." — „Armer — armer unglücklicher Mann!" — rief ich aus, „welch' eine Teufelsfaust griff so grimmig zerstörend in dein Leben." „O!" sprach der Professor: „die Hand sammt dem Arm ist ihm an den Leib gewachsen — Ja ja! — er selbst war gewiß sein eigner Dämon — sein Luzifer, der in sein Leben mit der Höllenfackel hineinleuchtete. Wenigstens geht das aus seinem Leben sehr deutlich hervor." Ich bat den Professor, mir doch nur jetzt gleich Alles zu sagen, was er über des unglücklichen Mahlers Leben wüßte. „Das würde viel zu weitläuftig seyn, und viel zu viel Athem kosten," erwiederte der Professor. „Verderben wir uns den heitern Tag nicht mit dem trüben Zeuge! Lassen Sie uns frühstücken, und dann nach der Mühle gehen, wo uns ein tüchtig zubereitetes Mittagsmahl erwartet." Ich hörte nicht auf, in den Professor zu dringen, und nach vielem Hin- und Herreden kam es endlich heraus, daß gleich nach der Ankunft Berthold's sich ein Jüngling, der auf dem Collegio studirte, mit voller Liebe an ihn anschloß, daß diesem Berthold nach und nach die Begebenheit seines Lebens vertraute, die der junge Mann sorglich aufschrieb und dem Professor Walter das Manuscript übergab. „Es war," sprach der Professor: „solch ein Enthusiast, wie Sie, mein Herr, mit Ihrer Erlaubniß! Aber das Aufschreiben der wunderlichen Begebenheiten des Mahlers diente ihm in der That zur trefflichen Stylübung." Mit vieler Mühe erhielt ich von dem Professor das Versprechen, daß er mir Abends nach geendeter Lustpartie das Manuscript anvertrauen wolle. Sei es, daß es die gespannte Neugierde war, oder war der Professor wirklich selbst daran Schuld, kurz, niemals habe ich mehr Langeweile empfunden, als den Tag. Schon die Eiskälte des Professors Rücksichts Bertholds war mir fatal; aber seine Gespräche, die er mit den Collegen, die an dem Mahl Theil nahmen, führte, überzeugten mich, daß, trotz aller Gelehrsamkeit, aller Weltgewandtheit, sein Sinn für's Höhere gänzlich verschlossen, und er der krasseste Materialist war, den es geben konnte. Das System von dem fressen und gefressen werden, wie es Berthold anführte, hatte er wirklich adoptirt. Alles geistige Streben, Erfindungs-, Schöpfungskraft leitete er aus gewissen Conjuncturen der Eingeweide und des Magens her, und dabei kramte er noch mehr närrische abnorme Einfälle aus. Er behauptete z. B. sehr ernsthaft, daß jeder Gedanke durch die Begattung zweier Fäserchen im menschlichen Gehirne erzeugt würde. Ich begriff, auf welche Weise der Professor mit solchen tollen Dingen den armen Berthold, der in verzweifelnder Ironie alle günstige Einwirkung des Höheren anfocht, quälen, und in die noch blutenden Wunden spitze Dolche einsetzen mußte. Endlich am Abend gab mir der Professor ein paar beschriebene Bogen mit den Worten: „Hier, lieber Enthusiast, ist das Studenten-Machwerk. Es ist nicht übel geschrieben, aber höchst sonderbar und wider alle Regel rückt der Herr Verfasser, ohne es weiter anzudeuten, Reden des Mahlers wörtlich in der ersten Person ein. Uebrigens mache ich Ihnen mit dem Aufsatz, über den ich von Amtswegen verfügen kann, ein Geschenk, da ich weiß, daß Sie kein Schriftsteller sind. Der Verfasser der Fantasiestücke in Callots Manier hätte es eben nach seiner tollen Manier arg zugeschnitten und gleich drucken lassen, welches ich nicht von Ihnen zu erwarten habe."

Der Professor Aloysius Walter wußte nicht, daß er wirklich den reisenden Enthusiasten vor sich hatte, wiewol er es hätte merken können, und so gebe ich Dir, mein günstiger Leser! des Jesuiten-Studenten kurze Erzählung von dem Mahler Berthold. Die Weise, wie er sich mir zeigte, wird dadurch ganz erklärt, und Du, o mein Leser! wirst dann auch gewahren, wie des Schicksals wunderliches Spiel uns oft zu verderblichem Irrthum treibt.

„Laßt Euern Sohn nur getrost nach Italien reisen! Schon jetzt ist er ein wackrer Künstler, und es fehlt ihm hier in D. keinesweges an Gelegenheit, nach den trefflichsten Originalen jeder Art zu studiren, aber dennoch darf er nicht hier bleiben. Das freie Künstlerleben muß ihm in dem heitern Kunstlande aufgehen, sein Studium wird dort sich erst lebendig gestalten, und den eignen Gedanken erzeugen. Das Copiren allein hilft ihm nun nichts mehr. Mehr Sonne muß die aufsprießende Pflanze erhalten, um zu gedeihen und Blüth' und Frucht zu tragen. Euer Sohn hat ein reines wahrhaftiges Künstlergemüth, darum seid um Alles Uebrige unbesorgt!" So sprach der alte Mahler Stephan Birkner zu Bertholds Aeltern. Die rafften alles zusammen was ihr dürftiger Haushalt entbehren konnte, und statteten den Jüngling aus zur langen Reise. So ward Bertholds heißester Wunsch, nach Italien zu gehen, erfüllt.

„Als mir Birkner den Entschluß meiner Aeltern verkündete, sprang ich hoch auf vor Freude und Entzücken. — Wie im Traum ging ich umher die Tage hindurch, bis zu meiner Abreise. Es war mir nicht möglich, auf der Gallerie einen Pinsel anzusetzen. Der Inspektor, alle Künstler, die in Italien gewesen, mußten mir erzählen von dem Lande, wo die Kunst gedeiht. Endlich war Tag und Stunde gekommen. Schmerzlich war der Abschied von den Aeltern, die von düstrer Ahnung gequält, daß sie mich nicht wiedersehen würden, mich nicht lassen wollten. Selbst der Vater, sonst ein entschlossener fester Mann, hatte Mühe, Fassung zu erringen. „Italien — Italien wirst Du sehen," riefen die Kunstbrüder, da loderte von tiefer Wehmuth nur stärker entzündet das Verlangen auf und rasch schritt ich fort — vor der Aeltern Hause schien mir die Bahn des Künstlers zu beginnen." —

Berthold, in jedem Fache der Mahlerei vorbereitet, hatte sich doch vorzüglich der Landschaftsmahlerei ergeben, die er mit

Liebe und Eifer trieb. In Rom glaubte er reiche Nahrung für diesen Zweig der Kunst zu finden; es war dem nicht so. Gerade in dem Kreis der Künstler und Kunstfreunde, in dem er sich bewegte, wurde ihm unaufhörlich vorgeredet, daß der Historienmahler allein auf der höchsten Spitze stehe, und ihm Alles Uebrige untergeordnet sey. Man rieth ihm, wolle er ein bedeutender Künstler werden, doch nur gleich von seinem Fach abzugehen und sich dem Höheren zuzuwenden, und dies, verbunden mit dem nie sonst gefühlten Eindruck, den Raphaels mächtige Fresko-Gemählde im Vatikan auf ihn machten, bestimmten ihn wirklich, die Landschaft zu verlassen. Er zeichnete nach jenen Raphaels, er kopirte kleine Oelgemälde anderer berühmter Meister; alles fiel bei seiner tüchtigen Praktik recht wohl und schicklich aus, aber nur zu sehr fühlte er, daß das Lob der Künstler und Kenner ihn nur trösten, aufmuntern sollte. Er sah es ja selbst, daß seinen Zeichnungen, seinen Copien alles Leben des Originals fehle. Raphael's, Correggio's himmlische Gedanken begeisterten (so glaubte er) zum eignen Schaffen, aber so wie er sie in der Fantasie fest halten wollte, verschwammen sie wie im Nebel, und alles, was er auswendig zeichnete, hatte, wie jedes nur undeutlich, verworren Gedachte, kein Regen, keine Bedeutung. Ueber dieses vergebliche Ringen und Streben schlich trüber Unmuth in seine Seele, und oft entrann er den Freunden, um in der Gegend von Rom Baumgruppen — einzelne landschaftliche Partien heimlich zu zeichnen und zu mahlen. Aber auch dies gerieth nicht mehr wie sonst, und zum erstenmal zweifelte er an seinem wahren Künstlerberuf. Die schönsten Hoffnungen schienen untergehn zu wollen. „Ach mein hochverehrter Freund und Lehrer," schrieb Berthold an Birkner, „Du hast mir

Großes zugetraut, aber — hier, wo es erst recht licht werden sollte in meiner Seele, bin ich inne worden, daß das, was Du wahrhaftes Künstlergenie nanntest, nur etwa Talent — äußere Fertigkeit der Hand war. Sage meinen Aeltern, daß ich bald zurückkehren würde, um irgend ein Handwerk zu erlernen, das mich künftig ernähre u. s. w." Birkner schrieb zurück: „O, könnte ich doch bei Dir seyn, mein Sohn! um Dich aufzurichten in Deinem Unmuth. Aber glaube mir, Deine Zweifel sind es gerade, die für Dich, für Deinen Künstlerberuf sprechen. Der, welcher in stetem unwandelbaren Vertrauen auf seine Kraft immer fortzuschreiten gedenkt, ist ein blöder Thor, der sich selbst täuscht; denn ihm fehlt ja der eigentliche Impuls zum Streben, der nur in dem Gedanken der Mangelhaftigkeit ruht. Harre aus! — Bald wirst Du Dich erkräftigen, und dann ruhig, nicht durch das Urtheil, durch den Rath der Freunde, die Dich zu verstehen vielleicht gar nicht im Stande, gezügelt, den Weg fortwandeln, den Dir Deines Ichs eigne Natur vorgeschrieben. Ob Du Landschafter bleiben, ob Du Historienmahler werden willst, wirst Du dann selbst entscheiden können, und an keine feindliche Absonderung der Zweige eines Stammes denken."

Es begab sich, daß gerade zu der Zeit, als Berthold diesen tröstenden Brief von seinem alten Lehrer und Freunde erhielt, sich Philipp Hackert's Ruhm in Rom verbreitet hatte. Einige von ihm dort aufgestellte Stücke von wunderbarer Anmuth und Klarheit bewährten des Künstlers Ruf und selbst die Historienmahler gestanden, es läge auch in dieser reinen Nachahmung der Natur viel Großes und Vortreffliches. Berthold schöpfte Athem — er hörte nicht mehr seine Lieblingskunst verhöhnen, er sah einen Mann, der sie trieb, hochgestellt und verehrt; wie ein Funke fiel es in seine Seele, daß er nach Neapel wandern und unter Hackert studiren müsse. Ganz jubilirend schrieb er an Birkner und an seine Aeltern, daß er nun nach hartem Kampf den rechten Weg gefunden habe, und bald in seinem Fach ein tüchtiger Künstler zu werden hoffe. Freundlich nahm der ehrliche deutsche Hackert den deutschen Schüler auf, und bald strebte dieser dem Lehrer in regem Schwunge nach. Berthold erlangte große Fertigkeit, die verschiedenen Baum- und Gesträucharten der Natur getreu darzustellen; auch leistete er nicht Geringes in dem Dunstigen und Duftigen, wie es auf Hackertschen Gemählden zu finden. Das erwarb ihm vieles Lob, aber auf ganz eigene Weise schien es ihm bisweilen, als wenn seinen, ja selbst den Landschaften des Lehrers etwas fehle, das er nicht zu nennen wußte, und das ihm doch in Gemählden Claude Lorrains, ja selbst in Salvator Rosa's rauhen Wüsteneien entgegentrat. Es erhoben sich allerlei Zweifel gegen den Lehrer in ihm, und er wurde vorzüglich ganz unmuthig, wenn Hackert mit angestrengter Mühe todtes Wild mahlte, das ihm der König zugeschickt. Doch überwand er bald dergleichen, wie er glaubte, freveliche Gedanken und fuhr fort, mit frommer Hingebung und deutschem Fleiß nach seines Lehrers Muster zu arbeiten, so daß er in kurzer Zeit es ihm beinahe gleich that. So kam es denn, daß er auf Hackerts ausdrücklichen Anlaß eine große Landschaft, die er treu nach der Natur gemahlt hatte, zu einer Ausstellung, die mehrentheils aus Hackertschen Landschaften und Stilleben bestand, hergeben mußte. Alle Künstler und Kenner bewunderten des Jünglings treue saubre Arbeit und priesen ihn laut. Nur ein ältlicher, sonderbar gekleideter Mann sagte selbst zu Hackerts Gemählden kein Wort, sondern lächelte nur bedeutsam, wenn die Lobeserhebungen der Menge recht ausgelassen und toll daher brausten. Berthold bemerkte deutlich, wie der Fremde, als er vor seiner Landschaft stand, mit einer Miene des tiefsten Bedauerns den Kopf schüttelte und dann sich entfernen wollte. Berthold etwas aufgebläht durch das allgemeine Lob, das ihm zu Theil geworden, konnte sich des innern Aergers über den Fremden nicht erwehren. Er trat auf ihn zu und frug, indem er die Worte schärfer betonte, als gerade nöthig: „Ihr scheint mit dem Bilde nicht zufrieden, mein Herr, unerachtet es doch wackre Künstler und Kenner nicht ganz übel finden wollen? Sagt mir gefälligst, woran es liegt, damit ich die Fehler nach Euerm gütigen Rath abändre und bessere.“ Mit scharfem Blicke schaute der Fremde Berthold an, und sprach sehr ernst: „Jüngling, aus Dir hätte viel werden können.“ Berthold erschrak bis ins Innerste vor des Mannes Blick und seinen Worten; er hatte nicht den Muth, etwas weiter zu sagen, oder ihm zu folgen, als er langsam zum Saale hinausschritt. Hackert trat bald darauf selbst hinein, und Berthold eilte, ihm den Vorfall mit dem wunderlichen Mann zu erzählen. „Ach!“ rief Hackert lachend: „Laß Dir das ja nicht zu Herzen gehen! Das war ja unser brummige Alte, dem nichts recht ist, der alles tadelt; ich begegnete ihm auf dem Vorsaal. Er ist auf Maltha von griechischen Aeltern geboren, ein reicher wunderlicher Kauz, gar kein übler Mahler; aber alles was er macht, hat ein fantastisches Ansehen, welches wol daher rührt, weil er über jede Darstellung durch die Kunst ganz tolle absurde Meinungen und sich ein künstlerisches System gebaut hat, das den Teufel nichts taugt. Ich weiß recht gut, daß er gar nichts auf mich hält, welches ich ihm gern verzeihe, da er mir wohlerworbnen Ruhm nicht streitig machen wird.“ Dem Berthold war es zwar, als habe der Malthefer irgend einen wunden Fleck seines Innersten schmerzhaft berührt, aber so wie der wohlthätige Wundarzt, um zu forschen und zu heilen; indessen schlug er sich das bald aus dem Sinn und arbeitete fröhlich fort, wie zuvor.

Das große, wohlgelungene, allgemein bewunderte Bild hatte ihm Muth gemacht, das Gegenstück zu beginnen. Einen der schönsten Punkte in Neapels reicher Umgebung wählte Hackert selbst aus, und so wie jenes Bild den Sonnenuntergang darstellte, sollte diese Landschaft im Sonnenaufgang gehalten werden. Berthold bekam viel fremde Bäume, viele Weinberge, vorzüglich aber viel Nebel und Duft zu mahlen.

Auf der Platte eines großen Steins, eben in jenem von Hackert gewählten Punkte, saß Berthold eines Tages, den Entwurf des großen Bildes nach der Natur vollendend. „Wohl getroffen in der That!“ sprach es neben ihm. Berthold blickte auf, der Malthefer sah' in sein Blatt hinein, und fügte mit sarkastischem Lächeln hinzu: „Nur eins habt Ihr vergessen, lieber junger Freund! Schaut doch dort herüber nach der grün berankten Mauer des fernen Weinbergs! Die Thüre steht halb offen; das müßt Ihr ja anbringen mit gehörigem Schlagschatten — die halbgeöffnete Thüre macht erstaunliche Wirkung!“ „Ihr spottet,“ erwiederte Berthold, „ohne Ursache, mein Herr! Solche Zufälligkeiten sind keinesweges so verächtlich wie Ihr glaubt und deshalb mag sie mein Meister wol anbringen. Erinnert Euch doch nur des aufgehängten weißen Tuchs in der Landschaft eines alten niederländischen Mahlers, das nicht fehlen darf, ohne die Wirkung zu verderben. Aber Ihr scheint überhaupt kein Freund der Landschaftsmahlerei, der ich mich nun einmal ganz ergeben habe mit Leib und Seele, und darum bitt' ich Euch, laßt mich ruhig fortarbeiten." „Du bist in großem Irrthum befangen, Jüngling," sprach der Malteser. „Noch einmahl sage ich, aus Dir hätte viel werden können; denn sichtlich zeugen Deine Werke das rastlose Bestreben nach dem Höheren, aber nimmer wirst Du Dein Ziel erreichen, denn der Weg, den Du eingeschlagen, führt nicht dahin. Merk wohl auf, was ich Dir sagen werde! Vielleicht glückt es mir, die Flamme in Deinem Innern, die Du, Unverständiger! zu überbauen trachtest, anzufachen, daß sie hell auflodert und Dich erleuchtet; dann wirst Du den wahren Geist, der in Dir lebt, zu erschauen vermögen. Hältst Du mich denn für so thörigt, daß ich die Landschaft dem historischen Gemählde unterordne, daß ich nicht das gleiche Ziel, nach dem beide, Landschafter und Historienmahler, streben sollen, erkenne? — Auffassung der Natur in der tiefsten Bedeutung des höhern Sinns, der alle Wesen zum höheren Leben entzündet, das ist der heilige Zweck aller Kunst. Kann denn das bloße genaue Abschreiben der Natur jemals dahin führen? — Wie ärmlich, wie steif und gezwungen sieht die nachgemahlte Handschrift in einer fremden Sprache aus, die der Abschreiber nicht verstand und daher den Sinn der Züge, die er mühsam abschnörkelte, nicht zu deuten wußte. So sind die Landschaften deines Meisters correkte Abschriften eines in ihm fremder Sprache geschriebenen Originals. — Der Geweihte vernimmt die Stimme der Natur, die in wunderbaren Lauten aus Baum, Gebüsch, Blume, Berg und Gewässer von unerforschlichem Geheimniß spricht, die in seiner Brust sich zu frommer Ahnung gestalten; dann kommt, wie der Geist Gottes selbst, die Gabe über ihn, diese Ahnung sichtlich in seine Werke zu übertragen. Ist Dir, Jüngling! denn bei dem Beschauen der Landschaften alter Meister nicht ganz wunderbarlich zu Muthe geworden? Gewiß hast Du nicht daran gedacht, daß die Blätter des Lindenbaums, daß die Pinien, die Platanen der Natur getreuer, daß der Hintergrund duftiger, das Wasser klarer seyn könnte; aber der Geist, der aus dem Ganzen wehte, hob Dich empor in ein höheres Reich, dessen Abglanz Du zu schauen wähntest. — Daher studire die Natur zwar auch im Mechanischen fleißig und sorgfältig, damit Du die Praktik des Darstellens erlangen mögest, aber halte die Praktik nicht für die Kunst selbst. Bist Du eingedrungen in den tiefern Sinn der Natur, so werden selbst in Deinem Innern ihre Bilder in hoher glänzender Pracht aufgehen.“ — Der Maltheser schwieg; als aber Berthold tief ergriffen, gebückten Hauptes, keines Wortes mächtig da stand, verließ ihn der Maltheser mit den Worten: „Ich habe Dich durchaus nicht verwirren wollen in Deinem Beruf; aber ich weiß, daß ein hoher Geist in Dir schlummert: ich rief ihn an mit starken Worten, damit er erwache und frisch und frei seine Fittige rege. Lebe wohl!“ —

Dem Berthold war es so, als habe der Maltheser nur dem, was in seiner Seele gährte und brauste, Worte gegeben; die innere Stimme brach hervor — Nein! Alles dieses Streben — dieses Mühen ist das ungewisse, trügerische Umhertappen des Blinden, weg — weg mit Allem, was mich geblendet bis jetzt! — Er war nicht im Stande auch nur einen Strich weiter an dem Bilde zu zeichnen. Er verließ seinen Meister, und streifte voll wilder Unruhe umher und flehte laut, daß die höhere Erkenntniß, von der der Maltheser gesprochen, ihm aufgehen möge. —

„Nur in süßen Träumen war ich glücklich — selig. Da wurde Alles wahr, was der Maltheser gesprochen. Ich lag von zauberischen Düften umspielt im grünen Gebüsch, und die Stimme der Natur ging vernehmbar im melodisch klingenden Wehen durch den dunklen Wald. — „Horch — horch auf — Geweihter! — Vernimm die Urtöne der Schöpfung, die sich gestalten zu Wesen deinem Sinn empfänglich.“ — Und indem ich die Akkorde deutlicher erklingen hörte, war es, als sei ein neuer Sinn in mir erwacht, der mit wunderbarer Klarheit das erfaßte, was mir unerforschlich geschienen. — Wie in seltsamen Hieroglyphen zeichnete ich das mir aufgeschlossene Geheimniß mit Flammenzügen in die Lüfte; aber die Hieroglyphen-Schrift war eine wunderherrliche Landschaft, auf der Baum, Gebüsch, Blume, Berg und Gewässer, wie in lautem wonnigem Klingen sich regten und bewegten.“ —

Doch eben nur im Traume kam solche Seligkeit über den armen Berthold, dessen Kraft gebrochen, und der im Innersten verwirrter war, als in Rom, da er Historienmahler werden wollte. Schritt er durch den dunklen Wald, so überfiel ihn ein unheimliches Grauen; trat er heraus, und schaute in die fernen Berge, so griff es wie mit eiskalten Krallen in seine Brust — sein Athem stockte — er wollte vergehen vor innerer Angst. Die ganze Natur, ihm sonst freundlich lächelnd, ward ihm zum bedrohlichen Ungeheuer, und ihre Stimme, die sonst in des Abendwindes Säuseln, in dem Plätschern des Baches, in dem Rauschen des Gebüsches mit süßem Wort ihn begrüßte, verkündete ihm nun Untergang und Verderben. Endlich wurde er, je mehr ihn jene holden Träume trösteten, desto ruhiger, doch mied er es im Freien allein zu seyn, und so kam es, daß er sich zu ein paar muntern deutschen Mahlern gesellte, und mit ihnen häufig Ausflüge nach den schönsten Gegenden Neapels machte.

Einer von ihnen, wir wollen ihn Florentin nennen, hatte es in dem Augenblick nicht sowol auf tiefes Studium seiner Kunst, als auf heitern Lebensgenuß abgesehen, seine Mappe zeugte davon. — Gruppen tanzender Bauermädchen — Prozessionen — ländliche Feste — Alles das wußte Florentin, so wie es ihm aufstieß, mit sichrer leichter Hand schnell auf's Blatt zu werfen. Jede Zeichnung, war sie auch kaum mehr als Skizze, hatte Leben und Bewegung. Dabei war Florentin's Sinn keinesweges für das Höhere verschlossen; im Gegentheil drang er mehr, als je ein moderner Mahler, tief ein in den frommen Sinn der Gemählde alter Meister. In sein Mahlerbuch hatte er die Fresko-Gemählde einer alten Klosterkirche in Rom, ehe die Mauern eingerissen wurden, in bloßen Umrissen hineingezeichnet. Sie stellten das Martyrium der heiligen Katharina dar. Man konnte nichts herrlicheres, reiner aufgefaßtes sehen, als jene Umrisse, die auf Berthold einen ganz eignen Eindruck machten. Er sah Blitze leuchten durch die finstre Oede, die ihn umfangen, und es kam dahin, daß er für Florentin's heiteren Sinn empfänglich wurde, und, da dieser zwar den Reiz der Natur, in ihr aber beständig mehr das menschliche Princip mit reger Lebendigkeit auffaßte, eben dieses Princip für den Stützpunkt erkannte, an den er sich halten müsse, um nicht gestaltlos im leeren Raum zu verschwimmen. Während Florentin irgend eine Gruppe, der er begegnete, schnell zeichnete, hatte Berthold des Freundes Mahlerbuch aufgeschlagen, und versuchte Katharina's wunderholde Gestalt nachzubilden, welches ihm endlich so ziemlich glückte, wiewol er, so wie in Rom, vergebens darnach strebte, seine Figuren dem Original gleich zu beleben. Er klagte dies dem, wie er glaubte, an wahrer Künstlergenialität ihm weit überlegenen Florentin, und erzählte zugleich, wie der Maltheser zu ihm über die Kunst gesprochen. „Ei, lieber Bruder Berthold!" sprach Florentin: „der Maltheser hat in der That recht, und ich stelle die wahre Landschaft den tief bedeutsamen heiligen Historien, wie sie die alten Mahler darstellen, völlig gleich. Ja, ich halte sogar dafür, daß man erst durch das Darstellen der uns näher liegenden organischen Natur sich stärken müsse, um Licht zu finden in ihrem nächtlichen Reich. Ich rathe Dir Berthold, daß Du Dich gewöhnst Figuren zu zeichnen, und in ihnen Deine Gedanken zu ordnen; vielleicht wird es dann heller um Dich werden." Berthold that so wie ihm der Freund geboten, und es war ihm, als zögen die finstern Wolkenschatten, die sich über sein Leben gelegt, vorüber.

„Ich mühte mich, das, was nur wie dunkle Ahnung tief in meinem Innern lag, wie in jenem Traum hieroglyphisch darzustellen, aber die Züge dieser Hieroglyphen-Schrift waren menschliche Figuren, die sich in wunderlicher Verschlingung um einen Lichtpunkt bewegten. — Dieser Lichtpunkt sollte die herrlichste Gestalt seyn, die je eines Bildners Fantasie aufgegangen; aber vergebens strebte ich, wenn sie im Traume von Himmelsstrahlen umflossen mir erschien, ihre Züge zu erfassen. Jeder Versuch, sie darzustellen, mißlang auf schmähliche Weise, und ich verging in heißer Sehnsucht." — Florentin bemerkte den bis zur Krankheit aufgeregten Zustand des Freundes, er tröstete ihn, so gut er es vermochte. Oft sagte er ihm, daß dies eben die Zeit des Durchbruchs zur Erleuchtung sey; aber wie ein Träumer schlich Berthold einher, und alle seine Versuche blieben nur ohnmächtige Anstrengungen des kraftlosen Kindes.

Unfern Neapel lag die Villa eines Herzogs, die, weil sie die schönste Aussicht nach dem Vesuv und in's Meer hinein gewährte, den fremden Künstlern, vorzüglich den Landschaftern gastlich geöffnet war. Berthold hatte hier öfters gearbeitet, öfter noch in einer Grotte des Parks zur guten Zeit sich dem Spiel seiner fantastischen Träume hingegeben. Hier in dieser Grotte saß er eines Tages, von glühender Sehnsucht, die seine Brust zerriß, gemartert, und weinte heiße Thränen, daß der Stern des Himmels seine dunkle Bahn erleuchten möge; da rauschte es im Gebüsch, und die Gestalt eines hochherrlichen Weibes stand vor der Grotte.

„Die vollen Sonnenstrahlen fielen in das Engelsgesicht. — Sie schaute mich an mit unbeschreiblichem Blick. — Die heilige Katharina — Nein, mehr als sie — mein Ideal, mein Ideal war es! — Wahnsinnig vor Entzücken stürzte ich nieder, da verschwebte die Gestalt freundlich lächelnd! — Erhört war mein heißestes Gebet! —"

Florentin trat in die Grotte, er erstaunte über Berthold, der mit verklärtem Blick ihn an sein Herz drückte. — Thränen stürzten ihm aus den Augen — Freund — Freund! stammelte er: ich bin glücklich — selig — sie ist gefunden — gefunden! Rasch schritt er fort, in seine Werkstatt — er spannte die Leinwand auf, er fing an zu mahlen. Wie von göttlicher Kraft beseelt, zauberte er mit der vollen Gluth des Lebens das überirdische Weib, wie es ihm erschienen, hervor. — Sein Innerstes war von diesem Augenblicke ganz umgewendet. Statt des Trübsinns, der an seinem Herzmark gezehrt hatte, erhob ihn Frohsinn und Heiterkeit. Er studirte mit Fleiß und Anstrengung die Meisterwerke der alten Mahler. Mehrere Copien gelangen ihm vortrefflich, und nun fing er an selbst Gemählde zu schaffen, die alle Kenner in Erstaunen setzten. An Landschaften war nicht mehr zu denken, und Hackert bekannte selbst, daß der Jüngling nun erst seinen eigentlichen Beruf gefunden habe. So kam es, daß er mehrere große Werke, Altarblätter für Kirchen, zu mahlen bekam. Er wählte mehrentheils heitere Gegenstände christlicher Legenden, aber überall strahlte die wunderherrliche Gestalt seines Ideals hervor. Man fand, daß Gesicht und Gestalt der Prinzessin Angiola T.... zum Sprechen ähnlich sei, man äußerte dies dem jungen Mahler selbst, und Schlauköpfe gaben spöttisch zu verstehen, der deutsche Mahler sei von dem Feuerblick der wunderschönen Donna tief in's Herz getroffen. Berthold war hoch erzürnt über das alberne Gewäsch der Leute, die das Himmlische in das Gemeinirdische herabziehen wollten. „Glaubt Ihr denn," sprach er, „daß solch' ein Wesen wandeln könne hier auf Erden? In einer wunderbaren Vision wurde mir das Höchste erschlossen; es war der Moment der Künstlerweihe." — Berthold lebte nun froh und glücklich, bis nach Bonapartes Siegen in Italien sich die französische Armee dem Königreich Neapel nahte, und die alle ruhigen und glücklichen Verhältnisse furchtbar zerstörende Revolution ausbrach. Der König hatte mit der Königin Neapel verlassen, die Citta war angeordnet. Der General-Vikar schloß mit dem französischen General einen schmachvollen Waffenstillstand, und bald kamen die französischen Commissarien, um die Summe, die gezahlt werden sollte, in Empfang zu nehmen. Der General-Vikar entfloh, um der Wuth des Volks, das sich von ihm, von der Citta, von allen, die ihm Schutz gewähren konnten gegen den andringenden Feind, verlassen glaubte, zu entgehen. Da waren alle Bande der

Gesellschaft aufgelöst; in wilder Anarchie verhöhnte der Pöbel Ordnung und Gesetz, und unter dem Geschrei: viva la santa fede rannten seine wahnsinnigen Horden durch die Straßen, die Häuser der Großen, von welchen sie sich an den Feind verkauft wähnten, plündernd und in Brand steckend. Vergebens waren die Bemühungen Moliterno's und Rocca Romana's, Günstlinge des Volks und zu Anführern gewählt, die Rasenden zu bändigen. Die Herzoge della Torre und Clemens Filomarino waren ermordet, aber noch war des wüthenden Pöbels Blutdurst nicht gestillt. — Berthold hatte sich aus einem brennenden Hause nur halb angekleidet gerettet, er stieß auf einen Haufen des Volks, der mit angezündeten Fackeln und blinkenden Messern nach dem Pallast des Herzogs von T. eilte. Ihn für ihres gleichen haltend, drängten sie ihn mit sich fort — viva la santa fede brüllten die Wahnsinnigen, und in wenigen Minuten waren der Herzog — die Bedienten, alles was sich widersetzte, ermordet, und der Pallast loderte hoch in Flammen auf. — Berthold war immer fort und fort in den Pallast hineingedrängt. — Dicker Rauch wallte durch die langen Gänge. — Er lief schnell durch die aufgesprengten Zimmer, auf's neue in Gefahr, in den Flammen umzukommen — vergebens den Ausgang suchend. — Ein schneidendes Angstgeschrei schallt ihm entgegen — er stürzt durch den Saal. — Ein Weib ringt mit einem Lazzarone, der es mit starker Faust erfaßt hat, und im Begriff ist ihm das Messer in die Brust zu stoßen — Es ist die Prinzessin — es ist Berthold's Ideal! — Bewußtlos vor Entsetzen, springt Berthold hinzu — den Lazzarone bei der Gurgel packen — ihn zu Boden werfen, ihm sein eignes Messer in die Kehle stoßen — die Prinzessin in die Arme nehmen — mit ihr fliehen durch die flammenden Säle — die Treppen hinab — fort fort, durch das dickste Volksgewühl — Alles das ist die That eines Moments! — Keiner hielt den fliehenden Berthold auf; mit dem blutigen Messer in der Hand, vom Dampfe schwarz gefärbt, in zerrissenen Kleidern sah das Volk in ihm den Mörder und Plünderer, und gönnte ihm seine Beute. In einem öden Winkel der Stadt unter einem alten Gemäuer, in das er, wie aus Instinkt, sich vor der Gefahr zu verbergen gelaufen, sank er ohnmächtig nieder. Als er erwachte, kniete die Prinzessin neben ihm, und wusch seine Stirne mit kaltem Wasser. „O Dank!" — lispelte sie mit wunderlieblicher Stimme, „Dank den Heiligen, daß Du erwacht bist, Du mein Retter, mein Alles!" — Berthold richtete sich auf, er wihnte zu träumen, er blickte mit starren Augen die Prinzessin an — ja sie war es selbst — die herrliche Himmelsgestalt, die den Götterfunken in seiner Brust entzündet. — „Ist es miglich — ist es wahr — lebe ich denn?" rief er aus. „Ja, Du lebst," sprach die Prinzessin — „Du lebst für mich; was Du nicht zu hoffen wagtest, geschah wie durch ein Wunder. O, ich kenne Dich wohl, Du bist der deutsche Mahler Berthold, Du liebtest mich ja, und verherrlichtest mich in Deinen schönten Gemählden. — Konnte ich denn Dein seyn? — Aber nun bin ich es immerdar und ewig. — Laß uns fliehen, o laß uns fliehen!" — Ein sonderbares Gefühl, wie wenn jählinger Schmerz süße Träume zerstört, durchzuckte Berthold bei diesen Worten der Prinzessin. Doch als das holde Weib ihn mit den vollen schneeweißen Armen umfing, als er sie ungestüm an seinen Busen drückte, da durchbebten ihn süße nie gekannte Schaier und im Wahnsinn des Entzückens höchster Erdenlust rief er aus: — „O, kein Trugbild des Traumes — nein! es ist mein Weib, das ich umfange, es nie zu lassen — das meine glühende dürstende Sehnsucht stillt!“

Aus der Stadt zu fliehen war unmöglich; denn vor den Thoren stand das französische Heer, dem das Volk, war es gleich schlecht bewaffnet und ohne alle Anführung, zwei Tage hindurch den Einzug in die Stadt streitig machte. Endlich gelang es Berthold mit Angiola von Schlupfwinkel zu Schlupfwinkel und dann aus der Stadt zu fliehen. Angiola, von heißer Liebe zu ihrem Retter entbrannt, verschmähte es in Italien zu bleiben, die Familie sollte sie für todt halten, und so Bertholds Besitz ihr gesichert bleiben. Ein diamantnes Halsband und kostbare Ringe, die sie getragen, waren hinlänglich, in Rom (bis dahin waren sie langsam fortgepilgert) sich mit allen nöthigen Bedürfnissen zu versehen, und so kamen sie glücklich nach M. im südlichen Deutschland, wo Berthold sich niederzulassen, und durch die Kunst sich zu ernähren gedachte. — War's denn nicht ein nie geträumtes, nie geahnetes Glück, daß Angiola, das himmlisch-schöne Weib, das Ideal seiner wonnigsten Künstlerträume sein werden müßte, unerachtet sich alle Verhältnisse des Lebens wie eine unübersteigbare Mauer zwischen ihm und der Geliebten aufthürmten? — Berthold konnte in der That dies Glück kaum fassen, und schwelgte in namenlosen Wonnen, bis lauter und lauter die innere Stimme ihn mahnte, seiner Kunst zu gedenken. In M. beschloß er seinen Ruf durch ein großes Gemählde zu begründen, das er für die dortige Marienkirche mahlen wollte. Der einfache Gedanke, Maria und Elisabeth in einem schönen Garten auf einem Rasen sitzend, die Kinder Christus und Johannes vor ihnen im Grase spielend, sollte der ganze Vorwurf des Bildes seyn, aber vergebens war alles Ringen nach einer reinen geistigen Anschauung des Gemähldes. So wie in jener unglücklichen Zeit der Crisis, verschwammen ihm die Gestalten, und nicht die himmlische Maria, nein, ein irdisches Weib, ach seine Angiola selbst stand auf gräuliche Weise verzerrt, vor seines Geistes Augen. — Er gedachte Trotz zu bieten der unheimlichen Gewalt, die ihn zu erfassen schien, er bereitete die Farben, er fing an zu mahlen; aber seine Kraft war gebrochen, all' sein Bemühen; so wie damals, nur die ohnmächtige Anstrengung des unverständigen Kindes. Starr und leblos blieb was er mahlte, und selbst Angiola — Angiola, sein Ideal, wurde, wenn sie ihm saß und er sie mahlen wollte, auf der Leinwand zum todten Wachsbilde, das ihn mit gläsernen Augen anstierte. Da schlich sich immer mehr und mehr trüber Unmuth in seine Seele, der alle Freude des Lebens wegzehrte. Er wollte — er konnte nicht weiter arbeiten, und so kam es, daß er in Dürftigkeit gerieth, die ihn desto mehr niederbeugte, je weniger Angiola auch nur ein Wort der Klage hören ließ.

„Der immer mehr in mein Innerstes hereinzehrende Gram, erzeugt von stets getäuschter Hoffnung, wenn ich immer vergebens Kräfte aufbot, die nicht mehr mein waren, versetzte mich bald in einen Zustand, der dem Wahnsinne gleich zu achten war. Mein Weib gebar mir einen Sohn, das vollendete mein Elend und der lange verhaltene Groll brach aus in hell aufflammenden Haß. Sie Sie allein schuf mein Unglück. Nein — Sie war nicht das Ideal, das mir erschien, nur mir zum rettungslosen Verderben hatte sie trügerisch jenes Himmelsweibes Gestalt und Gesicht geborgt. In wilder Verzweiflung fluchte ich ihr und dem unschuldigen Kinde. — Ich wünschte beider Tod, damit ich erlöst werden möge von der unerträglichen Quaal, die wie mit glühenden Messern in mir wühlte! — Gedanken der Hölle stiegen in mir auf. Vergebens las ich in Angiola's leichenblassem Gesicht, in ihren Thränen mein rasendes freveliches Beginnen — Du hast mich um mein Leben betrogen, verruchtes Weib, brüllte ich auf, und stieß sie mit dem Fuße von mir, wenn sie ohnmächtig niedersank, und meine Knie umfaßte.“ —

Bertholds grausames wahnsinniges Betragen gegen Weib und Kind erregte die Aufmerksamkeit der Nachbarn, die es der Obrigkeit anzeigten. Man wollte ihn verhaften, als aber die Polizeidiener in seine Wohnung traten, war er sammt Frau und Kind spurlos verschwunden. Berthold erschien bald darauf zu N. in Oberschlesien; er hatte sich seines Weibes und Kindes entledigt, und fing voll heitern Muthes an, das Bild zu mahlen, das er in M. vergebens begonnen hatte. Aber nur die Jungfrau Maria und die Kinder Christus und Johannes konnte er vollenden, dann fiel er in eine furchtbare Krankheit, die ihn dem Tode, den er wünschte, nahe brachte. Um ihn zu pflegen, hatte man alle seine Geräthschaften und auch jenes unvollendete Gemählde verkauft, und er zog, nachdem er nur einigermaßen sich wieder erkräftigt, als ein siecher elender Bettler von dannen. — In der Folge nährte er sich dürftig durch Wandmahlerei, die ihm hie und da übertragen wurde.

Bertholds Geschichte hat etwas Entsetzliches und Grauenvolles, sprach ich zu dem Professor, ich halte ihn, unerachtet er es nicht geradezu ausgesprochen, für den ruchlosen Mörder seines unschuldigen Weibes und seines Kindes. „Es ist ein wahnsinniger Thor,“ erwiederte der Professor, „dem ich den

Muth zu solcher That gar nicht zutraue. Ueber diesen Punkt läßt er sich niemals deutlich aus, und es ist die Frage, ob er sich nicht blos einbildet, an dem Tode seiner Frau und seines Kindes Schuld zu seyn; er mahlt eben wieder Marmor, erst in künftiger Nacht vollendet er den Altar, dann ist er bei guter Laune, und Sie können vielleicht mehr über jenen kitzlichen Punkt von ihm heraus bekommen." — Ich muß gestehen, daß, dachte ich es mir lebhaft, um Mitternacht mit Berthold allein in der Kirche mich zu befinden, mir, nachdem ich seine Geschichte gelesen, ein leiser Schauer durch die Glieder lief. Ich meinte, er könnte mitunter was weniges der Teufel seyn, trotz seiner Gutmüthigkeit und seines treuherzigen Wesens, und wollte mich deshalb lieber gleich Mittags im lieben heitern Sonnenschein mit ihm abfinden.

Ich fand ihn auf dem Gerüste mürrisch und in sich gekehrt, Marmoradern sprenkelnd; zu ihm heraufgestiegen, reichte ich ihm stillschweigend die Töpfe. Erstaunt sah er sich nach mir um; „ich bin ja Ihr Handlanger," sprach ich leise, das zwang ihm ein Lächeln ab. Nun fing ich an von seinem Leben zu sprechen, so daß er merken mußte, ich wisse Alles, und er schien zu glauben, er habe mir Alles selbst in jener Nacht erzählt. Leise — leise kam ich auf die gräßliche Katastrophe, dann sprach ich plötzlich: Also in heillosem Wahnsinn mordeten Sie Weib und Kind? — Da ließ er Farbentopf und Pinsel fallen, und rief, mich mit gräßlichem Blick anstarrend und beide Hände hoch erhebend: „Rein sind diese Hände vom Blute meines Weibes, meines Sohnes! Noch ein solches Wort, und ich stürze mich mit Euch hier vom Gerüste herab, daß unsere Schädel zerschellen auf dem steinernen Boden der Kirche!" — Ich befand mich in dem Augenblick wirklich in seltsamer Lage, am besten schien es mir mit ganz Fremdem hineinzufahren. „O sehn Sie doch, lieber Berthold, sprach ich so ruhig und kalt, als es mir möglich war, wie das häßliche Dunkelgelb auf der Wand dort so verfließt.“ Er schauete hin, und indem er das Gelb mit dem Pinsel verstrich, stieg ich leise das Gerüste herab, verließ die Kirche, und ging zum Professor, um mich über meinen bestraften Vorwitz tüchtig auslachen zu lassen.

Mein Wagen war reparirt und ich verließ G., nachdem mir der Professor Aloysius Walter feierlich versprochen, sollte sich etwas besonderes mit Berthold ereignen, mir es gleich zu schreiben.

Ein halbes Jahr mochte vergangen seyn, als ich wirklich von dem Professor einen Brief erhielt, in welchem er sehr weitschweifig unser Beisammenseyn in G. rühmte. Ueber Berthold schrieb er mir folgendes: Bald nach Ihrer Abreise trug sich mit unserm wunderlichen Mahler viel sonderbares zu. Er wurde plötzlich ganz heiter, und vollendete auf die herrlichste Weise das große Altarblatt, welches nun vollends alle Menschen in Erstaunen setzt. Dann verschwand er, und da er nicht das mindeste mitgenommen, und man ein paar Tage darauf Hut und Stock unfern des O—Stromes fand, glauben wir alle, er habe sich freiwillig den Tod gegeben.

Das Sanctus.

Der Doktor schüttelte bedenklich den Kopf. — Wie, rief der Kapellmeister heftig, indem er vom Stuhle aufsprang, wie! so sollte Bettina's Catarrh wirklich etwas zu bedeuten haben? — Der Doktor stieß ganz leise drey oder viermahl mit seinem spanischen Rohr auf den Fußboden, nahm die Dose heraus und steckte sie wieder ein ohne zu schnupfen, richtete den Blick starr empor, als zähle er die Rosetten an der Decke und hüstelte mißtönig ohne ein Wort zu reden. Das brachte den Kapellmeister außer sich, denn er wußte schon, solches Gebehrdenspiel des Doktors hieß in deutlichen lebendigen Worten nichts anders, als: ein böser böser Fall — und ich weiß mir nicht zu rathen und zu helfen, und ich steure umher in meinen Versuchen, wie jener Doktor im Gilblas di Santillana. „Nun, so sag' Er es denn nur geradezu heraus," rief der Kapellmeister erzürnt, „sag' Er es heraus, ohne so verdammt wichtig zu thun mit der simplen Heiserkeit, die sich Bettina zugezogen, weil sie unvorsichtiger Weise den Schawl nicht umwarf, als sie die Kirche verließ — das Leben wird es ihr doch eben nicht kosten, der Kleinen." „Mit nichten," sprach der Doktor, indem er nochmahls die Dose herausnahm, jetzt aber wirklich schnupfte, „mit nichten, aber höchst wahrscheinlich wird sie in ihrem ganzen

Leben keine Note mehr singen!" Da fuhr der Kapellmeister mit beiden Fäusten sich in die Haare, daß der Puder weit umherstäubte und rannte im Zimmer auf und ab, und schrie wie besessen: „Nicht mehr singen? — nicht mehr singen? — Bettina nicht mehr singen? — Gestorben all' die herrlichen Canzonette — die wunderbaren Bollero's und Seguidilla's, die wie klingender Blumenhauch von ihren Lippen strömten? — Kein frommes Agnus, kein tröstendes Benedictus von ihr mehr hören? — O! o! — Kein Miserere, das mich reinbürstete von jedem irdischen Schmutz miserabler Gedanken — das in mir oft eine ganze reiche Welt makelloser Kirchenthema's aufgehen ließ? — Du lügst Doktor, Du lügst! — Der Satan versucht Dich, mich auf's Eis zu führen. — Der Dom-Organist, der mich mit schändlichem Neide verfolgt, seitdem ich ein achtstimmiges qui tollis ausgearbeitet zum Entzücken der Welt, der hat Dich bestochen! Du sollst mich in schnöde Verzweiflung stürzen, damit ich meine neue Messe in's Feuer werfe, aber es gelingt ihm — es gelingt Dir nicht! — Hier — hier trage ich sie bei mir, Bettina's Soli (er schlug auf die rechte Rocktasche, so daß es gewaltig darin klatschte) und gleich soll herrlicher, als je, die Kleine sie mir mit hocherhabener Glockenstimme vorsingen." Der Kapellmeister griff nach dem Hute und wollte fort, der Doktor hielt ihn zurück, indem er sehr sanft und leise sprach: Ich ehre Ihren werthen Enthusiasmus, holdseeligster Freund! aber ich übertreibe nichts und kenne den Dom-Organisten gar nicht, es ist nun einmahl so! Seit der Zeit, daß Bettina in der katholischen Kirche bei dem Amt die Solos im Gloria und Credo gesungen, ist sie von einer solch seltsamen Heiserkeit oder vielmehr Stimmlosigkeit befallen, die meiner Kunst trotzt und die mich, wie gesagt, befürchten läßt daß sie nie mehr singen wird. „Gut denn," rief der Kapellmeister wie in resignirter Verzweiflung, „gut denn, so gieb ihr Opium — Opium und so lange Opium bis sie eines sanften Todes dahinscheidet, denn singt Bettina nicht mehr, so darf sie auch nicht mehr leben, denn sie lebt nur, wenn sie singt — sie existirt nur im Gesange — himmlischer Doktor, thu' mir den Gefallen, vergifte sie je eher desto lieber. Ich habe Connektionen im Criminal-Collegio, mit dem Präsidenten studirte ich in Halle, es war ein großer Hornist, wir bliesen Bizinien zur Nachtzeit mit einfallenden Chören obligater Hündelein und Kater! — Sie sollen Dir nichts thun des ehrlichen Mords wegen — Aber vergifte sie — vergifte sie —" „Man ist," unterbrach der Doktor den sprudelnden Kapellmeister, „man ist doch schon ziemlich hoch in Jahren, muß sich das Haar pudern seit geraumer Zeit, und doch noch vorzüglich die Musik anlangend vel quasi ein Hasenfuß. Man schreie nicht so, man spreche nicht so verwegen vom sündlichen Mord und Todschlag, man setze sich ruhig hin dort in jenen bequemen Lehnstuhl und höre mich gelassen an." Der Kapellmeister rief mit sehr weinerlicher Stimme: „Was werd' ich hören" und that übrigens wie ihm geheißen. „Es ist, fing der Doktor an, es ist in der That in Bettina's Zustand etwas ganz sonderbares und verwunderliches. Sie spricht laut, mit voller Kraft des Organs, an irgend eines der gewöhnlichen Halsübel ist gar nicht zu denken, sie ist selbst im Stande einen musikalischen Ton anzugeben, aber so wie sie die Stimme zum Gesange erheben will, lähmt ein unbegreifliches Etwas, das sich durch kein Stechen, Prickeln, Kitzeln oder sonst als ein affirmatives krankhaftes Prinzip darthut, ihre Kraft, so daß jeder versuchte Ton, ohne gepreßt-unrein, kurz katarrhalisch zu klingen, matt und farblos dahin schwindet. Bettina selbst vergleicht ihren Zustand sehr richtig demjenigen im Traum, wenn man mit dem vollsten Bewußtseyn der Kraft zum Fliegen doch vergebens strebt in die Höhe zu steigen. Dieser negative krankhafte Zustand spottet meiner Kunst und wirkungslos bleiben alle Mittel. Der Feind, den ich bekämpfen soll, gleicht einem körperlosen Spuck, gegen den ich vergebens meine Streiche führe. Darin habt Ihr Recht Kapellmeister, daß Bettina's ganze Existenz im Leben durch den Gesang bedingt ist, denn eben im Gesange kann man sich den kleinen Paradiesvogel nur denken, deshalb ist sie aber schon durch die Vorstellung, daß ihr Gesang und mit ihr sie selbst untergehe, so im Innersten aufgeregt, und fast bin ich überzeugt, daß eben diese fortwährende geistige Agitation ihr Uebelbefinden fördert und meine Bemühungen vereitelt. Sie ist, wie sie sich selbst ausdrückt, von Natur sehr apprehensiv, und so glaube ich, nachdem ich Monate lang, wie ein Schiffbrüchiger, der nach jedem Splitter hascht, nach diesem, jenem Mittel gegriffen und darüber ganz verzagt worden, daß Bettina's ganze Krankheit mehr psychisch als physisch ist." „Recht Doktor," rief hier der reisende Enthusiast, der so lange schweigend mit über einander geschlagenen Aermen im Winkel gesessen, „recht Doktor, mit einemmahl habt Ihr den richtigen Punkt getroffen, mein vortrefflicher Arzt! Bettina's krankhaftes Gefühl ist die physische Rückwirkung eines psychischen Eindrucks, eben deshalb aber desto schlimmer und gefährlicher. Ich ich allein kann Euch Alles erklären, Ihr Herren!" „Was werd' ich hören," sprach der Kapellmeister noch weinerlicher als vorher, der Doktor rückte seinen Stuhl näher heran zum reisenden Enthusiasten und guckte ihm mit sonderbar lächelnder Miene in's Gesicht.

Der reisende Enthusiast warf aber den Blick in die Höhe und sprach ohne den Doktor oder den Kapellmeister anzusehen: „Kapellmeister! ich sah einmahl einen kleinen buntgefärbten Schmetterling, der sich zwischen den Saiten Eures Doppelclavichords eingefangen hatte. Das kleine Ding flatterte lustig auf und nieder und mit den glänzenden Flügelein um sich schlagend berührte es bald die obern bald die untern Saiten, die dann leise leise nur dem schärfsten geübtesten Ohr vernehmbare Töne und Akkorde hauchten, so daß zuletzt das Thierchen nur in den Schwingungen wie in sanftwogenden Wellen zu schwimmen oder vielmehr von ihnen getragen zu werden schien. Aber oft kam es, daß eine stärker berührte Saite, wie erzürnt in die Flügel des fröhlichen Schwimmers schlug, so daß sie wund geworden den Schmuck des bunten Blüthenstaubs von sich streuten; doch dessen nicht achtend kreiste der Schmetterling fort und fort im fröhlichen Klingen und Singen, bis schärfer und schärfer die Saiten ihn verwundeten, und er lautlos hinab sank in die Oeffnung des Resonanzbodens." „Was wollen wir damit sagen," frug der Kapellmeister. „Fiat applicatio mein Bester!" sprach der Doktor. „Von einer besonderen Anwendung ist hier nicht die Rede," fuhr der Enthusiast fort, „ich wollte, da ich obbesagten Schmetterling wirklich auf des Kapellmeisters Clavichord spielen gehört habe, nur im Allgemeinen eine Idee andeuten, die mir damals einkam, und die alles das, was ich über Bettina's Uebel sagen werde, so ziemlich einleitet. Ihr könnet das Ganze aber auch für eine Allegorie ansehen, und es in das Stammbuch irgend einer reisenden Virtuosin hineinzeichnen. Es schien mir nehmlich damals, als habe die Natur ein tausendchörigtes Clavichord um uns herum gebaut, in dessen Saiten wir herum handthierten, ihre Töne und Akkorde für unsere eigne willkührlich hervorgebrachte haltend und als würden wir oft zum Tode wund, ohne zu ahnen, daß der unharmonisch berührte Ton uns die Wunde schlug." „Sehr dunkel," sprach der Kapellmeister. „O," rief der Doktor lachend, „o nur Geduld, er wird gleich auf seinem Steckenpferde sitzen und gestreckten Galopps in die Welt der Ahnungen, Träume, psychischen Einflüsse, Sympathien, Idiosynkrasien u. s. w. hineinreiten, bis er auf der Station des Magnetismus absitzt und ein Frühstück nimmt." „Gemach gemach, mein weiser Doktor," sprach der reisende Enthusiast, „schmäht nicht auf Dinge, die Ihr, sträuben möcht Ihr Euch auch wie Ihr wollt, doch mit Demuth anerkennen und höchlich beachten müßt. Habt Ihr es denn nicht selbst eben erst ausgesprochen, daß Bettina's Krankheit von psychischer Anregung herbeigeführt oder vielmehr nur ein psychisches Uebel ist?" „Wie kommt," unterbrach der Doktor den Enthusiasten, „wie kommt aber Bettina mit dem unglückseeligen Schmetterling zusammen?" „Wenn man," fuhr der Enthusiast fort, „wenn man nun alles haarklein auseinander sieben soll, und jedes Körnchen beäuglen und bekucken, so wird das eine Arbeit, die selbst langweilig Langeweile verbreitet! — Laßt den Schmetterling im Clavichordkasten des Kapellmeister ruhen! — Uebrigens, sagt selbst, Kapellmeister! ist es nicht ein wahres Unglück, daß die hochheilige Musik ein integrirender Theil unserer Conversation geworden ist? Die herrlichsten Talente werden herabgezogen in das gemeine dürftige Leben! Statt daß sonst aus heiliger Ferne wie aus dem wunderbaren Himmelsreiche selbst, Ton und Gesang auf uns herniederstrahlte, hat man jetzt alles hübsch bey der Hand und man weiß genau, wie viel Tassen Thee die Sängerin oder wie viel Gläser Wein der Bassist trinken muß, um in die gehörige Tramontane zu kommen. Ich weiß wohl, daß es Vereine giebt, die ergriffen von dem wahren Geist der Musik sie unter einander mit wahrhafter Andacht üben, aber jene miserablen geschmückten, geschniegelten — doch ich will mich nicht ärgern! — Als ich voriges Jahr hieher kam, war die arme Bettina gerade recht in der Mode — sie war, wie man sagt, recherchirt, es konnte kaum Thee getrunken werden ohne Zuthat einer spanischen Romanze, einer italiänischen Canzonetta oder auch wohl eines französischen Liedleins: Souvent l'amour etc. zu dem sich Bettina hergeben mußte. Ich fürchtete in der That, daß das gute Kind mit sammt ihrem herrlichen Talent untergehen würde in dem Meer von Theewasser, das man über sie ausschüttete, das geschah nun nicht, aber die Katastrophe trat ein." „Was für eine Katastrophe?" riefen Doktor und Kapellmeister. „Seht liebe Herren!" fuhr der Enthusiast fort, „eigentlich ist die arme Bettina — wie man so sagt, verwünscht oder verhext worden, und so hart es mir ankommt es zu bekennen, ich — ich selbst bin der Hexenmeister, der das böse Werk vollbracht hat, und nun gleich dem Zauberlehrling den Bann nicht zu lösen vermag." „Possen — Possen, und wir sitzen hier und lassen uns mit der größten Ruhe von dem ironischen Bösewicht mystifiziren." So rief der Doktor, indem er aufsprang. „Aber zum Teufel die Katastrophe — die Katastrophe," schrie der Kapellmeister. „Ruhig ihr Herren," sprach der Enthusiast, „jetzt kommt eine Thatsache, die ich verbürgen kann, haltet übrigens meine Hexerei für Scherz, unerachtet es mir zuweilen recht schwer aufs Herz fällt, daß ich ohne Wissen und Willen einer unbekannten psychischen Kraft zum Medium des Entwickelns und Einwirkens auf Bettina gedient haben mag. Gleichsam als Leiter mein' ich, so wie in der elektrischen Reihe einer den andern ohne Selbstthätigkeit und eignen Willen prügelt." „Hop hop," rief der Doktor, „seht wie das Steckenpferd gar herrliche Courbetten verführt." „Aber die Geschichte — die Geschichte," schrie der Kapellmeister dazwischen. „Ihr erwähntet," fuhr der Enthusiast fort, „Ihr erwähntet Kapellmeister schon zuvor, daß Bettina das letztemal, ehe sie die Stimme verlor, in der katholischen Kirche sang. Erinnert Euch, daß dies am ersten Osterfeiertage vorigen Jahres geschah. Ihr hattet Euer schwarzes Ehrenkleid angethan und dirigirtet die herrliche Haydnsche Messe aus dem D Moll. In dem Sopran that sich ein Flor junger anmuthig gekleideter Mädchen auf, die zum Theil sangen, zum Theil auch nicht; unter ihnen stand Bettina, die mit wunderbar starker voller Stimme die kleinen Soli vortrug. Ihr wißt, daß ich mich im Tenor angestellt hatte, das Sanctus war eingetreten, ich fühlte die Schauer der tiefsten Andacht mich durchbeben, da rauschte es hinter mir störend, unwillkührlich drehte ich mich um, und erblickte zu meinem Erstaunen Bettina, die sich durch die Reihen der Spielenden und Singenden drängte um den Chor zu verlassen. „Sie wollen fort?" redete ich sie an. „Es ist die höchste Zeit," erwiederte sie sehr freundlich, „daß ich mich jetzt nach der *** Kirche begebe, um noch, wie ich versprochen, dort in einer Cantate mitzusingen, auch muß ich noch Vormittags ein Paar Duetts probiren, die ich heute Abend in dem Singethee bei *** vortragen werde, dann ist Souper bei ***. Sie kommen doch hin? es werden ein Paar Chöre aus dem Händel'schen Messias und das erste Finale aus Figaro's Hochzeit gemacht." Während dieses Gespräches erklangen die vollen Akkorde des Sanctus, und das Weihrauchopfer zog in blauen

Wolken durch das hohe Gewölbe der Kirche. „Wissen Sie denn nicht," sprach ich, „daß es sündlich ist, daß es nicht straflos bleibt, wenn man während des Sanctus die Kirche verläßt? — Sie werden so bald nicht mehr in der Kirche singen!" — Es sollte Scherz seyn, aber ich weiß nicht, wie es kam, daß mit einemmal meine Worte so feierlich klangen. Bettina erblaßte und verließ schweigend die Kirche. Seit diesem Moment verlor sie die Stimme —" Der Doktor hatte sich während der Zeit wieder gesetzt, und das Kinn auf den Stockknopf gestützt, er blieb stumm, aber der Kapellmeister rief: „Wunderbar in der That, sehr wunderbar!" „Eigentlich" fuhr der Enthusiast fort, „eigentlich kam mir damals bei meinen Worten nichts bestimmtes in den Sinn und eben so wenig setzte ich Bettina's Stimmlosigkeit mit dem Vorfall in der Kirche nur in den mindesten Bezug. Erst jetzt, als ich wieder hieher kam und von Euch Doktor erfuhr, daß Bettina noch immer an der verdrießlichen Kränklichkeit leide, war es mir, als hätte ich schon damals an eine Geschichte gedacht, die ich vor mehreren Jahren in einem alten Buche las, und die ich Euch, da sie mir anmuthig und rührend scheint, mittheilen will." „Erzählen Sie," rief der Kapellmeister, „vielleicht liegt ein guter Stoff zu einer tüchtigen Oper darin." „Könnt Ihr," sprach der Doktor, „könnt Ihr, Kapellmeister, Träume — Ahnungen — magnetische Zustände in Musik setzen, so wird Euch geholfen, auf so was wird die Geschichte doch wieder herauslaufen." Ohne dem Doktor zu antworten räusperte sich der reisende Enthusiast und fing mit erhabener Stimme an: „Unabsehbar breitete sich das Feldlager Isabellen's und Ferdinand's von Arragonien vor den Mauern von Granada aus." „Herr des Himmels und der Erden," unterbrach der

Doktor den Erzähler, „das fängt an als wollt' es in neun Tagen und neun Nächten nicht endigen, und ich sitze hier und die Patienten lamentiren. Ich scheere mich den Teufel um Eure maurischen Geschichten, den Gonzalvo von Cordova habe ich gelesen, und Bettina's Seguidillas gehört, aber damit Basta, alles was recht ist — Gott befohlen!" Schnell sprang der Doktor zur Thüre heraus, aber der Kapellmeister blieb ruhig sitzen, indem er sprach: „Es wird eine Geschichte aus den Kriegen der Mauren mit den Spaniern, wie ich merke, so was hätt' ich längst gar zu gern komponirt. — Gefechte — Tumult — Romanzen — Aufzüge — Cymbeln — Choräle — Trommeln und Pauken — ach Pauken! — Da wir nun einmal so zusammen sind, erzählen Sie, liebenswürdiger Enthusiast, wer weiß, welches Saamenkorn die erwünschte Erzählung in mein Gemüth wirft und was für Riesenlilien daraus entsprießen." „Euch wird," erwiederte der Enthusiast, „Euch wird nun Kapellmeister! alles einmal gleich zur Oper und daher kommt es denn auch, daß die vernünftigen Leute, die die Musik behandeln wie einen starken Schnaps, den man nur dann und wann in kleinen Portionen genießt zur Magenstärkung, Euch manchmal für toll halten. Doch erzählen will ich Euch, und keck möget Ihr, wandelt Euch die Lust an, manchmal ein Paar Akkorde dazwischen werfen." — Schreiber dieses fühlt sich gedrungen, ehe er dem Enthusiasten die Erzählung nachschreibt, Dich günstigen Leser zu bitten, Du mögest ihm der Kürze halber zu Gute halten, wenn er den dazwischen anschlagenden Akkorden den Kapellmeister vorzeichnet. Statt also zu schreiben: Hier sprach der Kapellmeister, heißt es blos der Kapellmeister.

Unabsehbar breitete sich das Feldlager Isabellens und

Ferdinand's von Arragonien vor den festen Mauern von Granada aus. Vergebens auf Hülfe hoffend, immer enger und enger eingeschlossen, verzagte der feige Boabdil und im bittern Hohn vom Volk, das ihn den kleinen König nannte, verspottet, fand er nur in den Opfern blutdürstiger Grausamkeit augenblicklichen Trost. Aber eben in dem Grade, wie die Muthlosigkeit und Verzweiflung täglich mehr Volk und Kriegsheer in Granada erfaßte, wurde lebendiger Siegeshoffnung und Kampflust im spanischen Lager. Es bedurfte keines Sturms. Ferdinand begnügte sich die Wälle zu beschießen, und die Ausfälle der Belagerten zurückzutreiben. Diese kleinen Gefechte glichen mehr fröhlichen Turnieren als ernsten Kämpfen und selbst der Tod der im Kampfe Gefallnen konnte die Gemüther nur erheben, da sie hochgefeiert im Gepränge des kirchlichen Cultus wie in der strahlenden Glorie des Märtyrthums für den Glauben erschienen. Gleich nachdem Isabella in das Lager eingezogen, ließ sie in dessen Mitte ein hohes hölzernes Gebäude mit Thürmen aufführen, von deren Spitzen die Kreuzesfahne herabwehte. Das Innere wurde zum Kloster und zur Kirche eingerichtet, und Benediktiner-Nonnen zogen ein, täglichen Gottesdienst übend. Die Königin, von ihrem Gefolge, von ihren Rittern begleitet, kam jeden Morgen, die Messe zu hören, die ihr Beichtvater las, von dem Gesange der im Chor versammelten Nonnen unterstützt. Da begab es sich, daß Isabella an einem Morgen eine Stimme vernahm, die mit wunderbarem Glockenklang die andern Stimmen im Chor übertönte. Der Gesang war anzuhören wie das siegende Schmettern einer Nachtigall, die, die Fürstin des Hains, dem jauchzenden Volk gebietet. Und doch war die Aussprache der Worte so fremdartig und selbst die sonderbare ganz eigenthümliche Art des Gesanges that kund, daß eine Sängerin des kirchlichen Styls noch ungewohnt, vielleicht zum erstenmahl das Amt singen müsse. Verwundert schaute Isabella um sich und bemerkte, daß ihr Gefolge von demselben Erstaunen ergriffen worden; doch ahnen mußte sie wohl, daß hier ein besonderes Abentheuer im Spiel seyn müsse, als ihr der tapfere Heerführer Aguillar, der sich eben im Gefolge befand, ihr in's Auge fiel. Im Betstuhl kniend, die Hände gefaltet, starrte er zum Gitter des Chors herauf, glühende inbrünstige Sehnsucht im düstern Auge. Als die Messe geendet war, begab sich Isabella nach Donna Maria's, der Priorin, Zimmern und frug nach der fremden Sängerin. „Wollet Euch o Königin," sprach Donna Maria, „wollet Euch erinnern, daß vor Mondesfrist Don Aguillar jenes Außenwerk zu überfallen und zu erobern gedachte, das mit einer herrlichen Terrasse geziert den Mauren zum Lustort dient. In jeder Nacht schallen die üppigen Gesänge der Heiden in unser Lager herüber wie verlockende Sirenenstimmen und eben deshalb wollte der tapfere Aguillar das Nest der Sünde zerstören. Schon war das Werk genommen, schon wurden die gefangenen Weiber während des Gefechts abgeführt, als eine unvermuthete Verstärkung ihn tapferer Wehr unerachtet nöthigte, abzulassen und sich zurückzuziehen in das Lager. Der Feind wagte nicht ihn zu verfolgen und so kam es, daß die Gefangenen und reiche Beute sein blieben. Unter den gefangenen Weibern befand sich eine, deren trostloses Jammern, deren Verzweiflung Don Aguillar's Aufmerksamkeit erregte. Er nahte sich der Verschleierten mit freundlichen Worten, aber als hätte ihr Schmerz keine andere Sprache als Gesang, fing sie, nachdem sie auf der Zither, die ihr an einem goldnen Bande um den Hals hing, einige seltsame Akkorde gegriffen hatte, eine Romanze an, die in tiefaufseufzenden herzzerschneidenden Lauten die Trennung von dem Geliebten, von aller Lebensfreude klagte. Aguillar tief ergriffen von den wunderbaren Tönen, beschloß das Weib zurückbringen zu lassen nach Granada; sie stürzte vor ihm nieder, indem sie den Schleier zurückschlug. Da rief Aguillar wie außer sich: Bist Du denn nicht Zulema, das Licht des Gesanges in Granada? — Zulema, die der Feldherr bei einer Sendung an Boabdil's Hof gesehen, deren wunderbarer Gesang seitdem tief in seiner Brust wiederhallte, war es wirklich. „Ich gebe Dir die Freiheit," rief Aguillar, aber da sprach der ehrwürdige Vater Agostino Sanchez, der das Kreuz in der Hand mitgezogen: „Erinnere Dich, Herr! daß Du, indem Du die Gefangene frei lässest, ihr großes Unrecht thust, da sie dem Götzendienst entrissen, vielleicht bei uns von der Gnade des Herrn erleuchtet, in den Schooß der Kirche zurückgekehrt wäre." Aguillar sprach: „Sie mag bei uns bleiben einen Monat hindurch und dann, fühlt sie sich nicht durchdrungen von dem Geist des Herrn, zurückgebracht werden nach Granada." So kam es, o Herrin! daß Zulema von uns in dem Kloster aufgenommen wurde. Anfangs überließ sie sich ganz dem trostlosesten Schmerz und bald waren es wild und schauerlich tönende, bald tiefklagende Romanzen, mit denen sie das Kloster erfüllte, denn überall hörte man ihre durchdringende Glockenstimme. Es begab sich, daß wir einst um Mitternacht im Chor der Kirche versammelt waren und die Hora nach jener wundervollen heiligen Weise absangen, die der hohe Meister des Gesanges, Ferreras, uns lehrte. Ich bemerkte im Schein der Lichter Zulema in der offnen Pforte des Chors stehend und mit ernstem Blick still und andächtig hineinschauend; als wir Paarweise daherziehend den Chor verließen, kniete Zulema im Gange unfern eines Marienbildes. Den andern Tag sang sie keine Romanze, sondern blieb still und in sich gekehrt. Bald versuchte sie auf der tiefgestimmten Zither die Akkorde jenes Chorals, den wir in der Kirche gesungen, und dann fing sie an leise leise zu singen, ja selbst die Worte unsers Gesanges zu versuchen, die sie freilich wunderlich wie mit gebundener Zunge aussprach. Ich merkte wohl, daß der Geist des Herrn mit milder tröstender Stimme im Gesange zu ihr gesprochen, und daß sich ihre Brust öffnen würde seiner Gnade, daher schickte ich Schwester Emanuela, die Meisterin des Chors, zu ihr, daß sie den glimmenden Funken anfache, und so geschah es, daß im heiligen Gesange der Kirche der Glaube in ihr entzündet wurde. Noch ist Zulema nicht durch die heilige Taufe in den Schooß der Kirche aufgenommen, aber vergönnt wurde es ihr unserm Chor sich beizugesellen, und so ihre wunderbare Stimme zur Glorie der Religion zu erheben." Die Königin wußte nun wohl, was in Aguillar's Innerm vorgegangen, als er auf Agostino's Einrede Zulema nicht zurücksandte nach Granada, sondern sie im Kloster aufnehmen ließ und um so mehr war sie erfreut über Zulema's Bekehrung zum wahren Glauben. Nach wenigen Tagen wurde Zulema getauft und erhielt den Namen Julia. Die Königin selbst, der Marquis von Cadix, Heinrich von Gusman, die Feldherren Mendoza, Villena, waren die Zeugen des heiligen Aktes. Man hätte glauben sollen, daß Julia's Gesang nun noch inniger und wahrer die Herrlichkeit des Glaubens hätte verkünden müssen und so geschah es auch wirklich eine kurze Zeit hindurch, indessen bemerkte Emanuela bald, daß Julia oft auf seltsame Weise von dem Choral abwich, fremdartige Töne einmischend. Oft hallte urplötzlich der dumpfe Klang einer tiefgestimmten Zither durch den Chor. Der Ton glich dem Nachklingen vom Sturm durchrauschter Saiten. Dann wurde Julia unruhig und es geschah sogar, daß sie wie willkührlos in den lateinischen Hymnus ein mohrisches Wort einwarf. Emanuela warnte die Neubekehrte, standhaft zu widerstehen dem Feinde, aber leichtsinnig achtete Julia dessen nicht und zum Aergerniß der Schwestern sang sie oft, wenn eben die ernsten heiligen Choräle des alten Ferreras erklungen, tändelnde mohrische Liebeslieder zur Zither, die sie wieder hoch gestimmt hatte. Sonderbarer Weise klangen jetzt die Zithertöne, die oft durch den Chor sausten, auch hoch und recht widrig beynahe wie das gellende Gepfeife der kleinen mohrischen Flöten.

Der Kapellmeister. Flauti piccoli — Oktavflötchen. Aber, mein Bester, noch bis jetzt nichts, gar nichts für die Oper — keine Exposition und das ist immer die Hauptsache, doch mit der tiefen und hohen Stimmung der Zither, das hat mich angeregt. Glaubt Ihr nicht, daß der Teufel ein Tenorist ist? Er ist falsch wie — der Teufel, und daher macht er alles im Falset!

Der Enthusiast. Gott im Himmel! — Ihr werdet von Tage zu Tage witziger, Kapellmeister! Aber Ihr habt Recht, lassen wir dem teuflischen Prinzip alles überhohe unnatürliche Gepfeife, Gequieke rc. Doch weiter fort in der Erzählung, die mir eigentlich blutsauer wird, weil ich jeden Augenblick Gefahr laufe, über irgend einen wohl zu beachtenden Moment wegzuspringen.

Es begab sich, daß die Königin, begleitet von den edlen Feldherren des Lagers, nach der Kirche der Benediktiner-Nonnen schritt, um wie gewöhnlich die Messe zu hören. Vor der Pforte lag ein elender zerlumpter Bettler, die Trabanten wollten ihn fortschaffen, doch halb erhoben riß er sich wieder los und warf sich heulend nieder, so daß er die Königin berührte. Ergrimmt sprang Aguillar hervor und wollte den Elenden mit dem Fuße fortstoßen. Der richtete sich aber mit halbem Leibe gegen ihn empor und schrie: „Tritt die Schlange, — tritt die Schlange, sie wird dich stechen zum Tode!" und dazu griff er in die Saiten der unter den Lumpen versteckten Zither, daß sie im gellenden widrig pfeifenden Tone zerrissen, und alle von unheimlichem Grauen ergriffen zurückbebten. Die Trabanten schafften das widrige Gespenst fort und es hieß: der Mensch sey ein gefangener wahnsinniger Mohr, der aber durch seine tollen Späße und durch sein verwunderliches Zitherspiel die Soldaten im Lager belustige. Die Königin trat ein und das Amt begann. Die Schwestern im Chor intonirten das Sanctus, eben sollte Julia mit mächtiger Stimme wie sonst eintreten: Pleni sunt coeli gloria tua, da ging ein gellender Zitherton durch den Chor, Julia schlug schnell das Blatt zusammen und wollte den Chor verlassen. „Was beginnst du?" rief Emanuela. O! sagte Julia, hörst du denn nicht die prächtigen Töne des Meisters? — dort bey ihm, mit ihm muß ich singen! damit eilte Julia nach der Thüre, aber Emanuela sprach mit sehr ernster feierlicher Stimme: „Sünderin, die du den Dienst des Herrn entweihst, da du mit dem Munde sein Lob verkündest und im Herzen weltliche Gedanken trägst, flieh von hinnen, gebrochen ist die Kraft des Gesanges in dir, verstummt sind die wunderbaren Laute in deiner Brust, die der Geist des Herrn entzündet!" — Von Emanuela's Worten wie vom Blitz getroffen, schwankte Julia fort. — Eben wollten die Nonnen zur Nachtzeit sich versammeln, um die Hora zu singen, als ein dicker Qualm schnell die ganze Kirche erfüllte. Bald darauf drangen die Flammen zischend und prasselnd durch die Wände des Nebengebäudes und erfaßten das Kloster. Mit Mühe gelang es den Nonnen ihr Leben zu retten, Trompeten und Hörner schmetterten durch das Lager, aus dem ersten Schlaf taumelten die Soldaten auf; man sah den Feldherrn Aguillar mit versengtem Haar, mit halbverbrannten Kleidern aus dem Kloster stürzen, er hatte Julia, die man vermißte, vergebens zu retten gesucht, keine Spur von ihr war zu finden. Fruchtlos blieb der Kampf gegen das Feuer, das von dem Sturm, der sich erhoben, angefacht, immer mehr um sich griff: in kurzer Zeit lag Isabellens ganzes reiches herrliches Lager in Asche. Die Mauren im Vertrauen, daß der Christen Unglück ihnen Sieg bringen würde, wagten mit einer bedeutenden Macht einen Ausfall, glänzender war aber für die Waffen der Spanier nie ein Kampf gewesen, als eben dieser, und als sie unter dem jauchzenden Schall der Trompeten sieggekrönt in ihre Verschanzungen zurückzogen, da bestieg die Königin Isabella den Thron, den man im Freyen errichtet hatte und verordnete, daß an der Stelle des abgebrannten Lagers eine Stadt gebaut werde! Zeigen sollte dies den Mauren in Granada, daß niemals die Belagerung aufgehoben werden würde.

Der Kapellmeister. Dürfte man sich nur mit geistlichen Dingen auf das Theater wagen; hat man nicht schon seine Noth mit dem lieben Publikum, wenn man hie und da ein bischen Choral anbringt? Sonst wär' die Julia gar keine üble Partie. Denkt Euch den doppelten Styl, in welchem sie glänzen kann, erst die Romanzen, dann die Kirchengesänge.

Einige allerliebste spanische und mohrische Lieder hab' ich bereits fertig, auch ist der Sieges-Marsch der Spanier gar nicht übel, so wie ich das Gebot der Königin melodramatisch zu behandeln Willens bin, wie indessen das Ganze sich zusammenfügen soll, das weiß der Himmel! — Aber erzählt weiter, kommen wir wieder auf Julia, die hoffentlich nicht verbrannt seyn wird.

Der Enthusiast. Denkt Euch, liebster Kapellmeister, daß jene Stadt, die die Spanier in ein und zwanzig Tagen aufbauten und mit Mauern umgaben, eben das heute noch stehende Santa Fe ist. Doch indem ich das Wort so unmittelbar an Euch richte, falle ich aus dem feierlichen Ton, der allein sich zu dem feierlichen Stoffe paßt. Ich wollte, Ihr spieltet eins von Palestrina's Responsorien, die dort auf dem Pult des Fortepiano's aufgeschlagen liegen.

Der Kapellmeister that es und hierauf fuhr der reisende Enthusiast also fort:

Die Mauren unterließen nicht, die Spanier während des Aufbaues ihrer Stadt auf mannigfache Weise zu beunruhigen, die Verzweiflung trieb sie zur verwogensten Kühnheit und so wurden die Gefechte ernster als jemals. Aguillar hatte einst ein maurisches Geschwader, das die spanischen Vorwachen überfallen, bis in die Mauern von Granada zurück getrieben. Er kehrte mit seinen Reitern zurück, und hielt unfern den ersten Verschanzungen bey einem Myrthenwäldchen, sein Gefolge fortschickend, um so ernstem Gedanken und wehmüthiger Erinnerug sich mit ganzem Gemüth hingeben zu können. Julia's Bild stand lebendig vor seines Geistes Augen. Schon während des Gefechts hörte er ihre Stimme bald drohend bald klagend ertönen und auch jetzt war es ihm als säusle ein seltsamer

Gesang, halb mohrisches Lied halb christlicher Kirchen-Gesang, durch die dunklen Myrthen. Da rauschte plötzlich ein mohrischer Ritter im silbernen Schuppenharnisch auf leichtem arabischen Pferde aus dem Walde hervor und gleich sauste auch der geworfene Speer dicht bey Aguillars Haupt vorbey. Er wollte mit gezogenem Schwert auf den Feind losstürzen, als der zweyte Speer flog und seinem Pferde tief in der Brust stecken blieb, daß es sich vor Wuth und Schmerz hoch emporbäumte und Aguillar sich schnell von der Seite herabschwingen mußte, um schwerem Falle nicht zu erliegen. Der Mohr war herangesprengt und hieb herab mit der Sichelklinge nach Aguillars entblößtem Haupt. Aber geschickt parirte Aguillar den Todesstreich und hieb so gewaltig nach, daß der Mohr sich nur rettete, indem er tief vom Pferde niedertauchte. In demselben Augenblick drängte sich des Mohren Pferd dicht an Aguillar, so daß er keinen zweyten Hieb führen konnte, der Mohr riß seinen Dolch hervor, aber noch ehe er zustoßen konnte, hatte ihn Aguillar mit Riesenstärke erfaßt, vom Pferde heruntergezogen und ringend zu Boden geworfen. Er kniete auf des Mohren Brust und indem er mit der linken Faust des Mohren rechten Arm so gewaltig gepackt hatte, daß er regungslos blieb, zog er seinen Dolch. Schon hatte er den Arm erhoben, um des Mohren Kehle zu durchstoßen, als dieser tief aufseufzte: Zulema! — Zur Bildsäule erstarrt vermochte Aguillar nicht die That zu vollenden. „Unseliger,“ rief er, „welch' einen Namen nanntest du?“ Stoße zu, stöhnte der Mohr, stoße zu, du tödtest den, der dir Tod und Verderben geschworen hat. Ja! wisse, verrätherischer Christ, wisse, daß es Hichem der letzte des Stammes Alhamar ist, dem du Zulema raubtest! — Wisse, daß jener zerlumpte Bettler, der mit den Gebehrden des Wahnsinns in eurem Lager umherschlich, Hichem war, wisse daß es mir gelang, das dunkle Gefängniß, in dem ihr Verruchte das Licht meiner Gedanken eingeschlossen, anzuzünden, und Zulema zu retten. — „Zulema — Julia lebt?“ rief Aguillar. Da lachte Hichem gellend auf im grausigen Hohn: „Ja sie lebt, aber Euer blutiges dornengekröntes Götzenbild hat mit fluchwürdigem Zauber sie befangen und die duftende glühende Blume des Lebens eingehüllt in die Leichentücher der wahnsinnigen Weiber, die ihr Bräute Eures Götzen nennt. Wisse, daß Ton und Gesang in ihrer Brust wie angeweht vom giftigen Hauch des Samums erstorben ist. Dahin ist alle Lust des Lebens mit Zulema's süßen Liedern, darum tödte mich — tödte mich, da ich nicht Rache zu nehmen vermag an dir, der du mir schon mehr als mein Leben entrissest.“ Aguillar ließ ab von Hichem und erhob sich, sein Schwert von dem Boden aufnehmend, langsam. „Hichem,“ sprach er: „Zulema, die in heiliger Taufe den Namen Julia empfing, wurde meine Gefangene im ehrlichen offenen Kampf. Erleuchtet von der Gnade des Herrn, entsagte sie Mahoms schnödem Dienst und was du verblendeter Mohr bösen Zauber eines Götzenbildes nennst, war nur die Versuchung des Bösen, dem sie nicht zu widerstehen vermochte. Nennst du Zulema deine Geliebte, so sey Julia, die zum Glauben bekehrte, die Dame meiner Gedanken, und sie im Herzen, zur Glorie des wahren Glaubens will ich gegen dich bestehen im wackern Kampf. Nimm deine Waffen und falle gegen mich aus wie du willst nach deiner Sitte.“ Schnell ergriff Hichem Schwert und Tartsche, aber auf Aguillar losrennend, wankte er laut aufbrüllend zurück, warf sich auf das Pferd, das neben ihm stehen geblieben und sprengte gestreckten Galopps davon. Aguillar wußte nicht was das zu bedeuten haben könnte, aber in dem Augenblick stand der ehrwürdige Greis Agostino Sanchez hinter ihm und sprach sanft lächelnd: Fürchtet Hichem mich oder den Herrn, der in mir wohnt und dessen Liebe er verschmäht? Aguillar erzählte alles was er von Julia vernommen und beyde erinnerten sich nun wohl an die prophetischen Worte Emanuela's, als Julia verlockt von Hichems Zithertönen alle Andacht im Innern ertödtend, den Chor während des Sanctus verließ.

Der Kapellmeister. Ich denke an keine Oper mehr, aber das Gefecht zwischen dem Mohren Hichem im Schuppenharnisch und dem Feldherrn Aguillar ging mir auf in Musik. — Hol' es der Teufel! — wie kann man nun besser gegen einander ausfallen lassen als es Mozart im Don Giovanni gethan hat. Ihr wißt doch — in der ersten —

Der reisende Enthusiast. Still Kapellmeister! Ich werde nun meiner schon zu langen Erzählung den letzten Ruck geben. Noch allerley kommt vor, und es ist nöthig die Gedanken zusammen zu halten, um so mehr, da ich immer dabey an Bettina denke, welches mich nicht wenig verwirrt. Vorzüglich möcht' ich gar nicht, daß sie jemals etwas von meiner spanischen Geschichte erführe und doch ist es mir so, als wenn sie dort an jener Thüre lauschte, welches natürlicher Weise pure Einbildung seyn muß. Also weiter. —

Immer und immer geschlagen in allen Gefechten, von der täglich, stündlich zunehmenden Hungersnoth gedrückt, sahen sich die Mauren endlich genöthigt, zu kapituliren und im festlichen Gepränge unter dem Donner des Geschützes zogen Ferdinand und Isabella in Granada ein. Priester hatten die große Moschee eingeweiht zur Cathedrale und dorthin ging der Zug, um in andächtiger Messe, im feyerlichen Te deum laudamus dem Herrn der Heerschaaren zu danken für den glorreichen Sieg über die Diener Mahoms, des falschen Propheten. Man kannte die nur mühsam unterdrückte, immer neu aufgeifernde Wuth der Mohren und daher deckten Truppenabtheilungen, die durch entferntere Straßen schlagfertig zogen, die durch die Hauptstraße sich bewegende Procession. So geschah es, daß Aguillar an der Spitze einer Abtheilung Fußvolks eben auf entfernterem Wege sich nach der Cathedrale, wo das Amt schon begonnen, begeben wollte, als er sich plötzlich durch einen Pfeilschuß an der linken Schulter verwundet fühlte. In demselben Augenblick stürzte ein Haufen Mohren aus einem dunkeln Bogengange hervor, und überfiel die Christen mit verzweifelnder Wuth. Hichem an der Spitze rannte gegen Aguillar an, dieser nur leicht verletzt, kaum den Schmerz der Wunde fühlend, parirte geschickt den gewaltigen Hieb und in demselben Augenblick lag auch Hichem mit gespaltenem Kopf zu seinen Füßen. Die Spanier drangen wüthend ein auf die verrätherischen Mohren, die bald heulend flohen und sich in ein steinernes Haus warfen, dessen Thor sie schnell verschlossen. Die Spanier stürmten heran, aber da regnete es Pfeile aus den Fenstern, Aguillar befahl Feuerbrände hinein zu werfen. Schon loderten die Flammen aus dem Dache hoch auf, als durch den Donner des Geschützes eine wunderbare Stimme aus dem brennenden Gebäude erklang: Sanctus — Sanctus Dominus deus Sabaoth. Julia — Julia! rief Aguillar in trostlosem Schmerz, da öffneten sich die Pforten, und Julia im Gewande der Benedictiner-Nonne trat hervor mit starker Stimme singend: — Sanctus — Sanctus Dominus deus Sabaoth, hinter ihr zogen die Mohren in gebeugter Stellung die Hände auf der Brust zum Kreuz verschränkt. Erstaunt wichen die Spanier zurück und durch ihre Reihen zog Julia mit den Mohren nach der Cathedrale — hineintretend intonirte sie das: Benedictus qui venit in nomine domini. Unwillkührlich, als komme die Heilige vom Himmel gesendet, Heiliges zu verkünden den Gesegneten des Herrn, beugte das Volk die Knie. Festen Schrittes, den verklärten Blick gen Himmel gerichtet, trat Julia vor den Hochaltar zwischen Ferdinand und Isabellen, das Amt singend und die heiligen Gebräuche mit inbrünstiger Andacht übend. Bey den letzten Lauten des: Dona nobis pacem, sank Julia entseelt der Königin in die Arme. Alle Mohren, die ihr gefolgt, empfingen, zum Glauben bekehrt, selbigen Tages die heilige Taufe.

So hatte der Enthusiast seine Geschichte geendet, als der Doktor mit vielem Geräusch eintrat, heftig mit dem Stock auf die Erde stieß und zornig schrie: „da sitzen sie noch und erzählen sich tolle fantastische Geschichten ohne Rücksicht auf Nachbarschaft und machen die Leute kränker.“ — „Was ist denn nun wieder geschehen, mein Werthester,“ sprach der Kapellmeister ganz erschrocken. „Ich weiß es recht gut,“ fiel der Enthusiast ganz gelassen ein. „Nichts mehr und nichts weniger, als daß Bettina uns stark reden gehört hat, dort ins Cabinet gegangen ist und alles weiß.“ „Das habt Ihr nun,“ sprudelte der Doktor, „von Euren verdammten lügenhaften Geschichten, wahnsinniger Enthusiast, daß Ihr reizbare Gemüther vergiftet — ruinirt, mit Eurem tollen Zeuge; aber ich werde Euch das Handwerk legen.“ — „Herrlicher Doktor!“ unterbrach der Enthusiast den Zornigen, „ereifert Euch nicht und bedenkt, daß Bettina's psychische Krankheit psychische Mittel erfordert und daß vielleicht meine Geschichte“ — „Still

still" fiel der Doktor ganz gelassen ein, „ich weiß schon, was Ihr sagen wollt." — „Zu einer Oper taugt es nicht, aber sonst gab es darin einige sonderbar klingende Akkorde." So murmelte der Kapellmeister, indem er den Hut ergriff und den Freunden folgte.

Als drey Monat darauf der reisende Enthusiast der gesundeten Bettina, die mit herrlicher Glocken-Stimme Pergoleses Stabat mater (jedoch nicht in der Kirche, sondern im mäßig großen Zimmer) gesungen hatte, voll Freude und andächtigen Entzückens die Hand küßte, sprach sie: „Ein Hexenmeister sind Sie gerade nicht, aber zuweilen etwas widerhaarigter Natur," „wie alle Enthusiasten," setzte der Kapellmeister hinzu.

Nachtstücke.

Zweiter Theil.

Das öde Haus.

— Man war darüber einig, daß die wirklichen Erscheinungen im Leben oft viel wunderbarer sich gestalteten, als alles, was die regste Fantasie zu erfinden trachte. „Ich meine," sprach Lelio, „daß die Geschichte davon hinlänglichen Beweis gibt und daß eben deshalb die sogenannten historischen Romane, worin der Verfasser, in seinem müßigen Gehirn bei ärmlichem Feuer ausgebrütete Kindereien, den Thaten der ewigen, im Universum waltenden Macht beizugesellen sich unterfängt, so abgeschmackt und widerlich sind." „Es ist," nahm Franz das Wort, „die tiefe Wahrheit der unerforschlichen Geheimnisse, von denen wir umgeben, welche uns mit einer Gewalt ergreift, an der wir den über uns herrschenden, uns selbst bedingenden Geist erkennen." „Ach!" fuhr Lelio fort, „die Erkenntniß, von der du sprichst! — Ach das ist ja eben die entsetzlichste Folge unserer Entartung nach dem Sündenfall, daß diese Erkenntniß uns fehlt!" „Viele," unterbrach Franz den Freund, „viele sind berufen und wenige auserwählt! Glaubst Du denn nicht, daß das Erkennen, das beinahe noch schönere Ahnen der Wunder unseres Lebens manchem verliehen ist, wie ein besonderer Sinn? Um nur gleich aus der dunklen Region, in die wir uns verlieren könnten, herauf zu springen in den heitren Augenblick, werf' ich Euch das skurrile Gleichniß hin, daß Menschen, denen die Sehergabe, das Wunderbare zu schauen, mir wohl wie die Fledermäuse bedünken wollen, an denen der gelehrte Anatom Spalanzani einen vortrefflichen sechsten Sinn entdeckte, der als schalkhafter Stellvertreter nicht allein alles, sondern viel mehr ausrichtet, als alle übrige Sinne zusammengenommen." „Ho ho," rief Franz †) lächelnd, „so wären denn die Fledermäuse eigentlich recht die gebornen natürlichen Somnambulen! Doch in dem heitern Augenblick, dessen Du gedachtest, will ich Posto fassen und bemerken, daß jener sechste bewundrungswürdige Sinn vermag an jeder Erscheinung, sei es Person, That oder Begebenheit, sogleich dasjenige exzentrische zu schauen, zu dem wir in unserm gewöhnlichen Leben keine Gleichung finden und es daher wunderbar nennen. Was ist denn aber gewöhnliches Leben? — Ach das Drehen in dem engen Kreise, an den unsere Nase überall stößt, und doch will man wohl Courbetten versuchen im taktmäßigen Paßgang des Alltagsgeschäfts. Ich kenne jemanden, dem jene Sehergabe, von der wir sprechen, ganz vorzüglich eigen scheint. Daher kommt es, daß er oft unbekannten Menschen, die irgend etwas verwunderliches in Gang, Kleidung, Ton, Blick haben, Tagelang nachläuft, daß er über eine Begebenheit, über eine That, leicht hin erzählt, keiner Beachtung werth und von niemanden beachtet, tiefsinnig wird, daß er antipodische Dinge zusammen stellt und Beziehungen heraus fantasirt, an die niemand denkt." Lelio rief laut: „Halt, halt, das ist ja unser Theodor, der

†) Die hier und auf der folgenden Seite beibehaltene Verwechslung der Personen scheint bereits im Manuscript stattgefunden zu haben.

ganz was besonderes im Kopfe zu haben scheint, da er mit solch seltsamen Blicken in das Blaue heraus schaut." „In der That," fing Theodor an, der so lange geschwiegen, „in der That, waren meine Blicke seltsam, so lang darin der Reflex des wahrhaft Seltsamen, das ich im Geiste schaute. Die Erinnerung eines unlängst erlebten Abentheuers" — O erzähle, erzähle, unterbrachen ihn die Freunde. „Erzählen," fuhr Theodor fort, „möcht' ich wohl, doch muß ich zuförderst Dir, lieber Lelio, sagen, daß Du die Beispiele, die meine Sehergabe darthun sollten, ziemlich schlecht wähltest. Aus Eberhards Synonymik mußt Du wissen, daß wunderlich alle Aeußerungen der Erkenntniß und des Begehrens genannt werden, die sich durch keinen vernünftigen Grund rechtfertigen lassen, wunderbar aber dasjenige heißt, was man für unmöglich, für unbegreiflich hält, was die bekannten Kräfte der Natur zu übersteigen, oder wie ich hinzu füge, ihrem gewöhnlichen Gange entgegen zu seyn scheint. Daraus wirst Du entnehmen, daß Du vorhin Rücksichts meiner angeblichen Sehergabe das Wunderliche mit dem Wunderbaren verwechseltest. Aber gewiß ist es, daß das anscheinend Wunderliche aus dem Wunderbaren sproßt, und daß wir nur oft den wunderbaren Stamm nicht sehen, aus dem die wunderlichen Zweige mit Blättern und Blüthen hervor sproßen. In dem Abentheuer, das ich Euch mittheilen will, mischt sich beides, das Wunderliche und Wunderbare, auf, wie mich dünkt, recht schauerliche Weise." Mit diesen Worten zog Theodor sein Taschenbuch hervor, worin er, wie die Freunde wußten, allerley Notizen von seiner Reise her eingetragen hatte, und erzählte, dann und wann in dies Buch hineinblickend, folgende Begebenheit, die der weiteren Mittheilung nicht unwerth scheint.

Ihr wißt (so fing Theodor an), daß ich den ganzen vorigen Sommer in ***n zubrachte. Die Menge alter Freunde und Bekannten, die ich vorfand, das freie gemüthliche Leben, die mannigfachen Anregungen der Kunst und der Wissenschaft, das Alles hielt mich fest. Nie war ich heitrer, und meiner alten Neigung, oft allein durch die Straßen zu wandeln, und mich an jedem ausgehängten Kupferstich, an jedem Anschlagzettel zu ergötzen, oder die mir begegnenden Gestalten zu betrachten, ja wohl manchem in Gedanken das Horoskop zu stellen, hing ich hier mit Leidenschaft nach, da nicht allein der Reichthum der ausgestellten Werke der Kunst und des Luxus, sondern der Anblick der vielen herrlichen Prachtgebäude unwiderstehlich mich dazu antrieb. Die mit Gebäuden jener Art eingeschlossene Allee, welche nach dem ***ger Thore führt, ist der Sammelplatz des höheren, durch Stand oder Reichthum zum üppigeren Lebensgenuß berechtigten Publikums. In dem Erdgeschoß der hohen breiten Palläste werden meistentheils Waaren des Luxus feil geboten, indeß in den obern Stockwerken Leute der beschriebenen Classe hausen. Die vornehmsten Gasthäuser liegen in dieser Straße, die fremden Gesandten wohnen meistens darin, und so könnt Ihr denken, daß hier ein besonderes Leben und Regen mehr als in irgend einem andern Theile der Residenz Statt finden muß, die sich eben auch hier volkreicher zeigt, als sie es wirklich ist. Das Zudrängen nach diesem Orte macht es, daß mancher sich mit einer kleineren Wohnung, als sein Bedürfniß eigentlich erfordert, begnügt, und so kommt es, daß manches von mehreren Familien bewohnte Haus einem Bienenkorbe gleicht. Schon oft war ich die Allee durchwandelt, als mir eines Tages plötzlich ein Haus ins Auge fiel, das auf ganz wunderliche seltsame Weise von allen übrigen abstach. Denkt Euch ein niedriges, vier Fenster breites, von zwei hohen schönen Gebäuden eingeklemmtes Haus, dessen Stock über dem Erdgeschoß nur wenig über die Fenster im Erdgeschoß des nachbarlichen Hauses hervorragt, dessen schlecht verwahrtes Dach, dessen zum Theil mit Papier verklebte Fenster, dessen farblose Mauern von gänzlicher Verwahrlosung des Eigenthümers zeugen. Denkt Euch, wie solch ein Haus zwischen mit geschmackvollem Luxus ausstaffirten Prachtgebäuden sich ausnehmen muß. Ich blieb stehen und bemerkte bey näherer Betrachtung, daß alle Fenster dicht verzogen waren, ja daß vor die Fenster des Erdgeschosses eine Mauer aufgeführt schien, daß die gewöhnliche Glocke an dem Thorwege, der, an der Seite angebracht, zugleich zur Hausthüre diente, fehlte, und daß an dem Thorwege selbst nirgends ein Schloß, ein Drücker zu entdecken war. Ich wurde überzeugt, daß dieses Haus ganz unbewohnt seyn müsse, da ich niemahls, niemahls, so oft und zu welcher Tageszeit ich auch vorübergehen mochte, auch nur die Spur eines menschlichen Wesens darin wahrnahm. Ein unbewohntes Haus in dieser Gegend der Stadt! Eine wunderliche Erscheinung und doch findet das Ding vielleicht darin seinen natürlichen einfachen Grund, daß der Besitzer auf einer lange dauernden Reise begriffen oder auf fernen Gütern hausend, dies Grundstück weder vermiethen noch veräußern mag, um, nach ***n zurückkehrend, augenblicklich seine Wohnung dort aufschlagen zu können. — So dacht' ich, und doch weiß ich selbst nicht wie es kam, daß bey dem öden Hause vorüberschreitend ich jedesmahl wie festgebannt stehen bleiben und mich in ganz verwunderliche Gedanken nicht sowohl vertiefen, als verstricken mußte. — Ihr wißt es ja alle, ihr wackern Kumpane meines fröhlichen Jugendlebens, ihr wißt es ja alle, wie ich mich von jeher als Geisterseher gebehrdete und wie mir nur einer wunderbaren Welt seltsame Erscheinungen ins Leben treten wollten, die ihr mit derbem Verstande wegzuläugnen wußtet! — Nun! zieht nur Eure schlauen spitzfündigen Gesichter, wie Ihr wollt, gern zugestehen darf ich ja, daß ich oft mich selbst recht arg mystifizirt habe, und daß mit dem öden Hause sich dasselbe ereignen zu wollen schien, aber — am Ende kommt die Moral, die Euch zu Boden schlägt, horcht nur auf! — Zur Sache! — Eines Tages und zwar in der Stunde, wenn der gute Ton gebietet, in der Allee auf und ab zu gehen, stehe ich, wie gewöhnlich, in tiefen Gedanken hinstarrend vor dem öden Hause. Plötzlich bemerke ich, ohne gerade hinzusehen, daß jemand neben mir sich hingestellt und den Blick auf mich gerichtet hatte. Es ist Graf P., der sich schon in vieler Hinsicht als mir geistesverwandt kund gethan hat, und sogleich ist mir nichts gewisser, als daß auch ihm das Geheimnißvolle des Hauses aufgegangen war. Um so mehr fiel es mir auf, daß, als ich von dem seltsamen Eindruck sprach, den dies verödete Gebäude hier in der belebtesten Gegend der Residenz auf mich gemacht hatte, er sehr ironisch lächelte, bald war aber Alles erklärt. Graf P. war viel weiter gegangen als ich, aus manchen Bemerkungen, Combinationen rc. hatte er die Bewandtniß herausgefunden, die es mit dem Hause hatte, und eben diese Bewandtniß lief auf eine solche ganz seltsame Geschichte heraus, die nur die lebendigste Fantasie des Dichters ins Leben treten lassen konnte. Es wäre wohl recht, daß ich Euch die Geschichte des Grafen, die ich noch klar und deutlich im Sinn habe, mittheilte, doch schon jetzt fühle ich mich durch das, was sich wirklich mit mir zutrug, so gespannt, daß ich unaufhaltsam fortfahren muß. Wie war aber dem guten Grafen zu Muthe, als er mit der Geschichte fertig, erfuhr, daß das verödete Haus nichts anders enthalte, als die Zuckerbäckerei des Conditors, dessen prachtvoll eingerichteter Laden dicht anstieß. Daher waren die Fenster des Erdgeschosses, wo die Oefen eingerichtet, vermauert und die zum Aufbewahren des Gebacknen im obern Stock bestimmten Zimmer mit dicken Vorhängen gegen Sonne und Ungeziefer verwahrt. Ich erfuhr, als der Graf mir dies mittheilte, so wie er, die Wirkung des Sturzbades, oder es zupfte wenigstens der allem Poetischen feindliche Dämon den Süßträumenden empfindlich und schmerzhaft bey der Nase. — Unerachtet der prosaischen Aufklärung mußte ich doch noch immer vorübergehend nach dem öden Hause hinschauen, und noch immer gingen im leisen Frösteln, das mir durch die Glieder bebte, allerley seltsame Gebilde von dem auf, was dort verschlossen. Durchaus konnte ich mich nicht an den Gedanken der Zuckerbäckerei, des Marzipans, der Bonbons, der Torten, der eingemachten Früchte u. s. w. gewöhnen. Eine seltsame Ideen-Combination ließ mir das Alles erscheinen wie süßes beschwichtigendes Zureden. Ungefähr: „Erschrecken Sie nicht, Bester! wir alle sind liebe süße Kinderchen, aber der Donner wird gleich ein bischen einschlagen." Dann dachte ich wieder: „Bist du nicht ein recht wahnsinniger Thor, daß du das Gewöhnlichste in das Wunderbare zu ziehen trachtest, schelten deine Freunde dich nicht mit Recht einen überspannten Geisterseher?" — Das Haus blieb, wie es bei der angeblichen Bestimmung auch nicht anders seyn konnte, immer unverändert, und so geschah es, daß mein Blick sich daran gewöhnte, und die tollen Gebilde, die sonst ordentlich aus den Mauern hervor zu schweben schienen, allmählig verschwanden. Ein Zufall weckte alles, was eingeschlummert, wieder auf. — Daß, unerachtet ich mich, so gut es gehen wollte, ins Alltägliche gefügt hatte, ich doch nicht unterließ, das fabelhafte Haus im Auge zu behalten, das könnt Ihr Euch bei meiner Sinnesart, die nun einmal mit frommer ritterlicher Treue am Wunderbaren fest hält, wohl denken. So geschah es, daß ich eines Tages, als ich wie gewöhnlich zur Mittagsstunde in der Allee lustwandelte, meinen Blick auf die verhängten Fenster des öden Hauses richtete. Da bemerkte ich, daß die Gardine an dem letzten Fenster dicht neben dem Conditorladen sich zu bewegen begann. Eine Hand, ein Arm kam zum Vorschein. Ich riß meinen Operngucker heraus und gewahrte nun deutlich die blendend weiße, schön geformte Hand eines Frauenzimmers, an deren kleinem Finger ein Brillant mit ungewöhnlichem Feuer funkelte, ein reiches Band blitzte an dem in üppiger Schönheit gerundeten Arm. Die Hand setzte eine hohe seltsam geformte Krystallflasche hin auf die Fensterbank und verschwand hinter dem Vorhange. Erstarrt blieb ich stehen, ein sonderbar bänglich wonniges Gefühl durchströmte mit elektrischer Wärme mein Inneres, unverwandt blickte ich herauf nach dem verhängnißvollen Fenster, und wohl mag ein sehnsuchtsvoller Seufzer meiner Brust entflohen seyn. Ich wurde endlich wach und fand mich umringt von vielen Menschen allerlei Standes, die so wie ich mit neugierigen Gesichtern herauf guckten. Das verdroß mich, aber gleich fiel mir ein, daß jedes Hauptstadtvolk jenem gleiche, das zahllos vor dem Hause versammelt, nicht zu gaffen und sich darüber zu verwundern aufhören konnte, daß eine Schlafmütze aus dem sechsten Stock herabgestürzt, ohne eine Masche zu zerreißen. — Ich schlich mich leise fort, und der prosaische Dämon flüsterte mir sehr vernehmlich in die Ohren, daß so eben die reiche, sonntäglich geschmückte Conditorsfrau eine geleerte Flasche feinen Rosenwassers o. s. auf die Fensterbank gestellt. — Seltner Fall! — mir kam urplötzlich ein sehr gescheuter Gedanke. — Ich kehrte um und gerade zu ein, in den leuchtenden Spiegelladen des dem öden Hause nachbarlichen Conditors. — Mit kühlendem Athem den heißen Schaum von der Chokolade wegblasend, fing ich leicht hingeworfen an: In der That, Sie haben da nebenbei Ihre Anstalt sehr schön erweitert. — Der Conditor warf noch schnell ein paar bunte Bonbons in die Viertel-Tüte, und diese dem lieblichen Mädchen, das darnach verlangt, hinreichend, lehnte er sich mit aufgestemmtem Arm weit über den Ladentisch herüber und schaute mich mit solch' lächelnd fragendem Blick an, als habe er mich gar nicht verstanden. Ich wiederholte, daß er sehr zweckmäßig in dem benachbarten Hause seine Bäckerei angelegt, wiewohl das dadurch verödete Gebäude in der lebendigen Reihe der übrigen düster und traurig absteche. „Ei mein Herr!" fing nun der Conditor an, „wer hat Ihnen denn gesagt, daß das Haus nebenan uns gehört? — Leider blieb jeder Versuch es zu acquiriren vergebens, und am Ende mag es auch gut seyn, denn mit dem Hause nebenan hat es eine eigne Bewandtniß." — Ihr, meine treuen Freunde, könnt wohl denken, wie mich des Conditors Antwort spannte, und wie sehr ich ihn bat, mir mehr von dem Hause zu sagen. „Ja, mein Herr!" sprach er, „recht sonderliches weiß ich selbst nicht davon, so viel ist aber gewiß, daß das Haus der Gräfin von S. gehört, die auf ihren Gütern lebt und seit vielen Jahren nicht in ***n gewesen ist. Als noch keins der Prachtgebäude existirte, die jetzt unsere Straße zieren, stand dies Haus, wie man mir erzählt hat, schon in seiner jetzigen Gestalt da, und seit der Zeit wurd' es nur gerade vor dem gänzlichen Verfall gesichert. Nur zwei lebendige Wesen hausen darin, ein steinalter menschenfeindlicher Hausverwalter und ein grämlicher lebenssatter Hund, der zuweilen auf dem Hinterhofe den Mond anheult. Nach der allgemeinen Sage soll es in dem öden Gebäude häßlich spuken, und in der That, mein Bruder (der Besitzer des Ladens) und ich, wir beide haben in der Stille der Nacht, vorzüglich zur Weihnachtszeit, wenn uns unser Geschäft hier im Laden wach erhielt, oft seltsame Klagelaute vernommen, die offenbar sich hier hinter der Mauer im Nebenhause erhoben. Und dann fing es an so häßlich zu scharren und zu rumoren, daß uns beiden ganz graulich zu Muthe wurde. Auch ist es nicht lange her, daß sich zur Nachtzeit ein solch sonderbarer Gesang hören ließ, den ich Ihnen nun gar nicht beschreiben kann. Es war offenbar die Stimme eines alten Weibes, die wir vernahmen, aber die Töne waren so gellend klar, und liefen in bunten Cadenzen und langen schneidenden Trillern so hoch hinauf, wie ich es, unerachtet ich doch in Italien, Frankreich und Deutschland so viel Sängerinnen gekannt, noch nie gehört habe. Mir war so, als würden französische Worte gesungen, doch konnt' ich das nicht genau unterscheiden, und überhaupt das tolle gespenstige Singen nicht lange anhören, denn mir standen die Haare zu Berge. Zuweilen, wenn das Geräusch auf der Straße nachläßt, hören wir auch in der hintern Stube tiefe Seufzer, und dann ein dumpfes Lachen, das aus dem Boden hervor zu dröhnen scheint, aber das Ohr an die Wand gelegt, vernimmt man bald, daß es eben auch im Hause nebenan so seufzt und lacht. — Bemerken Sie — (er führte mich in das hintere Zimmer und zeigte durch's Fenster) bemerken Sie jene eiserne Röhre, die aus der Mauer hervor ragt, die raucht zuweilen so stark, selbst im Sommer, wenn doch gar nicht geheizt wird, daß mein Bruder schon oft wegen Feuersgefahr mit dem alten Hausverwalter gezankt hat, der sich aber damit entschuldigt, daß er sein Essen koche, was **der** aber essen mag, das weiß der Himmel, denn oft verbreitet sich, eben wenn jene Röhre recht stark raucht, ein sonderbarer ganz eigenthümlicher Geruch.“ — Die Glasthüre des Ladens knarrte, der Conditor eilte hinein und warf mir, nach der hineingetretenen Figur hinblickend, einen bedeutenden Blick zu. — Ich verstand ihn vollkommen. Konnte denn die sonderbare Gestalt jemand anders seyn als der Verwalter des geheimnißvollen Hauses? — Denkt Euch einen kleinen dürren Mann mit einem Mumienfarbnen Gesichte, spitzer Nase, zusammengekniffenen Lippen, grün funkelnden Katzenaugen, stetem wahnsinnigem Lächeln, altmodig mit aufgethürmtem Toupee und Klebelöckchen frisirtem stark gepudertem Haar, großem Haarbeutel, Postillion d'Amour, Kaffeebraunem altem verbleichtem, doch wohlgeschontem, gebürstetem Kleide, grauen Strümpfen, großen abgestumpften Schuhen mit Steinschnällchen. Denkt Euch, daß diese kleine dürre Figur doch, vorzüglich was die übergroßen Fäuste mit langen starken Fingern betrifft, robust geformt ist, und kräftig nach dem Ladentisch hinschreitet, dann aber stets lächelnd und starr hinschauend nach den in Krystallgläsern aufbewahrten Süßigkeiten mit ohnmächtiger klagender Stimme herausweint: „Ein Paar eingemachte Pomeranzen — ein Paar Makronen — ein Paar Zuckerkastanien ꝛc.“ Denkt Euch das und urtheilt selbst, ob hier Grund war, Seltsames zu ahnen oder nicht. Der Conditor suchte alles, was der Alte gefordert, zusammen. „Wiegen Sie, wiegen Sie, verehrter Herr Nachbar,“ jammerte der seltsame Mann, holte ächzend und keuchend einen kleinen ledernen Beutel aus der Tasche, und suchte mühsam Geld hervor. Ich bemerkte, daß das Geld, als er es auf den Ladentisch aufzählte, aus verschiedenen alten zum Theil schon ganz aus dem gewöhnlichen Cours gekommenen Münzsorten bestand. Er that dabey sehr kläglich und murmelte: „Süß — süß — süß soll nun alles seyn — süß meinethalben; der Satan schmiert seiner Braut Honig ums Maul — puren Honig.“ Der Conditor schaute mich lachend an, und sprach dann zu dem Alten: „Sie scheinen nicht recht wohl zu seyn, ja, ja das Alter, das Alter, die Kräfte nehmen ab immer mehr und mehr.“ Ohne die Miene zu ändern rief der Alte mit erhöhter Stimme: „Alter? — Alter? — Kräfte abnehmen? — Schwach — matt werden! Ho ho — ho ho — ho ho!“ Und damit schlug er die Fäuste zusammen, daß die Gelenke knackten und sprang, in der Luft eben so gewaltig die Füße zusammenklappend, hoch auf, daß der ganze Laden dröhnte und alle Gläser zitternd erklangen. Aber in dem Augenblick erhob sich auch ein gräßliches Geschrei, der Alte hatte den schwarzen Hund getreten, der hinter ihm her geschlichen dicht an seine Füße geschmiegt auf dem Boden lag. „Verruchte Bestie! satanischer Höllenhund,“ stöhnte leise im vorigen Ton der Alte, öffnete die Tüte und reichte dem Hunde eine große Makrone hin. Der Hund, der in ein menschliches Weinen ausgebrochen, war sogleich still, setzte sich auf die Hinterpfoten und knapperte an der Makrone wie ein Eichhörnchen. Beide waren zu gleicher Zeit fertig, der Hund mit seiner Makrone, der Alte mit dem Verschließen und Einstecken seiner Tüte. „Gute Nacht, verehrter Herr Nachbar,“ sprach er jetzt, reichte dem Conditor die Hand, und drückte die des Conditors so, daß er laut aufschrie vor Schmerz. „Der alte schwächliche Greis wünscht Ihnen eine gute Nacht, bester Herr Nachbar Conditor,“ wiederholte er dann und schritt zum Laden heraus, hinter ihm der schwarze Hund mit der Zunge die Makronenreste vom Maule wegleckend. Mich schien der Alte gar nicht bemerkt zu haben, ich stand da ganz erstarrt vor Erstaunen. „Sehn Sie,“ fing der Conditor an, „sehen Sie, so treibt es der wunderliche Alte hier zuweilen, wenigstens in vier Wochen zwey, dreymahl, aber nichts ist aus ihm heraus zu bringen, als daß er ehemahls Kammerdiener des Grafen von S. war, daß er jetzt hier das Haus verwaltet, und jeden Tag (schon seit vielen Jahren) die Gräflich S—sche Familie erwartet, weshalb auch nichts vermiethet werden kann. Mein Bruder ging ihm einmahl zu Leibe wegen des wunderlichen Getöns zur Nachtzeit, da sprach er aber sehr gelassen: „Ja! — die Leute sagen alle, es spuke im Hause, glauben Sie es aber nicht, es thut nicht wahr seyn.“ — Die Stunde war gekommen, in der der gute Ton gebot, diesen Laden zu besuchen, die Thür öffnete sich, elegante Welt strömte hinein und ich konnte nicht weiter fragen. —

So viel stand nun fest, daß die Nachrichten des Grafen P. über das Eigenthum und die Benutzung des Hauses falsch waren, daß der alte Verwalter dasselbe seines Läugnens unerachtet nicht allein bewohnte, und daß ganz gewiß irgend ein Geheimniß vor der Welt dort verhüllt werden sollte. Mußte ich denn nicht die Erzählung von dem seltsamen, schauerlichen Gesange mit dem Erscheinen des schönen Arms am Fenster in Verbindung setzen? Der Arm saß nicht, konnte nicht sitzen an dem Leibe eines alten verschrumpften Weibes, der Gesang nach des Conditors Beschreibung nicht aus der Kehle des jungen blühenden Mädchens kommen. Doch für das Merkzeichen des Arms entschieden, konnt' ich leicht mich selbst überreden, daß vielleicht nur eine akustische Täuschung die Stimme alt und gellend klingen lassen, und daß eben so vielleicht nur des, vom Graulichen befangenen, Conditors trügliches Ohr die Töne so vernommen. — Nun dacht' ich an den Rauch, den seltsamen Geruch, an die wunderlich geformte Krystallflasche, die ich sah, und bald stand das Bild eines herrlichen, aber in verderblichen Zauberdingen befangenen Geschöpfs mir lebendig vor Augen. Der Alte wurde mir zum fatalen Hexenmeister, zum verdammten Zauberkerl, der vielleicht ganz unabhängig von der Gräflich S—schen Familie geworden, nun auf seine eigne Hand in dem verödeten Hause Unheilbringendes Wesen trieb. Meine Fantasie war im Arbeiten und noch in selbiger Nacht nicht sowohl im Traum, als im Deliriren des Einschlafens, sah ich deutlich die Hand mit dem funkelnden Diamant am Finger, den Arm mit der glänzenden Spange. Wie aus dünnen grauen Nebeln trat nach und nach ein holdes Antlitz mit wehmüthig flehenden blauen Himmelsaugen, dann die ganze wunderherrliche Gestalt eines Mädchens, in voller anmuthiger Jugendblüthe hervor. Bald bemerkte ich, daß das, was ich für Nebel hielt, der feine Dampf war, der aus der Krystallflasche, die die Gestalt in den Händen hielt, in sich kreiselndem Gewirbel emporstieg. „O du holdes Zauberbild," rief ich voll Entzücken, „o du holdes Zauberbild, thu' es mir kund, wo du weilst, was dich gefangen hält? — O wie du mich so voll Wehmuth und Liebe anblickst! — Ich weiß es, die schwarze Kunst ist es, die dich befangen, du bist die unglückselige Sklavin des boshaften Teufels, der herumwandelt kaffeebraun und behaarbeutelt in Zuckerladen und in gewaltigen Sprüngen alles zerschmeißen will und Höllenhunde tritt, die er mit Makronen füttert, nachdem sie den satanischen Murki im fünfachtel Takt abgeheult. — O ich weiß ja Alles, du holdes, anmuthiges Wesen! — Der Diamant ist der Reflex innerer Gluth! — ach hätt'st du ihn nicht mit deinem Herzblut getränkt, wie könnt' er so funkeln, so tausendfarbig strahlen in den allerherrlichsten Liebestönen, die je ein Sterblicher vernommen. — Aber ich weiß es wohl, das Band, was deinen Arm umschlingt, ist das Glied einer Kette, von der der Kaffeebraune spricht, sie sey magnetisch — Glaub' es nicht Herrliche! — ich sehe ja, wie sie herabhängt in die, von blauem Feuer glühende Retorte. — Die werf' ich um und du bist befreit! — Weiß ich denn nicht Alles — weiß ich denn nicht Alles, du Liebliche? Aber nun, Jungfrau! — nun öffne den Rosenmund, o sage" — In dem Augenblick griff eine knotige Faust über meine Schulter weg nach der Krystallflasche, die in tausend Stücke zersplittert in der Luft verstäubte. Mit einem leisen Ton dumpfer Wehklage war die anmuthige Gestalt verschwunden in finstrer Nacht. — Ha! — ich merk es an Euerm Lächeln, daß Ihr schon wieder in mir den träumerischen Geisterseher findet, aber versichern kann ich Euch, daß der ganze Traum, wollt Ihr nun einmahl nicht abgehen von dieser Benennung, den vollendeten Charakter der Vision hatte. Doch da ihr fortfahrt, mich so im prosaischen Unglauben anzulächeln, so will ich lieber gar nichts mehr davon sagen, sondern nur rasch weiter gehen. — Kaum war der Morgen angebrochen als ich voll Unruhe und Sehnsucht nach der Allee lief, und mich hinstellte vor das öde Haus! — Außer den innern Vorhängen waren noch dichte Jalousien vorgezogen. Die Straße war noch völlig menschenleer, ich trat dicht an die Fenster des Erdgeschosses und horchte und horchte, aber kein Laut ließ sich hören, still blieb es wie im tiefen Grabe. — Der Tag kam herauf, das Gewerbe rührte sich, ich mußte fort. Was soll ich Euch damit ermüden, wie ich viele Tage hindurch das Haus zu jeder Zeit umschlich, ohne auch nur das mindeste zu entdecken, wie alle Erkundigung, alles Forschen zu keiner bestimmten Notiz führte, und wie endlich das schöne Bild meiner Vision zu verblassen begann. — Endlich, als ich einst am späten Abend von einem Spaziergange heimkehrend bey dem öden Hause herangekommen, bemerkte ich, daß das Thor halb geöffnet war; ich schritt heran, der Kaffeebraune guckte heraus. Mein Entschluß war gefaßt. „Wohnt nicht der Geheime Finanzrath Binder hier in diesem Hause?“ So frug ich den Alten, indem ich ihn beinahe zurückdrängend in den, von einer Lampe matt erleuchteten Vorsaal trat. Der Alte blickte mich an mit seinem stehenden Lächeln und sprach leise und gezogen: „Nein, der wohnt nicht hier, hat niemahls hier gewohnt, wird niemahls hier wohnen, wohnt auch in der ganzen Allee nicht. — Aber die Leute sagen, es spuke hier in diesem Hause, jedoch kann ich versichern, daß es nicht wahr ist, es ist ein ruhiges, hübsches Haus, und morgen zieht die gnädige Gräfin von S. ein und — Gute Nacht, mein lieber Herr!“ — Damit manövrirte mich der Alte zum Hause hinaus, und verschloß hinter mir das Thor. Ich vernahm, wie er keuchend und hustend mit dem klirrenden Schlüsselbunde über den Flur wegscharrte und dann Stufen, wie mir vorkam, herabstieg. Ich hatte in der kurzen Zeit so viel bemerkt, daß der Flur mit alten bunten Tapeten behängt, und wie ein Saal mit großen, mit rothem Damast beschlagenen Lehnsesseln möblirt war, welches denn doch ganz verwunderlich aussah.

Nun gingen, wie geweckt durch mein Eindringen in das geheimnißvolle Haus, die Abenteuer auf! — Denkt Euch, denkt Euch, so wie ich den andern Tag in der Mittagsstunde die Allee durchwandere und mein Blick schon in der Ferne sich unwillkürlich nach dem öden Hause richtet, sehe ich an dem letzten Fenster des obern Stocks etwas schimmern. — Näher getreten bemerke ich, daß die äußere Jalousie ganz, der innere Vorhang halb aufgezogen ist. Der Diamant funkelt mir entgegen. — O Himmel! gestützt auf den Arm blickt mich wehmüthig flehend jenes Antlitz meiner Vision an. — War es möglich in der auf und abwogenden Masse stehen zu bleiben? — In dem Augenblick fiel mir die Bank ins Auge, die für die Lustwandler in der Allee in der Richtung des öden Hauses, wiewohl man sich darauf niederlassend dem Hause den Rücken kehrte, angebracht war. Schnell sprang ich in die Allee, und mich über die Lehne der Bank wegbeugend konnt' ich nun ungestört nach dem verhängnißvollen Fenster schauen. Ja! Sie war es, das anmuthige, holdselige Mädchen, Zug für Zug! — Nur schien ihr Blick ungewiß. — Nicht nach mir, wie es vorhin schien, blickte sie, vielmehr hatten die Augen etwas todtstarres, und die Täuschung eines lebhaft gemahlten Bildes wäre möglich gewesen, hätten sich nicht Arm und Hand zuweilen bewegt. Ganz versunken in den Anblick des verwunderlichen Wesens am Fenster, das mein Innerstes so seltsam aufregte, hatte ich nicht die quäkende Stimme des italienischen Tabuletkrämers gehört, der mir vielleicht schon lange unaufhörlich seine Waaren anbot. Er zupfte mich endlich am Arm; schnell mich umdrehend, wies ich ihn ziemlich hart und zornig ab. Er ließ aber nicht nach mit Bitten und Quälen. Noch gar nichts habe er heute verdient, nur ein Paar Bleifedern, ein Bündelchen Zahnstocher möge ich ihm abkaufen. Voller Ungeduld, den Ueberlästigen nur geschwind los zu werden, griff ich in die Tasche nach dem Geldbeutel. Mit den Worten: „Auch hier hab' ich noch schöne Sachen!" zog er den untern Schub seines Kastens heraus, und hielt mir einen kleinen runden Taschenspiegel, der in dem Schub unter andern Gläsern lag, in kleiner Entfernung seitwärts vor. — Ich erblickte das öde Haus hinter mir, das Fenster und in den schärfsten deutlichsten Zügen die holde Engelsgestalt meiner Vision — Schnell kauft' ich den kleinen Spiegel, der mir es nun möglich machte, in bequemer Stellung, ohne den Nachbarn aufzufallen, nach dem Fenster hinzuschauen. — Doch, indem ich nun länger und länger das Gesicht im Fenster anblickte, wurd' ich von einem seltsamen, ganz unbeschreiblichen Gefühl, das ich beinahe waches Träumen nennen möchte, befangen. Mir war es, als lähme eine Art Starrsucht nicht sowohl mein ganzes Regen und Bewegen als vielmehr nur meinen Blick, den ich nun niemahls mehr würde abwenden können von dem Spiegel. Mit Beschämung muß ich Euch bekennen, daß mir jenes Ammenmährchen einfiel, womit mich in früher Kindheit meine Wart'frau augenblicklich zu Bette trieb, wenn ich mich etwa gelüsten ließ, Abends vor dem großen Spiegel in meines Vaters Zimmer stehen zu bleiben und hinein zu gucken. Sie sagte nehmlich, wenn Kinder Nachts in den Spiegel blickten, gucke ein fremdes, garstiges Gesicht heraus, und der Kinder Augen blieben dann erstarrt stehen. Mir war das ganz entsetzlich graulich, aber in vollem Grausen konnt' ich doch oft nicht unterlassen, wenigstens nach dem Spiegel hin zu blinzeln, weil ich neugierig war auf das fremde Gesicht. Einmahl glaubt' ich ein paar gräßliche glühende Augen aus dem Spiegel fürchterlich herausfunkeln zu sehen, ich schrie auf und stürzte dann ohnmächtig nieder. In diesem Zufall brach eine langwierige Krankheit aus, aber noch jetzt ist es mir, als hätten jene Augen mich wirklich angefunkelt. — Kurz alles dieses tolle Zeug aus meiner frühen Kindheit fiel mir ein, Eiskälte bebte durch meine Adern — ich wollte den Spiegel von mir schleudern — ich vermocht' es nicht — nun blickten mich die Himmelsaugen der holden Gestalt an — ja ihr Blick war auf mich gerichtet und strahlte bis ins Herz hinein. Jenes Grausen, das mich plötzlich ergriffen, ließ von mir ab und gab Raum dem wonnigen Schmerz süßer Sehnsucht, die mich mit elektrischer Wärme durchglühte. „Sie haben da einen niedlichen Spiegel," sprach eine Stimme neben mir. Ich erwachte aus dem Traum und war nicht wenig betroffen, als ich neben mir von beiden Seiten mich zweideutig anlächelnde Gesichter erblickte. Mehrere Personen hatten auf derselben Bank Platz genommen, und nichts war gewisser, als daß ich ihnen mit dem starren Hineinblicken in den Spiegel und vielleicht auch mit einigen seltsamen Gesichtern, die ich in meinem exaltirten Zustande schnitt, auf meine Kosten ein ergötzliches Schauspiel gegeben. „Sie haben da einen niedlichen Spiegel," wiederholte der Mann, als ich nicht antwortete, mit einem Blick, der jener Frage noch hinzufügte: „Aber sagen Sie mir, was soll das wahnsinnige Hineinstarren, erscheinen Ihnen Geister" 2c. Der Mann, schon ziemlich hoch in Jahren, sehr sauber gekleidet, hatte im Ton der Rede, im Blick etwas ungemein Gutmüthiges und Zutrauen Erweckendes. Ich nahm gar keinen Anstand, ihm geradehin zu sagen, daß ich im Spiegel ein wundervolles Mädchen erblickt, das hinter mir im Fenster des öden Hauses gelegen. — Noch weiter ging ich, ich fragte den Alten, ob er nicht auch das holde Antlitz gesehen. „Dort drüben? — in dem alten Hause — in dem letzten Fenster?" so fragte mich nun wieder ganz verwundert der Alte. „Allerdings, allerdings," sprach ich; da lächelte der Alte sehr und fing an: „Nun das ist doch eine wunderliche Täuschung — nun meine alten Augen — Gott ehre mir meine alten Augen. Ei ei, mein Herr, wohl habe ich mit unbewaffnetem Auge das hübsche Gesicht dort im Fenster gesehen, aber es war ja ein, wie es mir schien, recht gut und lebendig in Oel gemahltes Portrait.“ Schnell drehte ich mich um nach dem Fenster, alles war verschwunden, die Jalousie herunter gelassen. „Ja!“ fuhr der Alte fort, „ja, mein Herr, nun ist's zu spät, sich davon zu überzeugen, denn eben nahm der Bediente, der dort, wie ich weiß, als Castellan das Absteigequartier der Gräfin von S. ganz allein bewohnt, das Bild, nachdem er es abgestäubt, vom Fenster fort und ließ die Jalousie herunter.“ „War es denn gewiß ein Bild?“ fragte ich nochmahls ganz bestürzt. „Trauen Sie meinen Augen,“ erwiederte der Alte. „Daß Sie nur den Reflex des Bildes im Spiegel sahen, vermehrte gewiß sehr die optische Täuschung und — wie ich noch in Ihren Jahren war, hätt' ich nicht auch das Bild eines schönen Mädchens, kraft meiner Fantasie, ins Leben gerufen?“ „Aber Hand und Arm bewegten sich doch,“ fiel ich ein. „Ja, ja, sie regten sich, alles regte sich,“ sprach der Alte, lächelnd und sanft mich auf die Schulter klopfend. Dann stand er auf und verließ mich, höflich sich verbeugend, mit den Worten: „Nehmen Sie Sich doch vor Taschenspiegeln in Acht, die so häßlich lügen. — Ganz gehorsamster Diener.“ — Ihr könnt denken, wie mir zu Muthe war, als ich mich so als einen thörichten, blödsichtigen Fantasten behandelt sah. Mir kam die Ueberzeugung, daß der Alte Recht hatte, und daß nur in mir selbst das tolle Gaukelspiel aufgegangen, das mich mit dem öden Hause, zu meiner eignen Beschämung, so garstig mystifizirte.

Ganz voller Unmuth und Verdruß lief ich nach Hause, fest entschlossen, mich ganz los zu sagen von jedem Gedanken an die Mysterien des öden Hauses, und wenigstens einige Tage hindurch die Allee zu vermeiden. Dies hielt ich treulich, und kam noch hinzu, daß mich den Tag über dringend gewordene Geschäfte am Schreibtisch, an den Abenden aber geistreiche fröhliche Freunde in ihrem Kreise festhielten, so mußt' es wohl geschehen, daß ich beinahe gar nicht mehr an jene Geheimnisse dachte. Nur begab es sich in dieser Zeit, daß ich zuweilen aus dem Schlaf auffuhr, wie plötzlich durch äußere Berührung geweckt, und dann war es mir doch deutlich, daß nur der Gedanke an das geheimnißvolle Wesen, das ich in meiner Vision und in dem Fenster des öden Hauses erblickt, mich geweckt hatte. Ja selbst während der Arbeit, während der lebhaftesten Unterhaltung mit meinen Freunden, durchfuhr mich oft plötzlich, ohne weitern Anlaß, jener Gedanke, wie ein elektrischer Blitz. Doch waren dies nur schnell vorübergehende Momente. Den kleinen Taschenspiegel, der mir so täuschend das anmuthige Bildniß reflektirt, hatte ich zum prosaischen Hausbedarf bestimmt. Ich pflegte mir vor demselben die Halsbinde fest zu knüpfen. So geschah es, daß er mir, als ich einst dies wichtige Geschäft abthun wollte, blind schien, und ich ihn nach bekannter Methode anhauchte, um ihn dann hell zu poliren. — Alle meine Pulse stockten, mein Innerstes bebte vor wonnigem Grauen! — ja so muß ich das Gefühl nennen, das mich übermannte, als ich, so wie mein Hauch den Spiegel überlief, im bläulichen Nebel das holde Antlitz sah, das mich mit jenem wehmüthigen, das Herz durchbohrenden Blick anschaute! — Ihr lacht? — Ihr seid mit mir fertig, ihr haltet mich für einen unheilbaren Träumer, aber sprecht, denkt was ihr wollt, genug, die Holde blickte mich an aus dem Spiegel, aber so wie der Hauch zerrann, verschwand das Gesicht in dem Funkeln des Spiegels. — Ich will Euch nicht ermüden, ich will Euch nicht herzählen alle Momente, die sich, einer aus dem andern, entwickelten. Nur so viel will ich sagen, daß ich unaufhörlich die Versuche mit dem Spiegel erneuerte, daß es mir oft gelang, das geliebte Bild durch meinen Hauch hervor zu rufen, daß aber manchmahl die angestrengtesten Bemühungen ohne Erfolg blieben. Dann rannte ich wie wahnsinnig auf und ab vor dem öden Hause und starrte in die Fenster, aber kein menschliches Wesen wollte sich zeigen. — Ich lebte nur in dem Gedanken an Sie, alles übrige war abgestorben für mich, ich vernachlässigte meine Freunde, meine Studien. — Dieser Zustand, wollte er in mildern Schmerz, in träumerische Sehnsucht übergehen, ja schien es, als wolle das Bild an Leben und Kraft verlieren, wurde oft bis zur höchsten Spitze gesteigert, durch Momente, an die ich noch jetzt mit tiefem Entsetzen denke. — Da ich von einem Seelenzustande rede, der mich hätte ins Verderben stürzen können, so ist für Euch, Ihr Ungläubigen, da nichts zu belächeln und zu bespötteln, hört und fühlt mit mir, was ich ausgestanden. — Wie gesagt, oft, wenn jenes Bild ganz verblaßt war, ergriff mich ein körperliches Uebelbefinden, die Gestalt trat, wie sonst niemahls, mit einer Lebendigkeit, mit einem Glanz hervor, daß ich sie zu erfassen wähnte. Aber dann kam es mir auf grauliche Weise vor, ich sey selbst die Gestalt, und von den Nebeln des Spiegels umhüllt und umschlossen. Ein empfindlicher Brustschmerz, und dann gänzliche Apathie endigte den peinlichen Zustand, der immer eine, das innerste Mark wegzehrende Erschöpfung hinterließ. In diesen Momenten mißlang jeder Versuch mit dem Spiegel, hatte ich mich aber erkräftigt, und trat dann das Bild wieder lebendig aus dem Spiegel hervor, so mag ich nicht leugnen, daß sich damit ein besonderer, mir sonst fremder physischer Reiz verband. — Diese ewige Spannung wirkte gar verderblich auf mich ein, blaß wie der Tod und zerstört im ganzen Wesen schwankte ich umher, meine Freunde hielten mich für krank, und ihre ewigen Mahnungen brachten mich endlich dahin, über meinen Zustand, so wie ich es nur vermochte, ernstlich nachzusinnen. War es Absicht oder Zufall, daß einer der Freunde, welcher Arzneikunde studirte, bei einem Besuch Reils Buch über Geisteszerrüttungen zurückließ. Ich fing an zu lesen, das Werk zog mich unwiderstehlich an, aber wie ward mir, als ich in allem, was über fixen Wahnsinn gesagt wird, mich selbst wieder fand! — Das tiefe Entsetzen, das ich, mich selbst auf dem Wege zum Tollhause erblickend, empfand, brachte mich zur Besinnung und zum festen Entschluß, den ich rasch ausführte. Ich steckte meinen Taschenspiegel ein und eilte schnell zu dem Doktor K., berühmt durch seine Behandlung und Heilung der Wahnsinnigen, durch sein tieferes Eingehen in das psychische Prinzip, welches oft sogar körperliche Krankheiten hervorzubringen und wieder zu heilen vermag. Ich erzählte ihm Alles, ich verschwieg ihm nicht den kleinsten Umstand und beschwor ihn mich zu retten, von dem ungeheuern Schicksal, von dem bedroht ich mich glaubte. Er hörte mich sehr ruhig an, doch bemerkte ich wohl in seinem Blick tiefes Erstaunen. „Noch," fing er an, „noch ist die Gefahr keinesweges so nahe als Sie glauben und ich kann mit Gewißheit behaupten, daß ich sie ganz abzuwenden vermag. Daß Sie auf unerhörte Weise psychisch angegriffen sind, leidet gar keinen Zweifel, aber die völlige klare Erkenntniß dieses Angriffs irgend eines bösen Prinzips giebt Ihnen selbst die Waffen in die Hand, sich dagegen zu wehren. Lassen Sie mir Ihren Taschenspiegel, zwingen Sie sich zu irgend einer Arbeit, die Ihre Geisteskräfte in Anspruch nimmt, meiden Sie die Allee, arbeiten Sie von der Frühe an, so lange Sie es nur auszuhalten vermögen, dann aber, nach einem tüchtigen Spaziergange, fort in die Gesellschaft Ihrer Freunde, die Sie so lange vermißt. Essen Sie nahrhafte Speisen, trinken Sie starken kräftigen Wein. Sie sehen, daß ich blos die fixe Idee, das heißt, die Erscheinung des Sie bethörenden Antlitzes im Fenster des öden Hauses und im Spiegel vertilgen, Ihren Geist auf andere Dinge leiten und Ihren Körper stärken will. Stehen Sie selbst meiner Absicht redlich bei." — Es wurde mir schwer, mich von dem Spiegel zu trennen, der Arzt, der ihn schon genommen, schien es zu bemerken, er hauchte ihn an und frug, indem er mir ihn vorhielt: „Sehen Sie etwas?" „Nicht das Mindeste," erwiederte ich, wie es sich auch in der That verhielt. „Hauchen Sie den Spiegel an," sprach dann der Arzt, indem er mir den Spiegel in die Hand gab. Ich that es, das Wunderbild trat deutlicher als je hervor. „Da ist sie," rief ich laut. Der Arzt schaute hinein und sprach dann: „ich sehe nicht das Mindeste, aber nicht verhehlen mag ich Ihnen, daß ich in dem Augenblick, als ich in Ihren Spiegel sahe, einen unheimlichen Schauer fühlte, der aber gleich vorüberging. Sie bemerken, daß ich ganz aufrichtig bin, und eben deshalb wohl Ihr ganzes Zutrauen verdiene. Wiederholen Sie doch den Versuch." Ich that es, der Arzt umfaßte mich, ich fühlte seine Hand auf dem Rückenwirbel. — Die Gestalt kam wieder, der Arzt, mit mir in den Spiegel schauend erblaßte, dann nahm er mir den Spiegel aus der Hand, schauete nochmals hinein, verschloß ihn in dem Pult, und kehrte erst, als er einige Sekunden hindurch die Hand vor der Stirn schweigend da gestanden, zu mir zurück. „Befolgen Sie," fing er an, „befolgen Sie genau meine Vorschriften. Ich darf Ihnen bekennen, daß jene

Momente, in denen Sie außer sich selbst gesetzt Ihr eignes Ich in physischem Schmerz fühlten, mir noch sehr geheimnißvoll sind, aber ich hoffe Ihnen recht bald mehr darüber sagen zu können." — Mit festem, unabänderlichem Willen, so schwer es mir auch ankam, lebte ich zur Stunde den Vorschriften des Arztes gemäß, und so sehr ich auch bald den wohlthätigen Einfluß anderer Geistesanstrengung und der übrigen verordneten Diät verspürte, so blieb ich doch nicht frei von jenen furchtbaren Anfällen, die Mittags um zwölf Uhr, viel stärker aber Nachts um zwölf Uhr sich einzustellen pflegten. Selbst in munterer Gesellschaft bey Wein und Gesang war es oft, als durchführen plötzlich mein Inneres spitzige glühende Dolche, und alle Macht des Geistes reichte dann nicht hin zum Widerstande, ich mußte mich entfernen und durfte erst wiederkehren, wenn ich aus dem Ohnmachtähnlichen Zustande erwacht. — Es begab sich, daß ich mich einst bey einer Abendgesellschaft befand, in der über psychische Einflüsse und Wirkungen, über das dunkle unbekannte Gebiet des Magnetismus gesprochen wurde. Man kam vorzüglich auf die Möglichkeit der Einwirkung eines entfernten psychischen Prinzips, sie wurde aus vielen Beispielen bewiesen, und vorzüglich führte ein junger, dem Magnetismus ergebener, Arzt an, daß er, wie mehrere andere, oder vielmehr wie alle kräftige Magnetiseurs, es vermöge, aus der Ferne bloß durch den festfixirten Gedanken und Willen auf seine Somnambulen zu wirken. Alles was Kluge, Schubert, Bartels u. m. darüber gesagt haben, kam nach und nach zum Vorschein. „Das Wichtigste," fing endlich einer der Anwesenden, ein als scharfsinniger Beobachter bekannter Mediziner, an, „das Wichtigste von Allem bleibt mir immer, daß der Magnetismus manches Geheimniß, das wir als gemeine schlichte

Lebenserfahrung nun eben für kein Geheimniß erkennen wollen, zu erschließen scheint. Nur müssen wir freilich behutsam zu Werke gehn. — Wie kommt es denn, daß ohne allen äußern oder innern uns bekannten Anlaß, ja unsere Ideenkette zerreißend, irgend eine Person, oder wohl gar das treue Bild irgend einer Begebenheit so lebendig, so sich unsers ganzen Ichs bemeisternd uns in den Sinn kommt, daß wir selbst darüber erstaunen. Am merkwürdigsten ist es, daß wir oft im Traume auffahren. Das ganze Traumbild ist in den schwarzen Abgrund versunken, und im neuen, von jenem Bilde ganz unabhängigen Traum tritt uns mit voller Kraft des Lebens ein Bild entgegen, das uns in ferne Gegenden versetzt und plötzlich scheinbar uns ganz fremd gewordene Personen, an die wir seit Jahren nicht mehr dachten, uns entgegenführt. Ja, noch mehr! oft schauen wir auf eben die Weise ganz fremde unbekannte Personen, die wir vielleicht Jahre nachher erst kennen lernen. Das bekannte: Mein Gott, der Mann, die Frau, kommt mir so zum Erstaunen bekannt vor, ich dächt' ich hätt' ihn, sie, schon irgendwo gesehen, ist vielleicht, da dies oft schlechterdings unmöglich, die dunkle Erinnerung an ein solches Traumbild. Wie wenn dies plötzliche Hineinspringen fremder Bilder in unsere Ideenreihe, die uns gleich mit besonderer Kraft zu ergreifen pflegen, eben durch ein fremdes psychisches Prinzip veranlaßt würde? Wie wenn es dem fremden Geiste unter gewissen Umständen möglich wäre, den magnetischen Rapport auch ohne Vorbereitung so herbei zu führen, daß wir uns willenlos ihm fügen müßten?" „So kämen wir," fiel ein Anderer lachend ein, „mit einem gar nicht zu großen Schritt auf die Lehre von Verhexungen, Zauberbildern, Spiegeln und andern unsinnigen abergläubischen Fantastereien längst verjährter alberner Zeit." „Ei," unterbrach der Mediziner den Ungläubigen, „keine Zeit kann verjähren und noch viel weniger hat es jemahls eine alberne Zeit gegeben, wenn wir nicht etwa jede Zeit, in der Menschen zu denken sich unterfangen mögen, mithin auch die unsrige, für albern erkennen wollen. — Es ist ein eignes Ding, etwas geradezu wegläugnen zu wollen, was oft sogar durch streng juristisch geführten Beweis festgestellt ist, und so wenig ich der Meinung bin, daß in dem dunklen geheimnißvollen Reiche, welches unseres Geistes Heimath ist, auch nur ein einziges, unserm blöden Auge recht hell leuchtendes Lämpchen brennt, so ist doch so viel gewiß, daß uns die Natur das Talent und die Neigung der Maulwürfe nicht versagt hat. Wir suchen, verblindet wie wir sind, uns weiter zu arbeiten auf finstern Wegen. Aber so wie der Blinde auf Erden an dem flüsternden Rauschen der Bäume, an dem Murmeln und Plätschern des Wassers, die Nähe des Waldes, der ihn in seinen kühlenden Schatten aufnimmt, des Baches, der den Durstenden labt, erkennt, und so das Ziel seiner Sehnsucht erreicht, so ahnen wir an dem tönenden Flügelschlag unbekannter, uns mit Geisterathem berührender Wesen, daß der Pilgergang uns zur Quelle des Lichts führt, vor dem unsere Augen sich aufthun!“ — Ich konnte mich nicht länger halten; „Sie statuiren also,“ wandte ich mich zu dem Mediziner, „die Einwirkung eines fremden geistigen Prinzips, dem man sich willenlos fügen muß?“ „Ich halte,“ erwiederte der Mediziner, „ich halte, um nicht zu weit zu gehen, diese Einwirkung nicht allein für möglich, sondern auch andern, durch den magnetischen Zustand deutlicher gewordenen Operationen des psychischen Prinzips für ganz homogen.“ „So könnt' es auch,“ fuhr ich fort, „dämonischen Kräften verstattet seyn, feindlich verderbend auf uns zu wirken?" „Schnöde Kunststücke gefallner Geister," erwiederte der Mediziner lächelnd. — „Nein, denen wollen wir nicht erliegen. Und überhaupt bitt' ich, meine Andeutungen für nichts anders zu nehmen, als eben nur für Andeutungen, denen ich noch hinzufüge, daß ich keinesweges an unbedingte Herrschaft eines geistigen Prinzips über das andere glauben, sondern vielmehr annehmen will, daß entweder irgend eine Abhängigkeit, Schwäche des innern Willens, oder eine Wechselwirkung Statt finden muß, die jener Herrschaft Raum giebt." „Nun erst," fing ein ältlicher Mann an, der so lange geschwiegen und nur aufmerksam zugehört, „nun erst kann ich mich mit Ihren seltsamen Gedanken über Geheimnisse, die uns verschlossen bleiben sollen, einigermaßen befreunden. Gibt es geheimnißvolle thätige Kräfte, die mit bedrohlichen Angriffen auf uns zutreten, so kann uns dagegen nur irgend eine Abnormität im geistigen Organism Kraft und Muth zum sieghaften Widerstande rauben. Mit einem Wort, nur geistige Krankheit — die Sünde macht uns unterthan dem dämonischen Prinzip. Merkwürdig ist es, daß von den ältesten Zeiten her die den Menschen im Innersten verstörendste Gemüthsbewegung es war, an der sich dämonische Kräfte übten. Ich meine nichts anders als die Liebesverzauberungen, von denen alle Chroniken voll sind. In tollen Hexenprozessen kommt immer dergleichen vor, und selbst in dem Gesetzbuch eines sehr aufgeklärten Staats wird von den Liebestränken gehandelt, die insofern auch rein psychisch zu wirken bestimmt sind, als sie nicht Liebeslust im Allgemeinen erwecken, sondern unwiderstehlich an eine bestimmte Person bannen sollen. Ich werde in diesen Gesprächen an eine tragische Begebenheit erinnert, die sich in meinem eignen Hause vor weniger Zeit zutrug. Als Bonaparte unser Land mit seinen Truppen überschwemmt hatte, wurde ein Obrister von der italienischen Nobelgarde bei mir einquartirt. Er war einer von den wenigen Offizieren der sogenannten großen Armee, die sich durch ein stilles bescheidnes edles Betragen auszeichneten. Sein todtbleiches Gesicht, seine düstern Augen zeugten von Krankheit oder tiefer Schwermuth. Nur wenige Tage war er bei mir, als sich auch der besondere Zufall kund that, von dem er behaftet. Eben befand ich mich auf seinem Zimmer, als er plötzlich mit tiefen Seufzern die Hand auf die Brust, oder vielmehr auf die Stelle des Magens legte, als empfinde er tödtliche Schmerzen. Er konnte bald nicht mehr sprechen, er war genöthigt sich in den Sopha zu werfen, dann aber verloren plötzlich seine Augen die Sehkraft und er erstarrte zur bewußtlosen Bildsäule. Mit einem Ruck wie aus dem Traume auffahrend, erwachte er endlich, aber vor Mattigkeit konnte er mehrere Zeit hindurch sich nicht regen und bewegen. Mein Arzt, den ich ihm sandte, behandelte ihn, nachdem andere Mittel fruchtlos geblieben, magnetisch, und dies schien zu wirken; wiewohl der Arzt bald davon ablassen mußte, da er selbst beim Magnetisiren des Kranken von einem unerträglichen Gefühl des Uebelseyns ergriffen wurde. Er hatte übrigens des Obristen Zutrauen gewonnen, und dieser sagte ihm, daß in jenen Momenten sich ihm das Bild eines Frauenzimmers nahe, die er in Pisa gekannt; dann würde es ihm als wenn ihre glühenden Blicke in sein Inneres führen, und er fühle die unerträglichsten Schmerzen, bis er in völlige Bewußtlosigkeit versinke. Aus diesem Zustande bleibe ihm ein dumpfer Kopfschmerz, und eine Abspannung, als habe er geschwelgt im Liebesgenuß, zurück. Nie ließ er sich über die näheren Verhältnisse aus, in denen er vielleicht mit jenem Frauenzimmer stand. Die Truppen sollten aufbrechen, gepackt stand der Wagen des Obristen vor der Thüre, er frühstückte, aber in dem Augenblicke, als er ein Glas Madera zum Munde führen wollte, stürzte er mit einem dumpfen Schrei vom Stuhle herab. Er war todt. Die Aerzte fanden ihn vom Nervenschlag getroffen. Einige Wochen nachher wurde ein an den Obristen adressirter Brief bey mir abgegeben. Ich hatte gar kein Bedenken ihn zu öffnen, um vielleicht ein Näheres von den Verwandten des Obristen zu erfahren, und ihnen Nachricht von seinem plötzlichen Tode geben zu können. Der Brief kam von Pisa und enthielt ohne Unterschrift die wenigen Worte: Unglückseliger! Heute, am 7. — um zwölf Uhr Mittag sank Antonia, dein trügerisches Abbild mit liebenden Armen umschlingend, todt nieder! — Ich sah den Kalender nach, in dem ich des Obristen Tod angemerkt hatte und fand, daß Antonia's Todesstunde auch die seinige gewesen.“ — Ich hörte nicht mehr, was der Mann noch seiner Geschichte hinzusetzte; denn in dem Entsetzen, das mich ergriffen, als ich in des italienischen Obristen Zustand den meinigen erkannte, ging mit wüthendem Schmerz eine solche wahnsinnige Sehnsucht nach dem unbekannten Bilde auf, daß ich davon überwältigt aufspringen und hineilen mußte nach dem verhängnißvollen Hause. Es war mir in der Ferne, als säh' ich Lichter blitzen, durch die festverschlossenen Jalousien, aber der Schein verschwand, als ich näher kam. Rasend vor dürstendem Liebesverlangen stürzte ich auf die Thür; sie wich meinem Druck, ich stand auf dem matt erleuchteten Hausflur, von einer dumpfen, schwülen Luft umfangen. Das Herz pochte mir vor seltsamer Angst und Ungeduld, da ging ein langer, schneidender, aus weiblicher Kehle strömender Ton durch das Haus, und ich weiß selbst nicht, wie es geschah, daß ich mich plötzlich in einem mit vielen Kerzen hell erleuchteten Saale befand, der in alterthümlicher Pracht mit vergoldeten Meublen und seltsamen japanischen Gefäßen verziert war. Starkduftendes Räucherwerk wallte in blauen Nebelwolken auf mich zu. „Willkommen — willkommen, süßer Bräutigam — die Stunde ist da, die Hochzeit nah!“ — So rief laut und lauter die Stimme eines Weibes, und eben so wenig, als ich weiß, wie ich plötzlich in den Saal kam, eben so wenig vermag ich zu sagen, wie es sich begab, daß plötzlich aus dem Nebel eine hohe jugendliche Gestalt in reichen Kleidern hervorleuchtete. Mit dem wiederholten gellenden Ruf: „Willkommen süßer Bräutigam,“ trat sie mit ausgebreiteten Armen mir entgegen — und ein gelbes, von Alter und Wahnsinn gräßlich verzerrtes Antlitz starrte mir in die Augen. Von tiefem Entsetzen durchbebt wankte ich zurück; wie durch den glühenden, durchbohrenden Blick der Klapperschlange fest gezaubert, konnte ich mein Auge nicht abwenden von dem gräulichen alten Weibe, konnte ich keinen Schritt weiter mich bewegen. Sie trat näher auf mich zu, da war es mir, als sei das scheußliche Gesicht nur eine Maske von dünnem Flor, durch den die Züge jenes holden Spiegelbildes durchblickten. Schon fühlt' ich mich von den Händen des Weibes berührt, als sie laut aufkreischend vor mir zu Boden sank und hinter mir eine Stimme rief: „Hu hu! — treibt schon wieder der Teufel sein Bocksspiel mit Ew. Gnaden, zu Bette, zu Bette, meine Gnädigste, sonst setzt es Hiebe, gewaltige Hiebe!“ — Ich wandte mich rasch um und erblickte den alten Hausverwalter im bloßen Hemde, eine tüchtige Peitsche über dem Haupte schwingend. Er wollte losschlagen auf die Alte, die sich heulend am Boden krümmte. Ich fiel ihm in den Arm, aber mich von sich schleudernd rief er: „Donnerwetter, Herr, der alte Satan hätte Sie ermordet, kam ich nicht dazwischen — fort, fort, fort.“ — Ich stürzte zum Saal heraus, vergebens sucht' ich in dicker Finsterniß die Thür des Hauses. Nun hört' ich die zischenden Hiebe der Peitsche und das Jammergeschrei der Alten. Laut wollte ich um Hülfe rufen, als der Boden unter meinen Füßen schwand, ich fiel eine Treppe herab und traf auf eine Thür so hart, daß sie aufsprang und ich der Länge nach in ein kleines Zimmer stürzte. An dem Bette, das jemand so eben verlassen zu haben schien, an dem kaffeebraunen, über einen Stuhl gehängten Rocke mußte ich augenblicklich die Wohnung des alten Hausverwalters erkennen. Wenige Augenblicke nachher polterte es die Treppe herab, der Hausverwalter stürzte herein und hin zu meinen Füßen. „Um aller Seligkeit willen,“ flehte er mit aufgehobenen Händen, „um aller Seligkeit willen, wer Sie auch seyn mögen, wie der alte gnädige Herensatan Sie auch hieher gelockt haben mag, verschweigen Sie, was hier geschehen, sonst komme ich um Amt und Brot! — Die wahnsinnige Excellenz ist abgestraft und liegt gebunden im Bette. O schlafen Sie doch, geehrtester Herr! recht sanft und süß. — Ja ja, das thun Sie doch fein — eine schöne warme Julius Nacht, zwar kein Mondschein, aber beglückter Sternenschimmer. — Nun ruhige, glückliche Nacht.“ — Unter diesen Reden war der Alte aufgesprungen, hatte ein Licht genommen, mich herausgebracht aus dem Souterrain, mich zur Thüre hinausgeschoben und diese fest verschlossen. Ganz verstört eilt' ich nach Hause, und Ihr könnt wohl denken, daß ich, zu tief von dem grauenvollen Geheimniß ergriffen, auch nicht den mindesten nur wahrscheinlichen Zusammenhang der Sache mir in den ersten Tagen denken konnte. Nur so viel war gewiß, daß, hielt mich so lange ein böser Zauber gefangen, dieser jetzt in der That von mir abgelassen hatte. Alle schmerzliche Sehnsucht nach dem Zauberbilde in dem Spiegel war gewichen, und bald gemahnte mich jener Auftritt im öden Gebäude wie das unvermuthete Hineingerathen in ein Tollhaus. Daß der Hausverwalter zum tyrannischen Wächter einer wahnsinnigen Frau von vornehmer Geburt, deren Zustand vielleicht der Welt verborgen bleiben sollte, bestimmt worden, daran war nicht zu zweifeln, wie aber der Spiegel — das tolle Zauberwesen überhaupt — doch weiter — weiter!

Später begab es sich, daß ich in zahlreicher Gesellschaft den Grafen P. fand, der mich in eine Ecke zog und lachend sprach: „Wissen Sie wohl, daß sich die Geheimnisse unseres öden Hauses zu enthüllen anfangen?“ Ich horchte hoch auf, aber indem der Graf weiter erzählen wollte, öffneten sich die Flügelthüren des Eßsaals, man ging zur Tafel. Ganz vertieft in Gedanken an die Geheimnisse, die mir der Graf entwickeln wollte, hatte ich einer jungen Dame den Arm geboten und war mechanisch der in steifem Zeremoniell sehr langsam daher schreitenden Reihe gefolgt. Ich führe meine Dame zu dem offnen Platz, der sich uns darbietet, schaue sie nun erst recht an und — erblicke mein Spiegelbild in den getreusten Zügen, so daß gar keine Täuschung möglich ist. Daß ich im Innersten erbebte, könnt Ihr Euch wohl denken, aber eben so muß ich Euch versichern, daß sich auch nicht der leiseste Anklang jener verderblichen wahnsinnigen Liebeswuth in mir regte, die mich ganz und gar befing, wenn mein Hauch das wunderbare Frauenbild aus dem Spiegel hervor rief. — Meine Befremdung, noch mehr, mein Erschrecken muß lesbar gewesen seyn in meinem Blick, denn das Mädchen sah mich ganz verwundert an, so daß ich für nöthig hielt, mich so, wie ich nur konnte, zusammen zu nehmen, und so gelassen als möglich anzuführen, daß eine lebhafte Erinnerung mich gar nicht zweifeln lasse, sie schon irgendwo gesehen zu haben. Die kurze Abfertigung, daß dies wohl nicht gut der Fall seyn könne, da sie gestern erst und zwar das erste Mal in ihrem Leben nach ***n gekommen, machte mich im eigentlichsten Sinn des Worts etwas verblüfft. Ich verstummte. Nur der Engelsblick, den die holdseligen Augen des Mädchens mir zuwarfen, half mir wieder auf. Ihr wißt, wie man bei derlei Gelegenheit die geistigen Fühlhörner ausstrecken und leise, leise tasten muß, bis man die Stelle findet, wo der angegebene Ton wieder klingt. So macht' ich es und fand bald, daß ich ein zartes, holdes, aber in irgend einem psychischen Ueberreiz verkränkeltes Wesen neben mir hatte. Bey irgend einer heitern Wendung des Gesprächs, vorzüglich wenn ich zur Würze wie scharfen Cayenne Pfeffer irgend ein keckes bizarres Wort hineinstreute, lächelte sie zwar, aber seltsam schmerzlich, wie zu hart berührt. „Sie sind nicht heiter, meine Gnädige, vielleicht der Besuch heute Morgen.“ — So redete ein nicht weit entfernt sitzender Offizier meine Dame an, aber in dem Augenblick faßte ihn sein Nachbar schnell beim Arm und sagte ihm etwas ins Ohr, während eine Frau an der andern Seite des Tisches Gluth auf den Wangen und im Blick laut der herrlichen Oper erwähnte, deren Darstellung sie in Paris gesehen und mit der heutigen vergleichen werde. — Meiner Nachbarin stürzten die Thränen aus den Augen: „Bin ich nicht ein albernes Kind,“ wandte sie sich zu mir. Schon erst hatte sie über Migraine geklagt. „Die gewöhnliche Folge des nervösen Kopfschmerzes,“ erwiederte ich daher mit unbefangenem Ton, „wofür nichts besser hilft, als der muntre kecke Geist, der in dem Schaum dieses Dichtergetränks sprudelt.“

Mit diesen Worten schenkte ich Champagner, den sie erst abgelehnt, in ihr Glas ein, und indem sie davon nippte, dankte ihr Blick meiner Deutung der Thränen, die sie nicht zu bergen vermochte. Es schien heller geworden in ihrem Innern und alles wäre gut gegangen, wenn ich nicht zuletzt unversehends hart an das vor mir stehende englische Glas gestoßen, so daß es in gellender schneidender Höhe ertönte. Da erbleichte meine Nachbarin bis zum Tode, und auch mich ergriff ein plötzliches Grauen, weil der Ton mir die Stimme der wahnsinnigen Alten im öden Hause schien. — Während daß man Kaffee nahm, fand ich Gelegenheit, mich dem Grafen P. zu nähern; er merkte gut, warum. „Wissen Sie wohl, daß Ihre Nachbarin die Gräfin Edwine von S. war? — Wissen Sie wohl, daß in dem öden Hause die Schwester ihrer Mutter, schon seit Jahren unheilbar wahnsinnig, eingesperrt gehalten wird? — Heute Morgen waren beide, Mutter und Tochter, bey der Unglücklichen. Der alte Hausverwalter, der einzige, der den gewaltsamen Ausbrüchen des Wahnsinns der Gräfin zu steuern wußte, und dem daher die Aufsicht über sie übertragen wurde, liegt todtkrank, und man sagt, daß die Schwester endlich dem Doktor K. das Geheimniß anvertraut, und daß dieser noch die letzten Mittel versuchen wird, die Kranke, wo nicht herzustellen, doch von der entsetzlichen Tobsucht, in die sie zuweilen ausbrechen soll, zu retten. Mehr weiß ich vor der Hand nicht." — Andere traten hinzu, das Gespräch brach ab. — Doktor K. war nun gerade derjenige, an den ich mich, meines räthselhaften Zustandes halber, gewandt, und Ihr möget Euch wohl vorstellen, daß ich, so bald es seyn konnte, zu ihm eilte, und alles, was mir seit der Zeit widerfahren, getreulich erzählte. Ich forderte ihn auf, zu meiner Beruhigung, so viel als er von der wahnsinnigen Alten wisse, zu sagen, und er nahm keinen Anstand, mir, nachdem ich ihm strenge Verschwiegenheit gelobt, folgendes anzuvertrauen.

Angelika, Gräfin von Z. (so fing der Doktor an) unerachtet in die Dreyßig vorgerückt, stand noch in der vollsten Blüthe wunderbarer Schönheit, als der Graf von S., der viel jünger an Jahren, sie hier in ***n bey Hofe sah, und sich in ihren Reizen so verfing, daß er zur Stunde die eifrigsten Bewerbungen begann und selbst, als zur Sommerszeit die Gräfin auf die Güter ihres Vaters zurück kehrte, ihr nachreiste, um seine Wünsche, die nach Angelika's Benehmen durchaus nicht hoffnungslos zu seyn schienen, dem alten Grafen zu eröffnen. Kaum war Graf S. aber dort angekommen, kaum sah er Angelika's jüngere Schwester Gabriele, als er wie aus einer Bezauberung erwachte. In verblühter Farblosigkeit stand Angelika neben Gabrielen, deren Schönheit und Anmuth den Grafen S. unwiderstehlich hinriß, und so kam es, daß er, ohne Angelika weiter zu beachten, um Gabriele'ns Hand warb, die ihm der alte Graf Z. um so lieber zusagte, als Gabriele gleich die entschiedenste Neigung für den Grafen S. zeigte. Angelika äußerte nicht den mindesten Verdruß über die Untreue ihres Liebhabers. „Er glaubt mich verlassen zu haben. Der thörichte Knabe! er merkt nicht, daß nicht ich, daß er mein Spielzeug war, das ich wegwarf!“ — So sprach sie in stolzem Hohn, und in der That, ihr ganzes Wesen zeigte, daß es wohl Ernst seyn mochte mit der Verachtung des Ungetreuen. Uebrigens sah man, sobald das Bündniß Gabriele'ns mit dem Grafen von S. ausgesprochen war, Angelika sehr selten. Sie erschien nicht bey der Tafel und man sagte, sie schweife einsam im nächsten Walde umher, den sie längst zum Ziel ihrer Spaziergänge gewählt hatte. — Ein sonderbarer Vorfall störte die einförmige Ruhe, die im Schlosse herrschte. Es begab sich, daß die Jäger des Grafen von Z., unterstützt von den in großer Anzahl aufgebotenen Bauern, endlich eine Zigeunerbande eingefangen hatten, der man die Mordbrennereien und Räubereien, welche seit kurzer Zeit so häufig in der Gegend vorfielen, Schuld gab. An eine lange Kette geschlossen brachte man die Männer, gebunden auf einen Wagen gepackt die Weiber und Kinder auf den Schloßhof. Manche trotzige Gestalt, die mit wildem funkelnden Blick, wie ein gefesselter Tiger, keck umherschaute, schien den entschlossenen Räuber und Mörder zu bezeichnen, vorzüglich fiel aber ein langes, hageres, entsetzliches Weib, in einen blutrothen Shawl vom Kopf bis zu Fuß gewickelt, ins Auge, die aufrecht im Wagen stand, und mit gebietender Stimme rief: man solle sie herabsteigen lassen, welches auch geschah. Der Graf von Z. kam auf den Schloßhof und befahl eben, wie man die Bande abgesondert in den festen Schloßgefängnissen vertheilen solle, als mit fliegenden Haaren, Entsetzen und Angst in bleichem Gesicht, Gräfin Angelika aus der Thür hinausstürzte, und auf die Kniee geworfen mit schneidender Stimme rief: „Diese Leute los — diese Leute los — sie sind unschuldig, unschuldig — Vater, laß diese Leute los! — ein Tropfen Blut's vergossen an einem von diesen und ich stoße mir dieses Messer in die Brust!“ — Damit schwang die Gräfin ein spiegelblankes Messer in den Lüften und sank ohnmächtig nieder. „Ei mein schönes Püppchen, mein trautes Goldkind, das wußt ich ja wohl, daß du es nicht leiden würdest!“ — So meckerte die rothe Alte. Dann kauerte sie nieder neben der Gräfin und bedeckte Gesicht und Busen mit ekelhaften Küssen, indem sie fortwährend murmelte: „Blanke Tochter, blanke Tochter —

wach' auf, wach' auf, der Bräutigam kommt — hei hei blanker Bräutigam kommt." Damit nahm die Alte eine Phiole hervor, in der ein kleiner Goldfisch in silberhellem Spiritus auf und ab zu gaukeln schien. Diese Phiole hielt die Alte der Gräfin an das Herz, augenblicklich erwachte sie, aber kaum erblickte sie das Zigeunerweib, als sie aufsprang, das Weib heftig und brünstig umarmte und dann mit ihr davon eilte in das Schloß hinein. Der Graf von Z. — Gabriele, ihr Bräutigam, die unterdessen erschienen, schauten ganz erstarrt und von seltsamen Grauen ergriffen, das Alles an. Die Zigeuner blieben ganz gleichgültig und ruhig, sie wurden nun abgelöst von der Kette, und einzeln gefesselt in die Schloßgefängnisse geworfen. Am andern Morgen ließ der Graf von Z. die Gemeinde versammeln, die Zigeuner wurden vorgeführt, der Graf erklärte laut, daß sie ganz unschuldig wären an allen Räubereien, die in der Gegend verübt, und daß er ihnen freien Durchzug durch sein Gebiet verstatte, worauf sie entfesselt und zum Erstaunen aller mit Pässen wohl versehen entlassen wurden. Das rothe Weib wurde vermißt. Man wollte wissen, daß der Zigeunerhauptmann, kenntlich an den goldnen Ketten um den Hals und dem rothen Federbusch an dem spanisch niedergekrempten Hut, Nachts auf dem Zimmer des Barons gewesen. Einige Zeit nachher ward es unbezweifelt dargethan, daß die Zigeuner an dem Rauben und Morden in dem Gebiet umher in der That auch nicht den mindesten Antheil hatten. — Gabriele's Hochzeit rückte heran, mit Erstaunen bemerkte sie eines Tages, daß mehrere Rüstwagen mit Meublen, Kleidungsstücken, Wäsche, kurz, mit einer ganz vollständigen Hauseinrichtung bepackt wurden und abfuhren. Andern Morgens erfuhr sie, daß Angelika begleitet von dem Kammerdiener des

Grafen S. und einer vermummten Frau, die der alten rothen Zigeunerin ähnlich gesehen, Nachts abgereiset sey. Graf Z. löste das Räthsel, indem er erklärte, daß er sich aus gewissen Ursachen genöthiget gesehen, den freilich seltsamen Wünschen Angelika's nachzugeben, und ihr nicht allein das in ***n belegne Haus in der Allee als Eigenthum zu schenken, sondern auch zu erlauben, daß sie dort einen eignen, ganz unabhängigen Haushalt führe, wobei sie sich bedungen, daß keiner aus der Familie, ihn selbst nicht ausgenommen, ohne ihre ausdrückliche Erlaubniß das Haus betreten solle. Der Graf von S. fügte hinzu, daß auf Angelikas dringenden Wunsch er seinen Kammerdiener ihr überlassen müssen, der mit gereiset sey nach ***n. Die Hochzeit wurde vollzogen, Graf S. ging mit seiner Gemahlin nach D. und ein Jahr verging ihnen in ungetrübter Heiterkeit. Dann fing aber der Graf an auf ganz eigne Weise zu kränkeln. Es war, als wenn ihm ein geheimer Schmerz alle Lebenslust, alle Lebenskraft raube, und vergebens waren alle Bemühungen seiner Gemahlin, das Geheimniß ihm zu entreißen, das sein Innerstes verderblich zu verstören schien. — Als endlich tiefe Ohnmachten seinen Zustand lebensgefährlich machten, gab er den Aerzten nach und ging angeblich nach Pisa. — Gabriele konnte nicht mitreisen, da sie ihrer Niederkunft entgegen sah, die indessen erst nach mehrern Wochen erfolgte. — „Hier," sprach der Arzt, „werden die Mittheilungen der Gräfin Gabriele von S. so rhapsodisch, daß nur ein tieferer Blick den näheren Zusammenhang auffassen kann." — Genug — ihr Kind, ein Mädchen, verschwindet auf unbegreifliche Weise aus der Wiege, alle Nachforschungen bleiben vergebens — ihre Trostlosigkeit geht bis zur Verzweiflung, als zur selbigen Zeit Graf von Z. ihr die entsetzliche Nachricht schreibt, daß er den Schwiegersohn, den er auf dem Wege nach Pisa glaubte; in ***n und zwar in Angelika's Hause, vom Nervenschlage zum Tode getroffen, gefunden; daß Angelika in furchtbaren Wahnsinn gerathen sey und daß er solchen Jammer wohl nicht lange tragen werde. — So wie Gabriele von S. nur einige Kräfte gewonnen, eilt sie auf die Güter des Vaters; in schlafloser Nacht das Bild des verlornen Gatten, des verlornen Kindes vor Augen, glaubt sie ein leises Wimmern vor der Thüre des Schlafzimmers zu vernehmen; ermuthigt, zündet sie die Kerzen des Armleuchters bei der Nachtlampe an und tritt heraus. — Heiliger Gott! niedergekauert zur Erde, in den rothen Shawl gewickelt, starrt das Zigeunerweib mit stierem, leblosem Blick ihr in die Augen — in den Armen hält sie ein kleines Kind, das so ängstlich wimmert; das Herz schlägt der Gräfin hoch auf in der Brust! — es ist ihr Kind! — es ist die verlorne Tochter! — Sie reißt das Kind der Zigeunerin aus den Armen, aber in diesem Augenblick kugelt diese um, wie eine leblose Puppe. Auf das Angstgeschrei der Gräfin wird alles wach, man eilt hinzu, man findet das Weib todt auf der Erde, kein Belebungsmittel wirkt und der Graf läßt sie einscharren. — Was bleibt übrig, als nach ***n zur wahnsinnigen Angelika zu eilen, und vielleicht dort das Geheimniß mit dem Kinde zu erforschen. Alles hat sich verändert. Angelika's wilde Raserei hat alle weibliche Dienstboten entfernt, nur der Kammerdiener ist geblieben. Angelika ist ruhig und vernünftig geworden. Als der Graf die Geschichte von Gabriele'ns Kinde erzählt, schlägt sie die Hände zusammen, und ruft mit lautem Lachen: Ist's Püppchen angekommen? — richtig angekommen? — eingescharrt, eingescharrt? O Jemine, wie prächtig sich der Goldfasan schüttelt! wißt ihr nichts vom grünen Löwen mit den blauen Gluthaugen? — Mit Entsetzen bemerkt der Graf die Rückkehr des Wahnsinns, indem plötzlich Angelika's Gesicht die Züge des Zigeunerweibes anzunehmen scheint, und beschließt, die Arme mitzunehmen auf die Güter, welches der alte Kammerdiener widerräth. In der That bricht auch der Wahnsinn Angelika's in Wuth und Raserei aus, sobald man Anstalten macht, sie aus dem Hause zu entfernen. — In einem lichten Zwischenraum beschwört Angelika mit heißen Thränen den Vater, sie in dem Hause sterben zu lassen, und tiefgerührt bewilligt er dies, wiewohl er das Geständniß, das dabei ihren Lippen entflieht, nur für das Erzeugniß des aufs neue ausbrechenden Wahnsinns hält. Sie bekennt, daß Graf S. in ihre Arme zurückgekehrt, und daß das Kind, welches die Zigeunerin ins Haus des Grafen von Z. brachte, die Frucht dieses Bündnisses sey. — In der Residenz glaubt man, daß der Graf von Z. die Unglückliche mitgenommen hat auf die Güter, indessen sie hier tiefverborgen und der Aufsicht des Kammerdieners übergeben in dem verödeten Hause bleibt. — Graf von Z. ist gestorben vor einiger Zeit, und Gräfin Gabriele von S. kam mit Edmonden her, um Familienangelegenheiten zu berichtigen. Sie durfte es sich nicht versagen, die unglückliche Schwester zu sehen. Bei diesem Besuch muß sich Wunderliches ereignet haben, doch hat mir die Gräfin nichts darüber vertraut, sondern nur im Allgemeinen gesagt, daß es nun nöthig geworden, dem alten Kammerdiener die Unglückliche zu entreißen. Einmal habe er, wie es herausgekommen, durch harte grausame Mißhandlungen den Ausbrüchen des Wahnsinns zu steuern gesucht, dann aber, durch Angelika's Vorspieglung, daß sie Gold zu machen verstehe, sich verleiten lassen, mit ihr allerlei sonderbare Operationen vorzunehmen und ihr alles Nöthige dazu herbeizuschaffen. — „Es würde wohl (so schloß der Arzt seine Erzählung) ganz überflüssig seyn, Sie, gerade Sie auf den tiefern Zusammenhang aller dieser seltsamen Dinge aufmerksam zu machen. Es ist mir gewiß, daß Sie die Katastrophe herbeigeführt haben, die der Alten Genesung oder baldigen Tod bringen wird. Uebrigens mag ich jetzt nicht verhehlen, daß ich mich nicht wenig entsetzte, als ich, nachdem ich mich mit Ihnen in magnetischen Rapport gesetzt, ebenfalls das Bild im Spiegel sah. Daß dies Bild Edmonde war, wissen wir nun beide.“ —

Eben so, wie der Arzt glaubte, für mich nichts hinzufügen zu dürfen, eben so halte ich es für ganz unnütz, mich nun noch darüber etwa zu verbreiten, in welchem geheimen Verhältniß Angelika, Edmonde, ich und der alte Kammerdiener standen, und wie mystische Wechselwirkungen ein dämonisches Spiel trieben. Nur so viel sage ich noch, daß mich nach diesen Begebenheiten ein drückendes, unheimliches Gefühl aus der Residenz trieb, welches erst nach einiger Zeit mich plötzlich verließ. Ich glaube, daß die Alte in dem Augenblick, als ein ganz besonderes Wohlseyn mein Innerstes durchströmte, gestorben ist. So endete Theodor seine Erzählung. Noch Manches sprachen die Freunde über Theodors Abenteuer und gaben ihm Recht, daß sich darin das Wunderliche mit dem Wunderbaren auf seltsame grauliche Weise mische. — Als sie schieden, nahm Franz Theodors Hand und sprach, sie leise schüttelnd, mit beinahe wehmüthigem Lächeln: Gute Nacht, du Spalanzanische Fledermaus!

Das Majorat.

Dem Gestade der Ostsee unfern liegt das Stammschloß der Freiherrlich von R..schen Familie, R..sitten genannt. Die Gegend ist rauh und öde, kaum entsprießt hin und wieder ein Grashalm dem bodenlosen Triebsande, und statt des Gartens, wie er sonst das Herrenhaus zu zieren pflegt, schließt sich an die nackten Mauern nach der Landseite hin ein dürftiger Föhrenwald, dessen ewige, düstre Trauer den bunten Schmuck des Frühlings verschmäht, und in dem, statt des fröhlichen Jauchzens der zu neuer Lust erwachten Vögelein nur das schaurige Gekrächze der Raben, das schwirrende Kreischen der Sturmverkündenden Möven wiederhallt. Eine Viertelstunde davon ändert sich plötzlich die Natur. Wie durch einen Zauberschlag ist man in blühende Felder, üppige Aecker und Wiesen versetzt. Man erblickt das große, reiche Dorf mit dem geräumigen Wohnhause des Wirthschaftsinspektors. An der Spitze eines freundlichen Erlenbusches sind die Fundamente eines großen Schlosses sichtbar, das einer der vormaligen Besitzer aufzubauen im Sinne hatte. Die Nachfolger, auf ihren Gütern in Curland hausend, ließen den Bau liegen, und auch der Freiherr Roderich von R., der wiederum seinen Wohnsitz auf dem Stammgute nahm, mochte nicht weiter bauen, da seinem finstern, menschenscheuen

Wesen der Aufenhalt in dem alten, einsam liegenden Schlosse zusagte. Er ließ das verfallene Gebäude, so gut es gehen wollte, herstellen, und sperrte sich darin ein, mit einem grämlichen Hausverwalter und geringer Dienerschaft. Nur selten sah' man ihn im Dorfe, dagegen ging und ritt er oft am Meeresstrande hin und her, und man wollte aus der Ferne bemerkt haben, wie er in die Wellen hineinsprach und dem Brausen und Zischen der Brandung zuhorchte, als vernehme er die antwortende Stimme des Meergeistes. Auf der höchsten Spitze des Wartthurms hatte er ein Cabinett einrichten und mit Fernröhren — mit einem vollständigen astronomischen Apparat versehen lassen; da beobachtete er Tages, nach dem Meer hinausschauend, die Schiffe, die oft gleich weißbeschwingten Meervögeln am fernen Horizont vorüberflogen. Sternenhelle Nächte brachte er hin mit astronomischer, oder, wie man wissen wollte, mit astrologischer Arbeit, worin ihm der alte Hausverwalter beistand. Ueberhaupt ging zu seinen Lebzeiten die Sage, daß er geheimer Wissenschaft, der sogenannten schwarzen Kunst, ergeben sey, und daß eine verfehlte Operation, durch die ein hohes Fürstenhaus auf das empfindlichste gekränkt wurde, ihn aus Curland vertrieben habe. Die leiseste Erinnerung an seinen dortigen Aufenthalt erfüllte ihn mit Entsetzen, aber alles sein Leben verstörende, was ihm dort geschehen, schrieb er lediglich der Schuld der Vorfahren zu, die die Ahnenburg böslich verließen. Um für die Zukunft wenigstens das Haupt der Familie an das Stammhaus zu fesseln, bestimmte er es zu einem Majoratsbesitzthum. Der Landesherr bestätigte die Stiftung um so lieber, als dadurch eine, an ritterlicher Tugend reiche Familie, deren Zweige schon in das Ausland herüberrankten, für das Vaterland gewonnen werden sollte.

Weder Roderichs Sohn, Hubert, noch der jetzige Majoratsherr, wie sein Großvater Roderich geheißen, mochte indessen in dem Stammschlosse hausen, beide blieben in Curland. Man mußte glauben, daß sie, heit'rer und lebenslustiger gesinnt, als der düstre Ahnherr, die schaurige Oede des Aufenthalts scheuten. Freiherr Roderich hatte zwei alten, unverheiratheten Schwestern seines Vaters, die mager ausgestattet in Dürftigkeit lebten, Wohnung und Unterhalt auf dem Gute gestattet. Diese saßen mit einer bejahrten Dienerin in den kleinen warmen Zimmern des Nebenflügels, und außer ihnen und dem Koch, der im Erdgeschoß ein großes Gemach neben der Küche inne hatte, wankte in den hohen Zimmern und Sälen des Hauptgebäudes nur noch ein abgelebter Jäger umher, der zugleich die Dienste des Castellans versah. Die übrige Dienerschaft wohnte im Dorfe bei dem Wirthschaftsinspektor. Nur in später Herbstzeit, wenn der erste Schnee zu fallen begann, und die Wolfs-, die Schweinsjagden aufgingen, wurde das öde, verlassene Schloß lebendig. Dann kam Freiherr Roderich mit seiner Gemahlin, begleitet von Verwandten, Freunden und zahlreichem Jagdgefolge herüber aus Curland. Der benachbarte Adel, ja selbst jagdlustige Freunde aus der nahe liegenden Stadt fanden sich ein, kaum vermochten Hauptgebäude und Nebenflügel die zuströmenden Gäste zu fassen, in allen Oefen und Kaminen knisterten reichlich zugeschürte Feuer, vom grauen Morgen bis in die Nacht hinein schnurrten die Bratenwender, Trepp' auf, Trepp' ab liefen hundert lustige Leute, Herren und Diener, dort erklangen angestoßene Pokale und fröhliche Jägerlieder, hier die Tritte der nach gellender Musik Tanzenden, überall lautes Jauchzen und Gelächter, und so glich vier bis sechs Wochen hindurch das Schloß mehr einer prächtigen, an vielbefahrner Landstraße liegenden Herberge, als der Wohnung des Gutsherrn. Freiherr Roderich widmete diese Zeit, so gut es sich nur thun ließ, ernstem Geschäfte, indem er, zurückgezogen aus dem Strudel der Gäste, die Pflichten des Majoratsherrn erfüllte. Nicht allein, daß er sich vollständige Rechnung der Einkünfte legen ließ, so hörte er auch jeden Vorschlag irgend einer Verbesserung, so wie die kleinste Beschwerde seiner Unterthanen an, und suchte alles zu ordnen, jedem Unrechten oder Unbilligen zu steuern, wie er es nur vermochte. In diesen Geschäften stand ihm der alte Advokat V., von Vater auf Sohn vererbter Geschäftsträger des R..schen Hauses und Justitiarius der in P. liegenden Güter, redlich bei, und V. pflegte daher schon acht Tage vor der bestimmten Ankunft des Freiherrn nach dem Majoratsgute abzureisen. Im Jahr 179— war die Zeit gekommen, daß der alte V. nach R..sitten reisen sollte. So lebenskräftig der Greis von siebzig Jahren sich auch fühlte, mußte er doch glauben, daß eine hülfreiche Hand im Geschäft ihm wohlthun werde. Wie im Scherz sagte er daher eines Tages zu mir: „Vetter!" (so nannte er mich, seinen Großneffen, da ich seine Vornamen erhielt) „Vetter! — ich dächte, du ließest dir einmal etwas Seewind um die Ohren sausen und käm'st mit mir nach R..sitten. Außerdem, daß du mir wacker beistehen kannst in meinem manchmal bösen Geschäft, so magst du dich auch einmal im wilden Jägerleben versuchen und zusehen, wie, nachdem du einen Morgen ein zierliches Protokoll geschrieben, du den andern solch trotzigem Thier, als da ist ein langbehaarter, gräulicher Wolf, oder ein zahnfletschender Eber, ins funkelnde Auge zu schauen, oder gar es mit einem tüchtigen Büchsenschuß zu erlegen verstehest." Nicht so viel Seltsames von der lustigen Jagdzeit in R..sitten hätte ich schon hören, nicht so mit ganzer Seele dem herrlichen alten Großonkel anhängen müssen, um nicht hocherfreut zu seyn, daß er mich diesmal mitnehmen wolle. Schon ziemlich geübt in derlei Geschäften, wie er sie vorhatte, versprach ich mit tapferm Fleiß ihm alle Mühe und Sorge abzunehmen. Andern Tages saßen wir in tüchtige Pelze eingehüllt im Wagen und fuhren durch dickes, den einbrechenden Winter verkündendes Schneegestöber nach R..sitten. — Unterwegs erzählte mir der Alte manches Wunderliche von dem Freiherrn Roderich, der das Majorat stiftete und ihn seines Jünglingsalters ungeachtet zu seinem Justitiarius und Testamentsvollzieher ernannte. Er sprach von dem rauhen, wilden Wesen, das der alte Herr gehabt, und das sich auf die ganze Familie zu vererben schiene, da selbst der jetzige Majoratsherr, den er als sanftmüthigen, beinahe weichlichen Jüngling gekannt, von Jahr zu Jahr mehr davon ergriffen werde. Er schrieb mir vor, wie ich mich keck und unbefangen betragen müßte, um in des Freiherrn Augen was werth zu seyn und kam endlich auf die Wohnung im Schlosse, die er ein für allemal gewählt, da sie warm, bequem und so abgelegen sey, daß wir uns, wenn und wie wir wollten, dem tollen Getöse der jubilirenden Gesellschaft entziehen könnten. In zwei kleinen, mit warmen Tapeten behangenen Zimmern, dicht neben dem großen Gerichtssaal im Seitenflügel, dem gegenüber, wo die alten Fräuleins wohnten, da wäre ihm jedesmal seine Residenz bereitet. Endlich nach schneller, aber beschwerlicher Fahrt kamen wir in tiefer Nacht nach R..sitten. Wir fuhren durch das Dorf, es war gerade Sonntag, im Kruge Tanzmusik und fröhlicher Jubel, des Wirthschaftsinspektors Haus von unten bis oben erleuchtet, drinnen auch Musik und Gesang; desto schauerlicher wurde die Oede, in die wir nun hineinfuhren. Der Seewind heulte in schneidenden Jammertönen herüber und, als habe er sie aus tiefem Zauberschlaf geweckt, stöhnten die düstern Föhren ihm nach in dumpfer Klage. Die nackten schwarzen Mauern des Schlosses stiegen empor aus dem Schneegrunde, wir hielten an dem verschlossenen Thor. Aber da half kein Rufen, kein Peitschengeknalle, kein Hämmern und Pochen, es war, als sey alles ausgestorben, in keinem Fenster ein Licht sichtbar. Der Alte ließ seine starke dröhnende Stimme erschallen: „Franz — Franz! — Wo steckt Ihr denn? — Zum Teufel, rührt Euch! — Wir erfrieren hier am Thor! Der Schnee schmeißt einem ja das Gesicht blutrünstig — rührt Euch, zum Teufel.“ Da fing ein Hofhund zu winseln an, ein wandelndes Licht wurde im Erdgeschosse sichtbar, Schlüssel klapperten und bald knarrten die gewichtigen Thorflügel auf. „Ei schön willkommen, schön willkommen Herr Justitiarius, ei in dem unsaubern Wetter!“ So rief der alte Franz, indem er die Laterne hoch in die Höhe hob, so daß das volle Licht auf sein verschrumpftes, zum freundlichen Lachen sonderbar verzogenes Gesicht fiel. Der Wagen fuhr in den Hof, wir stiegen aus und nun gewahrte ich erst ganz des alten Bedienten seltsame, in eine altmodische, weite, mit vielen Schnüren wunderlich ausstaffirte Jägerlivrei gehüllte Gestalt. Ueber die breite weiße Stirn legten sich nur ein Paar graue Löckchen, der untere Theil des Gesichts hatte die robuste Jägerfarbe, und unerachtet die verzogenen Muskeln das Gesicht zu einer beinahe abenteuerlichen Maske formten, söhnte doch die etwas dümmliche Gutmüthigkeit, die aus den Augen leuchtete und um den Mund spielte, alles wieder aus. „Nun, alter Franz,“ fing der Großonkel an, indem er sich im Vorsaal den Schnee vom Pelze abklopfte, „nun, alter Franz, ist alles bereitet, sind die Tapeten in meinen Stuben abgestaubt, sind die Betten hineingetragen, ist gestern und heute tüchtig geheitzt worden?" „Nein," erwiederte Franz sehr gelassen, „nein, mein werthester Herr Justitiarius, das ist alles nicht geschehen." „Herr Gott!" fuhr der Großonkel auf, „ich habe ja zeitig genug geschrieben, ich komme ja stets nach dem richtigen Datum; das ist ja eine Tölpelei, nun kann ich in eiskalten Zimmern hausen." „Ja, werthester Herr Justitiarius," sprach Franz weiter, indem er sehr sorglich mit der Lichtscheere von dem Dochte einen glimmenden Räuber abschnippte und ihn mit dem Fuße austrat, „ja sehn Sie, das alles, vorzüglich das Heizen hätte nicht viel geholfen, denn der Wind und der Schnee, die hausen gar zu sehr hinein, durch die zerbrochenen Fensterscheiben, und da" — „Was," fiel der Großonkel ihm in die Rede, den Pelz weit auseinander schlagend und beide Arme in die Seiten stemmend, „was, die Fenster sind zerbrochen und Ihr, des Hauses Castellan, habt nichts machen lassen?" „Ja, werthester Herr Justitiarius," fuhr der Alte ruhig und gelassen fort, „man kann nur nicht recht hinzu, wegen des vielen Schutt's und der vielen Mauersteine, die in den Zimmern herum liegen." „Wo zum Tausend Himmel Sapperment kommen Schutt und Steine in meine Zimmer," schrie der Großonkel. „Zum beständigen fröhlichen Wohlseyn, mein junger Herr!" rief der Alte, sich höflich bückend, da ich eben nieste, setzte aber gleich hinzu: „es sind die Steine und der Kalk von der Mittelwand, die von der großen Erschütterung einfiel." „Habt ihr ein Erdbeben gehabt," platzte der Großonkel zornig heraus. „Das nicht, werthester Herr Justitiarius," erwiederte der Alte mit dem ganzen Gesicht lächelnd, „aber vor drei Tagen ist die schwere, getäfelte Decke des Gerichtssaal's mit gewaltigem Krachen eingestürzt." „So soll doch das" — Der Großonkel wollte, heftig und aufbrausend, wie er war, einen schweren Fluch ausstoßen; aber indem er mit der Rechten in die Höhe fuhr und mit der Linken die Fuchsmütze von der Stirn rückte, hielt er plötzlich inne, wandte sich nach mir um und sprach laut auflachend: „Wahrhaftig Vetter! wir müssen das Maul halten, wir dürfen nicht weiter fragen; sonst erfahren wir noch ärgeres Unheil, oder das ganze Schloß stürzt uns über den Köpfen zusammen." „Aber," fuhr er fort, sich nach dem Alten umdrehend, „aber, Franz, konntet Ihr denn nicht so gescheut seyn, mir ein anderes Zimmer reinigen und heitzen zu lassen? Konntet Ihr nicht irgend einen Saal im Hauptgebäude schnell einrichten zum Gerichtstage?" „Dieses ist auch bereits Alles geschehen," sprach der Alte, indem er freundlich nach der Treppe wies und sofort hinauf zu steigen begann. „Nun seht mir doch den wunderlichen Kauz," rief der Onkel, indem wir dem Alten nachschritten. Es ging fort durch lange hochgewölbte Corridore, Franzens flackerndes Licht warf einen wunderlichen Schein in die dicke Finsterniß. Säulen, Capitäler und bunte Bogen zeigten sich oft wie in den Lüften schwebend, riesengroß schritten unsere Schatten neben uns her und die seltsamen Gebilde an den Wänden, über die sie wegschlüpften, schienen zu zittern und zu schwanken, und ihre Stimmen wisperten in den dröhnenden Nachhall unserer Tritte hinein: Weckt uns nicht, weckt uns nicht, uns tolles Zaubervolk, das hier in den alten Steinen schläft! — Endlich öffnete Franz, nachdem wir eine Reihe kalter, finstrer Gemächer durchgangen, einen Saal, in dem ein hellaufloderndes Kaminfeuer uns mit seinem lustigen Knistern wie mit heimathlichem Gruß empfing. Mir wurde gleich, so wie ich eintrat, ganz wohl zu Muthe, doch der Großonkel blieb mitten im Saal stehen, schaute rings umher und sprach mit sehr ernstem, beinahe feierlichem Ton: „Also hier, dies soll der Gerichtssaal seyn?“ — Franz, in die Höhe leuchtend, so daß an der breiten dunkeln Wand ein heller Fleck, wie eine Thüre groß, ins Auge fiel, sprach dumpf und schmerzhaft: „Hier ist ja wohl schon Gericht gehalten worden!“ „Was kommt Euch ein, Alter,“ rief der Onkel, indem er den Pelz schnell abwarf und an das Kaminfeuer trat. „Es fuhr mir nur so heraus,“ sprach Franz, zündete die Lichter an und öffnete das Nebenzimmer, welches zu unsrer Aufnahme ganz heimlich bereitet war. Nicht lange dauerte es, so stand ein gedeckter Tisch vor dem Kamin, der Alte trug wohlzubereitete Schüsseln auf, denen, wie es uns beiden, dem Großonkel und mir, recht behaglich war, eine tüchtige Schale nach ächt nordischer Art gebrauten Punsches folgte. Ermüdet von der Reise, suchte der Großonkel, so wie er gegessen, das Bette; das Neue, Seltsame des Aufenthalts, ja selbst der Punsch, hatte aber meine Lebensgeister zu sehr aufgeregt, um an Schlaf zu denken. Franz räumte den Tisch ab, schürte das Kaminfeuer zu und verließ mich mit freundlichen Bücklingen.

Nun saß ich allein in dem hohen, weiten Rittersaal. Das Schneegestöber hatte zu schlackern, der Sturm zu sausen aufgehört, heitrer Himmel war's geworden und der helle Vollmond strahlte durch die breiten Bogenfenster, alle finstre Ecken des wunderlichen Baues, wohin der düstre Schein meiner Kerzen und des Kaminfeuers nicht dringen konnte, magisch erleuchtend. So wie man es wohl noch in alten Schlössern antrifft, waren auf seltsame alterthümliche Weise Wände und Decke des Saals verziert, diese mit schwerem Getäfel, jene mit fantastischer Bilderei und buntgemahltem, vergoldetem Schnitzwerk. Aus den großen Gemählden, mehrentheils das wilde Gewühl blutiger Bären- und Wolfsjagden darstellend, sprangen in Holz geschnitzte Thier- und Menschenköpfe hervor, den gemahlten Leibern angesetzt, so daß, zumal bei der flackernden, schimmernden Beleuchtung des Feuers und des Mondes, das Ganze in graulicher Wahrheit lebte. Zwischen diesen Gemählden waren lebensgroße Bilder, in Jägertracht daher schreitende Ritter, wahrscheinlich der jagdlustigen Ahnherren, eingefugt. Alles, Mahlerei und Schnitzwerk, trug die dunkle Farbe langverjährter Zeit; um so mehr fiel der helle kahle Fleck an derselben Wand, durch die zwei Thüren in Nebengemächer führten, auf; bald erkannte ich, daß dort auch eine Thür gewesen seyn müßte, die später zugemauert worden, und daß eben dies neue, nicht einmal der übrigen Wand gleichgemahlte, oder mit Schnitzwerk verzierte Gemäuer auf jene Art absteche. — Wer weiß es nicht, wie ein ungewöhnlicher, abenteuerlicher Aufenthalt mit geheimnißvoller Macht den Geist zu erfassen vermag, selbst die trägste Fantasie wird wach in dem, von wunderlichen Felsen umschlossenen Thal — in den düstern Mauern einer Kirche o. s., und will sonst nie Erfahrnes ahnen. Setze ich nun noch hinzu, daß ich zwanzig Jahr alt war und mehrere Gläser starken Punsch getrunken hatte, so wird man es glauben, daß mir in meinem Rittersaal seltsamer zu Muthe wurde als jemals. Man denke sich die Stille der Nacht, in der das dumpfe Brausen des Meers, das seltsame Pfeifen des Nachtwindes wie die Töne eines mächtigen, von Geistern gerührten Orgelwerks erklangen — die vorüberfliegenden Wolken, die oft, hell und glänzend, wie vorbeistreifende Riesen durch die klirrenden Bogenfenster zu gucken schienen — in der That, ich mußt' es in dem leisen Schauer fühlen, der mich durchbebte, daß ein fremdes Reich nun sichtbarlich und vernehmbar aufgehen könne. Doch dies Gefühl glich dem Frösteln, das man bei einer lebhaft dargestellten Gespenstergeschichte empfindet und das man so gern hat. Dabei fiel mir ein, daß in keiner günstigeren Stimmung das Buch zu lesen sey, das ich, so wie damals jeder, der nur irgend dem Romantischen ergeben, in der Tasche trug. Es war Schillers Geisterseher. Ich las und las, und erhitzte meine Fantasie immer mehr und mehr. Ich kam zu der mit dem mächtigsten Zauber ergreifenden Erzählung von dem Hochzeitfest bei dem Grafen von V. — Gerade wie Jeronimo's blutige Gestalt eintritt, springt mit einem gewaltigen Schlage die Thür auf, die in den Vorsaal führt. — Entsetzt fahre ich in die Höhe, das Buch fällt mir aus den Händen — Aber in demselben Augenblick ist alles still und ich schäme mich über mein kindisches Erschrecken! — Mag es seyn, daß durch die durchströmende Zugluft, oder auf andere Weise die Thür aufgesprengt wurde. — Es ist nichts — meine überreizte Fantasie bildet jede natürliche Erscheinung gespenstisch! — So beschwichtigt, nehme ich das Buch von der Erde auf und werfe mich wieder in den Lehnstuhl — da geht es leise und langsam mit abgemessenen Tritten quer über den Saal hin, und dazwischen seufzt und ächzt es, und in diesem Seufzen, diesem Aechzen liegt der Ausdruck des tiefsten menschlichen Leidens, des trostlosesten Jammers — Ha! das ist irgend ein eingesperrtes krankes Thier im untern Stock. Man kennt ja die akustische Täuschung der Nacht, die alles entfernt tönende in die Nähe rückt — wer wird sich nur durch so Etwas Grauen erregen lassen. — So beschwichtige ich mich aufs neue; aber nun kratzt es, indem lautere, tiefere Seufzer, wie in der entsetzlichen Angst der Todesnoth ausgestoßen, sich hören lassen, an jenem neuen Gemäuer. — „Ja, es ist ein armes eingesperrtes Thier — ich werde jetzt laut rufen, ich werde mit dem Fuß tüchtig auf den Boden stampfen, gleich wird alles schweigen, oder das Thier unten sich deutlicher in seinen natürlichen Tönen hören lassen!" — So denke ich, aber das Blut gerinnt in meinen Adern — kalter Schweiß steht auf der Stirne, erstarrt bleib ich im Lehnstuhle sitzen, nicht vermögend aufzustehen, viel weniger noch zu rufen. Das abscheuliche Kratzen hört endlich auf — die Tritte lassen sich aufs Neue vernehmen — Es ist, als wenn Leben und Regung in mir erwachte, ich springe auf und trete zwei Schritte vor, aber da streicht eine eiskalte Zugluft durch den Saal, und in demselben Augenblick wirft der Mond sein helles Licht auf das Bildniß eines sehr ernsten, beinahe schauerlich anzusehenden Mannes, und als säusle seine warnende Stimme durch das stärkere Brausen der Meereswellen, durch das gellendere Pfeifen des Nachtwindes, höre ich deutlich: — Nicht weiter — nicht weiter, sonst bist du verfallen dem entsetzlichen Graus der Geisterwelt! Nun fällt die Thür zu mit demselben starken Schlage wie zuvor, ich höre die Tritte deutlich auf dem Vorsaal — es geht die Treppe hinab — die Hauptthür des Schlosses öffnet sich rasselnd und wird wieder verschlossen. Dann ist es, als würde ein Pferd aus dem Stalle gezogen und nach einer Weile wieder in den Stall zurückgeführt — dann ist alles still! — In demselben Augenblick vernahm ich, wie der alte Großonkel im Nebengemach ängstlich seufzte und stöhnte, dies gab mir alle Besinnung wieder, ich ergriff die Leuchter und eilte hinein. Der Alte schien mit einem bösen, schweren Traume zu kämpfen. „Erwachen Sie — erwachen Sie," rief ich laut, indem ich ihn sanft bei der Hand faßte und den hellen Kerzenschein auf sein

Gesicht fallen ließ. Der Alte fuhr auf mit einem dumpfen Ruf, dann schaute er mich mit freundlichen Augen an und sprach: „Das hast du gut gemacht, Vetter! daß du mich wecktest. Ei, ich hatte einen sehr häßlichen Traum, und daran ist blos hier das Gemach und der Saal Schuld, denn ich mußte dabei an die vergangene Zeit und an manches Verwunderliche denken, was hier sich begab. Aber nun wollen wir recht tüchtig ausschlafen!" Damit hüllte sich der Alte in die Decke und schien sofort einzuschlafen. Als ich die Kerzen ausgelöscht und mich auch ins Bette gelegt hatte, vernahm ich, daß der Alte leise betete. — Am andern Morgen ging die Arbeit los, der Wirthschaftsinspector kam mit den Rechnungen, und Leute meldeten sich, die irgend einen Streit geschlichtet, irgend eine Angelegenheit geordnet haben wollten. Mittags ging der Großonkel mit mir herüber in den Seitenflügel, um den beiden alten Baronessen in aller Form aufzuwarten. Franz meldete uns, wir mußten einige Augenblicke warten und wurden dann durch ein sechzigjähriges gebeugtes, in bunte Seide gekleidetes Mütterchen, die sich das Kammerfräulein der gnädigen Herrschaft nannte, in das Heiligthum geführt. Da empfingen uns die alten, nach längst verjährter Mode abenteuerlich geputzten Damen mit komischem Ceremoniell, und vorzüglich war ich ein Gegenstand ihrer Verwunderung, als der Großonkel mich mit vieler Laune als einen jungen, ihm beistehenden Justizmann vorstellte. In ihren Mienen lag es, daß sie bei meiner Jugend das Wohl des R.. sittenschen Unterthanen gefährdet glaubten. Der ganze Auftritt bei den alten Damen hatte überhaupt viel Lächerliches, die Schauer der vergangenen Nacht fröstelten aber noch in meinem Innern, ich fühlte mich wie von einer unbekannten Macht berührt, oder es war mir vielmehr, als habe ich schon an den Kreis gestreift, den zu überschreiten und rettungslos unterzugehen es nur noch eines Schritt's bedürfte, als könne nur das Aufbieten aller mir inwohnenden Kraft mich gegen das Entsetzen schützen, das nur dem unheilbaren Wahnsinn zu weichen pflegt. So kam es, daß selbst die alten Baronessen in ihren seltsamen hochaufgethürmten Frisuren, in ihren wunderlichen stoffnen, mit bunten Blumen und Bändern ausstaffirten Kleidern mir statt lächerlich, ganz graulich und gespenstisch erschienen. In den alten gelbverschrumpften Gesichtern, in den blinzenden Augen wollt' ich es lesen, in dem schlechten Französisch, das halb durch die eingekniffenen blauen Lippen, halb durch die spitzen Nasen herausschnarrte, wollt' ich es hören, wie sich die Alten mit den unheimlichen, im Schlosse herumspukenden Wesen wenigstens auf guten Fuß gesetzt hätten, und auch wohl selbst Verstörendes und Entsetzliches zu treiben vermöchten. Der Großonkel, zu allem Lustigen aufgelegt, verstrickte mit seiner Ironie die Alten in ein solches tolles Gewäsche, daß ich in anderer Stimmung nicht gewußt hätte, wie das ausgelassenste Gelächter in mich hineinschlucken, aber wie gesagt, die Baronessen sammt ihrem Geplapper waren und blieben gespenstisch, und der Alte, der mir eine besondere Lust bereiten wollte, blickte mich einmal übers andere ganz verwundert an. So wie wir nach Tische in unserm Zimmer allein waren, brach er los: „Aber, Vetter, sag' mir um des Himmelswillen, was ist dir? — Du lachst nicht, du sprichst nicht, du issest nicht, du trinkst nicht? — Bist du krank? oder fehlt es sonst woran?“ — Ich nahm jetzt gar keinen Anstand ihm alles Grauliche, Entsetzliche, was ich in voriger Nacht überstanden, ganz ausführlich zu erzählen. Nichts verschwieg ich, vorzüglich auch nicht, daß ich viel Punsch getrunken und in

Schillers Geisterseher gelesen. „Bekennen muß ich dies," setzte ich hinzu, „denn so wird es glaublich, daß meine überreizte arbeitende Fantasie all' die Erscheinungen schuf, die nur innerhalb den Wänden meines Gehirns existirten." Ich glaubte, daß nun der Grosonkel mir derb zusetzen würde mit körnigten Späßen über meine Geisterseherei, statt dessen wurde er sehr ernsthaft, starrte in den Boden hinein, warf dann den Kopf schnell in die Höhe und sprach, mich mit dem brennenden Blick seiner Augen anschauend: „Ich kenne dein Buch nicht, Vetter! aber weder seinem, noch dem Geist des Punsches hast du jenen Geisterspuk zu verdanken. Wisse, daß ich dasselbe, was dir widerfuhr, träumte. Ich saß, so wie du (so kam es mir vor), im Lehnstuhl bei dem Kamin, aber was sich dir nur in Tönen kund gethan, das sah ich, mit dem innern Auge es deutlich erfassend. Ja! ich erblickte den graulichen Unhold, wie er hereintrat, wie er kraftlos an die vermauerte Thür schlich, wie er in trostloser Verzweiflung an der Wand kratzte, daß das Blut unter den zerrissenen Nägeln herausquoll, wie er dann hinabstieg, das Pferd aus dem Stalle zog und in den Stall zurückbrachte. Hast du es gehört, wie der Hahn im fernen Gehöfte des Dorfes krähte? — Da wecktest du mich und ich widerstand bald dem bösen Spuk des entsetzlichen Menschen, der noch vermag, das heitre Leben grauenhaft zu verstören." Der Alte hielt inne, aber ich mochte nicht fragen, wohlbedenkend, daß er mir alles aufklären werde, wenn er es gerathen finden sollte. Nach einer Weile, in der er tief in sich gekehrt da gesessen, fuhr der Alte fort: „Vetter, hast du Muth genug, jetzt nachdem du weißt, wie sich alles begiebt, den Spuk noch einmal zu bestehen? und zwar mit mir zusammen?" Es war natürlich, daß ich erklärte, wie ich mich jetzt dazu ganz erkräftigt fühle. „So wollen wir," sprach der Alte weiter, „in künftiger Nacht zusammen wachen. Eine innere Stimme sagt mir, daß meiner geistigen Gewalt nicht sowohl, als meinem Muthe, der sich auf festes Vertrauen gründet, der böse Spuk weichen muß, und daß es kein freveliches Beginnen, sondern ein frommes, tapferes Werk ist, wenn ich Leib und Leben daran wage, den bösen Unhold zu bannen, der hier die Söhne aus der Stammburg der Ahnherrn treibt. — Doch! von keiner Wagniß ist ja die Rede, denn in solch' festem redlichen Sinn, in solch' frommen Vertrauen, wie es in mir lebt, ist und bleibt man ein siegreicher Held. — Aber sollt' es dennoch Gottes Wille seyn, daß die böse Macht mich anzutasten vermag, so sollst du, Vetter! es verkünden, daß ich im redlichen christlichen Kampf mit dem Höllengeist, der hier sein verstörendes Wesen treibt, unterlag! — Du! — halt dich ferne! — dir wird dann nichts geschehen!" —

Unter mancherlei zerstreuenden Geschäften war der Abend herangekommen. Franz hatte, wie gestern, das Abendessen abgeräumt und uns Punsch gebracht, der Vollmond schien hell durch die glänzenden Wolken, die Meereswellen brausten und der Nachtwind heulte und schüttelte die klirrenden Scheiben der Bogenfenster. Wir zwangen uns, im Innern aufgeregt, zu gleichgültigen Gesprächen. Der Alte hatte seine Schlaguhr auf den Tisch gelegt. Sie schlug zwölfe. Da sprang mit entsetzlichem Krachen die Thür auf und wie gestern schwebten leise und langsam Tritte quer durch den Saal und das Aechzen und Seufzen ließ sich vernehmen. Der Alte war verblaßt, aber seine Augen erstrahlten in ungewöhnlichem Feuer, er erhob sich vom Lehnstuhl, und indem er in seiner großen Gestalt, hochaufgerichtet, den linken Arm in die Seite gestemmt, den rechten weit vorstreckend nach der Mitte des Saals, da stand, war er anzusehen, wie ein gebietender Held. Doch immer stärker und vernehmlicher wurde das Seufzen und Aechzen, und nun fing es an abscheulicher als gestern an der Wand hin und her zu kratzen. Da schritt der Alte vorwärts, gerade auf die zugemauerte Thür los, mit festen Tritten, daß der Fußboden erdröhnte. Dicht vor der Stelle, wo es toller und toller kratzte, stand er still und sprach mit starkem, feierlichem Ton, wie ich ihn nie gehört: „Daniel, Daniel! was machst du hier zu dieser Stunde!" Da kreischte es auf grauenvoll und entsetzlich, und ein dumpfer Schlag geschah, wie wenn eine Last zu Boden stürzte. „Suche Gnade und Erbarmen vor dem Thron des Höchsten, dort ist dein Platz! Fort mit dir aus dem Leben, dem du niemals mehr angehören kannst!" — So rief der Alte noch gewaltiger als vorher, es war als ginge ein leises Gewimmer durch die Lüfte und ersterbe im Sausen des Sturms, der sich zu erheben begann. Da schritt der Alte nach der Thür und warf sie zu, daß es laut durch den öden Vorsaal wiederhallte. In seiner Sprache, in seinen Gebehrden lag etwas übermenschliches, das mich mit tiefem Schauer erfüllte. Als er sich in den Lehnstuhl setzte, war sein Blick wie verklärt, er faltete seine Hände, er betete im Innern. So mochten einige Minuten vergangen seyn, da frug er mit der milden, tief in das Herz dringenden Stimme, die er so sehr in seiner Macht hatte: „Nun, Vetter?" Von Schauer — Entsetzen — Angst — heiliger Ehrfurcht und Liebe durchbebt stürzte ich auf die Kniee und benetzte die mir dargebotene Hand mit heißen Thränen. Der Alte schloß mich in seine Arme, und indem er mich innig an sein Herz drückte, sprach er sehr weich: „Nun wollen wir auch recht sanft schlafen, lieber Vetter!" — Es geschah auch so, und als sich in der folgenden Nacht durchaus nichts Unheimliches verspüren ließ, gewannen wir die alte Heiterkeit wieder, zum Nachtheil der alten Baronessen, die, blieben sie auch in der That ein wenig gespenstisch, mit ihrem abenteuerlichen Wesen, doch nur ergötzlichen Spuk trieben, den der Alte auf possierliche Weise anzuregen wußte.

Endlich, nach mehreren Tagen, traf der Baron ein mit seiner Gemahlin und zahlreichem Jagdgefolge, die geladenen Gäste sammelten sich und nun ging in dem plötzlich lebendig gewordenen Schlosse das laute wilde Treiben los, wie es vorhin beschrieben. Als der Baron gleich nach seiner Ankunft in unsern Saal trat, schien er über unsern veränderten Aufenthalt auf seltsame Weise befremdet, er warf einen düstern Blick auf die zugemauerte Thür, und schnell sich abwendend, fuhr er mit der Hand über die Stirn, als wolle er irgend eine böse Erinnerung verscheuchen. Der Groß-Onkel sprach von der Verwüstung des Gerichtssaals und der anstoßenden Gemächer, der Baron tadelte es, daß Franz uns nicht besser einlogirt habe, und forderte den Alten recht gemüthlich auf, doch nur zu gebieten, wenn ihm irgend etwas in dem neuen Gemach, das doch viel schlechter sey, als das, was er sonst bewohnt, an seiner Bequemlichkeit abginge. Ueberhaupt war das Betragen des Barons gegen den alten Großonkel nicht allein herzlich, sondern ihm mischte sich eine gewisse kindliche Ehrfurcht bei, als stehe der Baron mit dem Alten in verwandtschaftlichem Respektsverhältniß. Dies war aber auch das Einzige, was mich mit dem rauhen, gebieterischen Wesen des Barons, das er immer mehr und mehr entwickelte, einigermaßen zu versöhnen vermochte. Mich schien er wenig oder gar nicht zu beachten, er sah in mir den gewöhnlichen Schreiber. Gleich das erste Mal, als ich eine Verhandlung aufgenommen, wollte er etwas in der Fassung unrichtig finden, das Blut wallte mir auf und ich war im Begriff, irgend etwas Schneidendes zu erwiedern, als der Großonkel das Wort nehmend, versicherte, daß ich denn nun einmahl alles recht nach seinem Sinne mache und daß dieser doch nur hier in gerichtlicher Verhandlung walten könne. Als wir allein waren, beschwerte ich mich bitter über den Baron, der mir immer mehr im Grunde der Seele zuwider werde. „Glaube mir, Vetter!" erwiederte der Alte, „daß der Baron troß seines unfreundlichen Wesens der vortrefflichste, gutmüthigste Mensch von der Welt ist. Dieses Wesen hat er auch, wie ich dir schon sagte, erst seit der Zeit angenommen, als er Majoratsherr wurde, vorher war er ein sanfter, bescheidener Jüngling. Ueberhaupt ist es denn doch aber nicht mit ihm so arg, wie du es machst, und ich möchte wohl wissen, warum er dir so gar sehr zuwider ist." Indem der Alte die letzten Worte sprach, lächelte er recht höhnisch, und das Blut stieg mir siedend heiß ins Gesicht. Mußte mir nun nicht mein Innres recht klar werden, mußte ich es nicht deutlich fühlen, daß jenes wunderliche Hassen aufkeimte aus dem Lieben, oder vielmehr aus dem Verlieben in ein Wesen, das mir das holdeste, hochherrlichste zu seyn schien, was jemahls auf Erden gewandelt? Dieses Wesen war niemand, als die Baronesse selbst. Schon gleich als sie angekommen und in einem russischen Zobelpelz, der knapp anschloß an den zierlich gebauten Leib, das Haupt in reiche Schleier gewickelt, durch die Gemächer schritt, wirkte ihre Erscheinung auf mich wie ein mächtiger unwiderstehlicher Zauber. Ja, selbst der Umstand, daß die alten Tanten in verwunderlicheren Kleidern und Fontangen, als ich sie noch gesehen, an beiden Seiten neben ihr her trippelten und ihre französischen Bewillkommungen herschnatterten, während sie, die Baronin, mit unbeschreiblich milden Blicken um sich her schaute, und bald diesem, bald jenem freundlich zunickte, bald in dem rein tönenden Curländischen Dialekt einige deutsche Worte dazwischen flötete, schon dieses gab ein wunderbar fremdartiges Bild, und unwillkürlich reihte die Fantasie dies Bild an jenen unheimlichen Spuk, und die Baronesse wurde der Engel des Lichts, dem sich die bösen gespenstischen Mächte beugen. — Die wunderherrliche Frau tritt lebhaft vor meines Geistes Augen. Sie mochte wohl damals kaum neunzehn Jahre zählen, ihr Gesicht eben so zart, wie ihr Wuchs, trug den Ausdruck der höchsten Engelsgüte, vorzüglich lag aber in dem Blick der dunklen Augen ein unbeschreiblicher Zauber, wie feuchter Mondesstrahl ging darin eine schwermüthige Sehnsucht auf; so wie in ihrem holdseligen Lächeln ein ganzer Himmel voll Wonne und Entzücken. Oft schien sie ganz in sich selbst verloren, und dann gingen düstre Wolkenschatten über ihr holdes Antlitz. Man hätte glauben sollen, irgend ein verstörender Schmerz müsse sie befangen, mir schien es aber, daß wohl die düstere Ahnung einer trüben, Unglücksschwangeren Zukunft es sey, von der sie in solchen Augenblicken erfaßt werde, und auch damit setzte ich auf seltsame Weise, die ich mir weiter gar nicht zu erklären wußte, den Spuk im Schlosse in Verbindung. — Den andern Morgen, nachdem der Baron angekommen, versammelte sich die Gesellschaft zum Frühstück, der Alte stellte mich der Baronesse vor, und wie es in solcher Stimmung, wie die meinige war, zu geschehen pflegt, ich nahm mich unbeschreiblich albern, indem ich auf die einfachen Fragen der holden Frau, wie es mir auf dem Schlosse gefalle u. s., mich in die wunderlichsten sinnlosesten Reden verfing, so daß die alten Tanten meine Verlegenheit wohl lediglich dem profunden Respekt vor er Herrin zuschrieben, sich meiner huldreich anneh- men zu m:ssen glaubten, und mich in französischer Sprache als einen ganz artigen und geschickten jungen Menschen, als einen garçon très joli anpriesen. Das ärgerte mich, und plötzlich mich ganz beherrschend, fuhr mir ein Witzwort heraus in besserem Französisch, als die Alten es sprachen, worauf sie mich mit großen Augen anguckten und die langen spitzen Nasen reichlich mit Tabak bedienten. An dem ernsteren Blick der Baronesse, mi dem sie sich von mir ab zu einer andern Dame wandte, merkte ich, daß mein Witzwort hart an eine Narrheit streifte, das ärgerte mich noch mehr, und ich verwünschte die Alten in den Abgrund der Hölle. Die Zrit des schäferischen Schmachtens, des Liebesunglücks in kindischer Selbstbethörung hatte mir der alte Großonkel längst weg ironirt, und wohl merkt' ich, daß die Baronin tiefer und mächtiger, als noch bis jetzt eine Frau, mich in meinem innersten Gemüth gefaßt hatte. Ich sah, ich hörte nur sie, aber bewußt war ich mir deutlich und bestimmt, daß es abgeschmackt, ja wahnsinnig seyn würde, irgend eine Liebelei zu wagen, wiewohl ich auch die Unmöglichkeit einsah wie ein verliebter Knabe von weitem zu staunen und anzubeten, dessen ich mich selbst hätte schämen müssen. Der herrlichen Frau näher zu treten, ohne ihr nur mein inneres Gefühl ahnen zu lassen, das süße Gift ihrer Blicke, ihrer Worte einsaugen und dann fern von ihr, sie lange, vielleicht immerdar im Herzen tragen, das wollte und konnte ich. Diese romantische, ja wohl ritterliche Liebe, wie sie mir aufging in schlafloser Nacht, spannte mich dermaßen, daß ich kindisch genug war, mich selbst auf pathetische Weise zu haranguiren und zuletzt sehr kläglich zu seufzen: Seraphine, ach Seraphine! so daß der Alte erwachte und mir zurief: „Vetter! — Vetter! ich glaube du fantasirst mit lauter Stimme! — Thu's bei Tage, wenn's möglich ist, aber zur Nachtzeit laß mich schlafen!" Ich war nicht wenig besorgt, daß der Alte, der schon mein aufgeregtes Wesen bei der Ankunft der Baronin wohl bemerkt, den Namen gehört haben und mich mit seinem sarkastischen Spott überschütten werde, er sagte am andern Morgen aber nichts weiter, als bei dem Hineingehen in den Gerichtssaal: „Gott gebe Jedem gehörigen Menschenverstand und Sorglichkeit ihn in gutem Verschluß zu halten. Es ist schlimm, mir nichts dir nichts sich in einen Hasenfuß umzusetzen." Hierauf nahm er Platz an dem großen Tisch und sprach: „Schreibe fein deutlich, lieber Vetter! damit ich's ohne Anstoß zu lesen vermag."

Die Hochachtung, ja die kindliche Ehrfurcht, die der Baron meinem alten Großonkel erzeigte, sprach sich in Allem aus. So mußte er auch bei Tische den ihm von vielen beneideten Platz neben der Baronesse einnehmen, mich warf der Zufall bald hier bald dorthin, doch pflegten gewöhnlich ein paar Offiziere aus der nahen Hauptstadt mich in Beschlag zu nehmen, um sich über alles Neue und Lustige, was dort geschehen, recht auszusprechen und dabei wacker zu trinken. So kam es, daß ich mehrere Tage hindurch, ganz fern von der Baronesse, am untern Ende des Tisches saß, bis mich endlich ein Zufall in ihre Nähe brachte. Als der versammelten Gesellschaft der Eßsaal geöffnet wurde, hatte mich gerade die Gesellschafterin der Baronin, ein nicht mehr ganz junges Fräulein, aber sonst nicht häßlich und nicht ohne Geist, in ein Gespräch verwickelt, das ihr zu behagen schien. Der Sitte gemäß mußte ich ihr den Arm geben, und nicht wenig erfreut war ich, als sie der Baronin ganz nahe Platz nahm, die ihr freundlich zunickte. Man kann denken, daß nun alle Worte, die ich sprach, nicht mehr der Nachbarin allein, sondern hauptsächlich der Baronin galten. Mag es seyn, daß meine innere Spannung Allem, was ich sprach, einen besondern Schwung gab, genug, das Fräulein wurde aufmerksamer und aufmerksamer, ja zuletzt unwiderstehlich hineingezogen in die bunte Welt stets wechselnder Bilder, die ich ihr aufgehen ließ. Sie war, wie gesagt, nicht ohne Geist, und so geschah es bald, daß unser Gespräch, ganz unabhängig von den vielen Worten der Gäste, die hin und her streiften, auf seine eigene Hand lebte und dorthin, wohin ich es haben wollte, einige Blitze sandte. Wohl merkt' ich nemlich, daß das Fräulein der Baronin bedeutende Blicke zuwarf, und daß diese sich mühte uns zu hören. Vorzüglich war dies der Fall, als ich, da das Gespräch sich auf Musik gewandt, mit voller Begeisterung von der herrlichen, heiligen Kunst sprach und zuletzt nicht verhehlte, daß ich, trockner, langweiliger Juristerei, der ich mich ergeben, unerachtet, den Flügel mit ziemlicher Fertigkeit spiele, singe und auch wohl schon manches Lied gesetzt habe. — Man war in den andern Saal getreten, um Kaffee und Liqueure zu nehmen, da stand ich unversehens, selbst wußte ich nicht wie, vor der Baronin, die mit dem Fräulein gesprochen. Sie redete mich sogleich an, indem sie, doch freundlicher und in dem Ton, wie man mit einem Bekannten spricht, jene Fragen, wie mir der Aufenthalt im Schlosse zusage u. s., wiederholte. Ich versicherte, daß in den ersten Tagen die schauerliche Oede der Umgebung, ja selbst das alterthümliche Schloß mich seltsam gestimmt habe, daß aber eben in dieser Stimmung viel Herrliches aufgegangen und daß ich nur wünsche, der wilden Jagden, an die ich nicht gewöhnt, überhoben zu seyn. Die Baronin lächelte, indem sie sprach: „Wohl kann ich's mir denken, daß Ihnen das wüste Treiben in unsern Föhrenwäldern nicht eben behaglich seyn kann. — Sie sind Musiker, und täuscht mich nicht Alles, gewiß auch Dichter! — Mit Leidenschaft liebe ich beide Künste! — ich spiele selbst etwas die Harfe, das muß ich nun in R.. sitten entbehren, denn mein Mann mag es nicht, daß ich das Instrument mitnehme, dessen sanftes Getön schlecht sich schicken würde zu dem wilden Halloh, zu dem gellenden Hörnergetöse der Jagd, das sich hier nur hören lassen soll! — O mein Gott! wie würde mich hier Musik erfreun!" Ich versicherte, daß ich meine ganze Kunst aufbieten werde, ihren Wunsch zu erfüllen, da es doch im Schlosse unbezweifelt ein Instrument, sey es auch nur ein alter Flügel, geben werde. Da lachte aber Fräulein Adelheid (der Baronin Gesellschafterin) hell auf und frug, ob ich denn nicht wisse, daß seit Menschen Gedenken im Schlosse keine andern Instrumente gehört worden, als krächzende Trompeten, im Jubel lamentirende Hörner der Jäger und heisere Geigen, verstimmte Bässe, meckernde Hoboen herumziehender Musikanten. Die Baronin hielt den Wunsch, Musik und zwar mich zu hören, fest, und beide, sie und Adelheid, erschöpften sich in Vorschlägen, wie ein leidliches Fortepiano herbeigeschafft werden könne. In dem Augenblick schritt der alte Franz durch den Saal. „Da haben wir den, der für alles guten Rath weiß, der alles herbeischafft, selbst das Unerhörte und Ungesehene!" Mit diesen Worten rief ihn Fräulein Adelheid heran und indem sie ihm begreiflich machte, worauf es ankomme, horchte die Baronin mit gefalteten Händen, mit vorwärts gebeugtem Haupt, dem Alten mit mildem Lächeln ins Auge blickend, zu. Gar anmuthig war sie anzusehen, wie ein holdes, liebliches Kind, das ein ersehntes Spielzeug nur gar zu gern schon in Händen hätte. Franz, nachdem er in seiner weitläuftigen Manier mehrere Ursachen hergezählt hatte, warum es denn schier unmöglich sey, in der Geschwindigkeit solch ein rares Instrument herbeizuschaffen, strich sich endlich mit behaglichem Schmunzeln den Bart und sprach: „Aber die Frau Wirthschaftsinspectorin drüben im Dorfe schlägt ganz ungemein geschickt das Clavizimbel, oder wie sie es jetzt nennen mit dem ausländischen Namen, und singt dazu so fein und lamentabel, daß einem die Augen roth werden, wie von Zwiebeln und man hüpfen möchte mit beiden Beinen" — „Und besitzt ein Fortepiano!" fiel Fräulein Adelheid ihm in die Rede. „Ei freilich," fuhr der Alte fort, „direkt aus Dresden ist es gekommen — ein" — „O das ist herrlich," unterbrach ihn die Baronin — „ein schönes Instrument," sprach der Alte weiter, „aber ein wenig schwächlich, denn als der Organist neulich das Lied: In allen meinen Thaten, darauf spielen wollte, schlug er alles in Grund und Boden, so daß" — „O mein Gott," riefen beide, die Baronin und Fräulein Adelheid, „so daß," fuhr der Alte fort, „es mit schweren Kosten nach R— geschafft und dort reparirt werden mußte." „Ist es denn nun wieder hier," frug Fräulein Adelheid ungeduldig. „Ei freilich, gnädiges Fräulein! und die Frau Wirthschaftsinspectorin wird es sich zur Ehre rechnen" — In diesem Augenblick streifte der Baron vorüber, er sah sich wie befremdet nach unserer Gruppe um und flüsterte spöttisch lächelnd der Baronin zu: „muß Franz wieder guten Rath ertheilen?" Die Baronin schlug erröthend die Augen nieder, und der alte Franz stand erschrocken abbrechend, den Kopf gerade gerichtet, die herabhängenden Arme dicht an den Leib gedrückt, in soldatischer Stellung da. — Die alten Tanten schwammen in ihren stoffnen Kleidern auf uns zu und entführten die Baronin. Ihr folgte Fräulein Adelheid. Ich war wie bezaubert stehen geblieben. Entzücken, daß ich nun ihr, der Angebeteten, die mein ganzes Wesen beherrschte, mich nahen werde, kämpfte mit düsterm Mißmuth und Aerger über den Baron, der mir als ein rauher Despot erschien. War er dies nicht, durfte dann wohl der alte eisgraue Diener so sklavisch sich benehmen? — „Hörst du, sieh'st du endlich," rief der Großonkel mir auf die Schulter klopfend; wir gingen hinauf in unser Gemach. „Dränge dich nicht so an die Baronin," sprach er, als wir angekommen, „wozu soll das, überlaß es den jungen Gecken, die gern den Hof machen und an denen es ja nicht mangelt." — Ich erzählte, wie alles gekommen und forderte ihn auf mir nun zu sagen: „ob ich seinen Vorwurf verdiene," er erwiederte aber darauf nichts als: „Hm hm" — zog den Schlafrock an, setzte sich mit angezündeter Pfeife in den Lehnstuhl und sprach von den Ereignissen der gestrigen Jagd, mich foppend über meine Fehlschüsse. Im Schlosse war es still geworden, Herren und Damen beschäftigten sich in ihren Zimmern mit dem Putz für die Nacht. Jene Musikanten mit den heisern Geigen, mit den verstimmten Bässen und den meckernden Hoboen, von denen Fräulein Adelheid gesprochen, waren nemlich angekommen und es sollte für die Nacht nichts geringeres geben, als einen Ball in bestmöglichster Form. Der Alte, den ruhigen Schlaf solch faselndem Treiben vorziehend, blieb in seinem Gemach, ich hingegen hatte mich eben zum Ball gekleidet, als es leise an unsere Thür klopfte und Franz hineintrat, der mir mit behaglichem Lächeln verkündete, daß so eben das Clavizimbel von der Frau Wirthschaftsinspektorin in einem Schlitten angekommen und zur gnädigen Frau Baronin getragen worden sey. Fräulein Adelheid ließe mich einladen nur gleich herüber zu kommen. Man kann denken, wie mir alle Pulse schlugen, mit welchem innern süßen Erbeben ich das

Zimmer öffnete, in dem ich sie fand. Fräulein Adelheid kam mir freundlich entgegen. Die Baronin, schon zum Ball völlig geputzt, saß ganz nachdenklich vor dem geheimnißvollen Kasten, in dem die Töne schlummern sollten, die zu wecken ich berufen. Sie stand auf, so in vollem Glanz der Schönheit strahlend, daß ich keines Wortes mächtig sie anstarrte. „Nun Theodor" (nach der gemüthlichen Sitte des Nordens, die man im tieferen Süden wiederfindet, nannte sie jeden bei seinem Vornamen) „Nun, Theodor," sprach sie freundlich, „das Instrument ist gekommen, gebe der Himmel, daß es Ihrer Kunst nicht ganz unwürdig seyn möge." So wie ich den Deckel öffnete, rauschten mir eine Menge gesprungener Saiten entgegen, und so wie ich einen Akkord griff, klang es, da alle Saiten, die noch ganz geblieben, durchaus verstimmt waren, widrig und abscheulich. „Der Organist ist wieder mit seinen zarten Händchen drüber her gewesen," rief Fräulein Adelheid lachend, aber die Baronin sprach ganz mißmuthig: „das ist denn doch ein rechtes Unglück! — ach, ich soll denn hier nun einmal keine Freude haben!" — Ich suchte in dem Behälter des Instruments und fand glücklicher Weise einige Rollen Saiten, aber durchaus keinen Stimmhammer! — Neue Klagen! — „Jeder Schlüssel, dessen Bart in die Wirbel passe, könne gebraucht werden," erklärte ich; da liefen beide, die Baronin und Fräulein Adelheid, freudig hin und wieder, und nicht lange dauerte es, so lag ein ganzes Magazin blanker Schlüsselchen vor mir auf dem Resonanzboden.

Nun machte ich mich emsig drüber her — Fräulein Adelheid, die Baronin selbst mühte sich mir beizustehen, diesen — jenen Wirbel probirend — Da zieht einer den trägen Schlüssel an, „es geht, es geht!" riefen sie freudig — Da rauscht die

Saite, die sich schier bis zur Reinheit herangeächzt, gesprungen auf und erschrocken fahren sie zurück! — Die Baronin handthiert mit den kleinen zarten Händchen in den spröden Drathsaiten, sie reicht mir die Nummern, die ich verlange, und hält sorgsam die Rolle, die ich abwickle; plötzlich schnurrt eine auf, so daß die Baronin ein ungeduldiges Ach! ausstößt — Fräulein Adelheid lacht laut auf, ich verfolge den verwirrten Knäuel bis in die Ecke des Zimmers, und wir alle suchen aus ihm noch eine gerade unzerknickte Saite herauszuziehen, die dann aufgezogen zu unserm Leidwesen wieder springt — aber endlich — endlich sind gute Rollen gefunden, die Saiten fangen an zu stehen und aus dem mißtönigen Sumsen gehen allmählig klare, reine Akkorde hervor! „Ach es glückt, es glückt — das Instrument stimmt sich!" ruft die Baronin, indem sie mich mit holdem Lächeln anblickt! — Wie schnell vertrieb dies gemeinschaftliche Mühen alles Fremde, Nüchterne, das die Convenienz hinstellt; wie ging unter uns eine heimische Vertraulichkeit auf, die, ein elektrischer Hauch mich durchglühend, die verzagte Beklommenheit, welche wie Eis auf meiner Brust lag, schnell wegzehrte. Jener seltsame Pathos, wie ihn solche Verliebtheit, wie die meinige, wohl erzeugt, hatte mich ganz verlassen und so kam es, daß, als nun endlich das Pianoforte leidlich gestimmt war, ich, statt, wie ich gewollt, meine innern Gefühle in Fantasien recht laut werden zu lassen, in jene süße liebliche Canzonetten verfiel, wie sie aus dem Süden zu uns herüber geklungen. Während dieser Senza di te — dieser Sentimi idol mio, dieser Almen se non poss'io und hundert morir mi sento's und Addio's und Oh dio's wurden leuchtender und leuchtender Seraphinens Blicke. Sie hatte sich dicht neben mir an das Instrument gesetzt, ich fühlte ihren Athem an meiner Wange spielen; indem sie ihren Arm hinter mir auf die Stuhllehne stützte, fiel ein weißes Band, das sich von dem zierlichen Ballkleide losgenestelt, über meine Schulter und flatterte von meinen Tönen, von Seraphinens leisen Seufzern berührt hin und her, wie ein getreuer Liebesbote! — Es war zu verwundern, daß ich den Verstand behielt! — Als ich mich auf irgend ein neues Lied besinnend in den Akkorden herumfuhr, sprang Fräulein Adelheid, die in einer Ecke des Zimmers gesessen, herbei, kniete vor der Baronin hin, und bat, ihre beide Hände erfassend und an die Brust drückend: „O liebe Baronin — Seraphinchen, nun mußt du auch singen!“ — Die Baronin erwiederte: „Wo denkst du aber auch hin, Adelheid! — wie mag ich mich denn vor unserm Virtuosen da mit meiner elenden Singerei hören lassen!“ — Es war lieblich anzuschauen, wie sie, gleich einem frommverschämten Kinde, die Augen niederschlagend und hocherröthend mit der Lust und mit der Scheu kämpfte. — Man kann denken, wie ich sie anflehte, und, als sie kleine kurländische Volkslieder erwähnte, nicht nachließ, bis sie mit der linken Hand herüberlangend einige Töne auf dem Instrument versuchte, wie zur Einleitung. Ich wollte ihr Platz machen am Instrument, sie ließ es aber nicht zu, indem sie versicherte, daß sie nicht eines einzigen Akkordes mächtig sey, und daß eben deshalb ihr Gesang ohne Begleitung sehr mager und unsicher klingen werde. Nun fing sie mit zarter, glockenreiner, tief aus dem Herzen tönender Stimme ein Lied an, dessen einfache Melodie ganz den Charakter jener Volkslieder trug, die so klar aus dem Innern herausleuchten, daß wir in dem hellen Schein, der uns umfließt, unsere höhere poetische Natur erkennen müssen. Ein geheimnißvoller Zauber liegt in den unbedeutenden Worten des Textes, der zur Hieroglyphe des Unaussprechlichen wird, von dem unsere Brust erfüllt. Wer denkt nicht an jene spanische Canzonetta, deren Inhalt den Worten nach nicht viel mehr ist, als: Mit meinem Mädchen schifft' ich auf dem Meer, da wurd' es stürmisch, und mein Mädchen wankte furchtsam hin und her. Nein! — nicht schiff' ich wieder mit meinem Mädchen auf dem Meer! — So sagte der Baronin Liedlein nichts weiter: Jüngst tanzt' ich mit meinem Schatz auf der Hochzeit, da fiel mir eine Blume aus dem Haar, die hob er auf, und gab sie mir und sprach: Wenn, mein Mädchen, gehn wir wieder zur Hochzeit? — Als ich bei der zweiten Strophe dies Liedchen in harpeggirenden Akkorden begleitete, als ich in der Begeisterung, die mich erfaßt, die Melodien der folgenden Lieder gleich von den Lippen der Baronin wegstahl, da erschien ich ihr und der Fräulein Adelheid wie der größte Meister der Tonkunst, sie überhäuften mich mit Lobsprüchen. Die angezündeten Lichter des Ballsaals im Seitenflügel brannten hinein in das Gemach der Baronin, und ein mißtöniges Geschrei von Trompeten und Hörnern verkündete, daß es Zeit sey, sich zum Ball zu versammeln. „Ach, nun muß ich fort," rief die Baronin, ich sprang auf vom Instrument. „Sie haben mir eine herrliche Stunde bereitet — es waren die heitersten Momente, die ich jemals hier in R..sitten verlebte." Mit diesen Worten reichte mir die Baronin die Hand; als ich sie im Rausch des höchsten Entzückens an die Lippen drückte, fühlte ich ihre Finger heftig pulsirend an meiner Hand anschlagen! Ich weiß nicht, wie ich in des Großonkels Zimmer, wie ich dann in den Ballsaal kam. — Jener Gaskogner fürchtete die Schlacht, weil jede Wunde ihm tödtlich werden müsse, da er ganz Herz sey! — Ihm mochte ich, ihm mag jeder in meiner Stimmung gleichen: jede Berührung wird tödtlich. Der Baronin Hand, die pulsirenden Finger hatten mich getroffen wie vergiftete Pfeile, mein Blut brannte in den Adern! — Ohne mich gerade auszufragen, hatte der Alte am andern Morgen doch bald die Geschichte des mit der Baronin verlebten Abends heraus, und ich war nicht wenig betreten, als er, der mit lachendem Munde und heitrem Tone gesprochen, plötzlich sehr ernst wurde und anfing: „Ich bitte dich, Vetter, widerstehe der Narrheit, die dich mit aller Macht ergriffen! — Wisse, daß dein Beginnen, so harmlos wie es scheint, die entsetzlichsten Folgen haben kann, du stehst in achtlosem Wahnsinn auf dünner Eisdecke, die bricht unter dir ehe du dich es versiehst und du plumpst hinein. Ich werde mich hüten, dich am Rockschoß festzuhalten, denn ich weiß, du rappelst dich selbst wieder heraus und sprichst zum Tode erkrankt: das bischen Schnupfen bekam ich im Traume; aber ein böses Fieber wird zehren an deinem Lebensmark, und Jahre werden hingehen, ehe du dich ermannst. — Hol der Teufel deine Musik, wenn du damit nichts besseres anzufangen weißt, als empfindelnde Weiber hinauszutrompeten aus friedlicher Ruhe." „Aber," unterbrach ich den Alten, „kommt es mir denn in den Sinn, mich bei der Baronin einzuliebeln?" „Affe!" rief der Alte, „wüßt' ich das, so würfe ich dich hier durchs Fenster!" — Der Baron unterbrach das peinliche Gespräch, und das beginnende Geschäft riß mich auf aus der Liebesträumerei, in der ich nur Seraphinen sah und dachte. In der Gesellschaft sprach die Baronin nur dann und wann mit mir einige freundliche Worte, aber beinahe kein Abend verging, daß nicht heimliche Botschaft kam von Fräulein Adelheid, die mich hinrief zu Seraphinen. Bald geschah es, daß mannigfache Gespräche mit der Musik wechselten. Fräulein Adelheid, die beinahe nicht jung genug war, um so naiv und drollig zu seyn, sprang mit allerley lustigem und etwas konfusem Zeuge dazwischen, wenn ich und Seraphine uns zu vertiefen begannen in sentimentale Ahnungen und Träumereien. Aus mancher Andeutung mußt' ich bald erfahren, daß der Baronin wirklich irgend etwas Verstörendes im Sinn liege, wie ich es gleich, als ich sie zum ersten Male sah, in ihrem Blick zu lesen glaubte, und die feindliche Wirkung des Hausgespenstes ging mir ganz klar auf. Irgend etwas Entsetzliches war oder sollte geschehen. Wie oft drängte es mich, Seraphinen zu erzählen, wie mich der unsichtbare Feind berührt, und wie ihn der Alte, gewiß für immer, gebannt habe, aber eine mir selbst unerklärliche Scheu fesselte mir die Zunge im Augenblick als ich reden wollte.

Eines Tages fehlte die Baronin bei der Mittagstafel; es hieß, sie kränkle, und könne das Zimmer nicht verlassen. Theilnehmend frug man den Baron, ob das Uebel von Bedeutung sey. Er lächelte auf fatale Art, recht wie bitter höhnend, und sprach: „Nichts als ein leichter Katarrh, den ihr die rauhe Seeluft zugeweht, die nun einmal hier kein süßes Stimmchen duldet, und keine andern Töne leidet, als das derbe Halloh der Jagd." — Bei diesen Worten warf der Baron mir, der ihm schräg über saß, einen stechenden Blick zu. Nicht zu dem Nachbar, zu mir hatte er gesprochen. Fräulein Adelheid, die neben mir saß, wurde blutroth; vor sich hin auf den Teller starrend und mit der Gabel darauf herumkritzelnd lispelte sie: „Und noch heute siehst du Seraphinen, und noch heute werden deine süßen Liederchen beruhigend sich an das kranke Herz legen." — Auch Adelheid sprach diese Worte für mich, aber in dem Augenblick war es mir, als stehe ich mit der Baronin in unlauterm verbotenem Liebesverhältniß, das nur mit dem Entsetzlichen, mit einem Verbrechen, endigen könne. — Die Warnungen des Alten fielen mir schwer aufs Herz. — Was sollte ich beginnen! — Sie nicht mehr sehen? — Das war, so lange ich im Schlosse blieb, unmöglich, und durfte ich auch das Schloß verlassen, und nach K. zurückgehen, ich vermochte es nicht. Ach! nur zu sehr fühlt' ich, daß ich nicht stark genug war, mich selbst aufzurütteln aus dem Traum, der mich mit fantastischem Liebesglück neckte. Adelheid erschien mir beinahe als gemeine Kupplerin, ich wollte sie deshalb verachten — und doch, mich wieder besinnend, mußte ich mich meiner Albernheit schämen. Was geschah in jenen seligen Abendstunden, das nur im mindesten ein näheres Verhältniß mit Seraphinen, als Sitte und Anstand es erlaubten, herbeiführen konnte? Wie durfte es mir einfallen, daß die Baronin irgend etwas für mich fühlen sollte, und doch war ich von der Gefahr meiner Lage überzeugt! — Die Tafel wurde zeitiger aufgehoben, weil es noch auf Wölfe gehen sollte, die sich in dem Föhrenwalde, ganz nahe dem Schlosse, hatten blicken lassen. Die Jagd war mir recht in meiner aufgeregten Stimmung, ich erklärte dem Alten, mitziehn zu wollen, er lächelte mich zufrieden an, sprechend: „das ist brav, daß du auch einmal dich herausmachst, ich bleibe heim, du kannst meine Büchse nehmen, und schnalle auch meinen Hirschfänger um, im Fall der Noth ist das eine gute sichre Waffe, wenn man nur gleichmüthig bleibt.“ Der Theil des Waldes, in dem die Wölfe lagern mußten, wurde von den Jägern umstellt. Es war schneidend kalt, der Wind heulte durch die Föhren, und trieb mir die hellen Schneeflocken ins Gesicht, daß ich, als nun vollends die Dämmerung einbrach, kaum sechs Schritte vor mir hinschauen konnte. Ganz erstarrt verließ ich den mir angewiesenen Platz, und suchte Schutz tiefer im Walde. Da lehnte ich an einen Baum, die Büchse unterm Arm. Ich vergaß die Jagd, meine Gedanken trugen mich fort zu Seraphinen ins heimische Zimmer. Ganz entfernt fielen Schüsse, in demselben Moment rauschte es im Röhricht, und nicht zehn Schritte von mir erblickte ich einen starken Wolf, der vorüber rennen wollte. Ich legte an, drückte ab, — ich hatte gefehlt, das Thier sprang mit glühenden Augen auf mich zu, ich war verloren, hatte ich nicht Besonnenheit genug, das Jagdmesser herauszureißen, das ich dem Thier, als es mich packen wollte, tief in die Gurgel stieß, so daß das Blut mir über Hand und Arm spritzte. Einer von den Jägern des Barons, der mir unfern gestanden, kam nun mit vollem Geschrey herangelaufen, und auf seinen wiederholten Jagdruf sammelten sich alle um uns. Der Baron eilte auf mich zu: „Um des Himmels willen, Sie bluten? — Sie bluten — Sie sind verwundet?“ Ich versicherte das Gegentheil; da fiel der Baron über den Jäger her, der mir der nächste gestanden, und überhäufte ihn mit Vorwürfen, daß er nicht nachgeschossen, als ich gefehlt, und unerachtet dieser versicherte, daß das gar nicht möglich gewesen, weil in derselben Sekunde der Wolf auf mich zugestürzt, so daß jeder Schuß mich hätte treffen können, so blieb doch der Baron dabei, daß er mich, als einen minder erfahrnen Jäger, in besondere Obhut hätte nehmen sollen. Unterdessen hatten die Jäger das Thier aufgehoben, es war das größte der Art, das sich seit langer Zeit hatte sehen lassen, und man bewunderte allgemein meinen Muth und meine Entschlossenheit, unerachtet mir mein Benehmen sehr natürlich schien, und ich in der That an die Lebensgefahr, in der ich schwebte, gar nicht gedacht hatte. Vorzüglich bewies sich der Baron theilnehmend, er konnte gar nicht aufhören zu fragen, ob ich, sey ich auch nicht von der Bestie verwundet, doch nichts von den Folgen des Schrecks fürchte. Es ging zurück nach dem Schlofse, der Baron faßte mich, wie einen Freund, unter den Arm, die Büchse mußte ein Jäger tragen. Er sprach noch immer von meiner heroischen That, so daß ich am Ende selbst an meinen Heroismus glaubte, alle Befangenheit verlor, und mich selbst dem Baron gegenüber als ein Mann von Muth und seltener Entschlossenheit festgestellt fühlte. Der Schulknabe hatte sein Examen glücklich bestanden, war kein Schulknabe mehr, und alle demüthige Aengstlichkeit des Schulknaben war von ihm gewichen. Erworben schien mir jetzt das Recht, mich um Seraphinens Gunst zu mühen. — Man weiß ja, welcher albernen Zusammenstellungen die Fantasie eines verliebten Jünglings fähig ist. — Im Schlosse, am Kamin bei dem rauchenden Punschnapf, blieb ich der Held des Tages; nur der Baron selbst hatte außer mir noch einen tüchtigen Wolf erlegt, die übrigen mußten sich begnügen, ihre Fehlschüsse dem Wetter — der Dunkelheit zuzuschreiben, und grauliche Geschichten von sonst auf der Jagd erlebtem Glück und überstandener Gefahr zu erzählen. Von dem Alten glaubte ich nun gar sehr gelobt und bewundert zu werden; mit diesem Anspruch erzählte ich ihm mein Abenteuer ziemlich breit, und vergaß nicht, das wilde, blutdürstige Ansehn der wilden Bestie mit recht grellen Farben auszumalen. Der Alte lachte mir aber ins Gesicht, und sprach: „Gott ist mächtig in den Schwachen!“ —

Als ich des Trinkens, der Gesellschaft überdrüssig, durch den Corridor nach dem Gerichtssaal schlich, sah ich vor mir eine Gestalt, mit dem Licht in der Hand, hineinschlüpfen. In den Saal tretend erkannte ich Fräulein Adelheid. „Muß man nicht umher irren wie ein Gespenst, wie ein Nachtwandler, um Sie, mein tapferer Wolfsjäger, aufzufinden! —“ So lispelte sie mir zu, indem sie mich bei der Hand ergriff. Die Worte: „Nachtwandler — Gespenst,“ fielen mir, hier an diesem Orte ausgesprochen, schwer aufs Herz; augenblicklich brachten sie mir die gespenstischen Erscheinungen jener beiden graulichen Nächte in Sinn und Gedanken, wie damals heulte der Seewind in tiefen Orgeltönen herüber, es knatterte und pfiff schauerlich durch die Bogenfenster, und der Mond warf sein bleiches Licht gerade auf die geheimnißvolle Wand, an der sich das Kratzen vernehmen ließ. Ich glaubte Blutflecke daran zu erkennen. Fräulein Adelheid mußte, mich noch immer bei der Hand haltend, die Eiskälte fühlen, die mich durchschauerte. „Was ist Ihnen, was ist Ihnen,“ sprach sie leise, „Sie erstarren ja ganz? — Nun ich will Sie ins Leben rufen. Wissen Sie wohl, daß die Baronin es gar nicht erwarten kann, Sie zu sehen? — Eher glaubt sie nicht, daß der böse Wolf Sie wirklich nicht zerbissen hat. Sie ängstigt sich unglaublich! — Ey, ey, mein Freund, was haben Sie mit Seraphinchen angefangen! Noch niemals habe ich sie so gesehen. — Hu! — wie jetzt der Puls anfängt zu prickeln! — wie der todte Herr so plötzlich erwacht ist! — Nun, kommen Sie — fein leise — wir müssen zur kleinen Baronin!“ — Ich ließ mich schweigend fortziehen; die Art, wie Adelheid von der Baronin sprach, schien mir unwürdig, und vorzüglich die Andeutung des Verständnisses zwischen uns gemein. Als ich mit Adelheid eintrat, kam Seraphine mir mit einem leisen Ach! drey — vier Schritte rasch entgegen, dann blieb sie, wie sich besinnend, mitten im Zimmer stehen, ich wagte, ihre Hand zu ergreifen, und sie an meine Lippen zu drücken. Die Baronin ließ ihre Hand in der meinigen ruhen, indem sie sprach: „Aber mein Gott, ist es denn Ihres Berufs, es mit Wölfen aufzunehmen? Wissen

Sie denn nicht, daß Orpheus, Amphions fabelhafte Zeit längst vorüber ist, und daß die wilden Thiere allen Respekt vor den vortrefflichsten Sängern ganz verloren haben?“ — Diese anmuthige Wendung, mit der die Baronin ihrer lebhaften Theilnahme sogleich alle Mißdeutung abschnitt, brachte mich augenblicklich in richtigen Ton und Takt. Ich weiß selbst nicht, wie es kam, daß ich nicht, wie gewöhnlich, mich an das Instrument setzte, sondern neben der Baronin auf dem Kanapee Platz nahm. Mit dem Wort: „Und wie kamen Sie denn in Gefahr?“ erwies sich unser Einverständniß, daß es heute nicht auf Musik, sondern auf Gespräch abgesehen sey. Nachdem ich meine Abenteuer im Walde erzählt, und der lebhaften Theilnahme des Barons erwähnt, mit der leisen Andeutung, daß ich ihn deren nicht für fähig gehalten, fing die Baronin mit sehr weicher, beinahe wehmüthiger Stimme an: „O wie muß Ihnen der Baron so stürmisch, so rauh vorkommen, aber glauben Sie mir, nur während des Aufenthalts in diesen finstern unheimlichen Mauern, nur während des wilden Jagens in den öden Föhrenwäldern ändert er sein ganzes Wesen, wenigstens sein äußeres Betragen. Was ihn vorzüglich so ganz und gar verstimmt, ist der Gedanke, der ihn beständig verfolgt, daß hier irgend etwas Entsetzliches geschehen werde: daher hat ihn Ihr Abenteuer, das zum Glück ohne üble Folgen blieb, gewiß tief erschüttert. Nicht den geringsten seiner Diener will er der mindesten Gefahr ausgesetzt wissen, viel weniger einen lieben neugewonnenen Freund, und ich weiß gewiß, daß Gottlieb, dem er Schuld gibt, Sie im Stiche gelassen zu haben, wo nicht mit Gefängniß bestraft werden, doch die beschämende Jägerstrafe dulden wird, ohne Gewehr, mit einem Knittel in der Hand, sich dem Jagdgefolge anschließen zu müssen. Schon, daß solche Jagden, wie hier, nie ohne Gefahr sind, und daß der Baron, immer Unglück befürchtend, doch in der Freude und Lust daran, selbst den bösen Dämon neckt, bringt etwas Zerrissenes in sein Leben, das feindlich selbst auf mich wirken muß. Man erzählt viel Seltsames von dem Ahnherrn, der das Majorat stiftete, und ich weiß es wohl, daß ein düsteres Familiengeheimniß, das in diesen Mauern verschlossen, wie ein entsetzlicher Spuk, die Besitzer wegtreibt, und es ihnen nur möglich macht, eine kurze Zeit hindurch im lauten wilden Gewühl auszudauern. Aber ich! — wie einsam muß ich mich in diesem Gewühl befinden, und wie muß mich das Unheimliche, das aus allen Wänden weht, im Innersten aufregen! Sie, mein lieber Freund! haben mir die ersten heitern Augenblicke, die ich hier verlebte, durch Ihre Kunst verschafft! — wie kann ich Ihnen denn herzlich genug dafür danken! —" Ich küßte die mir dargebotene Hand, indem ich erklärte: daß auch ich gleich am ersten Tage, oder vielmehr in der ersten Nacht, das Unheimliche des Aufenthalts bis zum tiefsten Entsetzen gefühlt habe. Die Baronin blickte mir starr ins Gesicht, als ich jenes Unheimliche der Bauart des ganzen Schlosses, vorzüglich den Verzierungen im Gerichtssaal, dem sausenden Seewinde u. s. w. zuschrieb. Es kann seyn, daß Ton und Ausdruck darauf hindeuteten, daß ich noch etwas anderes meine, genug, als ich schwieg, rief die Baronin heftig: „Nein, nein — es ist Ihnen irgend etwas Entsetzliches geschehen in jenem Saal, den ich nie ohne Schauer betrete! — ich beschwöre Sie — sagen Sie mir Alles!" —

Zur Todtenblässe war Seraphinens Gesicht verbleicht, ich sah wohl ein, daß es nun gerathener sey, alles, was mir widerfahren, getreulich zu erzählen, als Seraphinens aufgeregter

Fantasie es zu überlassen, vielleicht einen Spuk, der, in mir unbekannter Beziehung, noch schrecklicher seyn konnte, als der erlebte, sich auszubilden. Sie hörte mich an, und immer mehr und mehr stieg ihre Beklommenheit und Angst. Als ich des Kratzens an der Wand erwähnte, schrie sie auf: „das ist entsetzlich — ja, ja — in dieser Mauer ist jenes fürchterliche Geheimniß verborgen! —" Als ich dann weiter erzählte, wie der Alte mit geistiger Gewalt und Uebermacht den Spuk gebannt, seufzte sie tief, als würde sie frey von einer schweren Last, die ihre Brust gedrückt. Sich zurücklehnend, hielt sie beide Hände vor's Gesicht. Erst jetzt bemerkte ich, daß Adelheid uns verlassen. Längst hatte ich geendet, und da Seraphine noch immer schwieg, stand ich leise auf, ging an das Instrument, und mühte mich, in anschwellenden Akkorden tröstende Geister heraufzurufen, die Seraphinen dem finstern Reiche, das sich ihr in meiner Erzählung erschlossen, entführen sollten. Bald intonirte ich so zart, als ich es vermochte, eine jener heiligen Canzonen des Abbate Steffani. In den wehmuthsvollen Klängen des: Ochi, perchè piangete — erwachte Seraphine aus düstern Träumen, und horchte mild lächelnd, glänzende Perlen in den Augen, mir zu. — Wie geschah es denn, daß ich vor ihr hinkniete, daß sie sich zu mir herabbeugte, daß ich sie mit meinen Armen umschlang, daß ein langer glühender Kuß auf meinen Lippen brannte? — Wie geschah es denn, daß ich nicht die Besinnung verlor, daß ich es fühlte, wie sie sanft mich an sich drückte, daß ich sie aus meinen Armen ließ, und schnell mich emporrichtend an das Instrument trat? Von mir abgewendet ging die Baronin einige Schritte nach dem Fenster hin, dann kehrte sie um, und trat mit einem beinahe stolzen Anstande, der ihr sonst gar nicht eigen, auf mich zu.

Mir fest ins Auge blickend, sprach sie: „Ihr Onkel ist der würdigste Greis, den ich kenne, er ist der Schutzengel unserer Familie — möge er mich einschließen in sein frommes Gebet!“ — Ich war keines Wortes mächtig, verderbliches Gift, das ich in jenem Kusse eingesogen, gährte und flammte in allen Pulsen, in allen Nerven! — Fräulein Adelheid trat herein — die Wuth des innern Kampfes strömte aus in heißen Thränen, die ich nicht zurück zu drängen vermochte! — Adelheid blickte mich verwundert und zweifelhaft lächelnd an — ich hätte sie ermorden können. Die Baronin reichte mir die Hand und sprach mit unbeschreiblicher Milde: „Leben Sie wohl, mein lieber Freund! — Leben Sie recht wohl, denken Sie daran, daß vielleicht niemand besser, als ich, Ihre Musik verstand. — Ach! diese Töne werden lange — lange in meinem Innern wiederklingen.“ — Ich zwang mir einige unzusammenhängende alberne Worte ab, und lief nach unserm Gemach. Der Alte hatte sich schon zur Ruhe begeben. Ich blieb im Saal, ich stürzte auf die Knie, ich weinte laut — ich rief den Namen der Geliebten, kurz, ich überließ mich den Thorheiten des verliebten Wahnsinns trotz einem, und nur der laute Zuruf des über mein Toben aufgewachten Alten: „Vetter, ich glaube du bist verrückt geworden, oder balgst dich aufs neue mit einem Wolf? — Schier dich zu Bette, wenn es dir sonst gefällig ist.“ — Nur dieser Zuruf trieb mich hinein ins Gemach, wo ich mich mit dem festen Vorsatz niederlegte, nur von Seraphinen zu träumen. Es mochte schon nach Mitternacht seyn, als ich, noch nicht eingeschlafen, entfernte Stimmen, ein Hin- und Herlaufen, und das Oeffnen und Zuschlagen von Thüren zu vernehmen glaubte. Ich horchte auf, da hörte ich Tritte auf dem Corridor sich nahen, die Thür des Saals wurde geöffnet, unt bald klopfte es an unser Gemach. „Wer ist da,“ rief ich laut; da sprach es draußen: „Herr Justitiarius — Herr Justiiarius, wachen Sie auf — wachen Sie auf!“ — Ich erkanne Franzens Stimme, und indem ich frug: „Brennt es im Schosse,“ wurde der Alte wach und rief: „Wo brennt es? — wo ist schon wieder verdammter Teufelsspuk los?“ „Ach, stehen Sie auf, Herr Justitiarius,“ sprach Franz, „stehen Sie auf, der Herr Baron verlangt nach Ihnen!“ „Was will der Baron von mir,“ frug der Alte weiter, „was will er von mir zur Nachtzeit? — weiß er nicht, daß das Justitiariat mit dem Justitiarius zu Bette geht, und eben so gut schläft, als er?“ „Ach,“ rief nun Franz ängstlich, „lieber Herr Justitiarius, stehen Sie doch nur auf — die gnädige Frau Baronin liegt im Sterben!“ — Mit einem Schrey des Entsetzens fuhr ich auf. „Oeffne Franzen die Thür,“ rief mir der Alte zu; besinnungslos wankte ich im Zimmer herum, ohne Thür und Schloß zu finden. Der Alte mußte mir beistehen, Franz trat bleich mit verstörtem Gesicht herein, und zündete die Lichter an. Als wir uns kaum in die Kleider geworfen, hörten wir schon den Baron im Saal rufen: „Kann ich Sie sprechen, lieber V.?“ — „Warum hast du dich angezogen, Vetter, der Baron hat nur nach mir verlangt?“ frug der Alte, im Begriff herauszutreten. Ich muß hinab — ich muß sie sehen und dann sterben, sprach ich dumpf und wie vernichtet vom trostlosen Schmerz. „Ja so! da hast du Recht, Vetter!“ Dies sprechend warf mir der Alte die Thür vor der Nase zu, daß die Angeln klirrten, und verschloß sie von draußen. Im ersten Augenblick, über diesen Zwang empört, wollt' ich die Thür einrennen, aber mich schnell besinnend, daß dieses nur die verderblichen Folgen einer ungezügelten Raserei haben könne, beschloß ich, die Rückkehr des Alten abzuwarten, dann aber, koste es was es wolle, seiner Aufsicht zu entschlüpfen. Ich hörte den Alten heftig mit dem Baron reden, ich hörte mehrmals meinen Namen nennen, ohne weiteres verstehen zu können — Mit jeder Sekunde wurde mir meine Lage tödtlicher. — Endlich vernahm ich, wie dem Baron eine Botschaft gebracht wurde, und wie er schnell davon rannte. Der Alte trat wieder in das Zimmer — „Sie ist todt" — mit diesem Schrey stürzte ich dem Alten entgegen — „Und du bist närrisch!" fiel er gelassen ein, faßte mich, und drückte mich in einem Stuhl. Ich muß hinab, schrie ich, ich muß hinab, sie sehen, und sollt' es mir das Leben kosten! — „Thue das, lieber Vetter," sprach der Alte, indem er die Thür verschloß, den Schlüssel abzog und in die Tasche steckte. Nun flammte ich auf in toller Wuth, ich griff nach der geladenen Büchse und schrie: „Hier vor Ihren Augen jage ich mir die Kugel durch den Kopf, wenn Sie nicht sogleich mir die Thür öffnen." Da trat der Alte dicht vor mir hin, und sprach, indem er mich mit durchbohrendem Blick ins Auge faßte: „Glaubst du, Knabe, daß du mich mit deiner armseligen Drohung erschrecken kannst? — Glaubst du, daß mir dein Leben was werth ist, wenn du vermagst, es in kindischer Albernheit, wie ein abgenutztes Spielzeug, wegzuwerfen? — Was hast du mit dem Weibe des Barons zu schaffen? — wer gibt dir das Recht, dich, wie ein überlästiger Geck, da hinzudrängen, wo du nicht hin gehörst, und wo man dich auch gar nicht mag? — Willst du den liebelnden Schäfer machen in ernster Todesstunde?" — Ich sank vernichtet in den Lehnstuhl — Nach einer Weile fuhr der Alte mit milderer Stimme fort: „Und damit du es nur weißt, mit der angeblichen Todesgefahr der Baronin ist es wahrscheinlich ganz und gar nichts —

Fräulein Adelheid ist denn nun gleich außer sich über alles; wenn ihr ein Regentropfen auf die Nase fällt, so schreit sie: Welch ein schreckliches Unwetter! — Zum Unglück ist der Feuerlärm bis zu den alten Tanten gedrungen, die sind unter unziemlichem Weinen mit einem ganzen Arsenal von stärkenden Tropfen — Lebenselixiren, und was weiß ich sonst, angerückt — Eine starke Anwandlung von Ohnmacht" — Der Alte hielt inne, er mochte bemerken, wie ich im Innern kämpfte. Er ging einige Mal die Stube auf und ab, stellte sich wieder vor mir hin, lachte recht herzlich, und sprach: „Vetter, Vetter! was treibst du für närrisches Zeug? — Nun! — es ist einmal nicht anders, der Satan treibt hier seinen Spuk auf mancherlei Weise, du bist ihm ganz lustig in die Krallen 'gelaufen, und er macht jetzt sein Tänzchen mit dir" — Er ging wieder einige Schritte auf und ab, dann sprach er weiter: „Mit dem Schlaf ist's nun einmal vorbey, und da dächt' ich, man rauchte eine Pfeife, und brächte so noch die paar Stündchen Nacht und Finsterniß hin!" — Mit diesen Worten nahm der Alte eine thönerne Pfeife vom Wandschrank herab, und stopfte sie, ein Liedchen brummend, langsam und sorgfältig, dann suchte er unter vielen Papieren, bis er ein Blatt herausriß, es zum Fidibus zusammenknetete und ansteckte. Die dicken Rauchwolken von sich blasend, sprach er zwischen den Zähnen: „Nun Vetter, wie war es mit dem Wolf?" — Ich weiß nicht, wie dies ruhige Treiben des Alten seltsam auf mich wirkte. — Es war, als sey ich gar nicht mehr in R..sitten — die Baronin weit — weit von mir entfernt, so daß ich sie nur mit den geflügelten Gedanken erreichen könne! — Die letzte Frage des Alten verdroß mich. „Aber," fiel ich ein, „finden Sie mein Jagdabenteuer so lustig, so zum Bespötteln geeignet?" „Mit nichten," erwiderte der Alte, „mit nichten Herr Vetter, aber du glaubst nicht, welch' komisches Gesicht solch ein Kick in die Welt, wie du, schneidet, und wie er sich überhaupt so possierlich dabei macht, wenn der liebe Gott ihn einmal würdigt, was besonderes ihm passiren zu lassen. — Ich hatte einen akademischen Freund, der ein stiller, besonnener, mit sich einiger Mensch war. Der Zufall verwickelte ihn, der nie Anlaß zu dergleichen gab, in eine Ehrensache, und er, den die mehresten Burschen für einen Schwächling, für einen Pinsel hielten, benahm sich dabei mit solchem ernstem entschlossenem Muthe, daß alle ihn höchlich bewunderten. Aber seit der Zeit war er auch umgewandelt. Aus dem fleißigen besonnenen Jünglinge wurde ein prahlhafter, unausstehlicher Raufbold. Er kommerschirte und jubelte, und schlug, dummer Kinderei halber, sich so lange, bis ihn der Senior einer Landsmannschaft, die er auf pöbelhafte Weise beleidigt, im Duell niederstieß. — Ich erzähle dir das nur so, Vetter, du magst dir dabei denken, was du willst! — Um nun wieder auf die Baronin und ihre Krankheit zu kommen" — Es ließen sich in dem Augenblick leise Tritte auf dem Saal hören, und mir war es, als ginge ein schauerliches Aechzen durch die Lüfte! — „Sie ist hin!" — der Gedanke durchfuhr mich wie ein tödtender Blitz! — Der Alte stand rasch auf, und rief laut: „Franz — Franz!" — „Ja, lieber Herr Justitiarius," antwortete es draußen. „Franz," fuhr der Alte fort, „schüre ein wenig das Feuer im Kamin zusammen, und ist es thunlich, so magst du für uns ein Paar Tassen guten Thee bereiten!" — „Es ist verteufelt-kalt," wandte sich der Alte zu mir, „und da wollen wir uns lieber draußen am Kamine was erzählen." Der Alte schloß die Thür auf, ich folgte ihm mechanisch. „Wie gehts unten," frug der

Alte. „Ach,“ erwiderte Franz, „es hatte gar nicht viel zu bedeuten, die gnädige Frau Baronin sind wieder ganz munter, und schieben das bischen Ohnmacht auf einen bösen Traum!“ — Ich wollte aufjauchzen vor Freude und Entzücken, ein sehr ernster Blick des Alten wies mich zur Ruhe. — „Ja,“ sprach der Alte, „im Grunde genommen wär's doch besser, wir legten uns noch ein paar Stündchen aufs Ohr — Laß es nur gut seyn mit dem Thee, Franz!“ — „Wie Sie befehlen, Herr Justitiarius,“ erwiderte Franz, und verließ den Saal mit dem Wunsch einer geruhsamen Nacht, unerachtet schon die Hähne krähten. „Höre, Vetter!“ sprach der Alte, indem er die Pfeife im Kamin ausklopfte, „höre, Vetter! gut ist's doch, daß dir kein Malheur passirt ist mit Wölfen und geladenen Büchsen!“ — Ich verstand jetzt alles und schämte mich, daß ich dem Alten Anlaß gab, mich zu behandeln wie ein ungezogenes Kind.

„Sey so gut,“ sprach der Alte am andern Morgen, „sey so gut, lieber Vetter, steige herab und erkundige dich, wie es mit der Baronin steht. Du kannst nur immer nach Fräulein Adelheid fragen, die wird dich denn wohl mit einem tüchtigen Bulletin versehen.“ — Man kann denken, wie ich hinab eilte. Doch in dem Augenblick, als ich leise an das Vorgemach der Baronin pochen wollte, trat mir der Baron rasch aus demselben entgegen. Er blieb verwundert stehen und maß mich mit finsterm, durchbohrenden Blick. „Was wollen Sie hier!“ fuhr es ihm heraus. Unerachtet mir das Herz im Innersten schlug, nahm ich mich zusammen und erwiederte mit festem Ton: „Mich im Auftrage des Onkels nach dem Befinden der gnädigen Frau erkundigen.“ „O es war ja gar nichts — ihr gewöhnlicher Nervenzufall. Sie schläft sanft, und ich weiß, daß sie wohl und munter bei der Tafel erscheinen wird! — Sagen Sie das — Sagen Sie das" — Dies sprach der Baron mit einer gewissen leidenschaftlichen Heftigkeit, die mir anzudeuten schien, daß er um die Baronin besorgter sey, als er es wolle merken lassen. Ich wandte mich, um zurückzukehren, da ergriff der Baron plötzlich meinen Arm und rief mit flammendem Blick: „Ich habe mit Ihnen zu sprechen, junger Mann!" — Sah' ich nicht den schwerbeleidigten Gatten vor mir, und mußt' ich nicht einen Auftritt befürchten, der vielleicht schmachvoll für mich enden konnte? Ich war unbewaffnet, doch im Moment besann ich mich auf mein künstliches Jagdmesser, das mir der Alte erst in R..sitten geschenkt und das ich noch in der Tasche trug. Nun folgte ich dem mich rasch fortziehenden Baron mit dem Entschluß keines Leben zu schonen, wenn ich Gefahr laufen sollte, unwürdig behandelt zu werden. Wir waren in des Barons Zimmer eingetreten, dessen Thür er hinter sich abschloß. Nun schritt er mit übereinandergeschlagenen Armen heftig auf und ab, dann blieb er vor mir stehen und wiederholte: „Ich habe mit Ihnen zu sprechen, junger Mann!" — Der verwegenste Muth war mir gekommen, und ich wiederholte mit erhöhtem Ton: „Ich hoffe, daß es Worte seyn werden, die ich ungeahndet hören darf!" Der Baron schaute mich verwundert an, als verstehe er mich nicht. Dann blickte er finster zur Erde, schlug die Arme über den Rücken und fing wieder an im Zimmer auf und abzurennen. — Er nahm eine Büchse herab und stieß den Ladestock hinein, als wolle er versuchen, ob sie geladen sey oder nicht! — Das Blut stieg mir in den Adern, ich faßte nach dem Messer und schritt dicht auf den Baron zu, um es ihm unmöglich zu machen, auf mich anzulegen. „Ein schönes Gewehr," sprach der Baron, die

Büchse wieder in den Winkel stellend. Ich trat einige Schritte zurück und der Baron an mich heran; kräftiger auf meine Schulter schlagend, als gerade nöthig, sprach er dann: „Ich muß Ihnen aufgeregt und verstört vorkommen, Theodor! ich bin es auch wirklich von der in tausend Aengsten durchwachten Nacht. Der Nervenzufall meiner Frau war durchaus nicht gefährlich, das sehe ich jetzt ein, aber hier — hier in diesem Schloß, in das ein finst'rer Geist gebannt ist, fürcht' ich das Entsetzliche, und dann ist es auch das erste Mal, daß sie hier erkrankte. Sie — Sie allein sind Schuld daran!“ — „Wie das möglich seyn könne, davon hätte ich keine Ahnung,“ erwiderte ich gelassen. „O,“ fuhr der Baron fort, „o wäre der verdammte Unglückskasten der Inspektorin auf blankem Eise zerbrochen in tausend Stücke, o wären Sie — doch nein! — nein! Es sollte, es mußte so seyn, und ich allein bin Schuld an Allem. An mir lag es, in dem Augenblick, als Sie anfingen in dem Gemach meiner Frau Musik zu machen, Sie von der ganzen Lage der Sache, von der Gemüthsstimmung meiner Frau zu unterrichten“ — Ich machte Miene zu sprechen — „Lassen Sie mich reden,“ rief der Baron, „ich muß im Voraus Ihnen alles voreilige Urtheil abschneiden. Sie werden mich für einen rauhen, der Kunst abholden Mann halten. Ich bin das keinesweges, aber eine, auf tiefe Ueberzeugung gebaute Rücksicht nöthigt mich, hier wo möglich solcher Musik, die jedes Gemüth, und auch gewiß das meinige ergreift, den Eingang zu versagen. Erfahren Sie, daß meine Frau an einer Erregbarkeit kränkelt, die am Ende alle Lebensfreude wegzehren muß. In diesen wunderlichen Mauern kommt sie gar nicht heraus aus dem erhöhten, überreizten Zustande, der sonst nur momentan einzutreten pflegt, und zwar als Vorbote einer ernsten Krankheit. Sie fragen mit Recht, warum ich der zarten Frau diesen schauerlichen Aufenthalt, dieses wilde verwirrte Jägerleben nicht erspare? Aber nennen Sie es immerhin Schwäche, genug, mir ist es nicht möglich, sie allein zurückzulassen. In tausend Aengsten und nicht fähig Ernstes zu unternehmen würde ich seyn, denn ich weiß es, die entsetzlichsten Bilder von allerlei verstörendem Ungemach, das ihr widerfahren, verließen mich nicht im Walde, nicht im Gerichtssaal — Dann aber glaube ich auch, daß dem schwächlichen Weibe gerade diese Wirthschaft hier wie ein erkräftigendes Stahlbad anschlagen muß — Wahrhaftig, der Seewind, der nach seiner Art tüchtig durch die Föhren saust, das dumpfe Gebelle der Doggen, der keck und munter schmetternde Hörnerklang muß hier siegen über die verweichlenden, schmachtelnden Pinseleien am Clavier, das so kein Mann spielen sollte, aber Sie haben es darauf angelegt, meine Frau methodisch zu Tode zu quälen!" — Der Baron sagte dies mit verstärkter Stimme und wildfunkelnden Augen — das Blut stieg mir in den Kopf, ich machte eine heftige Bewegung mit der Hand gegen den Baron, ich wollte sprechen, er ließ mich nicht zu Worte kommen. „Ich weiß, was Sie sagen wollen," fing er an, „ich weiß es und wiederhole es, daß Sie auf dem Wege waren meine Frau zu tödten, und daß ich Ihnen dies auch nicht im mindesten zurechnen kann, wiewohl Sie begreifen, daß ich dem Dinge Einhalt thun muß. — Kurz! — Sie exaltiren meine Frau durch Spiel und Gesang, und als sie in dem bodenlosen Meere träumerischer Visionen und Ahnungen, die Ihre Musik wie ein böser Zauber heraufbeschworen hat, ohne Halt und Steuer umherschwimmt, drücken Sie sie hinunter in die Tiefe mit der Erzählung eines unheimlichen Spuks, der Sie oben im Gerichtssaal geneckt haben soll. Ihr Großonkel hat mir Alles erzählt, aber ich bitte Sie, wiederholen Sie mir Alles, was Sie sahen oder nicht sahen — hörten — fühlten — ahnten." Ich nahm mich zusammen und erzählte ruhig, wie es sich damit begeben, von Anfang bis zu Ende. Der Baron warf nur dann und wann einzelne Worte, die sein Erstaunen ausdrückten, dazwischen. Als ich darauf kam, wie der Alte sich mit frommen Muth dem Spuk entgegengestellt und ihn gebannt habe mit kräftigen Worten, schlug er die Hände zusammen, hob sie gefaltet zum Himmel empor und rief begeistert: „Ja, er ist der Schutzgeist der Familie! — ruhen soll in der Gruft der Ahnen seine sterbliche Hülle!" — Ich hatte geendet. „Daniel, Daniel! was machst du hier zu dieser Stunde!" murmelte der Baron in sich hinein, indem er mit übereinander geschlagenen Armen im Zimmer auf und abschritt. „Weiter war es also nichts, Herr Baron?" frug ich laut, indem ich Miene machte mich zu entfernen. Der Baron fuhr auf wie aus einem Traum, faßte freundlich mich bei der Hand und sprach: „Ja — lieber Freund! meine Frau, der Sie so arg mitgespielt haben, ohne es zu wollen, die müssen Sie wieder herstellen, — Sie allein können das." Ich fühlte mich erröthend, und stand ich dem Spiegel gegenüber, so erblickte ich gewiß in demselben ein sehr albernes verdutzes Gesicht. Der Baron schien sich an meiner Verlegenheit zu weiden, er blickte mir unverwandt ins Auge mit einem recht fatalen ironischen Lächeln. „Wie in aller Welt sollte ich es anfangen," stotterte ich endlich mühsam heraus. „Nun, nun," unterbrach mich der Baron, „Sie haben es mit keiner gefährlichen Patientin zu thun. Ich nehme jetzt ausdrücklich Ihre Kunst in Anspruch. Die Baronin ist nun einmal hereingezogen in den Zauberkreis

Ihrer Musik, und sie plötzlich heraus zu reißen, würde thörigt und grausam seyn. Setzen Sie die Musik fort. Sie werden zur Abendstunde in den Zimmern meiner Frau jedesmal willkommen seyn. Aber gehen Sie nach und nach über zu kräftigerer Musik, verbinden Sie geschickt das Heitere mit dem Ernsten — und dann, vor allen Dingen, wiederholen Sie die Erzählung von dem unheimlichen Spuk recht oft. Die Baronin gewöhnt sich daran, sie vergißt, daß der Spuk hier in diesen Mauern hauset, und die Geschichte wirkt nicht stärker auf sie, als jedes andere Zaubermärchen, das in irgend einem Roman, in irgend einem Gespensterbuch, ihr aufgetischt worden. Das thun Sie, lieber Freund!" — Mit diesen Worten entließ mich der Baron — Ich ging — Ich war vernichtet in meinem eignen Innern, herabgesunken zum bedeutungslosen, thörigten Kinde! — Ich Wahnsinniger, der ich glaubte, Eifersucht könne sich in seiner Brust regen; Er selbst schickt mich zu Seraphinen, er selbst sieht in mir nur das willenlose Mittel, das er braucht und wegwirft, wie es ihm beliebt! — Vor wenig Minuten fürchtete ich den Baron, es lag in mir tief im Hintergrunde verborgen das Bewußtseyn der Schuld, aber diese Schuld ließ mich das höhere, herrlichere Leben deutlich fühlen, dem ich zugereift; nun war alles versunken in schwarze Nacht, und ich sah nur den albernen Knaben, der in kindischer Verkehrtheit die papierne Krone, die er sich auf den heißen Kopf stülpte, für ächtes Gold gehalten. — Ich eilte zum Alten, der schon auf mich wartete. „Nun Vetter, wo bleibst du denn, wo bleibst du denn?" rief er mir entgegen. „Ich habe mit dem Baron gesprochen," warf ich schnell und leise hin, ohne den Alten anschauen zu können. „Tausend Sapperlot!" — sprach der Alte wie verwundert, „Tausend Sapperlot, dacht' ich's doch gleich! — der Baron hat dich gewiß herausgefordert, Vetter?" — Das schallende Gelächter, das der Alte gleich hinterher aufschlug, bewies mir, daß er auch dieses Mal, wie immer, ganz und gar mich durchschaute — Ich biß die Zähne zusammen — ich mochte kein Wort erwidern, denn wohl wußt' ich, daß es dessen nur bedurfte, um sogleich von den tausend Neckereien überschüttet zu werden, die schon auf des Alten Lippen schwebten.

Die Baronin kam zur Tafel im zierlichen Morgenkleide, das, blendend weiß, frisch gefallenen Schnee besiegte. Sie sah matt aus und abgespannt, doch als sie nun leise und melodisch sprechend die dunkeln Augen erhob, da blitzte süßes, sehnsüchtiges Verlangen aus düsterer Glut, und ein flüchtiges Roth überflog das lilienblasse Antlitz. Sie war schöner als jemals — Wer ermißt die Thorheiten eines Jünglings mit zu heißem Blut im Kopf und Herzen! — Den bittern Groll, den der Baron in mir aufgeregt, trug ich über auf die Baronin. Alles erschien mir wie eine heillose Mystifikation, und nun wollt' ich beweisen, daß ich gar sehr bey vollem Verstande sey, und über die Maßen scharfsichtig. — Wie ein schmollendes Kind vermied ich die Baronin, und entschlüpfte der mich verfolgenden Adelheid, so daß ich, wie ich gewollt, ganz am Ende der Tafel zwischen den beiden Offizieren meinen Platz fand, mit denen ich wacker zu zechen begann. Beim Nachtisch stießen wir fleißig die Gläser zusammen, und, wie es in solcher Stimmung zu geschehen pflegt, ich war ungewöhnlich laut und lustig. Ein Bedienter hielt mir einen Teller hin, auf dem einige Bonbons lagen, mit den Worten: „von Fräulein Adelheid." Ich nahm, und bemerkte bald, daß auf einem der Bonbons mit Silberstift gekritzelt stand: „Und Seraphine?" — Das

Blut wallte mir auf in den Adern. Ich schaute hin nach Adelheid, die sah mich an mit überaus schlauer, verschmitzter Miene, nahm das Glas und nickte mir zu mit leisem Kopfnicken. Beinahe willkührlos murmelte ich still: „Seraphine," nahm mein Glas und leerte es mit einem Zuge. Mein Blick flog hin zu ihr, ich gewahrte, daß sie auch in dem Augenblick getrunken hatte, und ihr Glas eben hinsetzte — ihre Augen trafen die meinen, und ein schadenfroher Teufel raunte es mir in die Ohren: „Unseliger! — Sie liebt dich doch!" — Einer der Gäste stand auf, und brachte, nordischer Sitte gemäß, die Gesundheit der Frau vom Hause aus — Die Gläser erklangen im lauten Jubel — Entzücken und Verzweiflung spalteten mir das Herz, die Glut des Weins flammte in mir auf, alles drehte sich in Kreisen, es war, als müßte ich vor Aller Augen hinstürzen zu ihren Füßen, und mein Leben aushauchen! — „Was ist Ihnen, lieber Freund?" Diese Frage meines Nachbars gab mir die Besinnung wieder, aber Seraphine war verschwunden. — Die Tafel wurde aufgehoben. Ich wollte fort, Adelheid hielt mich fest, sie sprach allerley, ich hörte, ich verstand kein Wort — sie faßte mich bei beiden Händen, und rief mir laut lachend etwas in die Ohren — Wie von der Starrsucht gelähmt, blieb ich stumm und regungslos. Ich weiß nur, daß ich endlich mechanisch ein Glas Likör aus Adelheids Hand nahm, und es austrank, daß ich mich einsam in einem Fenster wiederfand, daß ich dann hinausstürzte aus dem Saal, die Treppe hinab, und hinaus lief in den Wald. In dichten Flokken fiel der Schnee herab, die Föhren seufzten vom Sturm bewegt; wie ein Wahnsinniger sprang ich umher in weiten Kreisen, und lachte und schrie wild auf: Schaut zu, schaut zu! — Heisa! der Teufel macht sein Tänzchen mit dem Knaben, der zu speisen gedachte total verbotene Früchte! — Wer weiß, wie mein tolles Spiel geendet, wenn ich nicht meinen Namen laut in den Wald hinein rufen gehört. Das Wetter hatte nachgelassen, der Mond schien hell durch die zerrissenen Wolken, ich hörte Doggen anschlagen, und gewahrte eine finstere Gestalt, die sich mir näherte. Es war der alte Jäger. „Ei, ei, lieber Herr Theodor!“ fing er an, „wie haben Sie sich denn verirrt in dem bösen Schneegestöber, der Herr Justitiarius warten auf Sie mit vieler Ungeduld!“ — Schweigend folgte ich dem Alten. Ich fand den Großonkel im Gerichtssaal arbeitend. „Das hast du gut gemacht,“ rief er mir entgegen, „das hast du sehr gut gemacht, daß du ein wenig ins Freie gingst, um dich gehörig abzukühlen. Trinke doch nicht so viel Wein, du bist noch viel zu jung dazu, das taugt nicht.“ — Ich brachte kein Wort hervor, schweigend setzte ich mich hin an den Schreibtisch. „Aber, sage mir nur, lieber Vetter, was wollte denn eigentlich der Baron von dir?“ — Ich erzählte alles, und schloß damit, daß ich mich nicht hergeben wollte zu der zweifelhaften Cur, die der Baron vorgeschlagen. „Würde auch gar nicht angehen,“ fiel der Alte mir in die Rede, „denn wir reisen morgen in aller Frühe fort, lieber Vetter!“ — Es geschah so, ich sah Seraphinen nicht wieder! —

Kaum angekommen in K. klagte der alte Großonkel, daß er mehr als jemals sich von der beschwerlichen Fahrt angegriffen fühle. Sein mürrisches Schweigen, nur unterbrochen von heftigen Ausbrüchen der übelsten Laune, verkündete die Rückkehr seiner podagristischen Zufälle. Eines Tages wurd' ich schnell hingerufen, ich fand den Alten, vom Schlage getroffen, sprachlos auf dem Lager, einen zerknitterten Brief in der krampfhaft geschlossenen Hand. Ich erkannte die Schriftzüge des Wirthschafts-Inspektors aus R..sitten, doch, von dem tiefsten

Schmerz durchdrungen, wagte ich es nicht, den Brief dem Alten zu entreißen, ich zweifelte nicht an seinem baldigen Tod. Doch, noch ehe der Arzt kam, schlugen die Lebenspulse wieder, die wunderbar kräftige Natur des siebzigjährigen Greises widerstand dem tödtlichen Anfall, noch desselben Tages erklärte ihn der Arzt außer Gefahr. Der Winter war hartnäckiger als jemals, ihm folgte ein rauher, düsterer Frühling, und so kam es, daß nicht jener Zufall sowol, als das Podagra, von dem bösen Klima wohl gehegt, den Alten für lange Zeit auf das Krankenlager warf. In dieser Zeit beschloß er, sich von jedem Geschäft ganz zurück zu ziehen. Er trat seine Justitiariate an andere ab, und so war mir jede Hoffnung verschwunden, jemals wieder nach R..sitten zu kommen. Nur meine Pflege litt der Alte, nur von mir verlangte er unterhalten, aufgeheitert zu werden. Aber wenn auch in schmerzlosen Stunden seine Heiterkeit wiedergekehrt war, wenn es an derben Späßen nicht fehlte, wenn es selbst zu Jagdgeschichten kam, und ich jeden Augenblick vermuthete, meine Heldenthat, wie ich den greulichen Wolf mit dem Jagdmesser erlegte, würde herhalten müssen: niemals — niemals erwähnte er unseres Aufenthalts in R..sitten, und wer mag nicht einsehen, daß ich, aus natürlicher Scheu, mich wohl hütete, ihn geradezu darauf zu bringen. — Meine bittere Sorge, meine stete Mühe um den Alten, hatte Seraphinens Bild in den Hintergrund gestellt. So wie des Alten Krankheit nachließ, gedachte ich lebhafter wieder jenes Moments im Zimmer der Baronin, der mir wie ein leuchtender auf ewig für mich untergegangener Stern erschien. Ein Ereigniß rief allen empfundenen Schmerz hervor, indem es mich zugleich, wie eine Erscheinung aus der Geisterwelt, mit eiskalten Schauern durchbebte! — Als ich nämlich eines Abends die Brieftasche, die ich in R.. sitten getragen, öffne, fällt mir aus den aufgeblätterten Papieren eine dunkle, mit einem weißen Bande umschlungene Locke entgegen, die ich augenblicklich für Seraphinens Haar erkenne! Aber, als ich das Band näher betrachte, sehe ich deutlich die Spur eines Blutstropfens! — Vielleicht wußte Adelheid in jenen Augenblicken des bewußtlosen Wahnsinns, der mich am letzten Tage ergriffen, mir dies Andenken geschickt zuzustellen, aber warum der Blutstropfe, der mich Entsetzliches ahnen ließ und jenes beinahe zu schäfermäßige Pfand zur schauervollen Mahnung an eine Leidenschaft, die theures Herzblut kosten konnte, hinaufsteigerte? — Das war jenes weiße Band, das mich, zum ersten Mal Seraphinen nahe, wie im leichten losen Spiel umflatterte, und dem nun die dunkle Nacht das Wahrzeichen der Verletzung zum Tode gegeben. Nicht spielen soll der Knabe mit der Waffe, deren Gefährlichkeit er nicht ermißt! —

Endlich hatten die Frühlingsstürme zu toben aufgehört, der Sommer behauptete sein Recht, und war erst die Kälte unerträglich, so wurd' es nun, als der Julius begonnen, die Hitze. Der Alte erkräftigte sich zusehends, und zog, wie er sonst zu thun pflegte, in einen Garten der Vorstadt. An einem stillen lauen Abende saßen wir in der duftenden Jasminlaube, der Alte war ungewöhnlich heiter, und dabei nicht, wie sonst, voll sarkastischer Ironie, sondern mild, beinahe weich gestimmt. „Vetter," fing er an, „ich weiß nicht, wie mir heute ist, ein ganz besonderes Wohlseyn, wie ich es seit vielen Jahren nicht gefühlt, durchdringt mich mit gleichsam elektrischer Wärme. Ich glaube, das verkündet mir einen baldigen Tod." Ich mühte mich, ihn von dem düstern Gedanken abzubringen. „Laß es gut seyn Vetter," sprach er, „lange bleibe ich nicht mehr hier unten, und da will ich dir noch eine Schuld abtragen! — Denkst du noch an die Herbstzeit in R.. sitten?" — Wie ein Blitz durchfuhr mich diese Frage des Alten, noch ehe ich zu antworten vermochte, fuhr er weiter fort: „Der Himmel wollte es, daß du dort auf ganz eigne Weise eintratst, und wider deinen Willen eingeflochten wurdest in die tiefsten Geheimnisse des Hauses. Jetzt ist es an der Zeit, daß du alles erfahren mußt. Oft genug, Vetter! haben wir über Dinge gesprochen, die du mehr ahntest als verstandest. Die Natur stellt den Cyklus des menschlichen Lebens in dem Wechsel der Jahreszeiten symbolisch dar, das sagen sie Alle, aber ich meine das auf andere Weise als Alle. Die Frühlingsnebel fallen, die Dünste des Sommers verdampfen, und erst des Herbstes reiner Aether zeigt deutlich die ferne Landschaft, bis das Hienieden versinkt in die Nacht des Winters. — Ich meine, daß im Hellsehen des Alters sich deutlicher das Walten der unerforschlichen Macht zeigt. Es sind Blicke vergönnt in das gelobte Land, zu dem die Pilgerfahrt beginnt mit dem zeitlichen Tode. Wie wird mir in diesem Augenblick so klar das dunkle Verhängniß jenes Hauses, dem ich durch festere Bande, als Verwandtschaft sie zu schlingen vermag, verknüpft wurde. Wie liegt alles so erschlossen vor meines Geistes Augen! — doch, wie ich nun alles so gestaltet vor mir sehe, das Eigentliche, das kann ich dir nicht mit Worten sagen, keines Menschen Zunge ist dessen fähig. Höre mein Sohn das, was ich dir nur wie eine merkwürdige Geschichte, die sich wohl zutragen konnte, zu erzählen vermag. Bewahre tief in deiner Seele die Erkenntniß, daß die geheimnißvollen Beziehungen, in die du dich vielleicht nicht unberufen wagtest, dich verderben konnten! — doch — das ist nun vorüber!" —

Die Geschichte des R***schen Majorats, die der Alte jetzt erzählte, trage ich so treu im Gedächtniß, daß ich sie beinahe mit seinen Worten (er sprach von sich selbst in der dritten Person) zu wiederholen vermag.

In einer stürmischen Herbstnacht des Jahres 1760 weckte ein entsetzlicher Schlag, als falle das ganze weitläuftige Schloß in tausend Trümmer zusammen, das Hausgesinde in R.. sitten aus tiefem Schlafe. Im Nu war alles auf den Beinen, Lichter wurden angezündet, Schrecken und Angst im leichenblassen Gesicht keuchte der Hausverwalter mit den Schlüsseln herbei, aber nicht gering war jedes Erstaunen, als man in tiefer Todtenstille, in der das pfeifende Gerassel der mühsam geöffneten Schlösser, jeder Fußtritt, recht schauerlich wiederhallte, durch unversehrte Gänge, Säle, Zimmer, fort und fort wandelte. Nirgends die mindeste Spur irgend einer Verwüstung. Eine finstere Ahnung erfaßte den alten Hausverwalter. Er schritt hinauf in den großen Rittersaal, in dessen Seitenkabinet der Freiherr Roderich von R. zu ruhen pflegte, wenn er astronomische Beobachtungen angestellt. Eine zwischen der Thür dieses und eines andern Kabinets angebrachte Pforte führte durch einen engen Gang unmittelbar in den astronomischen Thurm. Aber so wie Daniel (so war der Hausverwalter geheißen) diese Pforte öffnete, warf ihm der Sturm, abscheulich heulend und sausend, Schutt und zerbröckelte Mauersteine entgegen, so daß er vor Entsetzen weit zurückprallte, und, indem er den Leuchter, dessen Kerzen prasselnd verlöschten, an die Erde fallen ließ, laut aufschrie: „O Herr des Himmels! der Baron ist jämmerlich zerschmettert!" — In dem Augenblick ließen sich Klagelaute vernehmen, die aus dem Schlafkabinet des Freiherrn kamen. Daniel fand die übrigen Diener um den Leichnam ihres Herrn versammelt. Vollkommen und reicher gekleidet als jemals, ruhigen Ernst im unentstellten Gesichte, fanden sie ihn sitzend in dem großen reich verzierten Lehnstuhle, als ruhe er aus von gewichtiger Arbeit. Es war aber der Tod, in dem er ausruhte. Als es Tag geworden, gewahrte man, daß die Krone des Thurms in sich eingestürzt. Die großen Quadersteine hatten Decke und Fußboden des astronomischen Zimmers eingeschlagen, nebst den nun voran stürzenden mächtigen Balken, mit gedoppelter Kraft des Falles das untere Gewölbe durchbrochen, und einen Theil der Schloßmauer und des engen Ganges mit fort gerissen. Nicht einen Schritt durch die Pforte des Saals durfte man thun, ohne Gefahr wenigstens achtzig Fuß hinab zu stürzen in tiefe Gruft.

Der alte Freiherr hatte seinen Tod bis auf die Stunde vorausgesehen, und seine Söhne davon benachrichtigt. So geschah es, daß gleich folgenden Tages Wolfgang Freiherr von R., ältester Sohn des Verstorbenen, mithin Majoratsherr, eintraf. Auf die Ahnung des alten Vaters wohl bauend, hatte er, so wie er den verhängnißvollen Brief erhalten, sogleich Wien, wo er auf der Reise sich gerade befand, verlassen, und war, so schnell es nur gehen wollte, nach R..sitten geeilt. Der Hausverwalter hatte den großen Saal schwarz ausschlagen, und den alten Freiherrn in den Kleidern, wie man ihn gefunden, auf ein prächtiges Paradebette, das hohe silberne Leuchter mit brennenden Kerzen umgaben, legen lassen. Schweigend schritt Wolfgang die Treppe herauf, in den Saal hinein, und dicht hinan an die Leiche des Vaters. Da blieb er mit über die Brust verschränkten Armen stehen, und schaute starr und düster, mit zusammengezogenen Augenbrauen, dem Vater ins bleiche Antlitz. Er glich einer Bildsäule, keine Thräne kam in seine Augen. Endlich, mit einer beinahe krampfhaften Bewegung, den rechten Arm hin nach der Leiche zuckend, murmelte er dumpf: „Zwangen dich die Gestirne, den Sohn, den du liebtest, elend zu machen?“ — Die Hände zurückgeworfen, einen kleinen Schritt hinter sich getreten, warf nun der Baron den Blick in die Höhe, und sprach mit gesenkter, beinahe weicher Stimme: „Armer, bethörter Greis! — Das Fastnachtsspiel mit seinen läppischen Täuschungen ist nun vorüber! — Nun magst du erkennen, daß das kärglich zugemessene Besitzthum hienieden nichts gemein hat mit dem Jenseits über den Sternen — Welcher Wille, welche Kraft reicht hinaus über das Grab?“ — Wieder schwieg der Baron einige Sekunden — dann rief er heftig: „Nein, nicht ein Quentlein meines Erdenglücks, das du zu vernichten trachtetest, soll mir dein Starrsinn rauben,“ und damit riß er ein zusammengelegtes Papier aus der Tasche, und hielt es zwischen zwey Fingern hoch empor an eine dicht bei der Leiche stehende brennende Kerze. Das Papier, von der Kerze ergriffen, flackerte hoch auf, und als der Wiederschein der Flamme auf dem Gesicht des Leichnams hin und her zuckte und spielte, war es als rührten sich die Muskeln und der Alte spräche tonlose Worte, so daß der entfernt stehenden Dienerschaft tiefes Grauen und Entsetzen ankam. Der Baron vollendete sein Geschäft mit Ruhe, indem er das letzte Stückchen Papier, das er flammend zu Boden fallen lassen, mit dem Fuße sorglich austrat. Dann warf er noch einen düstern Blick auf den Vater, und eilte mit schnellen Schritten zum Saal hinaus.

Andern Tages machte Daniel den Freihern mit der neuerlich geschehenen Verwüstung des Thurms bekannt, und schilderte mit vielen Worten, wie sich überhaupt alles in der Todesnacht des alten seligen Herrn zugetragen, indem er damit endete, daß es wohl gerathen seyn würde, sogleich den Thurm herstellen zu lassen, da, stürze er noch mehr zusammen, das ganze Schloß in Gefahr stehe, wo nicht zertrümmert, doch hart beschädigt zu werden.

„Den Thurm herstellen?" fuhr der Freiherr den alten Diener, funkelnden Zorn in den Augen, an, „den Thurm herstellen? — Nimmermehr! — Merkst du denn nicht," fuhr er dann gelassener fort, „merkst du denn nicht Alter, daß der Thurm nicht so, ohne weitern Anlaß, einstürzen konnte? — Wie, wenn mein Vater selbst die Vernichtung des Orts, wo er seine unheimliche Sterndeuterey trieb, gewünscht, wie, wenn er selbst gewisse Vorrichtungen getroffen hätte, die es ihm möglich machten, die Krone des Thurms, wenn er wollte, einstürzen, und so das Innere des Thurms zerschmettern zu lassen? Doch dem sey wie ihm wolle, und mag auch das ganze Schloß zusammenstürzen, mir ist es recht. Glaubt ihr denn, daß ich in dem abenteuerlichen Eulenneste hier hausen werde? — Nein! jener kluge Ahnherr, der in dem schönen Thalgrunde die Fundamente zu einem neuen Schloß legen ließ, der hat mir vorgearbeitet, dem will ich folgen." „Und so werden," sprach Daniel kleinlaut, „dann auch wohl die alten treuen Diener den Wanderstab zur Hand nehmen müssen." „Daß ich" erwiderte der Freiherr, „mich nicht von unbehülflichen schlotterbeinigten Greisen bedienen lassen werde, versteht sich von selbst, aber verstoßen werde ich keinen. Arbeitslos soll Euch das Gnadenbrod gut genug schmecken." „Mich," rief der Alte voller Schmerz, „mich den Hausverwalter, so außer

Aktivität —" Da wandte der Freiherr, der dem Alten den Rücken gekehrt, im Begriff stand, den Saal zu verlassen, sich plötzlich um, blutroth im ganzen Gesichte vor Zorn, die geballte Faust vorgestreckt, schritt er auf den Alten zu, und schrie mit fürchterlicher Stimme: „Dich, du alter heuchlerischer Schurke, der du mit dem alten Vater das unheimliche Wesen triebst dort oben, der du dich, wie ein Vampir, an sein Herz legtest, der vielleicht des Alten Wahnsinn verbrecherisch nützte, um in ihm die höllischen Entschlüsse zu erzeugen, die mich an den Rand des Abgrunds brachten — Dich sollte ich hinausstoßen wie einen räudigen Hund!" — Der Alte war vor Schreck über diese entsetzlichen Reden, dicht neben dem Freiherrn, auf beide Knie gesunken, und so mochte es geschehen, daß dieser, indem er vielleicht unwillkührlich, wie denn im Zorn oft der Körper dem Gedanken mechanisch folgt, und das Gedachte mimisch ausführt, bei den letzten Worten den rechten Fuß vorschleuderte, den Alten so hart an der Brust traf, daß er mit einem dumpfen Schrey umstürzte. Er raffte sich mühsam in die Höhe, und indem er einen sonderbaren Laut, gleich dem heulenden Gewimmer eines auf den Tod wunden Thieres, ausstieß, durchbohrte er den Freiherrn mit einem Blick, in dem Wuth und Verzweiflung glühten. Den Beutel mit Geld, den ihm der Freiherr im Davonschreiten zugeworfen, ließ er unberührt auf dem Fußboden liegen. —

Unterdessen hatten sich die in der Gegend befindlichen nächsten Verwandten des Hauses eingefunden, mit vielem Prunk wurde der alte Freiherr in der Familiengruft, die in der Kirche von R..sitten befindlich, beigesetzt, und nun, da die geladenen Gäste sich wieder entfernt, schien der neue Majorats-Herr von der düstern Stimmung verlassen, sich des erworbenen Besitzthums recht zu erfreuen. Mit V., dem Justitiarius des alten Freiherrn, dem er gleich, nachdem er ihn nur gesprochen, sein volles Vertrauen schenkte, und ihn in seinem Amt bestätigte, hielt er genaue Rechnung über die Einkünfte des Majorats, und überlegte, wie viel davon verwandt werden könne zu Verbesserungen und zum Aufbau eines neuen Schlosses. V. meinte, daß der alte Freiherr unmöglich seine jährlichen Einkünfte aufgezehrt haben könne, und daß, da sich unter den Briefschaften nur ein paar unbedeutende Capitalien in Bankoscheinen befänden, und die in einem eisernen Kasten befindliche baare Summe tausend Thaler nur um weniges übersteige, gewiß irgendwo noch Geld verborgen seyn müsse. Wer anders konnte davon unterrichtet seyn, als Daniel, der, störrisch und eigensinnig wie er war, vielleicht nur darauf wartete, daß man ihn darum befrage. Der Baron war nicht wenig besorgt, daß Daniel, den er schwer beleidigt, nun nicht sowol aus Eigennutz, denn was konnte ihm, dem kinderlosen Greise, der im Stammschlosse R..sitten sein Leben zu enden wünschte, die größte Summe Geldes helfen, als vielmehr, um Rache zu nehmen für den erlittenen Schimpf, irgendwo versteckte Schätze lieber vermodern lassen, als ihm entdecken werde. Er erzählte V. den ganzen Vorfall mit Daniel umständlich, und schloß damit, daß nach mehreren Nachrichten, die ihm zugekommen, Daniel allein es gewesen sey, der in dem alten Freiherrn einen unerklärlichen Abscheu, seine Söhne in R..sitten wiederzusehen, zu nähren gewußt habe. Der Justitiarius erklärte diese Nachrichten durchaus für falsch, da kein menschliches Wesen auf der Welt im Stande gewesen sey, des alten Freiherrn Entschlüsse nur einigermaßen zu lenken, viel weniger zu bestimmen, und übernahm es übrigens, dem Daniel das Geheimniß, wegen irgend in einem verborgenen Winkel aufbewahrten Geldes, zu entlocken. Es bedurfte dessen gar nicht, denn kaum fing der Justitiarius an: „Aber wie kommt es denn, Daniel, daß der alte Herr so wenig baares Geld hinterlassen?“ so erwiderte Daniel mit widrigem Lächeln: „Meinen Sie die lumpigen paar Thaler, Herr Justitiarius, die Sie in dem kleinen Kästchen fanden? — das übrige liegt ja im Gewölbe neben dem Schlafkabinet des alten gnädigen Herrn! — Aber das Beste,“ fuhr er dann fort, indem sein Lächeln sich zum abscheulichen Grinsen verzog, und blutrothes Feuer in seinen Augen funkelte, „aber das Beste, viele tausend Goldstücke liegen da unten im Schutt vergraben!“ — Der Justitiarius rief sogleich den Freiherrn herbei, man begab sich in das Schlafkabinet, in einer Ecke desselben rückte Daniel an dem Getäfel der Wand, und ein Schloß wurde sichtbar. Indem der Freiherr das Schloß mit gierigen Blicken anstarrte, dann aber Anstalt machte, die Schlüssel, welche an dem großen Bunde hingen, den er mit vielem Geklapper mühsam aus der Tasche gezerrt, an dem glänzenden Schlosse zu versuchen, stand Daniel da hoch aufgerichtet, und wie mit hämischem Stolz herabblickend auf den Freiherrn, der sich niedergebückt hatte, um das Schloß besser in Augenschein zu nehmen. Den Tod im Antlitz, mit bebender Stimme, sprach er dann: „Bin ich ein Hund, hochgnädiger Freiher! — so bewahr' ich auch in mir des Hundes Treue.“ Damit reichte er dem Baron einen blanken stählernen Schlüssel hin, den ihm dieser mit hastiger Begier aus der Hand riß, und die Thür mit leichter Mühe öffnete. Man trat in ein kleines, niedriges Gewölbe, in welchem eine große eiserne Truhe mit geöffnetem Deckel stand. Auf den vielen Geldsäcken lag ein Zettel. Der alte Freiherr hatte mit seinen wohlbekannten großen altväterischen Schriftzügen darauf geschrieben:

Einmal hundert und funfzig tausend Reichsthaler in alten Friedrichsd'or erspartes Geld von den Einkünften des Majoratsgutes R..sitten, und ist diese Summe bestimmt zum Bau des Schlosses. Es soll ferner der Majoratsherr, der mir folgt, im Besitzthum von diesem Gelde auf dem höchsten Hügel, östlich gelegen dem alten Schloßthurm, den er eingestürzt finden wird, einen hohen Leuchtthurm, zum Besten der Seefahrer, aufführen, und allnächtlich feuern lassen. R..sitten in der Michaelisnacht des Jahres 1760.

Roderich Freiherr von R.

Erst als der Freiherr die Beutel, einen nach dem andern, gehoben, und wieder in den Kasten fallen lassen, sich ergötzend an dem klirrenden Klingen des Goldes, wandte er sich rasch zu dem alten Hausverwalter, dankte ihm für die bewiesene Treue, und versicherte, daß nur verläumderische Klätschereien Schuld daran wären, daß er ihm Anfangs übel begegnet. Nicht allein im Schlosse, sondern in vollem Dienst als Hausverwalter, mit verdoppeltem Gehalt, solle er bleiben. „Ich bin dir volle Entschädigung schuldig, willst du Gold, so nimm dir einen von jenen Beuteln!“ — So schloß der Freiherr seine Rede, indem er mit niedergeschlagenen Augen, vor dem Alten stehend, mit der Hand nach dem Kasten hinzeigte, an den er nun aber noch einmal hintrat und die Beutel musterte. Dem Hausverwalter trat plötzlich glühende Röthe ins Gesicht, und er stieß jenen entsetzlichen, dem heulenden Gewimmer eines auf den Tod wunden Thiers ähnlichen Laut aus, wie ihn der Freiherr dem Justitiarius beschrieben. Dieser erbebte, denn was der Alte nun zwischen den Zähnen murmelte, klang wie: „Blut für Gold!“ — Der Freiherr, vertieft in dem Anblick des Schatzes, hatte von Allem nicht das mindeste bemerkt; Daniel, den es, wie im krampfigten Fieberfrost, durch alle Glieder geschüttelt, nahte sich mit gebeugtem Haupt in demüthiger Stellung dem Freiherrn, küßte ihm die Hand, und sprach mit weinerlicher Stimme, indem er mit dem Taschentuch sich über die Augen fuhr, als ob er Thränen wegwische: „Ach, mein lieber gnädiger Herr, was soll ich armer, kinderloser Greis mit dem Golde? — aber das doppelte Gehalt, das nehme ich an mit Freuden, und will mein Amt verwalten rüstig und unverdrossen!“

Der Freiherr, der nicht sonderlich auf die Worte des Alten geachtet, ließ nun den schweren Deckel der Truhe zufallen, daß das ganze Gewölbe krachte und dröhnte, und sprach dann, indem er die Truhe verschloß, und die Schlüssel sorgfältig auszog, schnell hingeworfen: „Schon gut, schon gut Alter! — Aber du hast noch,“ fuhr er fort, nachdem sie schon in den Saal getreten waren, „aber du hast noch von vielen Goldstücken gesprochen, die unten im zerstörten Thurm liegen sollen?“ Der Alte trat schweigend an die Pforte, und schloß sie mit Mühe auf. Aber so wie er die Flügel aufriß, trieb der Sturm dickes Schneegestöber in den Saal; aufgescheucht flatterte ein Rabe kreischend und krächzend umher, schlug mit schwarzen Schwingen gegen die Fenster, und stürzte sich, als er die offne Pforte wieder gewonnen, in den Abgrund. Der Freiherr trat hinaus in den Corridor, bebte aber zurück, als er kaum einen Blick in die Tiefe geworfen. „Abscheulicher Anblick — Schwindel,“ stotterte er, und sank, wie ohnmächtig, dem Justitiarius in die Arme. Er raffte sich jedoch wieder gleich zusammen, und frug den Alten mit scharfen Blicken erfassend: „Und da unten?“ — Der Alte hatte indessen die Pforte wieder verschlossen, er drückte nun noch mit ganzer Leibeskraft dagegen, so daß er keuchte und ächzte, um nur die großen Schlüssel aus den ganz verrosteten Schlössern loswinden zu können. Dies endlich zu Stande gebracht, wandte er sich um nach dem Baron, und sprach, die großen Schlüssel in der Hand hin und her schiebend, mit seltsamen Lächeln: „Ja, da unten liegen tausend und tausend — alle schönen Instrumente des seligen Herrn — Teleskope, Quadranten — Globen — Nachtspiegel — alles liegt zertrümmert im Schutt zwischen den Steinen und Balken!“ — „Aber, baares Geld, baares Geld,“ fiel der Freiherr ein, „du hast von Goldstücken gesprochen, Alter?“ — „Ich meinte nur,“ erwiderte der Alte, „Sachen, welche viele tausend Goldstücke gekostet.“ — Mehr war aus dem Alten nicht herauszubringen. —

Der Baron zeigte sich hoch erfreut, nun, mit einem Mal, zu allen Mitteln gelangt zu seyn, deren er bedurfte, seinen Lieblingsplan ausführen, nämlich ein neues prächtiges Schloß aufbauen zu können. Zwar meinte der Justitiarius, daß, nach dem Willen des Verstorbenen, nur von der Reparatur, von dem völligen Ausbau des alten Schlosses, die Rede seyn könne, und daß in der That jeder neue Bau schwerlich die ehrwürdige Größe, den ernsten einfachen Charakter des alten Stammhauses erreichen werde, der Freiherr blieb aber bei seinem Vorsatz, und meinte, daß in solchen Verfügungen, die nicht durch die Stiftungsurkunde sanktionirt worden, der todte des Dahingeschiedenen weichen müsse. Er gab dabei zu verstehen, daß es seine Pflicht sey, den Aufenthalt in R..sitten so zu verschönern, als es nur Klima, Boden und Umgebung zulasse, da er gedenke, in kurzer Zeit als sein innig geliebtes Weib ein Wesen heimzuführen, die in jeder Hinsicht der größten Opfer würdig sey.

Die geheimnißvolle Art, wie der Freiherr sich über das vielleicht schon ins Geheim geschlossene Bündniß äußerte, schnitt dem Justitiarius jede weitere Frage ab, indessen fand er sich durch die Entscheidung des Freiherrn in sofern beruhigt, als er wirklich in seinem Streben nach Reichthum mehr die Begier, eine geliebte Person das schönere Vaterland, dem sie entsagen mußte, ganz vergessen zu lassen, als eigentlichen Geiz, finden wollte. Für geizig, wenigstens für unausstehlich habsüchtig mußte er sonst den Baron halten, der, im Golde wühlend, die alten Friedrichsd'or beäugelnd, sich nicht enthalten konnte, mürrisch aufzufahren: „Der alte Hallunke hat uns gewiß den reichsten Schatz verschwiegen, aber künftigen Frühling laß' ich den Thurm ausräumen unter meinen Augen." —

Baumeister kamen, mit denen der Freiherr weitläuftig überlegte, wie mit dem Bau am zweckmäßigsten zu verfahren sey. Er verwarf Zeichnung auf Zeichnung, keine Architektur war ihm reich, großartig genug. Nun fing er an, selbst zu zeichnen, und, aufgeheitert durch diese Beschäftigungen, die ihm beständig das sonnenhelle Bild der glücklichsten Zukunft vor Augen stellten, erfaßte ihn eine frohe Laune, die oft an Ausgelassenheit anstreifte, und die er allen mitzutheilen wußte. Seine Freigebigkeit, die Opulenz seiner Bewirthung, widerlegte wenigstens jeden Verdacht des Geizes. Auch Daniel schien nun ganz jenen Tort, der ihm geschehen, vergessen zu haben. Er betrug sich still und demüthig gegen den Freiherrn, der ihn, des Schatzes in der Tiefe halber, oft mit mißtrauischen Blicken verfolgte. Was aber allen wunderbar vorkam, war, daß der

Alte sich zu verjüngen schien von Tage zu Tage. Es mochte seyn, daß ihn der Schmerz um den alten Herrn tief gebeugt hatte, und er nun den Verlust zu verschmerzen begann, wohl aber auch, daß er nun nicht, wie sonst, kalte Nächte schlaflos auf dem Thurm zubringen, und bessere Kost, guten Wein, wie es ihm gefiel, genießen durfte, genug, aus dem Greise schien ein rüstiger Mann werden zu wollen mit rothen Wangen und wohlgenährtem Körper, der kräftig auftrat, und mit lauter Stimme mitlachte, wo es einen Spaß gab. — Das lustige Leben in R.. sitten wurde durch die Ankunft eines Mannes unterbrochen, von dem man hätte denken sollen, er gehöre nun gerade hin. Wolfgangs jüngerer Bruder, Hubert, war dieser Mann, bei dessen Anblick Wolfgang, im Antlitz den bleichen Tod, laut aufschrie: „Unglücklicher, was willst du hier!" — Hubert stürzte dem Bruder in die Arme, dieser faßte ihn aber, und zog ihn mit sich fort und hinauf in ein entferntes Zimmer, wo er sich mit ihm einschloß. Mehrere Stunden blieben beide zusammen, bis endlich Hubert herab kam mit verstörtem Wesen, und nach seinen Pferden rief. Der Justitiarius trat ihm in den Weg, er wollte vorüber; V., von der Ahnung ergriffen, daß vielleicht gerade hier ein tödtlicher Bruderzwist enden könne, bat ihn, wenigstens ein paar Stunden zu verweilen, und in dem Augenblick kam auch der Freiherr herab, laut rufend: „Bleibe hier, Hubert! — Du wirst dich besinnen!" — Huberts Blicke heiterten sich auf, er gewann Fassung, und indem er den reichen Leibpelz, den er, schnell abgezogen, hinter sich dem Bedienten zuwarf, nahm er V.. s Hand, und sprach, mit ihm in die Zimmer schreitend, mit einem verhöhnenden Lächeln: „Der Majoratsherr will mich doch also hier leiden." V. meinte, daß gewiß sich jetzt das unglückliche Mißverständniß lösen werde, welches nur bei getrenntem Leben habe gedeihen können. Hubert nahm die stählerne Zange, die beim Kamin stand, zur Hand, und indem er damit ein astiges, dampfendes Stück Holz auseinander klopfte, und das Feuer besser aufschürte, sprach er zu V.: „Sie merken, Herr Justitiarius, daß ich ein gutmüthiger Mensch bin, und geschickt zu allerlei häuslichen Diensten. Aber Wolfgang ist voll der wunderlichsten Vorurtheile, und — ein kleiner Geizhals." — V. fand es nicht gerathen, weiter in das Verhältniß der Brüder einzudringen, zumal Wolfgangs Gesicht, sein Benehmen, sein Ton den durch Leidenschaften jeder Art im Innersten zerrissenen Menschen ganz deutlich zeigte.

Um des Freiherrn Entschlüsse in irgend einer das Majorat betreffenden Angelegenheit zu vernehmen, ging V. noch am späten Abend hinauf in sein Gemach. Er fand ihn, wie er die Arme über den Rücken zusammengeschränkt, ganz verstört mit großen Schritten das Zimmer maß. Er blieb stehen als er endlich den Justitiarius erblickte, faßte seine beiden Hände, und düster ihm ins Auge schauend, sprach er mit gebrochener Stimme: „Mein Bruder ist gekommen! — Ich weiß," fuhr er fort, als V. kaum den Mund zur Frage geöffnet, „Ich weiß, was Sie sagen wollen. Ach, Sie wissen nichts. Sie wissen nicht, daß mein unglücklicher Bruder — ja unglücklich nur will ich ihn nennen — daß er, wie ein böser Geist, mir überall in den Weg tritt, und meinen Frieden stört. An ihm liegt es nicht, daß ich nicht unaussprechlich elend wurde, er that das Seinige dazu, doch der Himmel wollt' es nicht — Seit der Zeit, daß die Stiftung des Majorats bekannt wurde, verfolgt er mich mit tödtlichem Haß. Er beneidet mich um das Besitzthum, das in seinen Händen wie Spreu verflogen wäre. Er ist der wahnsinnigste Verschwender, den es gibt.

Seine Schuldenlast übersteigt bei weitem die Hälfte des freien Vermögens in Curland, die ihm zufällt, und nun, verfolgt von Gläubigern, die ihn quälen, eilt er her, und bettelt um Geld." — „Und Sie, der Bruder, verweigern" — wollte ihm V. in die Rede fallen, doch der Freiherr rief, indem er V..s Hände fahren ließ, und einen starken Schritt zurücktrat, laut und heftig: „Halten Sie ein! — ja! ich verweigere! Von den Einkünften des Majorats kann und werde ich keinen Thaler verschenken! — Aber hören Sie, welchen Vorschlag ich dem Unsinnigen vor wenigen Stunden vergebens machte, und dann richten Sie über mein Pflichtgefühl. Das freie Vermögen in Curland ist, wie Sie wissen, bedeutend, auf die mir zufallende Hälfte wollt' ich verzichten, aber zu Gunsten seiner Familie. Hubert ist verheirathet in Curland an ein schönes armes Fräulein. Sie hat ihm Kinder erzeugt, und darbt mit ihnen. Die Güter sollten administrirt, aus den Revenüen ihm die nöthigen Gelder zum Unterhalt angewiesen, die Gläubiger, vermöge Abkommens, befriedigt werden. Aber was gilt ihm ein ruhiges, sorgenfreies Leben, was gilt ihm Frau und Kind! — Geld, baares Geld in großen Summen will er haben, damit er in verruchtem Leichtsinn es verprassen könne! — Welcher Dämon hat ihm das Geheimniß mit den einhundert und funfzig tausend Thalern verrathen, davon verlangt er die Hälfte nach seiner wahnsinnigen Weise, behauptend, dies Geld sey, getrennt vom Majorat, als freies Vermögen zu achten — Ich muß und werde ihm dies verweigern, aber mir ahnt es, mein Verderben brütet er aus im Innern!" — So sehr V. sich auch bemühte, dem Freiherrn den Verdacht wider seinen Bruder auszureden, wobei er sich freilich, uneingeweiht in die näheren Verhältnisse, mit ganz allgemeinen moralischen, ziemlich flachen Gründen behelfen mußte, so gelang ihm dies doch ganz und gar nicht. Der Freiherr gab ihm den Auftrag, mit dem feindseligen geldgierigen Hubert zu unterhandeln. V. that dies mit so viel Vorsicht, als ihm nur möglich war, und freute sich nicht wenig, als Hubert endlich erklärte: „Mag es dann seyn, ich nehme die Vorschläge des Majoratsherrn an, doch unter der Bedingung, daß er mir jetzt, da ich auf dem Punkt stehe, durch die Härte meiner Gläubiger, Ehre und guten Namen auf immer zu verlieren, tausend Friedrichsd'or baar vorschieße, und erlaube, daß ich künftig, wenigstens einige Zeit hindurch, meinen Wohnsitz in dem schönen R..sitten bei dem gütigen Bruder nehme." — „Nimmermehr!" schrie der Freiherr auf, als ihm V. diese Vorschläge des Bruders hinterbrachte, „nimmermehr werde ich's zugeben, daß Hubert auch nur eine Minute in meinem Hause verweile, sobald ich mein Weib hergebracht! — Gehen Sie, mein theurer Freund, sagen Sie dem Friedenstörer, daß er zweitausend Friedrichsd'or haben soll, nicht als Vorschuß, nein als Geschenk, nur fort — fort!" V. wußte nun mit einem Mal, daß der Freiherr sich ohne Wissen des Vaters schon verheirathet hatte, und daß in dieser Heirath auch der Grund des Bruderzwistes liegen mußte. Hubert hörte stolz und gelassen den Justitiarius an, und sprach, nachdem er geendet, dumpf und düster: „Ich werde mich besinnen, vor der Hand aber noch einige Tage hier bleiben!" — V. bemühte sich, dem Unzufriedenen darzuthun, daß der Freiherr doch in der That alles thue, ihn durch die Abtretung des freien Vermögens, so viel als möglich, zu entschädigen, und daß er über ihn sich durchaus nicht zu beklagen habe, wenn er gleich bekennen müsse, daß jede Stiftung, die den Erstgebornen so vorwiegend begünstige, und die andern Kinder in den Hintergrund stelle, etwas

Gehässiges habe. Hubert riß, wie einer, der Luft machen will der beklemmten Brust, die Weste von oben bis unten auf; die eine Hand in die offne Busenkrause begraben, die andere in die Seite gestemmt, drehte er sich, mit einer raschen Tänzerbewegung, auf einem Fuße um, und rief mit schneidender Stimme: „Pah! — das Gehässige wird geboren vom Haß" — dann schlug er ein gellendes Gelächter auf, und sprach: „Wie gnädig doch der Majoratsherr dem armen Bettler seine Goldstücke zuzuwerfen gedenkt." — V. sah nun wohl ein, daß von völliger Aussöhnung der Brüder gar nicht die Rede seyn könne.

Hubert richtete sich in den Zimmern, die ihm in den Seitenflügeln des Schlosses angewiesen worden, zu des Freiherrn Verdruß, auf recht langes Bleiben ein. Man bemerkte, daß er oft und lange mit dem Hausverwalter sprach, ja daß dieser sogar zuweilen mit ihm auf die Wolfsjagd zog. Sonst ließ er sich wenig sehen, und mied es ganz, mit dem Bruder allein zusammen zu kommen, welches diesem eben ganz recht war. V. fühlte das Drückende dieses Verhältnisses, ja er mußte sich es selbst gestehen, daß die ganz besondere unheimliche Manier Huberts in allem, was er sprach und that, alle Lust recht geflissentlich zerstörend, eingriff. Jener Schreck des Freiherrn, als er den Bruder eintreten sah, war ihm nun ganz erklärlich.

V. saß allein in der Gerichtsstube unter den Akten, als Hubert eintrat, ernster, gelassener, als sonst, und mit beinahe wehmüthiger Stimme sprach: „ich nehme auch die letzten Vorschläge des Bruders an, bewirken Sie, daß ich die zweitausend Friedrichsd'or noch heute erhalte, in der Nacht will ich fort — zu Pferde — ganz allein" — „Mit dem Gelde?" frug V. — „Sie haben Recht, erwiderte Hubert, ich weiß, was Sie sagen wollen — die Last! — Stellen Sie es in Wechsel auf

Isak Lazarus in K.! — Noch in dieser Nacht will ich hin nach K. Es treibt mich von hier fort, der Alte hat seine bösen Geister hier hinein gehext!" — „Sprechen Sie von Ihrem Vater, Herr Baron?" frug V. sehr ernst. Huberts Lippen bebten, er hielt sich an dem Stuhl fest, um nicht umzusinken, dann aber, sich plötzlich ermannend, rief er: „Also noch heute, Herr Justitiarius," und wankte, nicht ohne Anstrengung, zur Thür hinaus. „Er sieht jetzt ein, daß keine Täuschungen mehr möglich sind, daß er nichts vermag gegen meinen festen Willen," sprach der Freiherr, indem er den Wechsel auf Isak Lazarus in K. ausstellte. Eine Last wurde seiner Brust entnommen durch die Abreise des feindlichen Bruders, lange war er nicht so froh gewesen, als bei der Abendtafel. Hubert hatte sich entschuldigen lassen, alle vermißten ihn recht gern. —

V. wohnte in einem etwas abgelegenen Zimmer, dessen Fenster nach dem Schloßhofe herausgingen. In der Nacht fuhr er plötzlich auf aus dem Schlafe, und es war ihm, als habe ein fernes, klägliches Wimmern ihn aus dem Schlafe geweckt. Mochte er aber auch horchen, wie er wollte, es blieb alles todtenstill, und so mußte er jenen Ton, der ihm in die Ohren geklungen, für die Täuschung eines Traums halten. Ein ganz besonderes Gefühl von Grauen und Angst bemächtigte sich seiner aber so ganz und gar, daß er nicht im Bette bleiben konnte. Er stand auf und trat ans Fenster. Nicht lange dauerte es, so wurde das Schloßthor geöffnet, und eine Gestalt, mit einer brennenden Kerze in der Hand, trat heraus und schritt über den Schloßhof. V. erkannte in der Gestalt den alten Daniel, und sah, wie er die Stallthür öffnete, in den Stall hinein ging, und bald darauf ein gesatteltes Pferd heraus brachte. Nun trat aus der Finsterniß eine zweite Gestalt hervor, wohl eingehüllt in einen Pelz, eine Fuchsmütze auf dem Kopf. V. erkannte Hubert, der mit Daniel einige Minuten hindurch heftig sprach, dann aber sich zurückzog. Daniel führte das Pferd wieder in den Stall, verschloß diesen, und eben so die Thür des Schlosses, nachdem er über den Hof, wie er gekommen, zurückgekehrt. — Hubert hatte wegreiten wollen, und sich in dem Augenblick eines andern besonnen, das war nun klar. Eben so aber auch, daß Hubert gewiß mit dem alten Hausverwalter in irgend einem gefährlichen Bündnisse stand. V. konnte kaum den Morgen erwarten, um den Freiherrn von den Ereignissen der Nacht zu unterrichten. Es galt nun wirklich, sich gegen Anschläge des bösartigen Hubert zu waffnen, die sich, wie V. jetzt überzeugt war, schon gestern in seinem verstörten Wesen kund gethan.

Andern Morgens zur Stunde, wenn der Freiherr aufzustehen pflegte, vernahm V. ein Hin- und Herrennen, Thür auf, Thür zu schlagen, ein verwirrtes Durcheinanderreden und Schreien. Er trat hinaus, und stieß überall auf Bediente, die, ohne auf ihn zu achten, mit leichenblassen Gesichtern ihm vorbei — Trepp auf — Trepp ab — hinaus — hinein durch die Zimmer rannten. Endlich erfuhr er, daß der Freiherr vermißt, und schon Stunden lang vergebens gesucht werde. — In Gegenwart des Jägers hatte er sich ins Bette gelegt, er mußte dann aufgestanden seyn, und sich im Schlafrock und Pantoffeln, mit dem Armleuchter in der Hand, entfernt haben, denn eben diese Stücke wurden vermißt. V. lief, von düsterer Ahnung getrieben, in den verhängnißvollen Saal, dessen Seitenkabinet gleich dem Vater, Wolfgang zu seinem Schlafgemach gewählt hatte. Die Pforte zum Thurm stand weit offen, tief entsetzt schrie V. laut auf: „Dort in der Tiefe liegt er zerschmettert!“ — Es war dem so. Schnee war gefallen, so daß man von oben herab nur den zwischen den Steinen hervorragenden starren Arm des Unglücklichen deutlich wahrnehmen konnte. Viele Stunden gingen hin, ehe es den Arbeitern gelang, mit Lebensgefahr, auf zusammengebundenen Leitern, herab zu steigen, und dann den Leichnam an Stricken heraufzuziehen. Im Krampf der Todesangst hatte der Baron den silbernen Armleuchter fest gepackt, die Hand, die ihn noch fest hielt, war der einzige unversehrte Theil des ganzen Körpers, der sonst durch das Anprallen an die spitzen Steine auf das gräßlichste zerschellt worden.

Alle Furien der Verzweiflung im Antlitz stürzte Hubert herbei, als die Leiche eben hinaufgeborgen, und in dem Saal gerade an der Stelle auf einen breiten Tisch gelegt worden, wo vor wenigen Wochen der alte Roderich lag. Niedergeschmettert von dem gräßlichen Anblick heulte er: „Bruder — o mein armer Bruder. — nein, das hab' ich nicht erfleht von den Teufeln, die über mir waren!" — V. erbebte vor dieser verfänglichen Rede, es war ihm so, als müsse er zufahren auf Hubert, als den Mörder seines Bruders. — Hubert lag von Sinnen auf dem Fußboden, man brachte ihn ins Bette, und er erholte sich, nachdem er stärkende Mittel gebraucht, ziemlich bald. Sehr bleich, düstern Gram im halb erloschnen Auge, trat er dann bei V. ins Zimmer, und sprach, indem er vor Mattigkeit, nicht fähig zu stehen, sich langsam in einen Lehnstuhl niederließ: „Ich habe meines Bruders Tod gewünscht, weil der Vater ihm den besten Theil des Erbes zugewandt durch eine thörigte Stiftung — jetzt hat er seinen Tod gefunden auf schreckliche Weise — ich bin Majoratsherr, aber mein Herz ist zermalmt, ich kann, ich werde niemals glücklich seyn.

Ich bestätige Sie im Amte, Sie erhalten die ausgedehntesten Vollmachten, Rücksichts der Verwaltung des Majorats, auf dem ich nicht zu hausen vermag!" — Hubert verließ das Zimmer, und war in ein paar Stunden schon auf dem Wege nach K. Es schien, daß der unglückliche Wolfgang in der Nacht aufgestanden war, und sich vielleicht in das andere Kabinet, wo eine Bibliothek aufgestellt, begeben wollen. In der Schlaftrunkenheit verfehlte er die Thür, öffnete statt derselben die Pforte, schritt vor, und stürzte hinab. Diese Erklärung enthielt indessen immer viel Erzwungenes. Konnte der Baron nicht schlafen, wollte er sich noch ein Buch aus der Bibliothek holen, um zu lesen, so schloß dieses alle Schlaftrunkenheit aus, aber nur so war es möglich, die Thür des Kabinets zu verfehlen, und statt dieser die Pforte zu öffnen. Ueberdem war diese fest verschlossen und mußte erst mit vieler Mühe aufgeschlossen werden. „Ach," fing endlich, als V. diese Unwahrscheinlichkeiten vor versammelter Dienerschaft entwickelte, des Freiherrn Jäger, Franz geheißen, an: „Ach, lieber Herr Justitiarius, so hat es wohl sich nicht zugetragen!" — „Wie denn anders?" fuhr ihn V. an. Franz, ein ehrlicher treuer Kerl, der seinem Herrn hätte ins Grab folgen mögen, wollte aber nicht vor den andern mit der Sprache heraus, sondern behielt sich vor, das, was er davon zu sagen wisse, dem Justitiarius allein zu vertrauen. V. erfuhr nun, daß der Freiherr zu Franz sehr oft von den vielen Schätzen sprach, die da unten in dem Schutt begraben lägen, und daß er oft, wie vom bösen Geist getrieben, zur Nachtzeit noch die Pforte, zu der den Schlüssel ihm Daniel hatte geben müssen, öffnete und mit Sehnsucht hinabschaute in die Tiefe nach den vermeintlichen Reichthümern. Gewiß war es nun wohl also, daß in jener verhängnißvollen Nacht der Freiherr, nachdem ihn der Jäger schon verlassen, noch einen Gang nach dem Thurm gemacht und ihn dort ein plötzlicher Schwindel erfaßt und herabgestürzt hatte. Daniel, der von dem entsetzlichen Tode des Freiherrn auch sehr erschüttert schien, meinte, daß es gut seyn würde, die gefährliche Pforte fest vermauern zu lassen, welches denn auch gleich geschah. Freiherr Hubert von R., jetziger Majoratsbesitzer, ging, ohne sich wieder in R..sitten sehen zu lassen, nach Curland zurück. V. erhielt alle Vollmachten, die zur unumschränkten Verwaltung des Majorats nöthig waren. Der Bau des neuen Schlosses unterblieb, wogegen so viel möglich das alte Gebäude in guten Stand gesetzt wurde. Schon waren mehrere Jahre verflossen, als Hubert zum erstenmal zur späten Herbstzeit sich in R..sitten einfand, und nachdem er mehrere Tage mit V. in seinem Zimmer eingeschlossen zugebracht, wieder nach Curland zurückging. Bei seiner Durchreise durch K. hatte er bei der dortigen Landesregierung sein Testament niedergelegt.

Während seines Aufenthalts in R..sitten sprach der Freiherr, der in seinem tiefsten Wesen ganz geändert schien, viel von Ahnungen eines nahen Todes. Diese gingen wirklich in Erfüllung; denn er starb schon das Jahr darauf. Sein Sohn, wie er Hubert geheißen, kam schnell herüber von Curland, um das reiche Majorat in Besitz zu nehmen. Ihm folgten Mutter und Schwester. Der Jüngling schien alle bösen Eigenschaften der Vorfahren in sich zu vereinen; er bewies sich als stolz, hochfahrend, ungestüm, habsüchtig gleich in den ersten Augenblicken seines Aufenthalts in R..sitten. Er wollte auf der Stelle vieles ändern lassen, welches ihm nicht bequem, nicht gehörig schien; den Koch warf er zum Hause hinaus; den Kutscher versuchte er zu prügeln, welches aber nicht gelang, da der baumstarke Kerl die Frechheit hatte, es nicht leiden zu wollen; kurz, er war im besten Zuge, die Rolle des strengen Majoratsherrn zu beginnen, als V. ihm mit Ernst und Festigkeit entgegen trat, sehr bestimmt versichernd: Kein Stuhl solle hier gerückt werden, keine Katze das Haus verlassen, wenn es ihr noch sonst darin gefalle, vor Eröffnung des Testaments. „Sie unterstehen sich hier, dem Majoratsherrn" — fing der Baron an. V. ließ den vor Wuth schäumenden Jüngling jedoch nicht ausreden, sondern sprach, indem er ihn mit durchbohrenden Blicken maß: „Keine Uebereilung, Herr Baron! — Durchaus dürfen Sie hier nicht regieren wollen vor Eröffnung des Testaments; jetzt bin ich, ich allein hier Herr, und werde Gewalt mit Gewalt zu vertreiben wissen. — Erinnern Sie sich, daß ich kraft meiner Vollmacht als Vollzieher des väterlichen Testaments, kraft der getroffenen Verfügungen des Gerichts berechtigt bin, Ihnen den Aufenthalt hier in R..sitten zu versagen, und ich rathe Ihnen, um das Unangenehme zu verhüten, sich ruhig nach K. zu begeben." Der Ernst des Gerichtshalters, der entschiedene Ton, mit dem er sprach, gab seinen Worten gehörigen Nachdruck, und so kam es, daß der junge Baron, der mit gar zu spitzigen Hörnern anlaufen wollte, wider den festen Bau die Schwäche seiner Waffen fühlte, und für gut fand, im Rückzuge seine Beschämung mit einem höhnischen Gelächter auszugleichen.

Drei Monate waren verflossen und der Tag gekommen, an dem, nach dem Willen des Verstorbenen, das Testament in K., wo es niedergelegt worden, eröffnet werden sollte. Außer den Gerichtspersonen, dem Baron und V. befand sich noch ein junger Mensch von edlem Ansehn in dem Gerichtssaal, den V. mitgebracht, und den man, da ihm ein eingeknöpftes Aktenstück aus dem Busen hervorragte, für V..s Schreiber hielt. Der

Baron sah ihn, wie er es beinahe mit allen übrigen machte, über die Achsel an, und verlangte stürmisch, daß man die langweilige überflüssige Ceremonie nur schnell und ohne viele Worte und Schreiberei abmachen solle. Er begreife nicht, wie es überhaupt in dieser Erbangelegenheit, wenigstens Hinsichts des Majorats, auf ein Testament ankommen könne, und werde, in so fern hier irgend etwas verfügt seyn solle, es lediglich von seinem Willen abhängen, das zu beachten oder nicht. Hand und Siegel des verstorbenen Vaters erkannte der Baron an, nachdem er einen flüchtigen mürrischen Blick darauf geworfen, dann, indem der Gerichtsschreiber sich zum lauten Ablesen des Testaments anschickte, schaute er gleichgültig nach dem Fenster hin, den rechten Arm nachlässig über die Stuhllehne geworfen, den linken Arm gelehnt auf den Gerichtstisch, und auf dessen grüner Decke mit den Fingern trommelnd. Nach einem kurzen Eingange erklärte der verstorbene Freiherr Hubert von R., daß er das Majorat niemals als wirklicher Majoratsherr besessen, sondern dasselbe nur Nahmens des einzigen Sohnes des verstorbenen Freiherrn Wolfgang von R., nach seinem Großvater Roderich geheißen, verwaltet habe; dieser sey derjenige, dem nach der Familien-Succession durch seines Vaters Tod das Majorat zugefallen. Die genauesten Rechnungen über Einnahme und Ausgabe, über den vorzufindenden Bestand u. s. w. würde man in seinem Nachlaß finden. Wolfgang von R., so erzählte Hubert in dem Testament, lernte auf seinen Reisen in Genf das Fräulein Julie von St. Val kennen, und faßte eine solche heftige Neigung zu ihr, daß er sich nie mehr von ihr zu trennen beschloß. Sie war sehr arm, und ihre Familie, unerachtet von gutem Adel, gehörte eben nicht zu den glänzendsten. Schon deshalb durfte er auf die Einwilligung des alten

Roderich, dessen ganzes Streben dahin ging, das Majorathaus auf alle nur mögliche Weise zu erheben, nicht hoffen. Er wagte es dennoch, von Paris aus dem Vater seine Neigung zu entdecken; was aber voraus zu sehen, geschah wirklich, indem der Alte bestimmt erklärte, daß er schon selbst die Braut für den Majoratsherrn erkohren, und von einer andern niemals die Rede seyn könne. Wolfgang, statt, wie er sollte, nach England hinüberzuschiffen, kehrte unter dem Nahmen Born nach Genf zurück, und vermählte sich mit Julien, die ihm nach Verlauf eines Jahres den Sohn gebahr, der mit dem Tode Wolfgangs Majoratsherr wurde. Darüber, daß Hubert, von der ganzen Sache unterrichtet, so lange schwieg, und sich selbst als Majoratsherr gerirte, waren verschiedene Ursachen angeführt, die sich auf frühere Verabredungen mit Wolfgang bezogen, indessen unzureichend und aus der Luft gegriffen schienen. —

Wie vom Donner gerührt starrte der Baron den Gerichtsschreiber an, der mit eintöniger schnarrender Stimme alles Unheil verkündete. Als er geendet, stand V. auf, nahm den jungen Menschen, den er mitgebracht, bei der Hand, und sprach, indem er sich gegen die Anwesenden verbeugte: „Hier, meine Herren, habe ich die Ehre, Ihnen den Freiherrn Roderich von R., Majoratsherrn von R.. sitten vorzustellen!" Baron Hubert blickte den Jüngling, der, wie vom Himmel gefallen, ihn um das reiche Majorat, um die Hälfte des freien Vermögens in Curland brachte, verhaltenen Grimm im glühenden Auge, an, drohte dann mit geballter Faust, und rannte, ohne ein Wort hervorbringen zu können, zum Gerichtssaal hinaus. Von den Gerichtspersonen dazu aufgefordert, holte jetzt Baron Roderich die Urkunden hervor, die ihn als die Person, für die er sich ausgab, legitimiren sollten. Er überreichte den beglaudigten Auszug aus den Registern der Kirche, wo sein Vater sich trauen lassen, worin bezeugt wurde, daß an dem und dem Tage der Kaufmann Wolfgang Born, gebürtig aus K., mit dem Fräulein Julie von St. Val, in Gegenwart der genannten Personen, durch priesterliche Einsegnung getraut worden. Eben so hatte er seinen Taufschein (er war in Genf als von dem Kaufmann Born mit seiner Gemahlin Julie, geb. von St. Val, in gültiger Ehe erzeugtes Kind getauft worden), verschiedene Briefe seines Vaters an seine schon längst verstorbene Mutter, die aber alle nur mit W. unterzeichnet waren.

V. sah alle diese Papiere mit finsterm Gesichte durch, und sprach, ziemlich bekümmert, als er sie wieder zusammenschlug: „Nun, Gott wird helfen!“ —

Schon andern Tages reichte der Freiherr Hubert von R. durch einen Advokaten, den er zu seinem Rechtsfreunde erkohren, bei der Landesregierung in K. eine Vorstellung ein, worin er auf nichts weniger antrug, als sofort die Uebergabe des Majorats R.. sitten an ihn zu veranlassen. Es verstehe sich von selbst, sagte der Advokat, daß weder testamentarisch, noch auf irgend eine andere Weise, der verstorbene Freiherr Hubert von R. habe über das Majorat verfügen können. Jenes Testament sey also nichts anders, als die aufgeschriebene und gerichtlich übergebene Aussage, nach welcher der Freiherr Wolfgang von R. das Majorat an einen Sohn vererbt haben solle, der noch lebe, die keine höhere Beweiskraft, als jede andere irgend eines Zeugen haben, und also unmöglich die Legitimation des angeblichen Freiherrn Roderich von R. bewirken könne. Vielmehr sey es die Sache dieses Prätendenten, sein vorgebliches Erbrecht, dem hiemit ausdrücklich widersprochen werde, im Wege des Prozesses darzuthun, und das Majorat, welches jetzt nach dem Recht der Succession dem Baron Hubert von R. zugefallen, zu vindiziren. Durch den Tod des Vaters sey der Besitz unmittelbar auf den Sohn übergegangen; es habe keiner Erklärung über den Erbschaftsantritt bedurft, da der Majoratsfolge nicht entsagt werden könne, mithin dürfe der jetzige Majoratsherr in dem Besitze nicht durch ganz illiquide Ansprüche turbirt werden. Was der Verstorbene für Grund gehabt habe, einen andern Majoratsherrn aufzustellen, sey ganz gleichgültig, nur werde bemerkt, daß er selbst, wie aus den nachgelassenen Papieren erforderlichen Falls nachgewiesen werden könne, eine Liebschaft in der Schweiz gehabt habe, und so sey vielleicht der angebliche Brudersſohn der eigne, in einer verbotenen Liebe erzeugte, dem er in einem Anfall von Reue das reiche Majorat zuwenden wollen. —

So sehr auch die Wahrscheinlichkeit für die im Testament behaupteten Umstände sprach, so sehr auch die Richter hauptsächlich die letzte Wendung, in der der Sohn sich nicht scheute, den Verstorbenen eines Verbrechens anzuklagen, empörte, so blieb doch die Ansicht der Sache, wie sie aufgestellt worden, die richtige, und nur den rastlosen Bemühungen V..s, der bestimmten Versicherung, daß der die Legitimation des Freiherrn Roderich von R. bewirkende Beweis in kurzer Zeit auf das bündigste geführt werden solle, konnte es gelingen, daß die Uebergabe des Majorats noch ausgesetzt und die Fortdauer der Administration bis nach entschiedener Sache verfügt wurde.

V. sah nur zu gut ein, wie schwer es ihm werden würde, sein Versprechen zu halten. Er hatte alle Briefschaften des alten Roderich durchstöbert, ohne die Spur eines Briefes oder sonst eines Aufsatzes zu finden, der Bezug auf jenes Verhältniß Wolfgangs mit dem Fräulein von St. Val gehabt hätte.

Gedankenvoll saß er in R..sitten in dem Schlafkabinett des alten Roderich, das er ganz durchsucht, und arbeitete an einem Aufsatze für den Notar in Genf, der ihm als ein scharfsinniger thätiger Mann empfohlen worden, und der ihm einige Notizen schaffen sollte, die die Sache des jungen Freiherrn ins Klare bringen konnten. — Es war Mitternacht worden, der Vollmond schien hell hinein in den anstoßenden Saal, dessen Thür offen stand. Da war es, als schritte jemand langsam und schwer die Treppe herauf, und klirre und klappere mit Schlüsseln. V. wurde aufmerksam, er stand auf, ging in den Saal, und vernahm nun deutlich, daß jemand sich durch den Flur der Thüre des Saals nahte. Bald darauf wurde diese geöffnet, und ein Mensch mit leichenblassem entstellten Antlitz in Nachtkleidern, in der einen Hand den Armleuchter mit brennenden Kerzen, in der andern den großen Schlüsselbund, trat langsam hinein. V. erkannte augenblicklich den Hausverwalter, und war im Begriff, ihm zuzurufen, was er so spät in der Nacht wolle, als ihn in dem ganzen Wesen des Alten, in dem zum Tode erstarrten Antlitz etwas unheimliches gespenstisches mit Eiskälte anhauchte. Er erkannte, daß er einen Nachtwandler vor sich habe. Der Alte ging mit gemessenen Schritten queer durch den Saal, gerade los auf die vermauerte Thür, die ehemals zum Thurm führte. Dicht vor derselben blieb er stehen, und stieß aus tiefer Brust einen heulenden Laut aus, der so entsetzlich in dem ganzen Saale wiederhallte, daß V. erbebte vor Grausen. Dann, den Armleuchter auf den Fußboden gestellt, den Schlüsselbund an den Gürtel gehängt, fing Daniel an mit beiden Händen an der Mauer zu kratzen, daß bald das Blut unter den Nägeln hervorquoll, und dabei stöhnte er und ächzte, wie gepeinigt von einer nahmenlosen Todesqual. Nun legte er das Ohr an die Mauer, als wolle er irgend etwas erlauschen, dann winkte er mit der Hand, wie jemanden beschwichtigend, bückte sich, den Armleuchter wieder vom Boden aufhebend, und schlich mit leisen gemessenen Schritten nach der Thüre zurück. V. folgte ihm behutsam mit dem Leuchter in der Hand. Es ging die Treppe herab, der Alte schloß die große Hauptthür des Schlosses auf, V. schlüpfte geschickt hindurch; nun begab er sich nach dem Stall, und nachdem er zu V..s tiefem Erstaunen den Armleuchter so geschickt hingestellt hatte, daß das ganze Gebäude genugsam erhellt wurde, ohne irgend eine Gefahr, holte er Sattel und Zeug herbei, und rüstete mit großer Sorglichkeit, den Gurt fest, die Steigbügel hinaufschnallend, ein Pferd aus, das er losgebunden von der Krippe. Nachdem er noch ein Büschel Haare über den Stirnriemen weg durch die Hand gezogen, nahm er, mit der Zunge schnalzend und mit der einen Hand ihm den Hals klopfend, das Pferd beim Zügel und führte es heraus. Draußen im Hofe blieb er einige Sekunden stehen in der Stellung, als erhalte er Befehle, die er kopfnickend auszuführen versprach. Dann führte er das Pferd zurück in den Stall, sattelte es wieder ab, und band es an die Krippe. Nun nahm er den Armleuchter, verschloß den Stall, kehrte in das Schloß zurück, und verschwand endlich in sein Zimmer, das er sorgfältig verriegelte. V. fühlte sich von diesem Auftritt im Innersten ergriffen, die Ahnung einer entsetzlichen That erhob sich vor ihm wie ein schwarzes höllisches Gespenst, das ihn nicht mehr verließ. Ganz erfüllt von der bedrohlichen Lage seines Schützlings, glaubte er wenigstens das, was er gesehen, nützen zu müssen zu seinem Besten. Andern Tages, es wollte schon die Dämmerung einbrechen, kam Daniel in sein Zimmer, um irgend eine sich auf den Hausstand beziehende Anweisung einzuholen. Da faßte ihn V. bei beiden Aermen, und fing an, indem er ihn zutraulich in den Sessel niederdrückte: „Höre, alter Freund Daniel! lange habe ich dich fragen wollen, was hältst du denn von dem verworrenen Kram, den uns Huberts sonderbares Testament über den Hals gebracht hat? — Glaubst du denn wohl, daß der junge Mensch wirklich Wolfgangs in rechtsgültiger Ehe erzeugter Sohn ist?" Der Alte, sich über die Lehne des Stuhls wegbeugend und V..s starr auf ihn gerichteten Blicken ausweichend, rief mürrisch: „Pah! — er kann es seyn; er kann es auch nicht seyn. Was schiert's mich, mag nun hier Herr werden, wer da will." — „Aber ich meine," fuhr V. fort, indem er dem Alten näher rückte, und die Hand auf seine Schulter legte, „aber ich meine, da du des alten Freiherrn ganzes Vertrauen hattest, so verschwieg er dir gewiß nicht die Verhältnisse seiner Söhne. Er erzählte dir von dem Bündniß, das Wolfgang wider seinen Willen geschlossen?" — „Ich kann mich auf dergleichen gar nicht besinnen," erwiederte der Alte, indem er auf ungezogene Art laut gähnte. — „Du bist schläfrig, Alter, sprach V., hast du vielleicht eine unruhige Nacht gehabt?" — „Daß ich nicht wüßte," entgegnete der Alte frostig, „aber ich will nun gehen und das Abendessen bestellen." Hiemit erhob er sich schwerfällig vom Stuhl, indem er sich den gekrümmten Rücken rieb und abermahls und zwar noch lauter gähnte als zuvor. „Bleibe doch noch Alter," rief V. indem er ihn bey der Hand ergriff und zum Sitzen nöthigen wollte, der Alte blieb aber vor dem Arbeitstisch stehen, auf den er sich mit beiden Händen stemmte, den Leib übergebogen nach V. hin, und mürrisch fragend: „Nun was soll's denn, was schiert mich das Testament, was schiert mich der Streit um das Majorat" — „Davon, fiel ihm V. in die

Rede, wollen wir auch gar nicht mehr sprechen: von ganz etwas Anderm, lieber Daniel! — Du bist mürrisch, du gähnst, das alles zeugt von besonderer Abspannung und nun möcht' ich beinahe glauben, daß du es wirklich gewesen bist, in dieser Nacht." — „Was bin ich gewesen in dieser Nacht," frug der Alte in seiner Stellung verharrend. „Als ich, sprach V. weiter, gestern Mitternacht dort oben in dem Kabinett des alten Herrn neben dem großen Saal saß, kamst du zur Thüre herein, ganz starr und bleich, schrittest auf die zugemauerte Thür los, kratztest mit beiden Händen an der Mauer. und stöhntest, als wenn du große Qualen empfändest. Bist du denn ein Nachtwandler, Daniel?" Der Alte sank zurück in den Stuhl, den ihm V. schnell unterschob. Er gab keinen Laut von sich, die tiefe Dämmerung ließ sein Gesicht nicht erkennen, V. bemerkte nur, daß er kurz Athem holte und mit den Zähnen klapperte. — „Ja," fuhr V. nach kurzem Schweigen fort, „ja es ist ein eignes Ding mit den Nachtwandlern. Andern Tages wissen sie von diesem sonderbaren Zustande, von Allem, was sie wie in vollem Wachen begonnen haben, nicht das allermindeste." — Daniel blieb still. — „Aehnliches" sprach V. weiter, „wie gestern mit dir, habe ich schon erlebt. Ich hatte einen Freund, der stellte, so wie du, trat der Vollmond ein, regelmäßig nächtliche Wanderungen an. Ja, manchmal setzte er sich hin und schrieb Briefe. Am merkwürdigsten war es aber, daß, fing ich an ihm ganz leise in's Ohr zu flüstern, es mir bald gelang ihn zum Sprechen zu bringen. Er antwortete gehörig auf alle Fragen und selbst das, was er im Wachen sorglich verschwiegen haben würde, floß nun unwillkührlich, als könne er der Kraft nicht widerstehen, die auf ihn einwirkte, von seinen Lippen. — Der Teufel! ich glaube, verschwiege ein Mondsüchtiger irgend eine begangene Unthat noch so lange, man könnte sie ihm abfragen in dem seltsamen Zustande. — Wohl dem, der ein reines Gewissen hat, wie wir beide, guter Daniel, wir können schon immer Nachtwandler seyn, uns wird man kein Verbrechen abfragen. — Aber höre Daniel, gewiß willst du herauf in den astronomischen Thurm, wenn du so abscheulich an der zugemauerten Thüre kratzest? — Du willst gewiß laboriren wie der alte Roderich? — Nun, das werd' ich dir nächstens abfragen!" — Der Alte hatte, während V. dieses sprach, immer stärker und stärker gezittert, jetzt flog sein ganzer Körper von heillosem Krampf hin und hergeworfen, und er brach aus in ein gellendes, unverständiges Geplapper. V. schellte die Diener herauf. Man brachte Lichter, der Alte ließ nicht nach, wie ein willkührlos bewegtes Automat hob man ihn auf und brachte ihn in's Bette. Nachdem beinahe eine Stunde dieser heillose Zustand gedauert, verfiel er in tiefer Ohnmacht ähnlichen Schlaf. Als er erwachte, verlangte er Wein zu trinken, und als man ihm diesen gereicht, trieb er den Diener, der bei ihm wachen wollte, fort und verschloß sich, wie gewöhnlich, in sein Zimmer. V. hatte wirklich beschlossen, den Versuch anzustellen, in dem Augenblick als er davon gegen Daniel sprach, wiewohl er sich selbst gestehen mußte, einmal, daß Daniel, vielleicht erst jetzt von seiner Mondsucht unterrichtet, alles anwenden werde, ihm zu entgehen, dann aber, daß Geständnisse in diesem Zustande abgelegt eben nicht geeignet seyn würden, darauf weiter fortzubauen. Dem unerachtet begab er sich gegen Mitternacht in den Saal, hoffend, daß Daniel, wie es in dieser Krankheit geschieht, gezwungen werden würde, willkührlos zu handeln. Um Mitternacht erhob sich ein großer Lärm auf dem Hofe.

B. hörte deutlich ein Fenster einschlagen, er eilte herab und als er die Gänge durchschritt, wallte ihm ein stinkender Dampf entgegen, der, wie er bald gewahrte, aus dem geöffneten Zimmer des Hausverwalters herausquoll. Diesen brachte man eben todtstarr herausgetragen, um ihn in einem andern Zimmer ins Bette zu legen. Um Mitternacht wurde ein Knecht, so erzählten die Diener, durch ein seltsames dumpfes Pochen geweckt, er glaubte dem Alten sei etwas zugestoßen und schickte sich an aufzustehen, um ihm zu Hülfe zu kommen, als der Wächter auf dem Hofe laut rief: Feuer, Feuer! in der Stube des Herrn Verwalters brennt's lichterloh! — Auf dies Geschrei waren gleich mehrere Diener bei der Hand, aber alles Mühen die Thür des Zimmers einzubrechen, blieb umsonst. Nun eilten sie heraus auf den Hof, aber der entschlossene Wächter hatte schon das Fenster des niedrigen, im Erdgeschosse befindlichen Zimmers eingeschlagen und die brennenden Gardinen herabgerissen, worauf ein paar hineingegossene Eimer Wasser den Brand augenblicklich löschten. Den Hausverwalter fand man mitten im Zimmer auf der Erde liegend in tiefer Ohnmacht. Er hielt noch fest den Armleuchter in der Hand, dessen brennende Kerzen die Gardinen erfaßt, und so das Feuer veranlaßt hatten. Brennende herabfallende Lappen hatten dem Alten die Augenbraunen und ein gut Theil Kopfhaare weggesengt. Bemerkte der Wächter nicht das Feuer, so hätte der Alte hülflos verbrennen müssen. Zu nicht geringer Verwunderung fanden die Diener, daß die Thür des Zimmers von innen durch zwei ganz neu angeschrobene Riegel, die noch den Abend vorher nicht da gewesen, verwahrt war. B. sah ein, daß der Alte sich hatte das Hinausschreiten aus dem Zimmer unmöglich machen wollen; widerstehen konnte er dem blinden Triebe nicht.

Der Alte verfiel in eine ernste Krankheit; er sprach nicht, er nahm nur wenig Nahrung zu sich und starrte, wie fest geklammert von einem entsetzlichen Gedanken, mit Blicken, in denen sich der Tod mahlte, vor sich hin. V. glaubte, daß der Alte von dem Lager nicht erstehen werde. Alles, was sich für seinen Schützling thun ließ, hatte V. gethan, er mußte ruhig den Erfolg abwarten, und wollte deshalb nach K. zurück. Die Abreise war für den folgenden Morgen bestimmt. V. packte spät Abends seine Scripturen zusammen, da fiel ihm ein kleines Packet in die Hände, welches ihm der Freiherr Hubert von R. versiegelt und mit der Aufschrift: Nach Eröffnung meines Testaments zu lesen, zugestellt und das er unbegreiflicher Weise noch nicht beobachtet hatte. Er war im Begriff dieses Packet zu entsiegeln, als die Thür aufging und mit leisen gespenstischen Schritten Daniel hereintrat. Er legte eine schwarze Mappe, die er unter dem Arm trug, auf den Schreibtisch, dann mit einem tiefen Todesseufzer auf beide Knie sinkend, V..s Hände mit den seinen krampfhaft fassend, sprach er hohl und dumpf, wie aus tiefem Grabe: Auf dem Schaffott stürb' ich nicht gern! — der dort oben richtet! — dann richtete er sich unter angstvollem Keuchen mühsam auf und verließ das Zimmer, wie er gekommen.

V. brachte die ganze Nacht hin, alles das zu lesen, was die schwarze Mappe und Huberts Packet enthielt. Beides hing genau zusammen, und bestimmte von selbst die weitern Maßregeln, die nun zu ergreifen. So wie V. in K. angekommen, begab er sich zum Freiherrn Hubert von R., der ihn mit rauhem Stolz empfing. Die merkwürdige Folge einer Unterredung, welche Mittags anfing und bis spät in die Nacht hinein ununterbrochen fortdauerte, war aber, daß der Freiherr andern

Tages vor Gericht erklärte, daß er den Prätendenten des Majorats dem Testamente seines Vaters gemäß für den in rechtsgültiger Ehe von dem ältesten Sohn des Freiherrn Roderich von R. Wolfgang von R. mit dem Fräulein Julie von St. Val erzeugten Sohn, mithin für den rechtsgültig legitimirten Majorats-Erben anerkenne. Als er von dem Gerichtssaal herabstieg, stand sein Wagen mit Postpferden vor der Thüre, er reiste schnell ab und ließ Mutter und Schwester zurück. Sie würden ihn vielleicht nie wieder sehen, hatte er ihnen mit andern räthselhaften Aeußerungen geschrieben. Roderich's Erstaunen über diese Wendung, die die Sache nahm, war nicht gering, er drang in V. ihm doch nur zu erklären, wie dies Wunder habe bewirkt werden können, welche geheimnißvolle Macht im Spiele sey. V. vertröstete ihn indessen auf künftige Zeiten, und zwar, wenn er Besitz genommen haben würde von dem Majorat. Die Uebergabe des Majorats konnte nehmlich deshalb nicht geschehen, weil nun die Gerichte, nicht befriedigt durch jene Erklärung Hubert's, außerdem die vollständige Legitimation Roderich's verlangten. V. bot dem Freiherrn die Wohnung in R..sitten an, und setzte hinzu: daß Hubert's Mutter und Schwester, durch seine schnelle Abreise in augenblickliche Verlegenheit gesetzt, den stillen Aufenthalt auf dem Stammgute der geräuschvollen theuren Stadt vorziehen würden. – Das Entzücken, womit Roderich den Gedanken ergriff, mit der Baronin und ihrer Tochter wenigstens eine Zeitlang unter einem Dache zu wohnen, bewies, welchen tiefen Eindruck Seraphine, das holde, anmuthige Kind, auf ihn gemacht hatte. In der That wußte der Freiherr seinen Aufenthalt in R..sitten so gut zu benutzen, daß er, wenige Wochen waren vergangen, Seraphinens innige Liebe und der Mutter beifällig Wort zur Verbindung mit ihr gewonnen hatte. Dem V. war das Alles zu schnell, da bis jetzt Roderich's Legitimation als Majoratsherr von R..sitten noch immer zweifelhaft geblieben. Briefe aus Curland unterbrachen das Idyllenleben auf dem Schlosse. Hubert hatte sich gar nicht auf den Gütern sehen lassen, sondern war unmittelbar nach Petersburg gegangen, dort in Militärdienste getreten, und stand jetzt im Felde gegen die Perser, mit denen Rußland gerade im Kriege begriffen. Dies machte die schnelle Abreise der Baronin mit ihrer Tochter nach den Gütern, wo Unordnung und Verwirrung herrschte, nöthig. Roderich, der sich schon als den aufgenommenen Sohn betrachtete, unterließ nicht die Geliebte zu begleiten und so wurde, da V. ebenfalls nach K. zurückkehrte, das Schloß einsam, wie vorher. Des Hausverwalters böse Krankheit wurde schlimmer und schlimmer, so daß er nicht mehr daraus zu erstehen glaubte, sein Amt wurde einem alten Jäger, Wolfgangs treuem Diener, Franz geheißen, übertragen. Endlich nach langem Harren erhielt V. die günstigsten Nachrichten aus der Schweiz. Der Pfarrer, der Roderichs Trauung vollzogen, war längst gestorben, indessen fand sich in dem Kirchenbuche von seiner Hand notirt, daß derjenige, den er unter dem Namen Born mit dem Fräulein Julie St. Val ehelich verbunden, sich bei ihm als Freiherr Wolfgang von R., ältesten Sohn des Freiherrn Roderich von R. auf R..sitten, vollständig legitimirt habe. Außerdem wurden noch zwei Trauzeugen, ein Kaufmann in Genf, und ein alter französischer Kapitän, der nach Lyon gezogen, ausgemittelt, denen Wolfgang ebenfalls sich entdeckt hatte, und ihre eidlichen Aussagen bekräftigten den Vermerk des Pfarrers im Kirchenbuche. Mit den in rechtlicher Form ausgefertigten Verhandlungen in der Hand führte nun V. den vollständigen Nachweis der Rechte seines Machtgebers und nichts stand der Uebergabe des Majorats im Wege, die im künftigen Herbst erfolgen sollte. Hubert war gleich in der ersten Schlacht, der er beiwohnte, geblieben, ihn hatte das Schicksal seines jüngern Bruders, der ein Jahr vor seines Vaters Tode ebenfalls im Felde blieb, getroffen; so fielen die Güter in Curland der Baronesse Seraphine von R. zu, und wurden eine schöne Mitgift für den überglücklichen Roderich.

Der November war angebrochen, als die Baronin, Roderich mit seiner Braut in R..sitten anlangte. Die Uebergabe des Majorats erfolgte und dann Roderichs Verbindung mit Seraphinen. Manche Woche verging im Taumel der Lust, bis endlich die übersättigten Gäste nach und nach das Schloß verließen zur großen Zufriedenheit V..s, der von R..sitten nicht scheiden wollte, ohne den jungen Majoratsherrn auf das genaueste einzuweihen in alle Verhältnisse des neuen Besitzthums. Mit der strengsten Genauigkeit hatte Roderichs Oheim die Rechnungen über Einnahme und Ausgabe geführt, so daß, da Roderich nur eine geringe Summe jährlich zu seinem Unterhalt bekam, durch die Ueberschüsse der Einnahme jenes baare Capital, das man in des alten Freiherrn Nachlaß vorfand, einen bedeutenden Zuschuß erhielt. Nur in den ersten drei Jahren hatte Hubert die Einkünfte des Majorats in seinem Nutzen verwandt, darüber aber ein Schuldinstrument ausgestellt und es auf den ihm zustehenden Antheil der Güter in Curland versichern lassen. — V. hatte seit der Zeit, als ihm Daniel als Nachtwandler erschien, das Schlafgemach des alten Roderich zu seinem Wohnzimmer gewählt, um desto sicherer das erlauschen zu können, was ihm Daniel nachher freiwillig offenbarte. So kam es, daß dies Gemach und der anstoßende große Saal der Ort blieb, wo der Freiherr mit V. im Geschäft zusammenkam. Da saßen nun beide beim hellodernden Kaminfeuer an dem großen Tische, V. mit der Feder in der Hand, die Summen notirend und den Reichthum des Majoratsherrn berechnend, dieser mit aufgestemmtem Arm hineinblinzelnd in die aufgeschlagenen Rechnungsbücher, in die gewichtigen Dokumente. Keiner vernahm das dumpfe Brausen der See, das Angstgeschrei der Möven, die das Unwetter verkündend im Hin- und Herflattern an die Fensterscheiben schlugen, keiner achtete des Sturms, der um Mitternacht heraufgekommen in wildem Tosen das Schloß durchsauste, so daß alle Unkenstimmen in den Caminen, in den engen Gängen erwachten und widerlich durcheinander pfiffen und heulten. Als endlich nach einem Windstoß, vor dem der ganze Bau erdröhnte, plötzlich der ganze Saal im düstern Feuer des Vollmonds stand, rief V.: „Ein böses Wetter!" — Der Freiherr, ganz vertieft in die Aussicht des Reichthums, der ihm zugefallen, erwiederte gleichgültig, indem er mit zufriedenem Lächeln ein Blatt des Einnahmebuchs umschlug: „In der That, sehr stürmisch." Aber wie fuhr er von der eisigen Faust des Schreckens berührt in die Höhe, als die Thür des Saals aufsprang und eine bleiche, gespenstische Gestalt sichtbar wurde, die den Tod im Antlitz hineinschritt. Daniel, den V. so wie Jedermann in tiefer Krankheit ohnmächtig daliegend, nicht für fähig hielt ein Glied zu rühren, war es, der abermals von seiner Mondsucht befallen seine nächtliche Wanderung begonnen. Lautlos starrte der Freiherr den Alten an, als dieser nun aber unter angstvollen Seufzern der Todesqual an der Wand kratzte, da faßte den Freiherrn tiefes Entsetzen. Bleich im Gesicht wie der Tod, mit emporgesträubtem Haar sprang er auf, schritt in bedrohlicher

Stellung zu auf den Alten und rief mit starker Stimme, daß der Saal erdröhnte: „Daniel! — Daniel! — was machst du hier zu dieser Stunde!" Da stieß der Alte jenes grauenvolle heulende Gewimmer aus, gleich dem Todeslaut des getroffenen Thiers, wie damals, als ihm Wolfgang Gold für seine Treue bot, und sank zusammen. V. rief die Bedienten herbei, man hob den Alten auf, alle Versuche ihn zu beleben blieben vergebens. Da schrie der Freiherr wie außer sich: „Herr Gott! — Herr Gott! habe ich denn nicht gehört, daß Nachtwandler auf der Stelle des Todes seyn können, wenn man sie beim Namen ruft? — Ich! — Ich Unglückseligster — ich habe den armen Greis erschlagen! — Zeit meines Lebens habe ich keine ruhige Stunde mehr!" — V., als die Bedienten den Leichnam fortgetragen und der Saal leer geworden, nahm den immerfort sich anklagenden Freiherrn bei der Hand, führte ihn in tiefem Schweigen vor die zugemauerte Thür und sprach: „Der hier todt zu Ihren Füßen niedersank, Freiherr Roderich, war der verruchte Mörder Ihres Vaters!" — Als säh' er Geister der Hölle, starrte der Freiherr den V. an. Dieser fuhr fort: „Es ist nun wohl an der Zeit, Ihnen das gräßliche Geheimniß zu enthüllen, das auf diesem Unhold lastete und ihn, den Fluchbeladenen, in den Stunden des Schlafs umhertrieb. Die ewige Macht ließ den Sohn Rache nehmen an dem Mörder des Vaters — Die Worte, die Sie dem entsetzlichen Nachtwandler in die Ohren donnerten, waren die letzten, die Ihr unglücklicher Vater sprach!" — Bebend, unfähig ein Wort zu sprechen, hatte der Freiherr neben V., der sich vor den Camin setzte, Platz genommen. V. fing mit dem Inhalt des Aufsatzes an, den Hubert für V. zurückgelassen und den er erst nach Eröffnung des Testaments entsiegeln sollte. Hubert klagte sich mit

Ausdrücken, die von der tiefsten Reue zeigten, des unversöhnlichen Hasses an, der in ihm gegen den ältern Bruder Wurzel faßte von dem Augenblick, als der alte Roderich das Majorat gestiftet hatte. Jede Waffe war ihm entrissen, denn wär' es ihm auch gelungen auf hämische Weise, den Sohn mit dem Vater zu entzweien, so blieb dies ohne Wirkung, da Roderich selbst nicht ermächtigt war, dem ältesten Sohn die Rechte der Erstgeburt zu entreißen, und es, wandte sich auch sein Herz und Sinn ganz ab von ihm, doch nach seinen Grundsätzen nimmermehr gethan hätte. Erst als Wolfgang in Genf das Liebesverhältniß mit Julien von St. Val begonnen, glaubte Hubert den Bruder verderben zu können. Da fing die Zeit an, in der er im Einverständniße mit Daniel auf bübische Weise den Alten zu Entschlüssen nöthigen wollte, die den Sohn zur Verzweiflung bringen mußten.

Er wußte, daß nur die Verbindung mit einer der ältesten Familien des Vaterlandes nach dem Sinn des alten Roderich den Glanz des Majorats auf ewige Zeiten begründen konnte. Der Alte hatte diese Verbindung in den Gestirnen gelesen und jedes freveliche Zerstören der Constellation konnte nur Verderben bringen über die Stiftung. Wolfgangs Verbindung mit Julien erschien in dieser Art dem Alten ein verbrecherisches Attentat, wider Beschlüsse der Macht gerichtet, die ihm beigestanden im irdischen Beginnen, und jeder Anschlag, Julien, die wie ein dämonisches Princip sich ihm entgegengeworfen, zu verderben, gerechtfertigt. Hubert kannte des Bruders an Wahnsinn streifende Liebe zu Julien, ihr Verlust mußte ihn elend machen, vielleicht tödten, und um so lieber wurde er thätiger Helfershelfer bei den Plänen des Alten, als er selbst sträfliche Neigung zu Julien gefaßt und sie für sich zu gewinnen hoffte.

Eine besondere Schickung des Himmels wollt' es, daß die giftigsten Anschläge an Wolfgangs Entschlossenheit scheiterten, ja daß es ihm gelang den Bruder zu täuschen. Für Hubert blieb Wolfgangs wirklich vollzogene Ehe, so wie die Geburt eines Sohnes ein Geheimniß. Mit der Vorahnung des nahen Todes kam dem alten Roderich zugleich der Gedanke, daß Wolfgang jene ihm feindliche Julie geheirathet habe; in dem Briefe, der dem Sohn befahl, am bestimmten Tage nach R..sitten zu kommen, um das Majorat anzutreten, fluchte er ihm, wenn er nicht jene Verbindung zerreissen werde. Diesen Brief verbrannte Wolfgang bei der Leiche des Vaters.

An Hubert schrieb der Alte, daß Wolfgang Julien geheirathet habe, er werde aber diese Verbindung zerreissen. Hubert hielt dies für die Einbildung des träumerischen Vaters, erschrack aber nicht wenig, als Wolfgang in R..sitten selbst mit vieler Freimüthigkeit die Ahnung des Alten nicht allein bestätigte, sondern auch hinzufügte, daß Julie ihm einen Sohn geboren, und daß er nun in kurzer Zeit Julien, die ihn bis jetzt für den Kaufmann Born aus M. gehalten, mit der Nachricht seines reichen Standes und seines reichen Besitzthums hoch erfreuen werde. Selbst wolle er hin nach Genf, um das geliebte Weib zu holen. Noch ehe er diesen Entschluß ausführen konnte, ereilte ihn der Tod. Hubert verschwieg sorglich was ihm von dem Daseyn eines in der Ehe mit Julien erzeugten Sohnes bekannt und riß so das Majorat an sich, das diesem gebührte. Doch nur wenige Jahre waren vergangen, als ihn tiefe Reue ergriff. Das Schicksal mahnte ihn an seine Schuld auf fürchterliche Weise durch den Haß, der zwischen seinen beiden Söhnen mehr und mehr emporkeimte. „Du bist ein armer dürftiger Schlucker,“ sagte der älteste, ein zwölfjähriger Knabe zu dem jüngsten, „aber ich werde, wenn der Vater stirbt, Majoratsherr von R..sitten, und da mußt du demüthig seyn und mir die Hand küssen, wenn ich dir Geld geben soll zum neuen Rock" — Der jüngste, in volle Wuth gerathen über des Bruders höhnenden Stolz, warf das Messer, das er gerade in der Hand hatte, nach ihm hin und traf ihn beinahe zum Tode. Hubert, großes Unglück fürchtend, schickte den jüngsten fort nach Petersburg, wo er später als Officier unter Suwarow wider die Franzosen focht und blieb. Vor der Welt das Geheimniß seines unredlichen betrügerischen Besitzes kund zu thun, davon hielt ihn die Scham, die Schande, die über ihn gekommen, zurück, aber entziehen wollte er dem rechtmäßigen Besitzer keinen Groschen mehr. Er zog Erkundigungen ein in Genf, und erfuhr, daß die Frau Born, trostlos über das unbegreifliche Verschwinden ihres Mannes, gestorben, daß aber der junge Roderich Born von einem wackern Mann, der ihn aufgenommen, erzogen werde. Da kündigte sich Hubert unter fremden Namen als Verwandter des auf der See umgekommenen Kaufmann Born an und schickte Summen ein, die hinreichten, den jungen Majoratsherrn sorglich und anständig zu erziehn. Wie er die Ueberschüsse der Einkünfte des Majorats sorgfältig sammelte; wie er dann testamentarisch verfügte, ist bekannt. Ueber den Tod seines Bruders sprach Hubert in sonderbaren räthselhaften Ausdrücken, die so viel errathen ließen, daß es damit eine geheimnißvolle Bewandtniß haben mußte, und daß Hubert wenigstens mittelbar Theil nahm an einer gräßlichen That. Der Inhalt der schwarzen Mappe klärte alles auf. Der verrätherischen Correspondenz Huberts mit Daniel lag ein Blatt bei, das Daniel beschrieben und unterschrieben hatte. V. las ein Geständniß, vor dem sein Innerstes erbebte. Auf Daniels Veranlassung war Hubert nach R..sitten gekommen, Daniel war es, der ihm von den gefundenen Einhundert und funfzigtausend Reichsthalern geschrieben. Man weiß, wie Hubert von dem Bruder aufgenommen wurde, wie er getäuscht in allen seinen Wünschen und Hoffnungen fort wollte, wie ihn V. zurückhielt. In Daniels Innerm kochte blutige Rache, die er zu nehmen hatte an dem jungen Menschen, der ihn ausstoßen wollen, wie einen räudigen Hund. Der schürte und schürte an dem Brande, von dem der verzweifelnde Hubert verzehrt wurde. Im Föhrenwalde auf der Wolfsjagd, im Sturm und Schneegestöber wurden sie einig über Wolfgangs Verderben. „Wegschaffen" — murmelte Hubert, indem er seitwärts wegblickte und die Büchse anlegte. „Ja, wegschaffen," grinzte Daniel, „aber nicht so, nicht so" — Nun vermaß er sich hoch und theuer, er werde den Freiherrn ermorden und kein Hahn solle darnach krähen. Hubert, als er endlich Geld erhalten, that der Anschlag leid, er wollte fort, um jeder weitern Versuchung zu widerstehen. Daniel selbst sattelte in der Nacht das Pferd und führte es aus dem Stalle, als aber der Baron sich aufschwingen wollte, sprach Daniel mit schneidender Stimme: „Ich dächte, Freiherr Hubert, du bliebst auf dem Majorat, das dir in diesem Augenblick zugefallen, denn der stolze Majoratsherr liegt zerschmettert in der Gruft des Thurms!" — Daniel hatte beobachtet, daß, von Golddurst geplagt, Wolfgang oft in der Nacht aufstand, vor die Thür trat, die sonst zum Thurme führte und mit sehnsüchtigen Blicken hinabschaute in die Tiefe, die nach Daniels Versicherung noch bedeutende Schätze bergen sollte. Darauf gefaßt stand in jener verhängnißvollen Nacht Daniel vor der Thüre des Saals. So wie er den Freiherrn die zum Thurm führende Thür öffnen hörte, trat er hinein und dem Freiherrn nach, der dicht an dem Abgrunde stand. Der Freiherr drehte sich um und rief, als er den verruchten Diener, dem der Mord schon aus den Augen blitzte, gewahrte, entsetzt: „Daniel, Daniel, was machst du hier zu dieser Stunde!“ Aber da kreischte Daniel wild auf: „Hinab mit dir, du räudiger Hund,“ und schleuderte mit einem kräftigen Fußstoß den Unglücklichen hinunter in die Tiefe! — Ganz erschüttert von der gräßlichen Unthat fand der Freiherr keine Ruhe auf dem Schlosse, wo sein Vater ermordet. Er ging auf seine Güter nach Curland und kam nur jedes Jahr zur Herbstzeit nach R..sitten. Franz, der alte Franz, behauptete, daß Daniel, dessen Verbrechen er ahne, noch oft zur Zeit des Vollmonds spuke und beschrieb den Spuk gerade so, wie ihn V. später erfuhr und bannte. — Die Entdeckung dieser Umstände, welche das Andenken des Vaters schändeten, trieb auch den jungen Freiherrn Hubert fort in die Welt. So hatte der Großonkel Alles erzählt, nun nahm er meine Hand und sprach, indem ihm volle Thränen in die Augen traten, mit sehr weicher Stimme: „Vetter — Vetter — auch sie, die holde Frau, hat das böse Verhängniß, die unheimliche Macht, die dort auf dem Stammschlosse hauset, ereilt! Zwei Tage nachdem wir R..sitten verlassen, veranstaltete der Freiherr zum Beschluß eine Schlittenfahrt. Er selbst fährt seine Gemahlin, doch, als es Thalabwärts geht, reißen die Pferde plötzlich auf unbegreifliche Weise scheu geworden aus in vollem wüthenden Schnauben und Toben. „Der Alte — der Alte ist hinter uns her,“ schreit die Baronin auf mit schneidender Stimme! In dem Augenblick wird sie durch den Stoß, der den Schlitten umwirft, weit fortgeschleudert. — Man findet sie leblos — sie ist hin! — Der Freiherr kann sich nimmer trösten, seine Ruhe ist die eines Sterbenden! — Nimmer kommen wir wieder nach R..sitten, Vetter!" —

Der Alte Großonkel schwieg, ich schied von ihm mit zerrissenem Herzen, und nur die Alles beschwichtigende Zeit konnte den tiefen Schmerz lindern, in dem ich vergehen zu müssen glaubte.

Jahre waren vergangen. V. ruhte längst im Grabe, ich hatte mein Vaterland verlassen. Da trieb mich der Sturm des Krieges, der verwüstend über ganz Deutschland hinbrauste, in den Norden hinein, fort nach Petersburg. Auf der Rückreise, nicht mehr weit von K., fuhr ich in einer finstern Sommernacht dem Gestade der Ostsee entlang, als ich vor mir am Himmel einen großen funkelnden Stern erblickte. Näher gekommen gewahrte ich wohl an der rothen flackernden Flamme, daß das, was ich für einen Stern gehalten, ein starkes Feuer seyn müsse, ohne zu begreifen, wie es so hoch in den Lüften schweben könne. „Schwager! was ist das für ein Feuer, dort vor uns?" frug ich den Postillion. „Ei," erwiederte dieser, „ei, das ist kein Feuer, das ist der Leuchtthurm von R..sitten." R..sitten! — so wie der Postillion den Namen nannte, sprang in hellem Leben das Bild jener verhängnißvollen Herbsttage hervor, die ich dort verlebte. Ich sah den Baron — Seraphinen, aber auch die alten wunderlichen Tanten, mich selbst mit blankem Milchgesicht, schön frisirt und gepudert, in zartes Himmelblau gekleidet — ja mich den Verliebten, der wie ein Ofen seufzt, mit Jammerlied auf seiner Liebsten Braue! — In der tiefen Wehmuth, die mich durchbebte, flackerten wie bunte Lichterchen V..s derbe Späße auf, die mir nun ergötzlicher waren als damals. So von Schmerz und wunderbarer Lust bewegt, stieg ich am frühen Morgen in R..sitten aus dem Wagen, der vor der Posterpedition hielt. Ich erkannte das Haus des Oekonomieinspektors, ich frug nach ihm. „Mit Verlaub" sprach der Postschreiber, indem er die Pfeife aus dem Munde nahm und an der Nachtmütze rückte, „mit Verlaub, hier ist kein Oekonomieinspektor, es ist ein königliches Amt und der Herr Amtsrath belieben noch zu schlafen." Auf weiteres Fragen erfuhr ich, daß schon vor sechszehn Jahren der Freiher Roderich von R., der letzte Majoratsbesitzer, ohne Deszendenten gestorben und das Majorat der Stiftungsurkunde gemäß dem Staate anheimgefallen sey. — Ich ging hinauf nach dem Schlosse, es lag in Ruinen zusammengestürzt. Man hatte einen großen Theil der Steine zu dem Leuchtthurm benutzt, so versicherte ein alter Bauer, der aus dem Föhrenwalde kam und mit dem ich mich ins Gespräch einließ. Der wußte auch noch von dem Spuk zu erzählen, wie er auf dem Schlosse gehaust haben sollte und versicherte, daß noch jetzt sich öft, zumal beim Vollmonde, grauenvolle Klagelaute in dem Gestein hören ließen.

Armer alter, kurzsichtiger Roderich! welche böse Macht beschworst du herauf, die den Stamm, den du mit fester Wurzel für die Ewigkeit zu pflanzen gedachtest, im ersten Aufkeimen zum Tode vergiftete.

Das Gelübde.

Am Michaelistage, eben als bei den Carmelitern die Abendhora eingeläutet wurde, fuhr ein mit vier Postpferden bespannter stattlicher Reisewagen, donnernd und rasselnd durch die Gassen des kleinen polnischen Gränzstädtchens L., und hielt endlich still vor der Hausthür des alten teutschen Bürgermeisters. Neugierig steckten die Kinder die Köpfe zum Fenster heraus, aber die Hausfrau stand auf von ihrem Sitze und rief, indem sie ganz unmuthig ihr Nähzeug auf den Tisch warf, dem Alten, der aus dem Nebenzimmer schnell eintrat, entgegen: „Schon wieder Fremde, die unser stilles Haus für eine Gastwirthschaft halten, das kommt aber von dem Wahrzeichen her. Warum hast du auch die steinerne Taube über der Thür auf's neue vergolden lassen?“ Der Alte lächelte schlau und bedeutsam ohne etwas zu erwiedern; im Augenblick hatte er den Schlafrock abgeworfen, das Ehrenkleid, das vom Kirchgange her noch wohlgebürstet über der Stuhllehne hing, angezogen, und ehe die ganz erstaunte Frau den Mund zur Frage öffnen konnte, stand er schon, sein Sammtmützchen unterm Arm, so daß sein silberweißes Haupt in der Dämmerung hell aufschimmerte, vor dem Kutschenschlage, den indessen ein Diener geöffnet. Eine ältliche Frau im grauen Reisemantel stieg aus dem Wagen, ihr folgte eine hohe jugendliche Gestalt mit dicht verhülltem Antlitz, die auf des Bürgermeisters Arm gestützt, in das Haus hinein mehr wankte als schritt, und kaum in's Zimmer getreten, wie halb entseelt in den Lehnstuhl sank, den die Hausfrau auf des Alten Wink schnell herangerückt. Die ältere Frau sprach leise und sehr wehmüthig zu dem Bürgermeister: „Das arme Kind! — ich muß wohl noch einige Augenblicke bei ihr verweilen," damit machte sie Anstalt ihren Reisemantel herunterzuziehen, worin ihr des Bürgermeisters ältere Tochter beistand, so daß bald ihr Nonnengewand, so wie ein auf der Brust funkelndes Kreuz sichtbar wurde, welches sie als Aebtissin eines Cisterzienser Nonnenklosters darstellte. Die verhüllte Dame hatte unterdessen nur durch ein leises, kaum vernehmbares Aechzen kund gethan, daß sie noch lebe und endlich die Hausfrau um ein Glas Wasser gebeten. Die brachte aber allerley stärkende Tropfen und Essenzen herbei, und pries ihre Wunderkraft, indem sie die Dame bat, doch nur die dicken schweren Schleier, die ihr alles freie Athmen verhindern müßten, abzulegen. Mit der Hand jede Annäherung der Hausfrau abwehrend, mit allen Zeichen des Abscheues den Kopf zurückbeugend, verwarf aber die Kranke den Vorschlag, und selbst, als sie endlich es sich gefallen ließ, den Duft einer starken Lebensessenz einzuziehen, als sie etwas von dem verlangten Wasser, in das die besorgte Hausfrau einige Tropfen eines bewährten Elixirs hineingethan, genoß, that sie alles dies unter den Schleiern, ohne sie nur im mindesten zu lüpfen. „Ihr habt doch, mein lieber, alter Herr!" wandte sich die Aebtissin zum Bürgermeister, „Ihr habt doch Alles so bereitet, wie es gewünscht worden?" „Ja wohl," erwiederte der Alte, „ja wohl! ich hoffe, mein durchlauchtigster Fürst soll mit mir zufrieden seyn, so wie die Dame, für die ich Alles zu thun bereit bin, was nur in meinen Kräften steht." „So laßt mich," fuhr die Aebtissin fort, „mit meinem armen Kinde noch einige Augenblicke allein." Die Familie mußte das Zimmer verlassen. Man hörte, wie die Aebtissin eifrig und salbungsvoll der Dame zusprach, und wie diese endlich auch zu reden begann mit einem Ton, der tief bis in's Herz drang. Ohne gerade zu horchen, blieb denn doch die Hausfrau an der Thüre des Zimmers stehen, indessen wurde italiänisch gesprochen, und selbst dies machte für sie den ganzen Auftritt geheimnißvoller und vermehrte die Beklommenheit, welche ihr den Mund verschloß. Frau und Tochter trieb der Alte fort, um für Wein und andere Erfrischungen zu sorgen, er selbst ging in das Zimmer zurück. Getrösteter, gefaßter schien die verschleierte Dame, welche mit gebeugtem Haupt und gefalteten Händen vor der Aebtissin stand. Diese verschmähte es nicht, etwas von den Erfrischungen anzunehmen, die ihr die Hausfrau darbot, dann rief sie: „Nun ist es Zeit!" Die verschleierte Dame sank nieder auf die Knie, die Aebtissin legte die Hände auf ihr Haupt und sprach leise Gebete. Als diese geendet, schloß sie, indem häufige Thränen ihr über die Wangen rollten, die Verschleierte in die Arme und drückte sie heftig wie im Uebermaß des Schmerzes an die Brust, dann gab sie gefaßt und würdevoll der Familie die Benediktion und eilte, vom Alten geleitet, rasch in den Wagen, vor dem die frisch angelegten Postpferde laut wieherten. In vollem Juchzen und Blasen flog der Postillion durch die Gassen zum Thore hinaus. Als nun die Hausfrau gewahrte, daß die verschleierte Dame, für die man ein paar schwere Koffer vom Wagen abgepackt und hineingetragen, da blieb, wohl gar auf lange Zeit eingezogen sey, konnte sie sich gar nicht lassen vor peinlicher Neugier und Sorge. Sie trat hinaus auf den Hausflur und dem Alten, der eben in das Zimmer wollte, in den Weg. „Um Christus willen,“ flüsterte sie leise und ängstlich, „um Christus willen, welch' einen Gast bringst du mir ins Haus, denn du weißt doch ja von Allem und hast es mir nur verschwiegen.“ „Alles was ich weiß, sollst du auch erfahren,“ erwiederte der Alte ganz ruhig. „Ach ach!“ fuhr die Frau noch ängstlicher fort, „du weißt aber vielleicht nicht Alles; wär'st du nur jetzt im Zimmer gewesen. So wie die Frau Aebtissin abgefahren, mochte es der Dame doch wohl zu beklommen werden in ihren dicken Schleiern. Sie nahm den großen schwarzen Kreppflor, der ihr bis an die Knie reichte, herab, und da sah ich“ — „Nun was sahst du denn,“ fiel der Alte der Frau, die zitternd sich umschaute, als erblicke sie Gespenster, in die Rede. „Nein,“ sprach die Frau weiter, „die Gesichtszüge konnte ich unter den dünnen Schleiern gar nicht deutlich erkennen, aber wohl die Todtenfarbe, ach die grauliche Todtenfarbe. Aber nun Alter, nun merk' auf: deutlich, nur zu deutlich, ganz sonnenklar liegts am Tage, daß die Dame guter Hoffnung ist. In wenigen Wochen kommt sie in's Kindbett.“ „Das weiß ich ja, Frau,“ sprach der Alte ganz mürrisch, „und damit du nur nicht umkommen mögest vor Neugier und Unruhe, will ich dir mit zwei Worten alles erklären. Wisse also, daß Fürst Z. unser hoher Gönner mir vor einigen Wochen schrieb, die Aebtissin des Cisterzienserklosters in O. werde mir eine Dame bringen, die ich bei mir in meinem Hause aufnehmen solle, in aller Stille, jedes Aufsehen sorglich vermeidend. Die Dame, welche nicht anders genannt seyn wolle, als schlechtweg Cölestine, werde bei mir ihre nahe

Entbindung abwarten, und dann nebst dem Kinde, das sie geboren, wieder abgeholt werden. Füge ich nun noch hinzu, daß der Fürst mir mit den eindringlichsten Worten die sorgsamste Pflege der Dame empfohlen und für die ersten Auslagen und Bemühungen einen tüchtigen Beutel mit Dukaten, den du in meiner Commode finden und beäugeln kannst, beigefügt hat, so werden wohl alle Bedenken aufhören." „So müssen wir," sprach die Hausfrau, „vielleicht arger Sünde, wie sie die Vornehmen treiben, die Hand bieten." Noch ehe der Alte darauf etwas erwiedern konnte, trat die Tochter zum Zimmer heraus, und rief ihn zur Dame, welche sich nach Ruhe sehne und in das für sie bestimmte Gemach geführt zu werden wünsche. Der Alte hatte die beiden Zimmerchen des obern Stocks so gut ausschmücken lassen, als er es nur vermochte, und war nicht wenig betreten, als Cölestine frug, ob er außer diesen Gemächern nicht noch eins, dessen Fenster hinten heraus gingen, besitze. Er verneinte das und fügte nur, um ganz gewissenhaft zu seyn, hinzu, daß zwar noch ein einziges Gemach mit einem Fenster nach dem Garten heraus, vorhanden, dies dürfte aber gar kein Zimmer, sondern nur eine schlechte Kammer genannt werden; kaum so geräumig, um ein Bette, einen Tisch und einen Stuhl hinein zu stellen, ganz einer elenden Klosterzelle gleich. Cölestine verlangte augenblicklich diese Kammer zu sehen, und erklärte, kaum hineingekommen, daß eben dieses Gemach ihren Wünschen und Bedürfnissen angemessen sey, daß sie nur in diesem und keinem andern wohnen, und es nur dann, wenn ihr Zustand durchaus größeren Raum und eine Krankenwärterin erfordern solle, mit einem größern vertauschen werde. Verglich der Alte schon jetzt dieses enge Gemach mit einer Klosterzelle, so war es andern Tages ganz dazu geworden. Cölestine hatte ein Marienbild an die Wand geheftet und auf den alten hölzernen Tisch, der unter dem Bilde stand, ein Cruzifix hingestellt. Das Bette bestand in einem Strohsack und einer wollenen Decke und außer einem hölzernen Schemmel und noch einem kleinen Tisch, litt Cölestine kein anderes Geräth. Die Hausfrau, ausgesöhnt mit der Fremden durch den tiefen zehrenden Schmerz, der sich in ihrem ganzen Wesen offenbarte, glaubte nach gewöhnlicher Weise sie aufheitern, unterhalten zu müssen, die fremde bat aber mit den rührendsten Worten, eine Einsamkeit nicht zu verstören, in der allein mit ganz der Jungfrau und den Heiligen zugewandtem Sinn sie Tröstung finde. Jedes Tages, so wie der Morgen graute, begab sich Cölestine zu den Carmelitern, um die Frühmesse zu hören; den übrigen Tag schien sie unausgesetzt Andachtsübungen gewidmet zu haben, denn so oft es auch nöthig wurde sie in ihrem Zimmer aufzusuchen, fand man sie entweder betend oder in frommen Büchern lesend. Sie verschmähte andere Speise als Gemüse, anderes Getränk als Wasser, und nur die dringendsten Vorstellungen des Alten, daß ihr Zustand, das Wesen, das in ihr lebe, bessere Kost fordere, konnten sie endlich vermögen zuweilen Fleischbrühe und etwas Wein zu genießen. Dieses strenge klösterliche Leben, hielt es auch jeder im Hause für die Buße begangener Sünde, erweckte doch zu gleicher Zeit inniges Mitleiden und tiefe Ehrfurcht, wozu denn auch der Adel ihrer Gestalt, die siegende Anmuth jeder ihrer Bewegungen nicht wenig beitrug. Was aber diesen Gefühlen für die fremde Heilige etwas schauerliches beimischte, war der Umstand, daß sie die Schleier durchaus nicht ablegte, so daß keiner ihr Gesicht zu erschauen vermochte. Niemand kam in ihre Nähe, als der Alte und der weibliche Theil seiner Familie, und diese, niemals aus dem Städtchen gekommen, konnten unmöglich durch das Wiedererkennen eines Gesichts, das sie vorher nicht gesehen, dem Geheimniß auf die Spur kommen. Wozu also die Verhüllung? — Die geschäftige Fantasie der Weiber erfand bald ein grauliches Mährchen. Ein fürchterliches Abzeichen (so lautete die Fabel), die Spur der Teufelskralle, hatte das Gesicht der Fremden gräßlich verzerrt, und darum die dicken Schleier. Der Alte hatte Mühe dem Gewäsche zu steuern und zu verhindern, daß wenigstens vor der Thüre seines Hauses nicht abenteuerliches von der Fremden geschwatzt wurde, deren Aufenthalt in des Bürgermeisters Hause freilich in der Stadt bekannt geworden. Ihre Gänge nach dem Carmeliterkloster blieben auch nicht unbemerkt und bald nannte man sie des Bürgermeisters schwarze Frau, womit freilich sich von selbst die Idee einer spukhaften Erscheinung verband. Der Zufall wollte, daß eines Tages, als die Tochter der Fremden die Speisen in das Zimmer brachte, der Luftstrom den Schleier erfaßte und aufhob; mit Blitzesschnelle wandte sich die Fremde, so daß sie sich in demselben Moment dem Blick des Mädchens entzog. Diese kam aber erblaßt und an allen Gliedern zitternd herab. Keine Verzerrung, aber so wie die Mutter ein todtenbleiches, hatte sie ein marmorweißes Antlitz erschaut, aus dessen tiefen Augenhöhlen es seltsam hervorblitzte. Der Alte schob mit Recht vieles auf des Mädchens Einbildung, aber auch ihm war es, im Grunde genommen, so zu Muthe wie allen; er wünschte das verstörende Wesen, trotz aller Frömmigkeit, die es bewies, fort aus seinem Hause. Bald darauf weckte in einer Nacht der Alte die Hausfrau und sagte ihr, daß er schon seit einigen Minuten ein leises Wimmern und Aechzen, ein Klopfen vernehme, das von Cölestinens Zimmer zu kommen scheine. Die Frau, von der Ahnung ergriffen, was das seyn könne, eilte hinauf. Sie fand Cölestinen angezogen und in ihre Schleier gewickelt, auf dem Bette halb ohnmächtig liegen und überzeugte sich bald, daß die Niederkunft nahe sey. Schnell traf man die längst vorbereiteten Anstalten, und in weniger Zeit war ein gesundes holdes Knäblein geboren. Dies Ereigniß, hatte man es auch längst vorausgesehen, trat doch wie unerwartet ein, und vernichtete in seinen Folgen das drückende unheimliche Verhältniß mit der Fremden, welches auf der Familie schwer gelastet hatte. Der Knabe schien, wie ein sühnender Mittler, Cölestinen dem Menschlichen wieder näher zu bringen. Ihr Zustand litt keine strenge ascetische Uebungen, und indem ihre Hülflosigkeit ihr die Menschen, welche sie mit liebender Sorgfalt pflegten, aufnöthigte, gewöhnte sie sich mehr und mehr an ihren Umgang. Die Hausfrau dagegen, die nun die Kranke warten, ihr selbst die nahrhafte Suppe kochen und darreichen konnte, vergaß in dieser häuslichen Sorge alles Böse, was ihr sonst über die räthselhafte Fremde in den Sinn gekommen. Sie dachte nicht mehr daran, daß ihr ehrbares Haus vielleicht zum Schlupfwinkel der Schande dienen sollte. Der Alte jubelte ganz verjüngt und hätschelte den Knaben, als sey ihm ein Enkelkind geboren, und er, wie Alle übrige, hatten sich daran gewöhnt, daß Cölestine verschleiert blieb, ja selbst während der Entbindung. Die Wehmutter hatte ihr schwören müssen, daß, trete ja ein Zustand der Bewußtlosigkeit ein, doch die Schleier nicht gelüpft werden sollten, außer von ihr, der Wehmutter selbst, im Fall der Todesgefahr. Es war gewiß, daß die Alte Cölestinen unverschleiert gesehen, sie sagte aber darüber nichts, als: Die arme junge Dame muß sich ja wohl so verhüllen! — Nach einigen Tagen erschien der Carmelitermönch, der den Knaben getauft hatte. Seine Unterredung mit Cölestinen, niemand durfte zugegen seyn, dauerte länger als zwei Stunden. Man hörte ihn eifrig sprechen und beten. Als er fortgegangen, fand man Cölestinen im Lehnstuhl sitzend, auf dem Schooße den Knaben, um dessen kleine Schultern ein Skapulier gelegt war, und der ein Agnusdei auf der Brust trug. Wochen und Monate vergingen, ohne daß, wie der Bürgermeister geglaubt hatte, und wie es ihm auch vom Fürsten Z. gesagt worden, Cölestine mit dem Kinde abgeholt wurde. Sie hätte ganz eintreten können in den friedlichen Kreis der Familie, wären die fatalen Schleier nicht gewesen, die immer den letzten Schritt zur freundlichen Annäherung hemmten. Der Alte nahm es sich heraus, dies der Fremden selbst freimüthig zu äußern, doch als sie mit dumpfem feierlichen Ton erwiederte: Nur im Tode fallen diese Schleier, schwieg er davon und wünschte aufs Neue, daß der Wagen mit der Aebtissin erscheinen möge. Der Frühling war herangekommen, von einem Spatziergange kehrte die Familie des Bürgermeisters heim, Blumensträuße in den Händen tragend, deren schönste der frommen Cölestine bestimmt waren. Eben als sie ins Haus treten wollten, sprengte ein Reiter heran, eifrig nach dem Bürgermeister fragend. Der Alte sprach, er sei selbst der Bürgermeister und stehe vor seinem Hause. Da sprang der Reiter herab vom Pferde, das er festband an den Pfosten und stürzte mit dem gellenden Ruf: „Sie ist hier, sie ist hier," ins Haus und die Treppe herauf. Man hörte eine Thür einschlagen und Cölestinens Angstgeschrei. Der Alte, von Entsetzen erfaßt, eilte nach. Der Reiter — wie nun sichtlich, war ein Offizier von der französischen Jägergarde mit vielen Orden geschmückt, hatte den Knaben aus der Wiege gerissen und in den linken, mit dem Mantel umschlungenen Arm genommen; den rechten hatte Cölestine erfaßt, alle Kraft aufbietend, den Räuber des Kindes zurückzuhalten. Im Ringen riß der Offizier den Schleier herab — ein todtstarres marmorweißes Antlitz, von schwarzen Locken umschattet, blickte ihn an, glühende Strahlen aus den tiefen Augenhöhlen schießend, während schneidende Jammertöne aus den halbgeöffneten unbewegten Lippen quollen. Der Alte nahm wahr, daß Cölestine eine weiße, dicht anschließende Maske trug. „Entsetzliches Weib! willst du, daß auch mich deine Raserei ergreife?" schrie der Offizier, indem er sich mit Gewalt losriß, so daß Cölestine zu Boden stürzte. Nun umfaßte sie aber seine Knie, indem sie mit dem Ausdruck des unsäglichsten Schmerzes, mit einem Ton, der das Herz durchschnitt, flehte: „Laß mir das Kind! — o laß mir das Kind! — nicht um die ewige Seligkeit sollst du mich bringen. — Um Christus — um der heiligen Jungfrau willen — laß mir das Kind — laß mir das Kind." — Und bei diesen Jammertönen regte sich keine Muskel, regten sich nicht die Lippen des Todtenantlitzes, so daß dem Alten, der Hausfrau — Allen, die ihm gefolgt, vor Grauen das Blut in den Adern stockte! „Nein," schrie der Offizier wie in heller Verzweiflung, „nein, unmenschliches, unerbittliches Weib, das Herz konntest du aus dieser Brust reißen, aber verderben sollst du nicht im heillosen Wahnsinn das Wesen, das sich tröstend an die blutende Wunde legt!" — Fester drückte der Offizier das Kind an sich, so daß es laut zu weinen begann — da brach Cölestine aus in ein dumpfes Heulen: „Rache — des Himmels Rache über dich — du Mörder" — „Laß ab! — laß ab — fort mit dir, du Höllenspuk" — kreischte der Offizier, und schleuderte mit einer konvulsivischen Bewegung des Fußes Cölestinen weit von sich, und wollte zur Thüre heraus. Der Alte trat ihm in den Weg, er riß aber schnell ein Terzerol hervor, rief, die Mündung gegen den Alten gekehrt: „die Kugel durch den Kopf dem, der dem Vater sein Kind zu entreißen gedenkt," stürzte die Treppe herab, schwang sich auf's Pferd ohne das Kind zu lassen, und sprengte in vollem Galopp davon. — Die Hausfrau voll Herzensangst, wie es nun um Cölestinen stehen, und was nun mit ihr anzufangen seyn würde, überwand ihr Grauen vor der entsetzlichen Todtenmaske, und eilte herauf ihr beizustehen. Wie erstaunte sie, als sie Cölestinen mitten im Zimmer gleich einer Statue mit herabhängenden Armen lautlos stehend fand. — Sie redete sie an, keine Antwort. Nicht vermögend den Anblick der Maske zu tragen, hing sie ihr die Schleier um, die auf dem Boden lagen, kein Regen und Bewegen. Cölestine war in einen automatähnlichen Zustand gesunken, der die Hausfrau mit neuer Angst und Pein erfüllte, so daß sie ganz inbrünstig zu Gott flehte, sie nur von dieser unheimlichen Fremden zu befreien. Ihre Bitte wurde zur Stelle erhört, denn eben hielt derselbe Wagen, der Cölestinen gebracht, vor der Thüre. Die Aebtissin kam, mit ihr Fürst Z. des alten Bürgermeisters hoher Gönner. Als der erfahren, was sich so eben zugetragen, sprach er sehr mild und ruhig: „So kamen wir zu spät, und müssen uns wohl in Gottes Fügung schicken." Man brachte Cölestinen herab, die sich starr und lautlos, ohne Zeichen eignen Willens und eigner Willkühr, fortführen und in den Wagen setzen ließ, der schnell fortrollte. Dem Alten, der ganzen Familie war so zu Muthe, als erwachten sie nun erst aus einem bösen spukhaften Traum, der sie sehr geängstet. —

Bald darauf, als sich dies in dem Hause des Bürgermeisters von L. begeben, wurde in dem Cisterzienser Nonnenkloster zu O. eine Logenschwester mit ungewöhnlicher Feierlichkeit begraben und ein dumpfes Gerücht ging, daß diese Logenschwester die Gräfin Hermenegilda von C. gewesen, von der man glaubte, sie sey mit ihres Vaters Schwester, der Fürstin von Z., nach Italien gegangen. Zur selbigen Zeit erschien Graf Nepomuk von C., Hermenegilda's Vater, in Warschau und trat, sich nur ein kleines Gütchen in der Ukraine vorbehaltend, seine sämmtlichen übrigen beträchtlichen Besitzungen den beiden Söhnen des Fürsten Z., seinen Neffen, vermöge eines gerichtlichen Akts ohne Einschränkung ab. Man fragte nach der Ausstattung seiner Tochter, da hob er den düstern thränenschweren Blick gen Himmel und sagte mit dumpfer Stimme: „Sie ist ausgestattet!" — Er nahm gar keinen Anstand, nicht allein jenes Gerücht von Hermenegilda's Tode im Kloster zu O. zu bestätigen, sondern auch das besondere Verhängniß zu offenbaren, das über Hermenegilda gewaltet und sie einer duldenden Märtyrin gleich frühzeitig in das Grab gezogen. Manche Patrioten, gebeugt, aber nicht zerknickt durch den Fall des Vaterlandes, gedachten den Grafen aufs neue in geheime Verbindungen zu ziehen, die die Herstellung des polnischen Staats bezweckten, aber nicht mehr den feurigen, für Freiheit und Vaterland beseelten Mann, der sonst zu jeder gewagten Unternehmung mit unerschütterlichem Muthe die Hand bot, fanden sie, sondern einen ohnmächtigen, von wildem Schmerz zerrissenen Greis, der allen Welthändeln entfremdet im Begriff stand, sich in tiefer Einsamkeit zu vergraben. Sonst, zu jener Zeit, als nach der ersten Theilung Polens die Insurrection vorbereitet wurde, war des Grafen Nepomuk von C. Stammgut der geheime Sammelplatz der Patrioten. Dort entzündeten sich die Gemüther bei feierlichen Mahlen zum Kampf für das gefallene Vaterland. Dort erschien wie ein Engelsbild vom Himmel gesendet zur heiligen Weihe Hermenegilda in dem Kreise der jungen Helden. Wie es den Frauen ihrer Nation eigen, nahm sie Theil an allen, selbst an politischen Verhandlungen und äußerte, die Lage der Dinge wohl beachtend und erwägend, in einem Alter von noch nicht siebzehn Jahren oft, manchmal allen übrigen entgegen, eine Meinung, die von dem außerordentlichsten Scharfsinn, von der klarsten Umsicht zeigte und die mehrentheils den Ausschlag gab. Nächst ihr war niemanden das Talent des schnellen Ueberblicks, des Auffassens und scharfgeründeten Darstellens der Lage der Dinge mehr eigen, als dem Grafen Stanislaus von R., einem feurigen, hochbegabten Jünglinge von zwanzig Jahren. So geschah es, daß Hermenegilda und Stanislaus oft allein in raschen Discussionen die zur Sprache gebrachten Gegenstände verhandelten, Vorschläge prüften — annahmen — verwarfen, andere aufstellten, und daß die Resultate des Zweigesprächs zwischen dem Mädchen und dem Jünglinge oft selbst von den alten staatsklugen Männern, die zu Rathe saßen, als das Klügste und Beste, was zu beginnen, anerkannt werden mußten. Was war natürlicher, als an die Verbindung dieser beiden zu denken, in deren wunderbaren Talenten das Heil des Vaterlandes emporzukeimen schien. Außerdem war aber auch die nähere Verzweigung beider Familien schon deshalb in dem Augenblick politisch wichtig, weil man sie von verschiedenem Interesse beseelt glaubte, wie der Fall bey manchen andern Familien in Polen zutraf. Hermenegilda, ganz durchdrungen von diesen Ansichten, nahm den ihr bestimmten Gatten als ein Geschenk des Vaterlandes auf, und so wurden mit ihrer feierlichen Verlobung die patriotischen Zusammenkünfte auf dem Gute des Vaters beschlossen. Es ist bekannt, daß die Polen unterlagen, daß mit Koszciusko's Fall eine zu sehr auf Selbstvertrauen und falsch vorausgesetzte Rittertreue basirte Unternehmung scheiterte. Graf Stanislaus, dem seine frühere militärische Laufbahn, seine Jugend und Kraft eine Stelle im Heer anwies, hatte mit Löwenmuth gefochten. Mit Noth schmählicher Gefangenschaft entgangen, auf den Tod verwundet, kam er zurück. Nur Hermenegilda fesselte ihn noch ans Leben, in ihren Armen glaubte er Trost, verlorne Hoffnung wiederzufinden. So wie er nur leidlich von seinen Wunden genesen, eilte er auf die Güter des Grafen Nepomuk, um dort aufs neue, aufs schmerzlichste verwundet zu werden. Hermenegilda empfing ihn mit beinahe höhnender Verachtung. „Seh' ich den Helden, der in den Tod gehen wollte für das Vaterland?" — So rief sie ihm entgegen; es war, als wenn sie in thörichtem Wahnsinn den Bräutigam für einen jener Paladine der fabelhaften Ritterzeit gehalten, dessen Schwert allein Armeen vernichten konnte. Was halfen alle Betheurungen, daß keine menschliche Kraft zu widerstehen vermochte dem brausenden, alles verschlingenden Strom, der sich über das Vaterland hinwälzte, was half alles Flehen der inbrünstigen Liebe, Hermenegilda, als könnte sie ihr todtkaltes Herz nur im wilden Treiben der Welthändel entzünden, blieb bei dem Entschluß, ihre Hand nur dann dem Grafen Stanislaus geben zu wollen, wenn die Fremden aus dem Vaterlande vertrieben seyn würden. Der Graf sah' zu spät ein, daß Hermenegilda ihn nie liebte, so wie er sich überzeugen mußte, daß die Bedingniß, die Hermenegilda aufstellte, vielleicht niemals, wenigstens erst in geraumer Zeit erfüllt werden konnte. Mit dem Schwur der Treue bis in den Tod verließ er die Geliebte und nahm französische Dienste, die ihn in den Krieg nach Italien führten. — Man sagt den polnischen Frauen nach, daß ein eignes launisches Wesen sie auszeichne. Tiefes Gefühl, sich hingebender Leichtsinn, stoische Selbstverläugnung, glühende Leidenschaft, todtstarre Kälte, alles das, wie es bunt gemischt in ihrem Gemüthe liegt, erzeugt das wunderliche unstete Treiben auf der Oberfläche, das dem Spiel gleicht der in stetem Wechsel fortplätschernden Wellen des im tiefsten Grunde bewegten Bachs. — Gleichgültig sah Hermenegilda den Bräutigam scheiden, aber kaum waren einige Tage vergangen, als sie sich von solch unaussprechlicher Sehnsucht befangen fühlte, wie sie nur die glühendste Liebe erzeugen kann. Der Sturm des Krieges war verrauscht, die Amnestie wurde proklamirt, man entließ die polnischen Offiziere aus der Gefangenschaft. So geschah es, daß mehrere von Stanislaus Waffenbrüdern sich nach und nach auf des Grafen Gute einfanden. Mit tiefem Schmerz gedachte man jener unglücklichen Tage, aber auch mit hoher Begeisterung des Löwenmuths, womit alle, aber keiner mehr als Stanislaus gefochten. Er hatte die zurückweichenden Bataillone, da, wo schon alles verloren schien, aufs neue ins Feuer geführt, es war ihm geglückt, die feindlichen Reihen mit seiner Reuterei zu durchbrechen. Das Schicksal des Tages wankte, da traf ihn eine Kugel und mit dem Ausruf: Vaterland — Hermenegilda! stürzte er in Blut gebadet vom Pferde herab. Jedes Wort dieser Erzählung war ein Dolchstich, der tief in Hermenegilda's Herz fuhr. „Nein! ich wußt' es nicht, daß ich ihn unaussprechlich liebte seit dem ersten Augenblick, als ich ihn sah! — Welch ein höllisches Blendwerk konnte mich Aermste verführen, daß ich zu leben gedachte ohne ihn, der mein einziges Leben ist! — Ich habe ihn in den Tod geschickt — er kehrt nicht wieder!" — So brach Hermenegilda aus in stürmische Klagen, die allen in die Seele drangen. Schlaflos, von steter Unruhe gefoltert, durchirrte sie zur Nachtzeit den Park, und, als vermöge der Nachtwind ihre Worte hinzutragen zu dem fernen Geliebten, rief sie in die Lüfte hinein: „Stanislaus — Stanislaus — kehre zurück — ich bin es — Hermenegilda ist es, die dich ruft — hörst du mich denn nicht — kehre zurück, sonst muß ich vergehen in banger Sehnsucht, in trostloser Verzweiflung!" —

Hermenegilda's überreizter Zustand schien übergehen zu wollen in wirklichen hellen Wahnsinn, der sie zu tausend Thorheiten trieb. Graf Nepomuk, voll Kummer und Angst um das geliebte Kind, glaubte, daß ärztliche Hülfe hier vielleicht wirksam seyn könnte, und es gelang ihm in der That, einen Arzt zu finden, der es sich gefallen ließ einige Zeit auf dem Gute zu bleiben und sich der Leidenden anzunehmen. So richtig berechnet seine mehr psychische als physische Curmethode aber auch seyn mochte, so wenig sich ihre Wirkung auch ganz ableugnen ließ, so blieb es doch zweifelhaft, ob von wirklichem Genesen jemals die Rede würde seyn können, da nach langer Stille sich ganz unerwartet wieder die seltsamsten Paroxismen einstellten. Ein eignes Abenteuer gab der Sache eine andere Wendung. Hermenegilda hatte eben den kleinen Uhlanen, ein Püppchen, das sie sonst wie den Geliebten ans Herz gedrückt, dem sie die süßesten Namen gegeben, unwillig ins Feuer geworfen, weil er durchaus nicht singen wollte: Podrosz twoia nam ńiemila, milsza przyiaszń w Kraiwbyla etc. Im Begriff, von dieser Expedition in ihr Zimmer zurück zu kehren, befand sie sich auf dem Vorsaal, als es klingend und klirrend hinter ihr her schritt. Sie schaute um sich, erblickte einen Offizier in voller Uniform der französischen Jägergarde, der den linken Arm in der Binde trug, und stürzte mit dem lauten Ruf: „Stanislaus, mein Stanislaus!“ ihm ohnmächtig in die Arme. Der Offizier, eingewurzelt im Boden vor Erstaunen und Ueberraschung, hatte nicht wenig Mühe Hermenegilda, die groß und üppig gebaut, eben keine geringe Last war, mit einem Arm, dessen er nur mächtig, aufrecht zu erhalten. Er drückte sie fest und fester an sich, und indem er Hermenegilda's Herz an seiner Brust schlagen fühlte, mußte er sich gestehen, daß dies eins der entzückendsten Abenteuer sey, das er je erlebt. Sekunde auf Sekunde verging, der Offizier ganz entzündet vom Liebesfeuer, das in tausend elektrischen Funken der holden Gestalt, die er in seinen Armen hielt, entströmte, drückte glühende Küsse auf die süßen Lippen. So fand ihn Graf Nepomuk, der aus seinen Zimmern trat. Auch er rief aufjauchzend vor Freude: „Graf Stanislaus!“ — In dem Augenblick erwachte Hermenegilda, und umschlang ihn inbrünstig, indem sie ganz außer sich von neuem rief: „Stanislaus! — mein Geliebter! mein Gatte!“ — Der Offizier im ganzen Gesicht glühend, zitternd — außer aller Fassung, trat einen Schritt zurück, indem er sich sanft Hermenegilda's stürmischer Umarmung entzog. „Es ist der süßeste Augenblick meines Lebens — aber nicht schwelgen will ich in der Seligkeit, die mir nur ein Irrthum bereitet — ich bin ja nicht Stanislaus — ach ich bin es ja nicht.“ — So sprach der Offizier stotternd und zagend; entsetzt prallte Hermenegilda zurück, und als sie sich, den Offizier schärfer ins Auge fassend, überzeugt, daß die freilich ganz wunderbare Aehnlichkeit des Offiziers mit dem Geliebten sie getäuscht, eilte sie fort laut jammernd und klagend. Graf Nepomuk konnte, da der Offizier sich nun als den jüngern Vetter des Grafen Stanislaus, als den Grafen Xaver von R. kund that, es kaum für möglich halten, daß der Knabe in so kurzer Zeit zum kräftigen Jünglinge herangewachsen. Freilich kam hinzu, daß die Strapazen des Kriegs dem Gesicht, der ganzen Haltung, einen männlichern Charakter gaben, als es sonst der Fall gewesen seyn würde. Graf Xaver hatte nehmlich mit seinem ältern Vetter Stanislaus zugleich das Vaterland verlassen, wie er, französische Kriegsdienste genommen und in Italien gefochten. Damals kaum achtzehn Jahre alt, zeichnete er sich doch bald als besonnener und löwenkühner Kriegsheld auf solche Weise aus, daß ihn der Feldherr zu seinem Adjutanten erhob, und jetzt war er, ein zwanzigjähriger Jüngling, schon zum Obristen heraufgestiegen. Erhaltene Wunden nöthigten ihn einige Zeit auszuruhen. Er kehrte in das Vaterland zurück, und Aufträge von Stanislaus an die Geliebte führten ihn auf den Landsitz des Grafen Nepomuk, wo er empfangen wurde, als sey er der Geliebte selbst. Graf Nepomuk und der Arzt, beide gaben sich alle nur ersinnliche Mühe, Hermenegilda, die ganz vernichtet von Scham und bitterm Schmerz, ihr Zimmer nicht verlassen wollte, so lange Xaver im Hause, zu beruhigen, aber umsonst. Xaver war außer sich, daß er Hermenegilda nicht wieder sehen sollte. Er schrieb ihr, daß er unverschuldet eine für ihn unglückliche Aehnlichkeit zu hart büße. Aber nicht ihn allein, sondern den Geliebten, Stanislaus selbst träfe das von jenem verhängnißvollen Moment erzeugte Mißgeschick, da ihm, dem Ueberbringer süßer Liebesbotschaft, jetzt alle Gelegenheit geraubt worden, ihr selbst, wie er gesollt, den Brief, den er von Stanislaus bei sich trage, einzuhändigen, und noch alles von Mund zu Mund hinzuzufügen, was Stanislaus in der Hast des Augenblicks nicht mehr schreiben konnte. Hermenegilda's Kammerfrau, die Xaver in sein Interesse gezogen, übernahm die Bestellung zur günstigen Stunde, und was dem Vater, dem Arzt nicht gelungen, bewirkte Xaver durch sein Schreiben. Hermenegilda entschloß sich ihn zu sehen. In tiefem Schweigen, mit niedergesenktem Blick empfing sie ihn in ihrem Gemach. Xaver nahte sich mit leisem schwankenden Schritt, er nahm Platz vor dem Sopha, auf dem sie saß, aber indem er sich herabbeugte von dem Stuhl, kniete er mehr vor Hermenegilda, als daß er saß, und so flehte er in den rührendsten Ausdrücken, mit einem Ton, als habe er sich des unverzeihlichsten Verbrechens anzuklagen, nicht auf sein Haupt möge sie die Schuld des Irrthums laden, der ihn die Seligkeit des geliebten Freundes empfinden lassen. Nicht ihn, nein Stanislaus selbst habe sie in der Wonne des Wiedersehens umarmt. Er übergab den Brief, und fing an von Stanislaus zu erzählen, wie er mit ächtritterlicher Treue selbst im blutigen Kampf seiner Dame gedenke, wie nur sein Herz glühe für Freiheit und Vaterland u. s. w. Xaver erzählte mit lebendigem Feuer, er riß Hermenegilden hin, die alle Scheu bald überwunden, den zauberischen Blick ihrer Himmelsaugen unverwandt auf ihn richtete, so daß er, ein neuer, von Turandot's Blick getroffener, Calaf, durchbebt von süßer Wonne, nur mühsam die Erzählung fortspann. Ohne es selbst zu wissen, bedrängt von dem innern Kampf gegen die Leidenschaft, die in hellen Flammen auflodern wollte, verlor er sich in die weitläuftige Beschreibung einzelner Gefechte. Er sprach von Cavallerieangriffen — gesprengten Massen — eroberten Batterien. — Ungeduldig unterbrach ihn Hermenegilda, indem sie rief: „O, weg mit diesen blutigen Szenen eines Schauspiels der Hölle — sage — sage mir nur, daß er mich liebt, daß Stanislaus mich liebt!" — Da ergriff Xaver, ganz ermuthigt, Hermenegilda's Hand, die er heftig an seine Brust drückte. „Höre ihn selbst, deinen Stanislaus!" so rief er, und nun strömten die Betheurungen der glühendsten Liebe, wie sie nur dem Wahnsinn der verzehrendsten Leidenschaft eigen, von seinen Lippen. Er war zu Hermenegilda's Füßen gesunken, sie hatte ihn mit beiden Armen umschlungen, aber indem er schnell aufgesprungen sie an seine Brust drücken wollte, fühlte er sich heftig zurückgestoßen. Hermenegilda sah ihn mit starrem seltsamen Blick an, und sprach mit dumpfer Stimme: „Eitle Puppe, wenn ich dich auch zum Leben erwärme an meiner Brust, so bist du doch nicht Stanislaus, und kannst es auch nimmer werden!" — Hierauf verließ sie das Zimmer mit leisen langsamen Schritten. Xaver sah' zu spät seine Unbesonnenheit ein. Daß er bis zum Wahnsinn in Hermenegilda, in die Braut des verwandten Freundes verliebt sey, fühlte er nur zu lebhaft, eben so aber auch, daß er bei jedem Schritt, den er zu Gunsten seiner thörichten Leidenschaft zu thun gesonnen, sich würde treulosen Freundschaftsbruch vorwerfen müssen. Schnell abreisen, ohne Hermenegilda wieder zu sehen, das war der heroische Entschluß, den er wirklich auf der Stelle so weit ausführte, daß er zu packen und seinen Wagen anzuspannen befahl. Graf Nepomuk war hoch verwundert, als Xaver von ihm Abschied nahm; er bot alles auf ihn festzuhalten, doch mit einer Festigkeit, mehr von einer Art Krampf, als von wahrer Geistesstärke erzeugt, blieb Xaver dabei, daß besondere Ursachen ihn forttrieben. Den Säbel umgeschnallt, die Feldmütze in der Hand, stand er in der Mitte des Zimmers, der Bediente mit dem Mantel auf dem Vorsaal — Unten vor der Thüre wieherten ungeduldig die Pferde. — Da ging die Thür auf, Hermenegilda trat herein, mit unbeschreiblicher Anmuth schritt sie auf den Grafen zu, und sprach holdlächelnd: „Sie wollen fort, lieber Xaver? — und noch so vieles dacht' ich von meinem geliebten Stanislaus zu hören! — Wissen Sie wohl, daß mich Ihre Erzählungen wunderbar trösten?" — Xaver schlug hocherröthend die Augen nieder, man nahm Platz, Graf Nepomuk versicherte einmal über das andere, seit vielen Monaten habe er Hermenegilda nicht in dieser heitern unbefangenen Stimmung gesehen. Auf seinen Wink wurde, da die Zeit herangekommen, die Abendtafel in demselben Zimmer bereitet. Der edelste Ungarwein perlte in den Gläsern, und volle Gluth auf den Wangen nippte Hermenegilda aus dem gefüllten Pokal hochfeiernd das Andenken des Geliebten, Freiheit und Vaterland. Zur Nacht reise ich fort, dachte Xaver im Innern, und frug in der That, als die Tafel aufgehoben, den Bedienten, ob der Wagen warte; der, erwiederte der Bediente, sey längst, wie Graf Nepomuk befohlen, abgepackt und abgespannt in die Remise geschoben, die Pferde fräßen im Stall und Woyciech schnarche auf dem Strohsack. Xaver ließ es dabei bewenden. Hermenegilda's unvermuthete Erscheinung hatte den Grafen überzeugt, daß es nicht allein möglich, sondern auch räthlich und angenehm sey zu bleiben, und von dieser Ueberzeugung kam er zu der andern, daß es nur darauf ankomme sich zu besiegen, das heißt, Ausbrüchen der innern Leidenschaft zu wehren, die, den geisteskranken Zustand Hermenegilda's aufreizend, nur ihm in jeder Hinsicht verderblich werden könnten. Wie dann nun alles sich weiter fügen würde, so beschloß Xaver seine Betrachtung, sollte selbst Hermenegilda aus ihren Träumen erwacht, die heitere Gegenwart der düstern Zukunft vorziehen, das liege denn alles in der Constellation zusammenwirkender Umstände, und an Treulosigkeit, an Freundschaftsbruch sey nicht zu denken. So wie Xaver andern Tages Hermenegilden wieder sah, gelang es ihm in der That, indem er sorglich auch das Kleinste vermied, was sein zu heisses Blut hätte in Wallung setzen können, seine Leidenschaft niederzukämpfen. In den Schranken der strengsten Sitte bleibend, ja selbst ein frostig Ceremoniell beachtend, gab er nur dem Gespräch die Schwingen jener Galanterie, die den Weibern mit süßem Zucker verderbliches Gift beibringt. Xaver, ein zwanzigjähriger Jüngling, in eigentlichen Liebeshändeln unerfahren, entfaltete, von dem sichern Takt fürs Böse im Innern geleitet, die Kunst des erfahrnen Meisters. Nur von Stanislaus, von seiner unaussprechlichen Liebe zur süßen Braut, sprach er, aber durch die volle Gluth, die er dann entzündet, wußte er geschickt sein eignes Bild durchschimmern zu lassen, so daß Hermenegilda in arger Verwirrung selbst nicht wußte, wie beide Bilder, das des abwesenden Stanislaus und das des gegenwärtigen Xaver, trennen. Xavers Gesellschaft wurde bald der aufgeregten Hermenegilda zum Bedürfniß, und so geschah es, daß man sie beinahe beständig, und oft wie im traulichen Liebesgespräch zusammensah. Die Gewohnheit überwand mehr und mehr Hermenegilda's Scheu und in eben dem Grade überschritt Xaver jene Schranken des frostigen Ceremoniells, in die er sich Anfangs mit klugem Vorbedacht gebannt hatte. Arm in Arm gingen Hermenegilda und Xaver in dem Park umher, und sorglos ließ sie ihre Hand in der seinigen, wenn er im Zimmer neben ihr sitzend von dem glücklichen Stanislaus erzählte. Kam es nicht auf Staatshändel, auf die Sache des Vaterlandes an, so war Graf Nepomuk eben keines Blickes in die Tiefe fähig, er begnügte sich mit dem, was er auf der Oberfläche wahrzunehmen im Stande, sein für alles übrige todtes Gemüth vermochte die vorüberfliehenden Bilder des Lebens nur dem Spiegel gleich im Moment zu reflektiren, spurlos schwanden sie dahin. Ohne Hermenegilda's inneres Wesen zu ahnen, hielt er es für gut, daß sie endlich die Püppchen, die bei ihrem thörigten wahnsinnigen Treiben den Geliebten vorstellen mußten, mit einem lebendigen Jüngling vertauscht, und glaubte mit vieler Schlauheit vorauszusehen, daß Xaver, der ihm als Schwiegersohn eben so lieb, bald ganz in Stanislaus Stelle treten werde. Er dachte nicht mehr an den treuen Stanislaus. Xaver glaubte dieses ebenfalls, da nun, nachdem ein Paar Monate vergangen, Hermenegilda, so sehr ihr ganzes Wesen auch von dem Andenken an Stanislaus erfüllt schien, es sich doch gefallen ließ, daß Xaver mehr und mehr sich ihr annäherte mit eigner Bewerbung. Eines Morgens hieß es, daß Hermenegilda sich in ihre Gemächer mit der Kammerfrau eingeschlossen habe, und durchaus niemanden sehen wolle. Graf Nepomuk glaubte nicht anders, als daß ein neuer Paroxismus eingetreten sey, der sich bald legen werde. Er bat den Grafen Xaver, die Gewalt, die er über Hermenegilda gewonnen, jetzt zu ihrem Heil zu üben, wie erstaunte er aber, als Xaver es nicht allein durchaus verweigerte, sich Hermenegilden auf irgend eine Weise zu nähern, sondern sich auch in seinem ganzen Wesen auf eigne Art verändert zeigte. Statt wie sonst beinahe zu keck aufzutreten, war er verschüchtert, als habe er Gespenster gesehen, der Ton seiner Stimme schwankend — der Ausdruck matt und unzusammenhängend. — Er sprach davon, daß er nun durchaus nach Warschau müßte, daß er Hermenegilden wohl niemals wiedersehen werde — daß in der letzten Zeit ihr verstörtes Wesen ihm Grauen und Entsetzen erregt — daß er Verzicht geleistet auf alles Glück der Liebe, daß er nun erst in der an Wahnsinn gränzenden Treue Hermenegilda's, die Treulosigkeit, die er an dem Freunde begehen wollen, zu seiner tiefsten Beschämung fühle, daß schleunige Flucht sein einziges Rettungsmittel sey. Graf Nepomuk begriff alles nicht, nur schien es ihm endlich klar zu werden, daß Hermenegilda's wahnsinnige Schwärmerei den Jüngling angesteckt. Er suchte ihm dies zu beweisen, doch umsonst. Xaver widerstrebte um so heftiger als dringender Nepomuk ihm die Nothwendigkeit bewies, daß er Hermenegilda von allen Bizarrerien heilen, folglich sie wieder sehen müsse. Schnell war der Streit geendet, als Xaver, wie von unsichtbarer unwiderstehlicher Gewalt getrieben, hinabrannte, sich in den Wagen warf und davon fuhr.

Graf Nepomuk, voller Gram und Zorn über Hermenegilda's Betragen, bekümmerte sich nicht mehr um sie, und so geschah es, daß mehrere Tage vergingen, die sie ungestört, auf ihrem Zimmer eingeschlossen, von niemanden als ihrer Kammerfrau gesehen, zubrachte.

In tiefen Gedanken, ganz erfüllt von den Heldenthaten jenes Mannes, den die Polen damals anbeteten wie ein falsches Götzenbild, saß Nepomuk eines Tages in seinem Zimmer, als die Thür aufging und Hermenegilda in voller Trauer mit lang herabhängendem Witwenschleier eintrat. Langsamen feierlichen Schrittes nahte sie sich dem Grafen, ließ sich dann auf die Knie nieder und sprach mit bebender Stimme: „O mein Vater — Graf Stanislaus, mein geliebter Gatte, ist hinüber — er fiel als Held im blutigen Kampf: — vor dir kniet seine bejammernswerthe Witwe!" — Graf Nepomuk mußte dies um so mehr für einen neuen Ausbruch der zerrütteten Gemüthsstimmung Hermenegilda's halten, als noch Tages zuvor Nachrichten von dem Wohlbefinden des Grafen Stanislaus eingelaufen waren. Er hob Hermenegilden sanft auf, indem er sprach: „Beruhige dich liebe Tochter, Stanislaus ist wohl, bald eilt er in deine Arme.“ — Da athmete Hermenegilda auf wie im schweren Todesseufzer und sank von wildem Schmerz zerrissen neben dem Grafen hin in die Polster des Sophas. Doch nach wenigen Sekunden wieder zu sich selbst gekommen, sprach sie mit wunderbarer Ruhe und Fassung: „Laß es mich dir sagen, lieber Vater! wie sich alles begeben, denn du mußt es wissen, damit du in mir die Witwe des Grafen Stanislaus von R. erkennest. — Wisse, daß ich vor sechs Tagen in der Abenddämmerung mich in dem Pavillon an der Südseite unseres Parks befand. Alle meine Gedanken, mein ganzes Wesen dem Geliebten zugewendet, fühlt' ich meine Augen sich unwillkührlich schließen, nicht in Schlaf, nein, in einen seltsamen Zustand versank ich, den ich nicht anders nennen kann, als waches Träumen. Aber bald schwirrte und dröhnte es um mich her, ich vernahm ein wildes Getümmel, es fiel ganz in der Nähe Schuß auf Schuß. Ich fuhr auf, und war nicht wenig erstaunt mich in einer Feldhütte zu befinden. Vor mir kniete er selbst — mein Stanislaus. — Ich umschlang ihn mit meinen Armen, ich drückte ihn an meine Brust — Gelobt sey Gott, rief er, du lebst, du bist mein! — Er sagte mir, ich sey gleich nach der Trauung in tiefe Ohnmacht gesunken, und ich thörigt Ding erinnerte mich jetzt erst, daß ja Pater Cyprianus, den ich in diesem Augenblick erst zur Feldhütte hinausschreiten sah, uns ja eben in der nahen Kapelle unter dem Donner des Geschützes, unter dem wilden Toben der nahen Schlacht getraut hatte. Der goldne Trauring blinkte an meinem Finger. Die Seligkeit, mit der ich nun aufs neue den Gatten umarmte, war unbeschreiblich; nie gefühltes nahmenloses Entzücken des beglückten Weibes durchbebte mein Inneres — mir schwanden die Sinne — da wehte es mich an mit eiskaltem Frost — Ich schlug die Augen auf — entsetzlich! mitten im Gewühl der wilden Schlacht — vor mir die brennende Feldhütte, aus der man mich wahrscheinlich gerettet! — Stanislaus bedrängt von feindlichen Reitern — Freunde sprengen heran ihn zu retten — zu spät, von hinten haut ihn ein Reiter herab vom Pferde." — Aufs neue sank Hermenegilda überwältigt von dem entsetzlichen Schmerz ohnmächtig zusammen. Nepomuk eilte nach stärkenden Mitteln, doch es bedurfte ihrer nicht, mit wunderbarer Kraft faßte sich Hermenegilda zusammen. „Der Wille des Himmels ist erfüllt," sprach sie dumpf und feierlich, „nicht zu klagen ziemt es mir, aber bis zum Tode dem Gatten treu, soll kein irdisches Bündniß mich von ihm trennen. Um ihn trauern, für ihn, für unser Heil beten, das ist jetzt meine Bestimmung, und nichts soll diese mir verstören." Graf Nepomuk mußte mit vollem Recht glauben, daß der innerlich brütende Wahnsinn Hermenegilda's sich durch jene Vision Luft gemacht habe, und da die ruhige klösterliche Trauer Hermenegilda's um den Gatten kein ausschweifendes beunruhigendes Treiben zuließ, so war dem Grafen Nepomuk dieser Zustand, den die Ankunft des Grafen Stanislaus schnell enden mußte, ganz recht. Ließ Nepomuk zuweilen etwas von Träumereien und Visionen fallen, so lächelte Hermenegilda schmerzlich, dann drückte sie aber den goldnen Ring, den sie am Finger trug, an den Mund und benetzte ihn mit heißen Thränen. Graf Nepomuk bemerkte mit Erstaunen, daß dieser Ring wirklich ein ganz fremder war, den er nie bei seiner Tochter gesehen, da es indessen tausend Fälle gab, wie sie dazu gekommen seyn konnte, so gab er sich nicht einmahl die Mühe weiter nachzuforschen. Wichtiger war ihm die böse Nachricht, daß Graf Stanislaus in feindliche Gefangenschaft gerathen sey. Hermenegilda fing an auf eigne Weise zu kränkeln, sie klagte oft über eine seltsame Empfindung, die sie eben nicht Krankheit nennen könne, die aber ihr ganzes Wesen auf seltsame Art durchbebe. Um diese Zeit kam Fürst Z. mit seiner Gemahlin. Die Fürstin hatte, als Hermenegilda's Mutter frühzeitig starb, ihre Stelle vertreten und schon deshalb wurde sie von ihr mit kindlicher Hingebung empfangen. Hermenegilda erschloß der würdigen Frau ihr ganzes Herz und klagte mit der bittersten Wehmuth, daß, unerachtet sie für die Wahrheit aller Umstände Rücksichts der wirklich vollzogenen Trauung mit Stanislaus, die überzeugendsten Beweise habe, man sie doch eine wahnsinnige Träumerin schelte. Die Fürstin, von allem unterrichtet und von Hermenegilda's zerrüttetem Gemüthszustande überzeugt, hütete sich wohl ihr zu widersprechen; sie begnügte sich damit, ihr zu versichern, daß die Zeit alles aufklären werde und daß es wohlgethan sey, sich in frommer Demuth dem Willen des Himmels ganz zu ergeben. Aufmerksamer wurde die Fürstin, als Hermenegilda von ihrem körperlichen Zustande sprach und die sonderbaren Anfälle beschrieb, die ihr Inneres zu verstören schienen. Man sah, wie die Fürstin mit der ängstlichsten Sorgfalt über Hermenegilda wachte und wie ihre Bekümmerniß in dem Grade stieg, als Hermenegilda sich ganz zu erholen schien. Die todtblassen Wangen und Lippen rötheten sich wieder, die Augen verloren das düstre unheimliche Feuer, der Blick wurde mild und ruhig, die abgemagerten Formen rundeten sich mehr und mehr, kurz Hermenegilda blühte ganz auf in voller Schönheit. Und doch schien die Fürstin sie für kränker als jemahls zu halten, denn: „Wie ist dir, was hast du, mein Kind? — was fühlst du?" so frug sie, quälende Besorgniß im Gesicht, so bald Hermenegilda nur seufzte oder im mindesten erblaßte. Graf Nepomuk, der Fürst, die Fürstin beratheten sich, was es denn nun werden solle mit Hermenegilda und ihrer fixen Idee, Stanislaus Witwe zu seyn. „Ich glaube leider," sprach der Fürst, „daß ihr Wahnsinn unheilbar bleiben wird, denn sie ist körperlich kerngesund und nährt den zerrütteten Zustand ihrer Seele mit voller Kraft — Ja," fuhr er fort als die Fürstin schmerzlich vor sich hinblickte, „ja sie ist kerngesund, unerachtet sie zur Ungebühr und zu ihrem offenbaren Nachtheil wie eine Kranke gepflegt, gehätschelt und geängstet wird." Die Fürstin, welche diese Worte trafen, faßte den Grafen Nepomuk ins Auge und sprach rasch und entschieden: „Nein! — Hermenegilda ist nicht krank, aber, läge es nicht im Reich der Unmöglichkeit, daß sie sich vergangen haben könnte, so würde ich überzeugt seyn, daß sie sich in guter Hoffnung befinde." Damit stand sie auf und verließ das Zimmer. Wie vom Blitz getroffen starrten sich Graf Nepomuk und der Fürst an. Dieser, zuerst das Wort aufnehmend, meinte, „daß seine Frau auch zuweilen von den sonderbarsten Visionen heimgesucht werde." Graf Nepomuk sprach aber sehr ernst: „Die Fürstin hat darin recht, daß ein Vergehen der Art von Seiten Hermenegilda's durchaus im Reich der Unmöglichkeit liegt, wenn ich dir aber sage, daß, als Hermenegilda gestern vor mir herging, mir es selbst wie ein närrischer Gedanke durch den Sinn fuhr: nun seht einmahl, die junge Witwe ist ja guter Hoffnung; daß dieser Gedanke offenbar nur durch das Betrachten ihrer Gestalt erzeugt werden konnte, wenn ich dir das alles sage, so wirst du es natürlich finden, wie die Worte der Fürstin mich mit trüber Besorgniß, ja mit der peinlichsten Angst erfüllen." „So muß," erwiederte der Fürst, „der Arzt oder die weise Frau entscheiden und entweder das vielleicht voreilige Urtheil der Fürstin vernichtet oder unsere Schande bestätiget werde." Mehrere Tage schwankten Beide von Entschluß zu Entschluß. Beiden wurden Hermenegilda's Formen verdächtig, die Fürstin sollte entscheiden, was jetzt zu thun. Sie verwarf die Einmischung eines vielleicht plauderhaften Arztes und meinte, daß andere Hülfe wohl erst in fünf Monathen nöthig seyn würde. „Welche Hülfe?" schrie Graf Nepomuk entsetzt. „Ja," fuhr die Fürstin mit erhöhter Stimme fort, „es ist nun gar kein Zweifel mehr, Hermenegilda ist entweder die verruchteste Heuchlerin, die jemahls gebohren, oder es waltet ein unerforschliches Geheimniß — genug, sie ist guter Hoffnung!" — Ganz erstarrt vor Schreck fand Graf Nepomuk keine Worte; endlich sich mühsam ermannend beschwor er die Fürstin, koste es was es wolle, von Hermenegilda selbst zu erforschen, wer der Unglückselige sey, der die unauslöschliche Schmach über sein Haus gebracht. „Noch," sprach die Fürstin, „noch ahnet Hermenegilda nicht, daß ich um ihren Zustand weiß. Von dem Moment, wenn ich es ihr sagen werde, wie es um sie steht, verspreche ich mir Alles. Ueberrascht wird sie die Larve der Heuchlerin fallen lassen oder es muß sich sonst ihre Unschuld auf eine wunderbare Weise offenbaren, unerachtet ich es auch nicht zu träumen vermag, wie dies sollte geschehen können." — Noch denselben Abend war die Fürstin mit Hermenegilda, deren mütterliches Ansehn mit jeder Stunde zuzunehmen schien, allein auf ihrem Zimmer. Da ergriff die

Fürstin das arme Kind bey beiden Armen, blickte ihr scharf ins Auge und sagte mit schneidendem Ton: „Liebe, du bist guter Hoffnung!" Da schlug Hermenegilda den wie von himmlischer Wonne verklärten Blick in die Höhe und rief mit dem Ton des höchsten Entzückens: „O Mutter, Mutter, ich weiß es ja! — Lange fühlt' ich es, daß ich, fiel auch der theure Gatte unter den mörderischen Streichen der wilden Feinde, dennoch unaussprechlich glücklich seyn sollte. Ja! — jener Moment meines höchsten irdischen Glücks lebt in mir fort, ich werde ihn ganz wieder haben den geliebten Gatten in dem theuern Pfande des süßen Bundes." Der Fürstin war es, als finge sich alles an um sie zu drehen, als wollten ihr die Sinne schwinden. Die Wahrheit in Hermenegilda's Ausdruck — ihr Entzücken, ihre wahrhafte Verklärung ließ keinen Gedanken an erheucheltes Wesen, an Trug aufkommen und doch konnte nur toller Wahnsinn auf ihre Behauptung etwas geben. Von dem letzten Gedanken ganz erfaßt, stieß die Fürstin Hermenegilda von sich, indem sie heftig rief: „Unsinnige! ein Traum hätte dich in den Zustand versetzt, der Schmach und Schande über uns alle bringt! — glaubst du, daß du mich mit albernen Mährchen zu hintergehen vermagst? — Besinne dich — laß alle Ereignisse der vorigen Tage an dir vorübergehen. Ein reuiges Bekenntniß kann uns vielleicht versöhnen." In Thränen gebadet, ganz aufgelöst von herbem Schmerz sank Hermenegilda vor der Fürstin auf die Knie und jammerte: „Mutter, auch du schiltst mich eine Träumerin, auch du glaubst nicht daran, daß die Kirche mich mit Stanislaus verband, daß ich sein Weib bin? — Aber sieh doch nur hier den Ring an meinem Finger — was sage ich! — Du, du kennst ja meinen Zustand, ist denn das nicht genug, dich zu überzeugen, daß ich nicht träumte?" Die Fürstin nahm mit dem tiefsten Erstaunen wahr, daß Hermenegilden der Gedanke eines Vergehens gar nicht einkam, daß sie die Hindeutung darauf gar nicht aufgefaßt, gar nicht verstanden. Der Fürstin ihre Hände heftig an die Brust drückend, flehte Hermenegilda immer fort, sie möge doch nur jetzt, da es ihr Zustand außer Zweifel setze, an ihren Gatten glauben, und die ganz bestürzte, ganz außer sich gesetzte Frau wußte in der That selbst nicht mehr, was sie der Armen sagen, welchen Weg sie überhaupt einschlagen sollte, dem Geheimniß, das hier walten mußte, auf die Spur zu kommen. Erst nach mehreren Tagen erklärte die Fürstin dem Gemahl und dem Grafen Nepomuk, daß es unmöglich sey von Hermenegilda, die sich von dem Gatten schwanger glaube, mehr heraus zu bringen, als wovon sie selbst im Innersten überzeugt sey. Die Männer voller Zorn schalten Hermenegilda eine Heuchlerin und insonderheit schwur Graf Nepomuk, daß, wenn gelinde Mittel sie nicht von dem wahnsinnigen Gedanken, ihm ein abgeschmacktes Mährchen aufzuheften, zurückbringen würden, er es mit strengen Maßregeln versuchen werde. Die Fürstin meinte dagegen, daß jede Strenge eine zwecklose Grausamkeit seyn würde. Ueberzeugt sey sie nehmlich, wie gesagt, daß Hermenegilda keineswegs heuchle, sondern daran, was sie sage, mit voller Seele glaube. „Es giebt," fuhr sie fort, „noch manches Geheimniß in der Welt, das zu begreifen wir gänzlich außer Stande sind. Wie, wenn das lebhafte Zusammenwirken des Gedankens auch eine physische Wirkung haben könnte, wie wenn eine geistige Zusammenkunft zwischen Stanislaus und Hermenegilda sie in den uns unerklärlichen Zustand versetzte?" Unerachtet alles Zorns, aller Bedrängniß des fatalen Augenblicks konnten sich der Fürst und Graf Nepomuk doch des lauten Lachens nicht enthalten, als die Fürstin diesen Gedanken äußerte, den die Männer den sublimsten nannten, der je das Menschliche ätherisirt habe. Die Fürstin blutroth im ganzen Gesicht meinte, daß den rohen Männern der Sinn für dergleichen abginge, daß sie das ganze Verhältniß, in das ihr armes Kind, an dessen Unschuld sie unbedingt glaube, gerathen, anstößig und abscheulich finde, und daß eine Reise, die sie mit ihr zu unternehmen gedenke, das einzige und beste Mittel sey, sie der Arglist, dem Hohne ihrer Umgebung zu entziehen. Graf Nepomuk war mit diesem Vorschlage sehr zufrieden, denn da Hermenegilda selbst gar kein Geheimniß aus ihrem Zustande machte, so mußte sie, sollte ihr Ruf verschont bleiben, freilich aus dem Kreise der Bekannten entfernt werden.

Dies ausgemacht, fühlten sich alle beruhigt. Graf Nepomuk dachte kaum mehr an das beängstigende Geheimniß selbst, als er nur die Möglichkeit sah, es der Welt, deren Hohn ihm das Bitterste war, zu verbergen, und der Fürst urtheilte sehr richtig, daß bei der seltsamen Lage der Dinge, bei Hermenegilda's unerheucheltem Gemüthszustande freilich gar nichts anders zu thun sey, als die Auflösung des wunderbaren Räthsels der Zeit zu überlassen. Eben wollte man nach geschlossener Berathung auseinander gehen, als die plötzliche Ankunft des Grafen Xaver von R. über alle neue Verlegenheit, neue Kümmerniß brachte. Erhitzt von dem scharfen Ritt, über und über mit Staub bedeckt, mit der Hast eines von wilder Leidenschaft getriebenen stürzte er ins Zimmer und rief, ohne Gruß, alle Sitte nicht beachtend, mit starker Stimme: „Er ist todt, Graf Stanislaus! — nicht in Gefangenschaft gerieth er — nein — er wurde niedergehauen von den Feinden — hier sind die Beweise!“ — Damit steckte er mehrere Briefe, die er schnell hervorgerissen, dem Grafen Nepomuk in die Hände. Dieser fing ganz bestürzt an zu lesen. Die Fürstin sah in die Blätter hinein, kaum hatte sie wenige Zeilen erhascht, als sie mit zum Himmel emporgerichtetem Blick die Hände zusammenschlug und schmerzlich ausrief: „Hermenegilda! — armes Kind! — welches unerforschliche Geheimniß!“ — Sie hatte gefunden, daß Stanislaus Todestag gerade mit Hermenegilda's Angabe zusammentraf, daß sich alles so begeben, wie sie es in dem verhängnißvollen Augenblick geschaut hatte. „Er ist todt,“ sprach nun Xaver rasch und feurig, „Hermenegilda ist frei, mir, der ich sie liebe wie mein Leben, steht nichts mehr entgegen, ich bitte um ihre Hand!“ — Graf Nepomuk vermochte nicht zu antworten, der Fürst nahm das Wort und erklärte, daß gewisse Umstände es ganz unmöglich machten, jetzt auf seinen Antrag einzugehen, daß er in diesem Augenblick nicht einmal Hermenegilda sehen könne, daß es also das Beste sey, sich wieder schnell zu entfernen, wie er gekommen. Xaver entgegnete, daß er Hermenegilda's zerrütteten Gemüthszustand, von dem wahrscheinlich die Rede sey, recht gut kenne, daß er dies aber um so weniger für ein Hinderniß halte, als gerade seine Verbindung mit Hermenegilda jenen Zustand enden würde. Die Fürstin versicherte ihm, daß Hermenegilda ihrem Stanislaus Treue bis in den Tod geschworen, jede andere Verbindung daher verwerfen würde, übrigens befinde sie sich gar nicht mehr auf dem Schlosse. Da lachte Xaver laut auf und meinte, nur des Vaters Einwilligung bedürfe er; Hermenegilda's Herz zu rühren, das solle man nur ihm überlassen. Ganz erzürnt über des Jünglings ungestüme Zudringlichkeit erklärte Graf Nepomuk, daß er in diesem Augenblick vergebens auf seine Einwilligung hoffe und nur sogleich das Schloß verlassen möge. Graf

Xaver sah ihn starr an, öffnete die Thür des Vorsaals und rief hinaus, Woyciech solle den Mantelsack hereinbringen, die Pferde absatteln und in den Stall führen. Dann kam er ins Zimmer zurück, warf sich in den Lehnstuhl, der dicht am Fenster stand, und erklärte ruhig und ernst: Ehe er Hermenegilda gesehen und gesprochen, werde ihn nur off'ne Gewalt vom Schlosse wegtreiben. Graf Nepomuk meinte, daß er dann auf einen recht langen Aufenthalt rechnen könne, übrigens aber erlauben müsse, daß er seiner Seits das Schloß verlasse. Alle, Graf Nepomuk, der Fürst und seine Gemahlin gingen hierauf aus dem Zimmer, um so schnell als möglich Hermenegilda fortzuschaffen. Der Zufall wollte indessen, daß sie gerade in dieser Stunde, ganz wider ihre sonstige Gewohnheit, in den Park gegangen war. Xaver, durch das Fenster blickend, an dem er saß, gewahrte sie ganz in der Ferne wandelnd. Er rannte hinunter in den Park und erreichte endlich Hermenegilda, als sie eben in jenen verhängnißvollen Pavillon an der Südseite des Parks trat. Ihr Zustand war nun schon beinahe jedem Auge sichtlich. „O all' ihr Mächte des Himmels," rief Xaver, als er vor Hermenegilda stand, dann stürzte er aber zu ihren Füßen und beschwor sie, unter den heiligsten Betheurungen seiner glühendsten Liebe, ihn zum glücklichsten Gatten aufzunehmen. Hermenegilda, ganz außer sich vor Schreck und Ueberraschung, sagte ihm: „Ein böses Geschick habe ihn hergeführt, ihre Ruhe zu stören — niemals, niemals würde sie, dem geliebten Stanislaus zur Treue bis in den Tod verbunden, die Gattin eines andern werden." Als nun aber Xaver nicht aufhörte mit Bitten und Betheurungen, als er endlich in toller Leidenschaft ihr vorhielt, daß sie sich selbst täusche, daß sie ihm ja schon die süßesten Liebesaugenblicke geschenkt, als er, aufgesprungen vom

Boden, sie in seine Arme schließen wollte, da stieß sie ihn, den Tod im Antlitz, mit Abscheu und Verachtung zurück, indem sie rief: „Elender, selbstsüchtiger Thor, eben so wenig, wie du das süße Pfand meines Bundes mit Stanislaus vernichten kannst, eben so wenig vermagst du mich zum verbrecherischen Bruch der Treue zu verführen — Fort aus meinen Augen!" Da streckte Xaver die geballte Faust ihr entgegen, lachte laut auf in wildem Hohn und schrie: „Wahnsinnige, brachst du denn nicht selbst jenen albernen Schwur? — Das Kind, das du unter dem Herzen trägst, mein Kind ist es, mich umarmtest du hier an dieser Stelle — meine Buhlschaft warst du und bleibst du, wenn ich dich nicht erhebe zu meiner Gattin." — Hermenegilda blickte ihn an, die Gluth der Hölle in den Augen, dann kreischte sie auf: „Ungeheuer!" und sank wie zum Tode getroffen nieder auf den Boden.

Wie von allen Furien verfolgt rannte Xaver in das Schloß zurück, er traf auf die Fürstin, die er mit Ungestüm bei der Hand ergriff und hineinzog in die Zimmer. „Sie hat mich verworfen mit Abscheu — mich, den Vater ihres Kindes!" — „Um aller Heiligen willen! Du? — Xaver! — mein Gott! — sprich, wie war es möglich?" — so rief von Entsetzen ergriffen die Fürstin. „Mag mich verdammen," fuhr Xaver gefaßter fort, „mag mich verdammen wer da will, aber glüht ihm gleich mir das Blut in den Adern, gleich mir wird er in solchem Moment sündigen. — In dem Pavillon traf ich Hermenegilda in einem seltsamen Zustande, den ich nicht zu beschreiben vermag. Sie lag wie festschlafend und träumend auf dem Kanapee. Kaum war ich eingetreten, als sie sich erhob, auf mich zukam, mich bei der Hand ergriff und feierlichen Schritts durch den Pavillon ging. Dann kniete sie nieder, ich that ein gleiches, sie betete und ich bemerkte bald, daß sie im Geiste einen Priester vor uns sah. Sie zog einen Ring vom Finger, den sie dem Priester darreichte, ich nahm ihn und steckte ihr einen goldnen Ring an, den ich von meinem Finger zog, dann sank sie mit der inbrünstigsten Liebe in meine Arme — Als ich entfloh, lag sie in tiefem bewußtlosen Schlaf." — „Entsetzlicher Mensch! — ungeheurer Frevel!" schrie die Fürstin ganz außer sich. — Graf Nepomuk und der Fürst traten hinein, in wenigen Worten erfuhren sie Xavers Bekenntnisse, und wie tief wurde der Fürstin zartes Gemüth verwundet, als die Männer Xavers freveliche That sehr verzeihlich und durch seine Verbindung mit Hermenegilda gesühnt fanden. „Nein," sprach die Fürstin, „nimmer wird Hermenegilda dem die Hand als Gattin reichen, der es wagte, wie der hämischte Geist der Hölle, den höchsten Moment ihres Lebens mit dem ungeheuersten Frevel zu vergiften." „Sie wird," sprach Graf Xaver mit kaltem höhnendem Stolz, „sie wird mir die Hand reichen müssen, um ihre Ehre zu retten — ich bleibe hier und alles fügt sich." — In diesem Augenblick entstand ein dumpfes Geräusch, man brachte Hermenegilda, die der Gärtner im Pavillon leblos gefunden, in das Schloß zurück. Man legte sie auf das Sopha; ehe es die Fürstin verhindern konnte, trat Xaver hinan und faßte ihre Hand. Da fuhr sie mit einem entsetzlichen Schrei, nicht menschlicher Ton, nein, dem schneidenden Jammerlaut eines wilden Thiers ähnlich, in die Höhe und starrte in gräßlicher Verzuckung den Grafen mit funkensprühenden Augen an. Der taumelte wie vom tödtenden Blitz getroffen zurück und lallte kaum verständlich: „Pferde!" — Auf den Wink der Fürstin brachte man ihn herab — „Wein! — Wein!" schrie er, stürzte einige Gläser hinunter, warf sich dann erkräftigt aufs

Pferd und flog davon. — Hermenegilda's Zustand, der aus dumpfen Wahnsinn in wilde Raserei übergehen zu wollen schien, änderte auch Nepomuks und des Fürsten Gesinnungen, die nun erst das Entsetzliche, Unsühnbare von Xavers That einsahen. Man wollte nach dem Arzt senden, aber die Fürstin verwarf alle ärztliche Hülfe, wo nur geistlicher Trost vielleicht wirken könne. Statt des Arztes erschien also der Carmelitermönch Cyprianus, Beichtvater des Hauses. Auf wunderbare Weise gelang es ihm, Hermenegilda aus der Bewußtlosigkeit des stieren Wahnsinns zu erwecken. Noch mehr! — bald wurde sie ruhig und gefaßt; sie sprach ganz zusammenhängend mit der Fürstin, der sie den Wunsch äußerte, nach ihrer Niederkunft ihr Leben im Cisterzienser Kloster zu O. in steter Reue und Trauer hinzubringen. Ihren Trauerkleidern hatte sie Schleier hinzugefügt, die ihr Gesicht undurchdringlich verhüllten und die sie niemals lüpfte. Pater Cyprianus verließ das Schloß, kam aber nach einigen Tagen wieder. Unterdessen hatte der Fürst Z. an den Bürgermeister zu L. geschrieben, dort sollte Hermenegilda ihre Niederkunft abwarten und von der Aebtissin des Cisterzienser Klosters, einer Verwandten des Hauses, dahingebracht werden, während die Fürstin nach Italien reiste, und angeblich Hermenegilda mitnahm. — Es war Mitternacht, der Wagen, der Hermenegilda nach dem Kloster bringen sollte, stand vor der Thüre. Von Gram gebeugt erwartete Nepomuk, der Fürst, die Fürstin, das unglückliche Kind, um von ihr Abschied zu nehmen. Da trat sie in Schleier gehüllt, an der Hand des Mönchs, in das von Kerzen hell erleuchtete Zimmer. Cyprianus sprach mit feierlicher Stimme: „Die Layenschwester Cölestina sündigte schwer, als sie sich noch in der Welt befand, denn der Frevel des Teufels befleckte ihr reines Gemüth, doch ein unaufflösliches Gelübde bringt ihr Trost — Ruhe und ewige Seligkeit! — Nie wird die Welt mehr das Antlitz schauen, dessen Schönheit den Teufel anlockte — Schaut her! — so beginnt und vollendet Cölestina ihre Buße!" Damit hob der Mönch Hermenegilda's Schleier auf, und schneidendes Weh durchfuhr alle, da sie die blasse Todtenlarve erblickten, in die Hermenegilda's engelschönes Antlitz auf immer verschlossen! — Sie schied, keines Wortes mächtig, von dem Vater, der ganz aufgelöst von verzehrendem Schmerz nicht mehr leben zu können dachte. Der Fürst, sonst ein gefaßter Mann, badete sich in Thränen, nur der Fürstin gelang es, mit aller Macht den Schrecken jenes grauenvollen Gelübdes niederkämpfend, sich aufrecht zu erhalten in milder Fassung. —

Wie Graf Xaver Hermenegilda's Aufenthalt und sogar den Umstand, daß das geborne Kind der Kirche geweiht seyn sollte, erfahren, ist unerklärlich. Wenig nutzte ihm der Raub des Kindes, denn als er nach P. gekommen, und es in die Hände einer vertrauten Frau zur Pflege geben wollte, war es nicht, wie er glaubte, von der Kälte ohnmächtig geworden, sondern todt. Darauf verschwand Graf Xaver spurlos, und man glaubte, er habe sich den Tod gegeben. Mehrere Jahre waren vergangen, als der junge Fürst Boleslaw von Z. auf seinen Reisen nach Neapel in die Nähe des Posilippo kam. Dort in der anmuthigsten Gegend liegt ein Kamaldulenserkloster, zu dem der Fürst heraufstieg, um eine Aussicht zu genießen, die ihm als die reizendste in ganz Neapel geschildert worden. Eben im Begriff, auf die herausspringende Felsenspitze im Garten zu treten, die ihm als der schönste Punkt beschrieben, bemerkte er einen Mönch, der vor ihm auf einem großen Stein Platz genommen und, ein aufgeschlagenes Gebetbuch auf dem Schooß, in die Ferne hinausschaute. Sein Antlitz, in den Grundzügen noch jugendlich, war nur durch tiefen Gram entstellt. Dem Fürsten kam, als er den Mönch näher und näher betrachtete, eine dunkle Erinnerung. Er schlich näher heran und es fiel ihm gleich ins Auge, daß das Gebetbuch in polnischer Sprache abgefaßt war. Darauf redete er den Mönch polnisch an, dieser wandte sich voller Schreck um, kaum hatte er aber den Fürsten erblickt, als er sein Gesicht verhüllte und schnell, wie vom bösen Geist getrieben, durch die Gebüsche entfloh. Fürst Boleslaw versicherte, als er dem Grafen Nepomuk das Abenteuer erzählte, dieser Mönch sey niemand anders gewesen, als der Graf Xaver von R.

Das steinerne Herz.

Jedem Reisenden, der bei guter Tageszeit sich dem Städtchen G. von der südlichen Seite bis auf eine halbe Stunde Weges genähert, fällt der Landstraße rechts ein stattliches Landhaus in die Augen, welches mit seinen wunderlichen bunten Zinnen aus finsterm Gebüsch blickend, emporsteigt. Dieses Gebüsch umkränzte den weitläuftigen Garten, der sich in weiter Strecke Thal abwärts hinzieht. Kommst du einmal, vielgeliebter Leser! des Weges, so scheue weder den kleinen Aufenthalt deiner Reise, noch das kleine Trinkgeld, das du etwa dem Gärtner geben dürftest, sondern steige fein aus dem Wagen, und laß dir Haus und Garten aufschließen, vorgebend, du hättest den verstorbenen Eigenthümer des anmuthigen Landsitzes, den Hofrath Reutlinger in G., recht gut gekannt. Im Grunde genommen kannst du dies alsdann mit gutem Fug thun, wenn es dir gefallen sollte, alles, was ich dir zu erzählen eben im Begriff stehe, bis ans Ende durchzulesen; denn ich hoffe, der Hofrath Reutlinger soll dir alsdann mit all' seinem sonderbaren Thun und Treiben so vor Augen stehen, als ob du ihn wirklich selbst gekannt hättest. Schon von außen findest du das Landhaus auf alterthümliche groteske Weise mit bunten gemahlten Zierathen verschmückt, du klagst mit Recht über die Geschmacklosigkeit dieser zum Theil widersinnigen Wandgemählde, aber bei näherer Betrachtung weht dich ein besonderer wunderbarer Geist aus diesen bemahlten Steinen an und mit einem leisen Schauer, der dich überläuft, trittst du in die weite Vorhalle. Auf den in Felder abgetheilten, mit weißem Gipsmarmor bekleideten Wänden erblickest du mit grellen Farben gemahlte Arabesken, die in den wunderlichsten Verschlingungen Menschen- und Thiergestalten, Blumen, Früchte, Gesteine, darstellen, und deren Bedeutung du ohne weitere Verdeutlichung zu ahnen glaubst. Im Saal, der den untern Stock in der Breite einnimmt und bis über den zweiten Stock hinaufsteigt, scheint in vergoldeter Bilderei alles das plastisch ausgeführt, was erst durch Gemählde angedeutet wurde. Du wirst im ersten Augenblick vom verdorbenen Geschmack des Zeitalters Ludwig des Vierzehnten reden, du wirst weidlich schmählen über das Barocke, Ueberladene, Grelle, Geschmacklose dieses Styls, aber bist du nur was weniges meines Sinnes, fehlt es dir nicht an reger Fantasie, welches ich allemal bei dir, mein gütiger Leser! voraussetze, so wirst du bald allen in der That gegründeten Tadel vergessen. Es wird dir so zu Muthe werden, als sey die regellose Willkühr nur das kecke Spiel des Meisters mit Gestaltungen, über die er unumschränkt zu herrschen wußte, dann aber, als verkette sich alles zur bittersten Ironie des irdischen Treibens, die nur dem tiefen, aber an einer Todeswunde kränkelnden Gemüth eigen. Ich rathe Dir, geliebter Leser! die kleinen Zimmer des zweiten Stocks, die wie eine Gallerie den Saal umgeben, und aus deren Fenstern man hinabschaut in den Saal, zu durchwandern. Hier sind die Verzierungen sehr einfach, aber hin und wieder stößest du auf teutsche, arabische und türkische Inschriften, die sich wunderlich genug ausnehmen. Du eilst jetzt nach dem Garten, er ist nach altfranzösischer Art mit langen, breiten, von hohen Taxuswänden umschlossenen Gängen, mit geräumigen Boskets angelegt, und mit Statuen, mit Fontainen geschmückt. Ich weiß nicht, ob du, geliebter Leser, nicht auch den ernsten feierlichen Eindruck, den solch' ein altfranzösischer Garten macht, mit mir fühlst, und ob du solch' ein Gartenkunstwerk nicht der albernen Kleinigkeitskrämerei vorziehst, die in unsern sogenannten englischen Gärten mit Brückchen und Flüßlein, und Tempelchen und Gröttchen getrieben wird. Am Ende des Gartens trittst du in einen finstern Hain von Trauerweiden, Hängebirken und Weymoutskiefern. Der Gärtner sagt dir, daß dies Wäldchen, wie man es von der Höhe des Hauses hinabschauend, deutlich wahrnehmen kann, die Form eines Herzens hat. Mitten darin ist ein Pavillon von dunklem schlesischen Marmor in der Form eines Herzens erbaut. Du trittst hinein, der Boden ist mit weißen Marmorplatten ausgelegt, in der Mitte erblickst du ein Herz in gewöhnlicher Größe. Es ist ein dunkelrother in den weißen Marmor eingefugter Stein. Du bückst dich herab, und entdeckest die in den Stein eingegrabenen Worte: Es ruht! In diesem Pavillon, bei diesem dunkelrothen steinernen Herzen, das damals jene Inschrift noch nicht trug, standen am Tage Mariä Geburt, das heißt am achten September des Jahres 180— ein großer stattlicher alter Herr und eine alte Dame, beide sehr reich und schön nach der Mode der sechsziger Jahre gekleidet. „Aber," sprach die alte Dame, „aber wie kam Ihnen, lieber Hofrath, denn wieder die bizarre, ich möchte lieber sagen, die schauervolle Idee, in diesem Pavillon das Grabmal ihres Herzens, das unter dem rothen Stein ruhen soll, bauen zu lassen?" „Lassen Sie Uns," erwiederte der alte Herr, „lassen Sie Uns, liebe Geheime-Räthin, von diesen Dingen schweigen! — Nennen Sie es das krankhafte Spiel eines wunden Gemüths, nennen Sie es wie Sie wollen, aber erfahren Sie, daß, wenn mich mitten unter dem reichen Gut, das das hämische Glück wie ein Spielzeug dem einfältigen Kinde, das darüber die Todeswunden vergißt, mir zuwarf, der bitterste Unmuth ergreift, wenn alles erfahrne Leid von neuem auf mich zutritt, daß ich dann hier in diesen Mauern Trost und Beruhigung finde. Meine Blutstropfen haben den Stein so roth gefärbt, aber er ist eiskalt, bald liegt er auf meinem Herzen und kühlt die verderbliche Gluth, welche darin loderte." Die alte Dame sah mit einem Blick der tiefsten Wehmuth herab zum steinernen Herzen, und indem sie sich etwas herabbückte, fielen ein paar große perlenglänzende Thränen auf den rothen Stein. Da faßte der alte Herr schnell herüber und ergriff ihre Hand. Seine Augen erblitzten im jugendlichen Feuer; wie ein fernes mit Blüthen und Blumen reich geschmücktes herrliches Land im schimmernden Abendroth lag eine längst vergangene Zeit voll Liebe und Seligkeit in seinen glühenden Blicken. „Julie! — Julie! und auch Sie konnten dieses arme Herz so auf den Tod verwunden." — So rief der alte Herr mit von der schmerzlichsten Wehmuth halberstickter Stimme. „Nicht mich," erwiederte die alte Dame sehr weich und zärtlich, „nicht mich, klagen Sie an, Maximilian! — War es denn nicht Ihr starrer unversöhnlicher Sinn, Ihr träumerischer Glaube an Ahnungen, an seltsame, Unheil verkündende Visionen, der Sie forttrieb von mir, und der mich zuletzt bestimmen mußte, dem sanfteren, beugsameren Mann, der mit Ihnen zugleich sich um mich bewarb, den Vorzug zu geben? Ach! Maximilian, Sie mußten es ja wohl fühlen, wie innig Sie geliebt wurden, aber Ihre ewige Selbstqual, peinigte sie mich nicht bis zur Todesermattung?" Der alte Herr unterbrach die Dame, indem er ihre Hand fahren ließ: „O Sie haben Recht, Frau Geheime-Räthin, ich muß allein stehen, kein menschliches Herz darf sich mir anschmiegen, alles was Freundschaft, was Liebe vermag, prallt wirkungslos ab von diesem steinernen Herzen." „Wie bitter," fiel die Dame dem alten Herrn in die Rede, „wie bitter, wie ungerecht gegen sich selbst und andere sind Sie, Maximilian! — Wer kennt Sie denn nicht als den freigebigsten Wohlthäter der Bedürftigen, als den unwandelbarsten Verfechter des Rechts, der Billigkeit, aber welches böse Geschick warf jenes entsetzliche Mißtrauen in Ihre Seele, das in einem Wort, in einem Blick, ja in irgend einem von jeder Willkühr unabhängigen Ereigniß Verderben und Unheil ahnet?" „Hege ich denn nicht alles," sprach der alte Herr mit weicherer Stimme und Thränen in den Augen, „hege ich denn nicht alles, was sich mir nähert, mit der vollsten Liebe? Aber diese Liebe zerreißt mir das Herz, statt es zu nähren. — Ha!" fuhr er mit erhöhter Stimme fort, „dem unerforschlichen Geist der Welten gefiel es mich mit einer Gabe auszustatten, die, mich dem Tode entreißend, mich hundertmal tödtet! — Gleich dem ewigen Juden, sehe ich das unsichtbare Cainszeichen auf der Stirne des gleißnerischen Meuters! — Ich erkenne die geheimen Warnungen, die oft wie spielende Räthsel der geheimnißvolle König der Welt, den wir Zufall nennen, uns in den Weg wirft. Eine holde Jungfrau schaut uns mit hellen klaren Isisaugen an, aber wer ihre Räthsel nicht löst, den ergreift sie mit kräftigen Löwentatzen, und schleudert ihn in den Abgrund." „Noch immer," sprach die alte Dame, „noch immer diese verderblichen Träume.

Wo blieb der schöne, artige Knabe, Ihres jüngern Bruders Sohn, den Sie vor einigen Jahren so liebreich aufgenommen, in dem so viele Liebe und Trost für Sie aufzukeimen schien?" „Den," erwiederte der alte Herr mit rauher Stimme, „den habe ich verstoßen, es war ein Bösewicht, eine Schlange, die ich mir zum Verderben im Busen nährte." „Ein Bösewicht! — der Knabe von sechs Jahren?" — fragte die Dame ganz bestürzt. „Sie wissen," fuhr der alte Herr fort, „die Geschichte meines jüngern Bruders; Sie wissen, daß er mich mehrmals auf bübische Weise täuschte, daß, alles brüderliche Gefühl in seiner Brust ertödtend, ihm jede Wohlthat, die ich ihm erzeigte, zur Waffe gegen mich diente. An ihm, an seinem rastlosen Streben lag es nicht, daß nicht meine Ehre, meine bürgerliche Existenz verloren ging. Sie wissen, wie er vor mehreren Jahren, in das tiefste Elend versunken, zu mir kam, wie er mir Aenderung seiner verworrenen Lebensweise, wieder erwachte Liebe heuchelte, wie ich ihn hegte und pflegte, wie er dann seinen Aufenthalt in meinem Hause nutzte, um gewisse Dokumente — doch genug davon. Sein Knabe gefiel mir, und diesen behielt ich bei mir, als der Schändliche, nachdem seine Ränke, die mich in einen meine Ehre vernichtenden Criminalprozeß verwickeln sollten, entdeckt worden, fliehen mußte. Ein warnender Wink des Schicksals befreiete mich von dem Bösewicht." „Und dieser Wink des Schicksals war gewiß einer Ihrer bösen Träume." So sprach die alte Dame, doch der alte Herr fuhr fort: „Hören Sie, urtheilen Sie Julie! — Sie wissen, daß meines Bruders Teufelei mir den härtesten Stoß gab, den ich erlitten — es sey denn, daß — doch still davon. Mag es seyn, daß ich der Seelenkrankheit, die mich befallen, den Gedanken zuschreiben muß, mir in diesem Wäldchen eine

Grabstätte für mein Herz bereiten zu lassen. Genug, es geschah! — Das Wäldchen war in Herzform angepflanzt, der Pavillon erbaut, die Arbeiter beschäftigten sich mit der Marmortäfelung des Fußbodens. Ich trete hinan, um nach dem Werk zu sehen. Da bemerke ich, daß in einiger Entfernung der Knabe, so wie ich, Max geheißen, etwas hin und herkugelt unter allerlei tollen Bocksſprüngen und lautem Gelächter. Eine finstere Ahnung geht durch meine Seele! — Ich gehe los auf den Knaben und erstarre, als ich sehe, daß es der rothe herzförmig ausgearbeitete Stein ist, der zum Einlegen in dem Pavillon bereit lag, den er mit Mühe herausgekugelt hat und mit dem er nun spielt! — Bube! Du spielst mit meinem Herzen, wie dein Vater! — Mit diesen Worten stieß ich ihn voll Abscheu von mir, als er sich weinend mir nahte. — Mein Verwalter erhielt die nöthigen Befehle ihn fortzuschaffen, ich habe den Knaben nicht wieder gesehen!" „Entsetzlicher Mann!" rief die alte Dame, die aber der alte Herr sich höflich verbeugend, und mit den Worten: „des Schicksals große Grundstriche fügen sich nicht dem feinen Nonpareil der Damen," unter dem Arm faßte, und aus dem Pavillon hinausführte durch das Wäldchen in den Garten. — Der alte Herr war der Hofrath Reutlinger, die alte Dame aber die Geheimeräthin Foerd. — — Der Garten bot das allermerkwürdigste Schauspiel dar, was man nur sehen konnte. Eine große Gesellschaft alter Herren, Geheime Räthe, Hofräthe u. a. nebst ihren Familien aus dem benachbarten Städtchen hatte sich versammelt. Alle, selbst die jungen Leute und Mädchen waren ganz streng nach der Mode des Jahres 1760 gekleidet mit großen Perücken, gesteiften Kleidern, hohen Frisuren, Reifröcken u. s. w., welches denn um so mehr einen wunderlichen Eindruck machte, als die

Anlagen des Gartens ganz zu jenem Costum paßten. Jeder glaubte sich, wie durch einen Zauberschlag, in eine längst verflossene Zeit zurückversetzt. Der Maskerade lag eine wunderliche Idee Reutlingers zum Grunde. Er pflegte alle drei Jahre am Tage Mariä Geburt auf seinem Landsitz das Fest der alten Zeit zu feiern, wozu er alles aus dem Städtchen, was nur kommen wollte, einlud, jedoch war es unerläßliche Bedingung, daß jeder Gast sich in das Costum des Jahres 1760 werfen mußte. Jungen Leuten, denen es lästig gewesen seyn würde, dergleichen Kleider herbei zu schaffen, half der Hofrath aus mit seiner eigenen reichen Garderobe. — Offenbar wollte der Hofrath diese Zeit hindurch (das Fest dauerte zwei bis drei Tage) in Rückerinnerungen der alten Jugendzeit recht schwelgen.

In einer Seitenallee begegneten sich Ernst und Wilibald. Beide sahen sich eine Weile schweigend an und brachen dann in ein helles Gelächter aus. „Du kommst mir vor,“ rief Wilibald, „wie der im Irrgarten der Liebe herumtaumelnde Cavalier.“ — „Und mich dünkt,“ erwiederte Ernst, „ich hätte dich schon in der asiatischen Banise erblickt.“ — „Aber in der That,“ fuhr Wilibald fort, „des alten Hofraths Einfall ist so übel nicht. Er will nun einmahl sich selbst mystifiziren, er will eine Zeit hervorzaubern, in der er wahrhaft lebte, unerachtet er noch jetzt ein munterer starker Greis mit unverwüstlicher Lebenskraft und herrlicher Frischheit des Geistes, an Erregbarkeit und fantasiereicher Laune es manchem vor der Zeit abgestumpften Jünglinge zuvorthut. Er darf nicht dafür sorgen, daß jemand in Wort und Gebehrde aus dem Costum falle, denn dafür steckt jeder eben in den Kleidern, die ihm das ganz unmöglich machen. Sieh' nur wie jüngferlich und zünferlich unsere jungen Damen in ihren Reifröcken einhertrippeln, wie sie sich des Fächers zu bedienen wissen — Wahrhaftig mich selbst ergreift unter der Perücke, die ich auf meinen Titus gestülpt, ein ganz besonderer Geist alterthümlicher Courtoisie; da ich eben das allerliebste Kind, des geh. Rathes Foerd jüngste Tochter, die holde Julia erblicke, so weiß ich gar nicht was mich abhält, mich ihr in demüthiger Stellung zu nahen und mich also zu appliziren und expliziren: „Allerschönste Julia! wenn wird mir doch die längst „gewünschte Ruhe durch deine Gegenliebe gewährt werden! Es „ist ja unmöglich, daß den Tempel dieser Schönheit ein steiner„ner Abgott bewohnen könne. Den Marmor bezwingt der „Regen und der Diamant wird durch schlechtes Blut erweichet; „dein Herz will aber einem Amboße gleichen, welches sich nur „durch Schläge verhärtet; je mehr nun mein Herze klopfet, je „unempfindlicher wirst du. Laß mich doch das Ziel deines „Blicks seyn, schaue doch wie mein Herz kocht und meine Seele „nach der Erquickung lechzet, welche aus deiner Anmuth quillt. „Ach! — willst du mich durch Schweigen betrüben, unempfind„liche Seele? Die todten Felsen antworten ja den Fragenden „durch ein Echo und du willst mich Trostlosen keiner Antwort „würdigen? — O Allerschönste“ — „Ich bitte dich,“ unterbrach hier Ernst den Freund, der mit dem wunderlichsten Gebehrdenspiel das alles gesprochen, „ich bitte dich, halt ein, du bist nun einmahl wieder in deiner tollen Laune und merkst nicht, wie Julie, erst sich uns freundlich nähernd, mit einemmahl ganz scheu ausbog. Ohne dich zu verstehen, glaubt sie gewiß so wie alle in gleichem Fall, schonungslos von dir bespöttelt zu seyn, und so bewährst du deinen Ruf als eingefleischten ironischen Satan und ziehst mich neuen Ankömmling ins Unglück, denn schon sprechen alle mit zweideutigem Seitenblick und bittersüßem Lächeln: es ist Wilibalds Freund.“ „Laß es gut seyn,“

sprach Wilibald, „ich weiß es ja, daß viele Leute, zumahl junge hoffnungsvolle Mädchen von sechszehn, siebzehn Jahren mir sorglich ausweichen, aber ich kenne das Ziel, wohin alle Wege führen, und weiß auch, daß sie dort mir begegnend oder vielmehr mich wie im eignen Hause angesiedelt treffend, recht mit vollem freundlichen Gemüth mir die Hand reichen werden." „Du meinst," sprach Ernst, „eine Versöhnung, wie im ewgen Leben, wenn der Drang des Irdischen abgeschüttelt." „O ich bitte dich," unterbrach ihn Wilibald, „laß uns doch gescheut seyn und nicht alte längst besprochene Dinge aufs neue und gerade zur ungünstigsten Stunde aufrühren. Ungünstig für derley Gespräche nenne ich nehmlich deshalb eben diese Stunden, weil wir gar nichts besseres thun können, als uns dem seltsamen Eindruck alles des Wunderlichen, womit uns Reutlingers Laune, wie in einen Rahmen eingefaßt hat, hingeben. Siehst du wohl jenen Baum, dessen ungeheure weiße Blüthen der Wind hin und herschüttelt? — Cactus grandiflorus kann es nicht seyn, denn der blüht nur Mitternachts und ich spüre auch nicht das Aroma, welches sich bis hieher verbreiten müßte — Weiß der Himmel, welchen Wunderbaum der Hofrath wieder in sein Tusculum verpflanzt hat." — Die Freunde gingen auf den Wunderbaum los und wunderten sich in der That nicht wenig, als sie einen dicken dunklen Holunderbusch trafen, dessen Blüthen nichts anders waren, als hineingehängte weißgepuderte Perücken, die mit ihren darangehängten Haarbeuteln und Zöpfchen, ein kurioses Spielzeug des launigten Südwinds, auf und niederschaukelten. Lautes Lachen verkündete was hinter den Büschen verborgen. Eine ganze Gesellschaft alter gemüthlicher lebenskräftiger Herren hatte sich auf einem breiten von buntem Buschwerk umgebenen Rasenplatz versammelt. Die Röcke ausgezogen, die lästigen Perücken in den Holunder gehängt, schlugen sie Ballon. Aber niemand übertraf den Hofrath Reutlinger, der den Ballon bis zu einer unglaublichen Höhe und so geschickt zu treiben wußte, daß er jedesmahl dem Gegenspieler schlaggerecht niederfiel. In dem Augenblick ließ sich eine abscheuliche Musik von kleinen Pfeifen und dumpfen Trommeln hören. Die Herren endeten schnell ihr Spiel und griffen nach ihren Röcken und Perücken. „Was ist denn das nun wieder?" sprach Ernst. „Ich wette," erwiederte Wilibald, „der türkische Gesandte zieht ein." „Der türkische Gesandte?" frug Ernst ganz erstaunt. „So nenne ich," fuhr Wilibald fort, „den Baron von Exter, der sich in G. aufhält und den Du noch viel zu wenig gesehn hast, um in ihm nicht eins der wunderlichsten Originale zu erkennen, die es geben mag. Er ist ehemahls Gesandter unseres Hofes in Constantinopel gewesen und noch immer sonnt er sich in dem Reflex dieser wahrscheinlich genußreichsten Frühlingszeit seines Lebens. Seine Beschreibung des Pallastes, den er in Pera bewohnte, erinnert an die diamantnen Feen-Palläste in Tausend und einer Nacht, und seine Lebensweise an den weisen König Salomo, dem er auch darin gleichen will, daß er sich wirklich der Herrschaft über unbekannte Naturkräfte rühmt. In der That hat dieser Baron Exter seiner lügnerischen Prahlerey, seiner Charlatanerie unerachtet, doch etwas mystisches, das mich wenigstens in drolligem Abstich mit seiner äußern etwas skurrilen Erscheinung oft wirklich mystifizirt. Davon, ich meine von seinem wirklich mystischen Treiben geheimer Wissenschaften, rührt auch seine enge Verbindung mit Reutlingern her, der diesem Wesen ganz ergeben ist mit Leib und Seele — Beide sind wunderliche Träumer, aber jeder auf seine Weise, übrigens aber entschiedene Mesmerianer." — Unter diesem Gespräch waren die Freunde bis an des Gartens großes Gatterthor gelangt, durch welches so eben der türkische Gesandte einzog. Ein kleiner rundlicher Mann mit einem schönen türkischen Pelz und hohem aus farbigten Shawls aufgewickeltem Turban angethan. Aus Gewohnheit hatte er sich aber nicht von der eng anschließenden Zopfperücke mit kleinen Löckchen, aus Bedürfniß nicht von den filznen Podagristenstiefeln trennen können, wodurch freilich das türkische Costüm schwer verletzt wurde. Seine Begleiter, die das abscheuliche musikalische Geräusch machten und in denen Wilibald trotz der Vermummung Exters Koch und anderes Hausgesinde erkannten, waren zu Mohren angerußt und trugen spitze gemahlte Papiermützen, den Sanbenitos nicht unähnlich, welches drollig genug aussah. Den türkischen Gesandten führte am Arm ein alter Offizier, nach seiner Tracht von irgend einem Schlachtfelde des siebenjährigen Krieges erwacht und erstanden. Es war der General Rixendorf, Commandant von G., der dem Hofrath zu Gefallen sammt seinen Offizieren sich in das alte Costüme geworfen hatte. „Salama milek!" sprach der Hofrath den Baron Exter umarmend, der sofort den Turban abnahm, und ihn wieder auf die Perücke stülpte, nachdem er sich den Schweiß von der Stirne mit einem ostindischen Tuch weggetrocknet. In dem Augenblick bewegte sich auch in den Zweigen eines Spätkirschenbaums der goldstrahlende Fleck, den Ernst schon lange betrachtet hatte, ohne enträthseln zu können, was da oben sitze. Es war blos der geheime Commerzien-Rath Harscher in einem goldstoffnen Ehrenkleide, eben solchen Beinkleidern und silberstoffner mit blauen Rosenbouquets bestreuter Weste, der nun sich aus den Blättern des Kirschbaums entwickelte, und für sein Alter behende genug auf der angelehnten Leiter herab stieg und mit ganz feiner etwas quäckender Stimme singend oder vielmehr kreischend: „Ah! che vedo — o dio che sento!" dem türkischen Gesandten in die Arme eilte. Der Commerzien-Rath hatte seine Jugendzeit in Italien zugebracht, war ein großer Musikus und wollte noch immer mittelst eines lang geübten Falsetts singen wie Farinelli. „Ich weiß," sprach Wilibald, „daß Harscher sich die Taschen mit Spätkirschen vollgestopft hat, die er, irgend ein Madrigal süß lamentirend, den Damen präsentiren wird. Da er aber wie Friedrich der zweite den Spaniol ohne Dose in der Tasche ausgeschüttet trägt, wird er mit seiner Galanterie nur widerwilliges Ablehnen und finstre Gesichter einärndten." — Ueberall war nun der türkische Gesandte so wie der Held des siebenjährigen Krieges mit Freude und Jubel empfangen worden. Letzterer wurde von Julchen Foerd mit kindlicher Demuth begrüßt, tief beugte sie sich vor dem alten Herrn und wollte ihm die Hand küßen, da sprang aber der türkische Gesandte wild dazwischen, rief: „Narrheiten, tolles Zeug!" umarmte Julchen mit Heftigkeit, wobey er dem Commerzien-Rath Harscher sehr hart auf die Füße trat, der aber vor Schmerz nur ein ganz klein wenig miaute, und rannte dann mit Julien, die er unter den Arm gefaßt, davon. — Man sah, daß er sehr eifrig mit den Händen focht, den Turban auf und abstülpte u. s. w. „Was hat der Alte mit dem Mädchen vor?" sprach Ernst. „In der That," erwiederte Wilibald, „es scheint Wichtiges, denn, ist Exter gleich des Mädchens Pathe und ganz vernarrt in sie, so pflegt er doch nicht sogleich aus der Gesellschaft mit ihr davon zu laufen." — In dem Augenblick blieb der türkische Gesandte stehen, streckte den rechten Arm weit von sich und rief mit starker Stimme, daß es im ganzen Garten wiederhallte: „Apporte!" — Wilibald brach in ein lautes Gelächter aus. „Wahrhaftig,“ sprach er dann, „es ist weiter nichts, als daß Exter Julien zum tausendstenmahl die merkwürdige Geschichte vom Seehunde erzählt.“ Ernst wollte diese merkwürdige Geschichte durchaus wissen. „Erfahre denn,“ sprach Wilibald, „daß Exters Pallast dicht am Bosphorus lag, so daß Stufen von dem feinsten kararischen Marmor hinabführten ins Meer. Eines Tages steht Exter auf der Gallerie in die tiefsinnigsten Betrachtungen versunken, aus denen ihn ein durchdringender gellender Schrey hinausreißt. Er schaut hinab und siehe, ein ungeheurer Seehund ist aus dem Meer hinaufgetaucht und hat einem armen türkischen Weibe, die auf den Marmorstufen saß, den Knaben von dem Arm hinabgerissen, mit dem er eben abfährt in die Meereswellen. Exter eilt hinab, das Weib fällt ihm trostlos weinend und heulend zu Füßen, Exter besinnt sich nicht lange, er tritt dicht ans Meer auf die letzte Stufe, streckt den Arm aus und ruft mit starker Stimme: „Apporte!“ — Sogleich steigt der Seehund aus der Tiefe des Meers, im weiten Maule den Knaben, den er zierlich und geschickt, wie auch ganz unversehrt dem Magier überreicht und sodann jedem Dank ausweichend, sich wieder entfernt in das Meer niedertaucht.“ „Das ist stark — das ist stark,“ rief Ernst. „Siehst du wohl,“ fuhr Wilibald fort, „siehst du wohl wie Exter jetzt einen kleinen Ring vom Finger zieht und ihn Julien zeigt? Keine Tugend bleibt unbelohnt! — Außer dem, daß Exter dem türkischen Weibe den Knaben gerettet hatte, so beschenkte er sie noch, als er vernahm, daß ihr Mann, ein armer Lastträger, kaum das tägliche Brod zu verdienen vermochte, mit einigen Juwelen und Goldstücken, freilich nur eine Lumperei, höchstens zwanzig bis dreißigtausend Thaler an Werth; darauf zog das Weib einen kleinen Sapphir vom Finger und drang ihn Extern auf mit der Versicherung, es sey ein theures ererbtes Familienstück, das nur durch Exters That gewonnen werden könne. Exter nahm den Ring, der ihm von geringem Werthe schien und erstaunte nicht wenig, als er später durch eine kaum sichtbare arabische Inschrift an des Ringes Reif belehrt wurde, daß er des großen Alis Siegelring am Finger trage, mit dem er jetzt zuweilen Mahomeds Tauben heranlockt und mit ihnen konversirt." „Das sind ganz erstaunliche Dinge," rief Ernst lachend, „doch laß' uns sehen, was dort in dem geschlossenen Kreise vorgeht, in dessen Mitte ein klein Ding, wie ein kartesianisches Teufelchen, auf- und niedergaukelt und quinkelirt." — Die Freunde traten auf einen runden Rasenplatz, rings umher saßen alte und junge Herren und Damen, in der Mitte sprang ein sehr bunt gekleidetes, kaum vier Fuß hohes Dämchen, mit einem etwas zu großen Apfelköpfchen umher, und schnippte mit den Fingerchen und sang mit einem ganz kleinen, dünnen Stimmchen: „Amenez vos troupeaux bergeres!" — „Solltest du wohl glauben," sprach Wilibald, „daß dies putzige Figürchen, die so überaus naiv und scharmant thut, Juliens ältere Schwester ist? Du merkst, daß sie leider zu den Weibern gehört, die die Natur mit recht bittrer Ironie mystifizirt, indem sie trotz alles Sträubens zu ewiger Kindheit verdammt, vermöge ihrer Figur und ihres ganzen Wesens, im Alter noch mit jener kindischen Naivität koquettirend sich und andern herzlich zur Last werden müssen, wobei es denn oft an gehöriger Verhöhnung nicht mangelt." — Beiden Freunden wurde das Dämchen mit ihrer französischen Faselei recht fatal, sie schlichen daher fort wie sie gekommen und schlossen sich lieber an den türkischen Gesandten an, der sie fortführte in den Saal, wo eben, da die

Sonne schon niedersank, alles zu der Musik vorbereitet wurde, die man heute zu geben im Sinne hatte. Der Oesterleinische Flügel wurde geöffnet und jedes Pult für die Künstler an seinen Ort gestellt. Die Gesellschaft sammelte sich nach und nach, Erfrischungen wurden herumgereicht in altem reichen Porzellan; dann ergriff Reutlinger eine Geige und führte mit Geschicklichkeit und Kraft eine Sonate von Corelli aus, wozu ihn der General Rixendorf auf dem Flügel begleitete, dann bewährte sich der goldstoffne Harscher als Meister auf der Theorbe. Hierauf begann die geheime Räthin Foerd eine große italienische Szene von Anfossi mit seltenem Ausdruck. Die Stimme war alt, tremulirend und ungleich, aber noch wurde alles dieses durch die ihr eigne Meisterschaft des Gesanges besiegt. In Reutlingers verklärtem Blick glänzte das Entzücken längst vergangener Jugend. Das Adagio war geendet, Rixendorf begann das Allegro, als plötzlich die Thür des Saals aufgerissen wurde und ein junger wohlgekleideter Mensch, von hübschem Ansehen, ganz erhitzt und athemlos hinein und zu Rixendorfs Füßen stürzte. „O Herr General! — Sie haben mich gerettet — Sie allein — Es ist alles gut — Alles gut! O mein Gott, wie soll ich Ihnen denn danken." So schrie der junge Mensch wie außer sich, der General schien verlegen, er hob den jungen Menschen sanft auf, und führte ihn mit beschwichtigenden Worten heraus in den Garten. Die Gesellschaft war von dem Auftritt überrascht worden, jeder hatte in dem Jüngling den Schreiber des geheimen Rathes Foerd erkannt und schaute diesen mit neugierigen Blicken an. Der nahm aber eine Prise nach der andern und sprach mit seiner Frau französisch, bis er endlich, da ihm der türkische Gesandte näher auf den Leib rückte, rund heraus erklärte: „Ich weiß, Hochzuverehrende! durchaus mir nicht zu erklären, welcher böse Geist meinen Max hier so plötzlich mit exaltirten Danksagungen hineingeschleudert hat, werde aber sogleich die Ehre haben" — Damit schlüpfte er zur Thüre heraus und Wilibald folgte ihm auf dem Fuße. Das dreiblättrige Kleeblatt der Foerdschen Familie, nemlich die drei Schwestern, Nannette, Clementine und Julie, äußerten sich auf ganz verschiedene Weise. Nannette ließ den Fächer auf- und niederrauschen, sprach von Etourderie und wollte endlich wieder singen: Amenez vos troupeaux, worauf aber niemand achtete. Julie war abseits in den Winkel getreten und der Gesellschaft den Rücken zugewendet, war es, als wolle sie nicht allein ihr glühendes Gesicht, sondern auch einige Thränen verbergen, die ihr, wie man schon bemerkt, in die Augen getreten. „Freude und Schmerz verwunden mit gleichem Weh die Brust des armen Menschen, aber färbt der, dem verletzenden Dorn nachquillende Blutstropfe nicht mit höherem Roth die verbleichende Rose?" So sprach mit vielem Pathos die jeanpaulisirende Clementine, indem sie verstohlen die Hand eines hübschen jungen, blonden Menschen faßte, der gar zu gern sich aus den Rosenbanden, womit ihn Clementine bedrohlich umstrickt und in denen er etwas zu spitze Dornen verspürt hatte, losgewickelt. Der lächelte aber etwas fade und sprach nur: „O ja, Beste!" — Dabei schielte er nach einem seitwärts stehenden Glase Wein, welches er gern auf Clementinens sentimentalen Spruch geleert. Das ging aber nicht, da Clementine seine linke Hand festhielt, er aber mit der Rechten so eben das Besitzthum eines Stücks Kuchen ergriffen. In dem Augenblick trat Wilibald zur Saalthür herein und alles stürzte auf ihn zu mit tausend Fragen, wie, was, warum und woher? Er wollte durchaus nichts wissen, zog aber ein verschmitzteres Gesicht als jemals. Man ließ nicht ab von ihm, weil man deutlich bemerkt, daß er im Garten sich mit dem geheimen Rath Foerd zum General Nixendorf und zum Schreiber Max gesellt, und heftig mitgesprochen hatte. „Soll ich denn," fing er endlich an, „soll ich denn in der That die wichtigste aller Begebenheiten vor der Zeit ausplaudern, so muß es mir vergönnt werden, zuvörderst an Sie, meine hochzuverehrenden Damen und Herren, einige Fragen zu richten." — Man erlaubte das gern. „Ist Ihnen," fuhr Wilibald nun pathetisch fort, „ist Ihnen nicht allen der Schreiber des Herrn geheimen Rath Foerd, Max geheißen, als ein wohlgebildeter, von der Natur reichlich ausgestatteter Jüngling bekannt?" „Ja, ja, ja!" rief der Chor der Damen. „Ist Ihnen," frug Wilibald weiter, „ist Ihnen nicht sein Fleiß, seine wissenschaftliche Bildung, seine Geschicklichkeit im Geschäft bekannt?" „Ja — ja!" rief der Chor der Herren, und wieder „Ja, ja, ja!" der vereinigte Chor der Herren und Damen, als Wilibald noch frug, ob Max nicht weiter als der aufgeweckteste Kopf, voller Possen und Schnurren, so wie endlich als solch geschickter Zeichner bekannt sey, daß Nixendorf, der als Dilettant in der Mahlerei Ungewöhnliches leiste, es nicht verschmäht habe, selbst ihm zweckmäßigen Unterricht zu ertheilen. „Es begab sich," erzählte nun Wilibald, „daß vor einiger Zeit ein junges Meisterlein von der ehrsamen Schneiderzunft seine Hochzeit feierte. Es ging dabei hoch her, Bässe schnurrten, Trompeten schmetterten durch die Gasse. Mit rechter Wehmuth sah des Herrn geheimen Raths Bedienter, Johann, zu den erleuchteten Fenstern herauf, das Herz wollte ihm springen, wenn er unter den Tanzenden Jettchens Tritte zu vernehmen glaubte, die, wie er wußte, auf der Hochzeit war. Als nun aber Jettchen wirklich zum Fenster herausguckte, da konnte er es nicht länger aushalten, er lief nach Hause, warf sich in seinen besten Staat und ging keck herauf in den Hochzeitsaal. Er wurde wirklich zugelassen, freilich unter der schmerzlichen Bedingung, daß im Tanz jeder Schneider vor ihm den Vorzug haben sollte, wodurch er freilich auf die Mädchen angewiesen wurde, mit denen, ob ihrer Häßlichkeit oder sonstigen Untugenden, niemand tanzen mochte. Jettchen war auf alle Tänze versagt, aber so wie sie den Geliebten sah, vergaß sie alles, was sie versprochen, und der beherzte Johann stieß das dünnleibige Schneiderlein, das ihm Jettchen abtrotzen wollte, zu Boden, daß es über und über purzelte. Dies gab das Signal zum allgemeinen Aufstande. Johann wehrte sich wie ein Löwe, Rippenstöße und Ohrfeigen nach allen Seiten austheilend, doch er mußte der Menge seiner Feinde erliegen und wurde auf schmähliche Weise von Schneidergesellen die Treppe herabgeworfen. Voll Wuth und Verzweiflung wollte er die Fenster einwerfen, er schimpfte und fluchte, da kam Max, der nach Hause ging, des Weges und befreite den unglücklichen Johann aus den Händen der Schaarwacht, die eben über ihn herzufallen im Begriff stand. Nun klagte Johann sein Unglück und wollte durchaus nicht abstehen von tumultuarischer Rache, doch gelang es endlich dem klügern Max ihn zu beruhigen, wiewohl nur unter dem Versprechen, daß er sich seiner annehmen und die ihm geschehene Unbill so rächen wolle, daß er ganz gewiß zufrieden seyn werde" — Wilibald hielt plötzlich ein. — „Nun? — nun? Und weiter? — Eine Schneiderhochzeit — ein Liebespaar — Prügel — was soll das dann werden?" — So rief es von allen Seiten. „Erlauben Sie," fuhr Wilibald fort, „erlauben Sie, Hochzuverehrende! zu bemerken, daß, um mit dem berühmten Weber Zettel zu reden, in dieser Komödie von Johann und Jettchen Dinge vorkommen, die nimmermehr gefallen werden. — Es könnte sogar wider den feinsten Anstand gesündigt werden.“ „Sie werden's schon einzurichten wissen, lieber Herr Wilibald,“ sprach die alte Stiftsräthin von Krain, indem sie ihm auf die Schulter klopfte, „ich für meinen Theil kann einen Puff vertragen.“ — „Der Schreiber Max,“ erzählte Wilibald weiter, „setzte sich andern Tages hin, nahm ein großes schönes Blatt Velinpapier, Bleifeder und Tusche, und zeichnete mit der vollendetsten Wahrheit einen großen stattlichen Ziegenbock hin. Die Physiognomie dieses wunderbaren Thiers gab jedem Physiognomen reichlichen Stoff zum Studium. In dem Blick der geistreichen Augen lag etwas Ueberschwengliches, wiewohl um das Maul und um den Bart herum einige Convulsionen zitternd zu spielen schienen. Das Ganze zeugte von innerer unaussprechlicher Qual. In der That war auch der gute Bock beschäftigt, auf eine sehr natürliche, wiewohl schmerzliche Weise ganz kleine allerliebste, mit Scheere und Bügeleisen bewaffnete Schneiderlein zur Welt zu befördern, die in den wunderlichsten Gruppen ihre Lebensthätigkeit bewiesen. Unter dem Bilde stand ein Vers, den ich leider vergessen, doch irr' ich nicht, so hieß die erste Zeile: Ei was hat der Bock — gegessen. Ich kann übrigens versichern, daß dieser wunderbare Bock“ — „Genug — genug,“ riefen die Damen, „genug von dem garstigen Thier — von Max, von Max wollen wir hören.“ — „Besagter Max,“ nahm Wilibald das Wort wieder auf, „besagter Max gab das wohlausgeführte und vollkommen gerathene Tableau dem gekränkten Johann, der es so geschickt an die Schneiderherberge anzuheften wußte, daß einen ganzen Tag hindurch das müßige Volk nicht von dem Bildniß wegkam. Die Straßenjungen schwenkten jubelnd die Mützen und tanzten jedem Schneiderlein, das sich sehen ließ, hinterher, und sangen und kreischten gewaltig: Ei was hat der Bock gegessen. — Niemand anders hat das Blatt gezeichnet, als des geheimen Raths Max, sagten die Mahler, niemand hat die Worte geschrieben, als des geheimen Raths Max, riefen die Schreibmeister, als die ehrsame Schneiderzunft die nöthigen Erkundigungen einzog. Max wurde verklagt und sah, da er nicht wohl leugnen konnte, einer empfindlichen Gefängnißstrafe entgegen. Da rannte er voll Verzweiflung zu seinem Gönner, dem General Rixendorf; bei allen Advokaten war er schon gewesen. Die runzelten die Stirn, schüttelten die Köpfe und sprachen von hartnäckigem Ableugnen u. s. w., was dem ehrlichen Max nicht wohlgefiel. Der General sprach dagegen, du hast einen dummen Streich gemacht, lieber Sohn! die Advokaten werden dich nicht retten, aber ich, und blos darum, weil in deinem Bilde, das ich bereits gesehen, korrekte Zeichnung und verständige Anordnung ist. Der Bock, als Hauptfigur, hat Ausdruck und Haltung, so wie die bereits auf dem Boden liegenden Schneider eine gute Pyramidalgruppe bilden, die reich ist, ohne das Auge zu verwirren. Sehr weise hast du den im Schmerz der Quetschung sich hervorarbeitenden Schneider wieder als Hauptfigur der untern Gruppe behandelt, in seinem Gesicht liegt lackoontisches Weh! Eben so rühmlich ist es, daß die fallenden Schneider nicht etwa schweben, sondern wirklich fallen, wiewohl nicht aus dem Himmel; manche zu gewagte Verkürzungen sind recht hübsch durch die Bügeleisen maskirt, auch hast du mit reger Fantasie die Hoffnung neuer Geburten angedeutet." — Die Damen fingen an ungeduldig zu murmeln, und der Goldstoffne lispelte: „Aber Maxens Prozeß, Verehrter?" — „Indessen nimm mirs nicht übel, sprach der General, (so fuhr Wilibald fort) die Idee des Bildes ist nicht die Deinige, sondern uralt; doch das ist es eben, was dich rettet. Mit diesen Worten kramte der General in seinem alten Schreibschranke, holte einen Tabaksbeutel hervor, auf dem sich Marens Gedanke sauber und zwar beinahe ganz nach Marens Weise ausgeführt befand, überließ denselben seinem Liebling zum Gebrauch und nun war alles gut." „Wie das, wie das?" rief alles durch einander, aber die Juristen, die sich in der Gesellschaft befanden, lachten laut, und der geheime Rath Foerd, der unterdessen auch hineingetreten war, sprach lächelnd: „Er leugnete den animum injuriandi, die Absicht zu beleidigen, und wurde freigesprochen." „Will so viel heißen," fiel Wilibald ihm in die Rede, „als daß Max sprach: Ich kann nicht leugnen, daß das Bild von meiner Hand ist; absichtslos und ohne irgend die von mir so hochverehrte Schneiderzunft kränken zu wollen, kopirte ich das Blatt nach dem Original, das ich hier mit diesem Tabaksbeutel, der dem General Nixendorf, meinem Lehrer in der Zeichenkunst, gehört, überreiche. Einige Variationen habe ich meiner schaffenden Fantasie zu danken. Das Bild ist mir aus den Händen gekommen, ich habe es weder Jemanden sonst gezeigt, noch gar etwa angeheftet. Ueber diesen Umstand, in dem allein die Injurie liegt, erwarte ich den Nachweis. — Diesen Nachweis ist die ehrsame Schneiderzunft schuldig geblieben und Max heute freigesprochen worden. Daher sein Dank, seine unmäßige Freude." — Man fand allgemein, daß doch die halb wahnsinnige Art und Weise, wie Max seinen Dank geäußert, durch die erzählten Umstände nicht ganz motivirt werde, nur die geheime Räthin Foerd sprach mit bewegter Stimme: „Der Jüngling hat ein leicht verwundbares Gemüth und ein zarteres Ehrgefühl, als je ein anderer. Körperliche Strafe erdulden zu müssen hätte ihn elend gemacht, ihn auf immer von G. vertrieben.“ „Vielleicht,“ fiel Wilibald ein, „liegt hier noch etwas ganz Besonderes im Hintergrunde.“ „So ist es, lieber Wilibald,“ sprach Rixendorf, der hineingetreten war und die Worte der geheimen Räthin vernommen hatte, „so ist es, und will es Gott, so soll sich bald alles recht hell und fröhlich aufklären.“ — Clementine fand die ganze Geschichte sehr unzart, Nannette dachte gar nichts, aber Julie war sehr heiter geworden. Jetzt ermunterte Reutlinger die Gesellschaft zum Tanze. Sogleich spielten vier Theorbisten, unterstützt von ein paar Zinken, Violinen und Bässen, eine pathetische Sarabande. Die Alten tanzten, die Jungen schauten zu. Der Goldstoffne zeichnete sich aus durch zierliche und gewagte Sprünge. Der Abend ging ganz heiter hin, so auch der andere Morgen. Wie gestern sollte auch heute Concert und Ball den festlichen Tag beschließen. Der General Rixendorf saß schon am Flügel, der Goldstoffne hatte die Theorbe im Arm, die geheime Räthin Foerd die Partie in der Hand. Man wartete nur auf die Rückkehr des Hofraths Reutlinger. Da hörte man im Garten ängstlich rufen und sah die Bedienten herausrennen. Bald trugen sie den Hofrath mit geisterbleichem entstelltem Gesicht herein, der Gärtner hatte ihn unweit des Herzpavillons in tiefer Ohnmacht auf der Erde liegend gefunden. — Mit einem Schrei des Entsetzens sprang Rixendorf auf vom Flügel. Man eilte herbei mit spirituösen Mitteln, man fing an, dem Hofrath, der auf einem Kanapee lag, die Stirne mit kölnischem Wasser zu reiben, der türkische Gesandte stieß aber alle zurück, indem er unaufhörlich rief: „Zurück, zurück, ihr unwissenden ungeschickten Leute! — ihr macht mir den kerngesunden, muntern Hofrath nur matt und elend!“ — Damit schleuderte er seinen Turban über alle Köpfe weg in den Garten hinein, den Pelz hinterher. Nun beschrieb er mit der flachen Hand seltsame Kreise um den Hofrath, die enger und enger werdend, zuletzt beinahe Schläfe und Herzgrube berührten. Dann hauchte er den Hofrath an, der sogleich die Augen aufschlug und mit matter Stimme sprach: „Exter! Du hast nicht gut gethan mich zu wecken! — Die dunkle Macht hat mir den nahen Tod verkündet, und vielleicht war es mir vergönnt in dieser tiefen Ohnmacht hinein zu schlummern in den Tod.“ — „Possen, Träumer,“ rief Exter, „deine Zeit ist noch nicht gekommen. Schau dich nur um, Herr Bruder, wo du bist, und sey fein munter wie es sich schickt.“ — Der Hofrath wurde nun gewahr, daß er sich im Saal in voller Gesellschaft befand. Er erhob sich rüstig vom Kanapee, trat in die Mitte des Saals, und sprach mit anmuthigem Lächeln: „Ich gab Ihnen ein böses Schauspiel, Verehrte! aber an mir lag es nicht, daß das ungeschickte Volk mich gerade in den Saal trug. Lassen Sie uns über das störende Intermezzo schnell hinweggehen, lassen Sie uns tanzen!“ — Die Musik begann sofort, aber als sich alles in der ersten Menuett pathetisch wandte und drehte, verschwand der Hofrath mit Exter und Nixendorf aus dem Saal. Als sie in ein entferntes Zimmer gekommen, warf sich Reutlinger erschöpft in einen Lehnsessel, hielt beide Hände vor's Gesicht und sprach mit von Schmerz gepreßter Stimme: „O, meine Freunde! meine Freunde!“ Exter und Nixendorf vermutheten mit Recht, daß irgend etwas Entsetzliches den Hofrath erfaßt haben müsse, und daß er sich jetzt darüber erklären werde. „Sag's nur heraus, alter Freund,“ sprach Nixendorf, „sag's nur heraus, dir ist, Gott weiß auf welche Weise, Schlimmes im Garten begegnet.“

„Aber," fiel letzter ein, „ich begreife gar nicht, wie dem Hofrath heute, und überhaupt in diesen Tagen Schlimmes begegnen konnte, da eben jetzt sein siderisches Prinzip reiner und herrlicher sich gestaltet als jemals." „Doch, doch!" fing der Hofrath mit dumpfer Stimme an, „Exter! es ist bald aus mit uns, der kecke Geisterseher klopfte nicht ungestraft an die dunklen Pforten. Ich wiederhole es dir, daß die geheimnißvolle Macht mich hinter den Schleier schauen ließ — der nahe, vielleicht gräßliche Tod ist mir verkündet." „So erzähle nur, was dir geschah," fiel Rixendorf ihm ungeduldig in die Rede, „ich wette, daß alles auf eine wunderliche Einbildung hinausläuft, ihr verderbt Euch beide das Leben mit Euern Fantastereien, Du und Exter."

„So vernehmt es denn," fuhr der Hofrath fort, indem er aufstand von dem Lehnstuhl, und zwischen beide Freunde trat, „so vernehmt es denn, was mich vor Entsetzen und Graus in tiefe Ohnmacht warf. Ihr hattet Euch schon alle in dem Saal versammelt, als ich, selbst weiß ich nicht wodurch, angetrieben wurde noch einsam einen Gang durch den Garten zu machen. Unwillkührlich lenkten sich meine Schritte nach dem Wäldchen. Es war mir, als höre ich ein leises, hohles Pochen und eine leise klagende Stimme. — Die Töne schienen aus dem Pavillon zu kommen — ich trete näher, die Thür des Pavillons steht offen — ich erblicke — mich selbst! — mich selbst! — aber so wie ich war vor dreißig Jahren, in demselben Kleide, das ich trug an jenem verhängnißvollen Tage, als ich in trostloser Verzweiflung mein elendes Leben enden wollte, als Julie wie ein Engel des Lichts mir erschien im bräutlichen Schmuck — es war ihr Hochzeitstag — die Gestalt — ich — ich lag auf dem Boden vor dem Herzen, und darauf klopfend, daß es hohl wiederhallte, murmelte ich: Nie — nie kannst du dich erweichen, du steinernes Herz! — Regungslos starrte ich hin, wie der eiskalte Tod rannte es durch meine Adern. Da trat Julie bräutlich geschmückt, in voller Pracht der blühendsten Jugend, aus den Gebüschen hervor, und streckte voll süßen Verlangens die Arme aus nach der Gestalt, nach mir — nach mir dem Jünglinge! Bewußtlos stürzte ich zu Boden!" Der Hofrath sank halb ohnmächtig in den Lehnstuhl zurück, aber Nixendorf faßte seine beiden Hände, rüttelte sie, und rief mit starker Stimme: „Das sahst Du, das sahst Du, Bruder, weiter nichts? — Viktoria laß ich schießen aus deinen japanischen Kanonen! — mit Deinem nahen Tode, mit der Erscheinung ist es nichts, gar nichts! Ich rüttle dich auf aus deinen bösen Träumen, damit du genesen, und noch lange leben mögest auf Erden." — Damit sprang Nixendorf schneller, als es sein Alter zuzulassen schien, zum Zimmer heraus. Der Hofrath hatte wohl wenig von Nixendorfs Worten vernommen, er saß da mit geschlossenen Augen. Exter ging mit großen Schritten auf und ab, runzelte mißmüthig die Stirn und sprach: „Ich wette, der Mensch will wieder alles auf gewöhnliche Manier erklären, aber das soll ihm schwer werden, nicht wahr, Hofräthchen? — wir verstehen uns auf Erscheinungen! — Ich wollt' nur, ich hätte meinen Turban und meinen Pelz!" — Dies wünschend pfiff er sehr stark auf einer kleinen silbernen Pfeife, die er beständig bei sich trug, und sogleich brachte auch ein Mohr aus seinem Gefolge beides, Turban und Pelz. Bald darauf trat die Geheime Räthin Foerd hinein, ihr folgte der Geheime Rath mit Julien. Der Hofrath raffte sich auf, und in den Versicherungen, daß ihm wieder ganz wohl geworden, wurde er es wirklich. Er bat, des ganzen Vorfalls zu vergessen, und eben wollten alle bis auf Exter, der sich in seiner türkischen Kleidung auf's Sopha gestreckt, und aus einer übermäßig langen Pfeife, deren Kopf, auf Räder gestellt, am Boden hin und herschurrte, Tabak schmauchte und Kaffee trank, in den Saal zurückkehren, als die Thür aufging, und Nixendorf hastig hereintrat. An der Hand hielt er einen jungen Menschen in alttatarischer Kleidung. Es war Max, bei dessen Anblick der Hofrath erstarrte. „Sieh hier dein Ich, dein Traumbild," hub Nixendorf an: „es ist mein Werk, daß mein trefflicher Max hier blieb, und von deinem Kammerdiener aus deiner Garderobe Kleider empfing, um gehörig kostumirt erscheinen zu können. Er war es, der im Pavillon an dem Herzen kniete. — Ja, an deinem steinernen Herzen, du harter unempfindlicher Oheim! kniete der Neffe, den du unbarmherzig verstießest, einer träumerischen Einbildung halber! Verging sich der Bruder schwer gegen den Bruder, so hat er es längst gebüßt mit dem Tode im tiefsten Elend — da steht die vaterlose Waise, dein Neffe — Max, wie du, geheißen, dir ähnlich an Leib und Seele, wie der Sohn dem Vater — tapfer hielt sich der Knabe, der Jüngling auf den Wellen des brausenden Lebensstroms empor — da — nimm ihn auf — erweiche dein hartes Herz! — reiche ihm die wohlthätige Hand, daß er eine Stütze habe, wenn zu sehr der Sturm auf ihn einbricht." — In demüthiger gebeugter Stellung, heiße Thränen in den Augen, hatte sich der Jüngling dem Hofrath genähert. Der stand da geisterbleich, mit blitzenden Augen, den Kopf stolz in die Höhe geworfen, stumm und starr, aber so wie der Jüngling seine Hand erfassen wollte, wich er, ihn mit beiden Händen von sich abwehrend, zwei Schritte zurück, und rief mit fürchterlicher Stimme: „Verruchter — willst du mich morden? — Fort — aus meinen Augen, ja du spielst mit meinem Herzen, mit mir! — Und auch du Rixendorf verschworen zum läppischen Puppenspiel, das ihr mir auftischt? — fort — fort aus meinen Augen — du — du, der du zu meinem Untergange geboren — du Sohn des schändlichsten Ver —" „Halt ein, brach Max plötzlich los, indem Zorn und Verzweiflung glühende Blitze aus seinen Augen schossen, halt ein, unnatürlicher Oheim — herzloser, unnatürlicher Bruder. Schuld auf Schuld, Schande und Schmach hast du auf meines armen unglücklichen Vaters Haupt gehäuft, der verderblichen Leichtsinn, aber nie Verbrechen in sich hegen konnte! — Ich wahnsinniger Thor, daß ich glaubte, jemals dein steinernes Herz rühren, jemals, mit Liebe dich umfangend, meines Vaters Vergehen sühnen zu können! — Elend — verlassen von aller Welt, aber an der Brust eines Sohnes hauchte mein Vater sein mühseliges Leben aus — „Max! — sey brav! — sühne den unversöhnlichen Bruder — werde sein Sohn," das war das Letzte, was er sprach — Aber du verwirfst mich, so wie du alles verwirfst, was sich dir naht mit Liebe und Ergebung, während der Teufel selbst dich mit trügerischen Träumen umgaukelt. — Nun, so stirb denn einsam und verlassen! — Mögen habsüchtige Diener auf deinen Tod lauern und sich in die Beute theilen, wenn du kaum die lebensmüden Augen geschlossen — statt der Seufzer, statt der trostlosen Klagen derer, die dir mit treuer Liebe bis in den Tod anhängen wollten, magst du sterbend das Hohngelächter, die frechen Scherze der Unwürdigen hören, die dich pflegten, weil du sie bezahltest mit schnödem Golde! — Niemals, niemals siehst du mich wieder!" — Der Jüngling wollte zur Thüre hinausstürzen, da sank Julie laut schluchzend nieder, schnell sprang Max zurück, fing sie in seinen Armen auf, und heftig sie an seine Brust drückend, rief er mit dem herzzerreißenden Ton des trostlosesten Jammers: „O Julie, Julie, alle Hoffnung ist verloren!“ — Der Hofrath hatte da gestanden, zitternd an allen Gliedern, sprachlos — kein Wort konnte sich entwinden den bebenden Lippen, doch als er Julien in Maxens Armen sah, schrie er laut auf, wie ein Wahnsinniger. Er ging mit starkem kräftigen Schritt auf sie los, er riß sie von Maxens Brust hinweg, hob sie hoch in die Höhe und frug kaum vernehmbar: „Liebst du diesen Max, Julie?“ — „Wie mein Leben,“ erwiederte Julie voll tiefen Schmerzes, „wie mein Leben. Der Dolch, den Sie in sein Herz stoßen, trifft auch das meine!“ — Da ließ sie der Hofrath langsam herab, und setzte sie behutsam nieder in einen Lehnstuhl. Dann blieb er stehen, die gefaltenen Hände an die Stirn gedrückt. — Es war todtenstill rings umher. — Kein Laut — keine Bewegung der Anwesenden! — Dann sank der Hofrath auf beide Knie. Lebensröthe im Gesicht, helle Thränen in den Augen hob er das Haupt empor, beide Arme hoch ausgestreckt zum Himmel, sprach er leise und feierlich: „Ewig waltende unerforschliche Macht dort oben, das war dein Wille — Mein verworrenes Leben nur der Keim, der im Schooß der Erde ruhend, den frischen Baum emportreibt mit herrlichen Blüthen und Früchten? — O Julie, Julie! — o ich armer verblendeter Thor!“ — Der Hofrath verhüllte sein Gesicht, man vernahm sein Weinen. — So dauerte es einige Sekunden, dann sprang der Hofrath plötzlich auf, stürzte auf Max, der wie betäubt da stand, los, riß ihn an seine Brust, und schrie, wie außer sich: „Du liebst Julien, du bist mein Sohn — nein mehr als das, du bist ich ich selbst — Alles gehört dir — du bist reich, sehr reich — du hast ein Landgut — Häuser, baares Geld — laß mich bei dir bleiben, du sollst mir das Gnadenbrot geben in meinen alten Tagen — nicht wahr, du thust das? — Du liebst mich ja — nicht wahr, du mußt mich ja lieben, du bist ja ich selbst — scheue dich nicht vor meinem steinernen Herzen, drücke mich nur fest an deine Brust, deine Lebenspulse erweichen es ja! — Max — Max mein Sohn — mein Freund, mein Wohlthäter!" — So ging es fort, daß allen vor diesen Ausbrüchen des überreizten Gefühls bange wurde. Rixendorf, dem besonnenen Freunde gelang es endlich, den Hofrath zu beschwichtigen, der, ruhiger geworden, nun erst ganz einsah, was er an dem herrlichen Jünglinge gewonnen, und mit tiefer Rührung gewahrte, wie auch die Geheime-Räthin Foerd in der Verbindung ihrer Julie mit Reutlingers Neffen das neue Aufkeimen einer alten verlornen Zeit erblickte. Großes Wohlgefallen äußerte der Geheime-Rath, der viel Tabak schnupfte und sich in wohlgestelltem nationell ausgesprochenem Französisch darüber ausließ. Zuförderst sollten nun Juliens Schwestern von dem Ereigniß benachrichtigt werden, die waren aber nirgends aufzufinden. Nannettens halber hatte man schon in allen großen japanischen Vasen, die in dem Vestibule herumstanden, nachgesehen, ob sie, zu sehr sich über den Rand beugend, vielleicht hineingefallen, aber vergebens, endlich fand man die Kleine unter einem Rosenbüschchen eingeschlafen, wo man sie nur nicht gleich bemerkt, und eben so holte man Clementinen in einer entfernteren Allee ein, wo sie dem entfliehenden blonden Jüngling, dem sie vergebens nachgesetzt, eben mit lauter Stimme nachrief: „O der Mensch sieht es oft spät ein, wie sehr er geliebt wurde, wie vergeßlich und undankbar er war und wie groß das verkannte Herz!" — Beide Schwestern waren etwas mißmüthig über die Heirath der jüngern, wiewohl viel schöneren und reizenderen Schwester, und vorzüglich rümpfte die schmähsüchtige Nannette das kleine Stülpnäschen; Rixendorf nahm sie aber auf den Arm und meinte, sie könnte wohl einmahl einen viel vornehmeren Mann mit einem noch schöneren Gute bekommen. Da wurde sie vergnügt und sang wieder: „'Amenez vos troupeaux bergeres!" Clementine sprach aber sehr ernst und vornehm: „In der häuslichen Glückseligkeit sind die windstillen, zwischen vier engen Wänden vorgetriebnen bequemen Freuden nur der zufälligste Bestandtheil: ihr Nerven- und Lebensgeist sind die lodernden Naphtaquellen der Liebe, die aus den verwandten Herzen in einander springen." — Die Gesellschaft im Saal, die schon Kunde bekommen von den wunderlichen aber fröhlichen Ereignissen, erwartete mit Ungeduld das Brautpaar, um mit den gehörigen Glückwünschen losfahren zu können. Der Goldstoffne, der am Fenster alles angehört und angeschaut, bemerkte schlau: „Nun weiß ich, warum der Ziegenbock dem armen Max so wichtig war. Hätte er einmahl im Gefängniß gesteckt, so war durchaus an keine Aussöhnung zu denken." Alles applaudirte dieser Meinung, wozu Wilibald die Losung gab. Schon wollte man fort aus dem Nebenzimmer in den Saal, als der türkische Gesandte, der so lange auf dem Sopha geblieben, nichts gesprochen, sondern nur durch Hin und Herrutschen und durch die seltsamsten Grimassen seine Theilnahme zu erkennen gegeben hatte, wie toll aufsprang und zwischen die Brautleute fuhr: „Was — was," rief er, „nun gleich heirathen, gleich heirathen? —

Deine Geschicklichkeit, deinen Fleiß in Ehren, Max! aber du bist ein Kiek=in=die=Welt, ohne Erfahrung, ohne Lebensklugheit, ohne Bildung. Du setzest keine Füße einwärts und bist grob in deinen Redensarten wie ich vorhin vernommen, als du deinen Oheim den Hofrath Reutlinger Du nanntest. Fort in die Welt! — nach Constantinopel! — da lernst du alles was du brauchst für's Leben — dann kehre wieder und heirathe getrost mein liebes holdes Kind, das schöne Julchen." Alle waren ganz erstaunt über Exters seltsames Begehren. Der nahm aber den Hofrath auf die Seite; beide stellten sich gegenüber, legten einander die Hände auf die Achseln und wechselten einige arabische Worte. Darauf kam Reutlinger zurück, nahm Maxens Hand und sprach sehr mild und freundlich: „Mein lieber guter Sohn, mein theurer Max, thue mir den Gefallen und reise nach Constantinopel, es kann höchstens sechs Monate dauern, dann richte ich hier die Hochzeit aus!" — Aller Protestationen der Braut unerachtet mußte Max fort nach Constantinopel.

Nun könnte ich, sehr geliebter Leser! wohl füglich meine Erzählung schließen, denn du magst es dir vorstellen, daß Max, nachdem er aus Constantinopel, wo er die Marmorstufe, wohin der Seehund Extern das Kind apportirt, nebst vielem andern Merkwürdigen geschaut hatte, zurückgekehrt war, wirklich Julien heirathete, und verlangst wohl nicht noch zu wissen, wie die Braut geputzt war und wie viel Kinder das Paar bis jetzt erzeugt hat. Hinzusetzen will ich nur noch, daß am Tage Mariä Geburt des Jahres 18— Max und Julie einander gegenüber im Pavillon bei dem rothen Herzen knieten. Häufige Thränen fielen auf den kalten Stein, denn unter ihm lag das Ach! nur zu oft blutende Herz des wohlthätigen Oheims. Nicht um des Lord Horions Grabmal nachzuahmen, sondern weil er des armen Onkels ganze Lebens- und Leidensgeschichte darin angedeutet fand, hatte Max mit eigner Hand die Worte in den Stein gegraben:

Es ruht!

Berlin, gedruckt bei G. Reimer.

FSC
www.fsc.org
MIX
Papier | Fördert
gute Waldnutzung
FSC® C083411

Kolibri 360 GmbH
Ferdinand-Jühlke-Straße 7
99095 Erfurt, Deutschland
produktsicherheit@kolibri360.de